항공기
왕복엔진

노명수 지음

(주)도서출판 성안당

■ 도서 A/S 안내

성안당에서 발행하는 모든 도서는 저자와 출판사, 그리고 독자가 함께 만들어 나갑니다.

좋은 책을 펴내기 위해 많은 노력을 기울이고 있습니다. 혹시라도 내용상의 오류나 오탈자 등이 발견되면 "좋은 책은 나라의 보배"로서 우리 모두가 함께 만들어 간다는 마음으로 연락주시기 바랍니다. 수정 보완하여 더 나은 책이 되도록 최선을 다하겠습니다.

성안당은 늘 독자 여러분들의 소중한 의견을 기다리고 있습니다. 좋은 의견을 보내주시는 분께는 성안당 쇼핑몰의 포인트(3,000포인트)를 적립해 드립니다.

잘못 만들어진 책이나 부록 등이 파손된 경우에는 교환해 드립니다.

저자 문의 e-mail : msro@inhatc.ac.kr(노명수)

본서 기획자 e-mail : coh@cyber.co.kr(최옥현)

홈페이지 : http://www.cyber.co.kr   전화 : 031) 950-6300

머리말 -------------------------- PREFACE

    1903년 12월 17일 라이트 형제에 의해 최초의 동력 비행이 성공한 이래 최근까지 항공기는 괄목할 만한 성장을 해왔다.

    이와 더불어 항공기 동력 장치도 다양한 엔진이 개발되었으며 기술의 발달과 사회적 요구에 의해 끊임없는 발전을 해왔다.

    최근에는 국내에서도 왕복 엔진을 장착한 경항공기로서 국내 자체 기술로 설계한 창공 91호 항공기가 제작되어 비행에 성공한 사례가 있으며, 초경량 항공기의 대중 스포츠화로 초경량 항공기 제작이 활성화되고 있어 항공기 왕복 엔진에 관심이 고조되고 있다.

    이 책은 항공기 동력 장치 중 왕복 엔진편으로 미국 항공 전문 대학의 A & P (Airframe & Powerplant) 과정에서 교재로 채택하고 있는 항공기 동력 장치 (Aircraft Powerplant)를 토대로 하였으며, 저자가 미국의 Northrop 대학에서 수학 시 수집한 자료들과 여러 해 동안 강의해 왔던 내용을 참조하여 저술하였다.

    이 책에서 다루어진 내용들은 국내에서 시행되는 항공 종사자 자격 시험 중 항공 정비사와 항공 공장 정비사 면장 시험뿐만 아니라 항공 기사 2급, 항공 정비 기능사 1급, 항공 정비 기능사 2급 등의 자격 시험을 대비하는 데 도움이 될 것이며, 또한 미국의 FAA(Federal Aviation Administration)에서 시행하는 A & P 자격 시험의 Powerplant 과목 중 필기 및 구두 시험(oral test)을 대비하는 데도 유익하리라 믿는다.

    본문 내용 중 다소 미흡한 부분이 있으리라 생각되나 점차 수정 보완해 나가기로 하겠다.

    끝으로 이 책이 항공 실무 분야에 종사하는 분들께도 좋은 참고 도서가 되길 기대하면서 출간되기까지 적극적으로 협조해주신 도서출판 성안당의 이종춘 회장님과 편집부 여러분께 깊이 감사를 드린다.

차례

CONTENTS

1 항공기 동력 장치 분류와 진보

인간은 새처럼 하늘을 나는 것을 꿈꾸어 왔다. 초기에 비행 시도는 대부분 실패하였는데 그 이유는 에어포일 설계(Airfoil Design)에 잘못이 있는 것이 아니라 주로 비행을 유지시킬 수 있는 충분한 출력을 발생시킬 수 있는 엔진 개발의 기술 결핍 때문이었다. 19세기 후반기에 개발된 엔진은 여러 동력원으로 사용되었고 항공기의 동력장치에도 성공적으로 쓰이게 되었으며 금세기까지 꾸준히 진보, 발전하였다. 이 장에서는 여러 가지 엔진에 대한 진보 과정, 설계, 분류에 대해 다룬다.

(1) 초기 엔진

19세기에 내연 기관의 개발이 활발히 이루어졌다. 1876년 독일의 August Otto와 Eugen Langen은 처음으로 4행정 사이클 엔진을 개발히였다. 이러한 이유로 이 엔진을 Otto 사이클 엔진이라고도 부른다. 처음으로 4행정 사이클 엔진의 실제적인 실용화는 1885년 독일의 Gottlieb Daimler에 의해서 이루어졌다. 같은 해에 유사한 가솔린 엔진이 Karl Benz에 의해서도 개발되었다. Daimler Benz 엔진은 초기 자동차 엔진에 사용되었고 오늘날에 사용되는 엔진도 초기 Daimler와 Benz 엔진과 매우 흡사하다.

(2) 최초로 성공한 항공기 엔진

1903년 12월 17일 라이트 형제(Wright brothers)에 의해 최초의 동력 비행이 성공하였고 이 때 사용된 엔진은 라이트 형제와 동료 기술자 Charles Taylor에 의해 설계되고 개발된 가솔린 엔진이었다(그림 1-1 참조).

이 엔진은 다음과 같은 특성을 갖추고 있었다.

1) 수냉식, 2) 4기통, 3) 실린더 내경(Bore); $4\frac{3}{8}$inches, 행정(Stroke): 4inches, 배기량: 240in³, 4) 12HP, 5) 중량 180lbs, 6) 알루미늄판으로 된 물 쟈켓(jackets)이 있는 주철 실린더, 7) 배기 밸브는 기계적으로 작동하고 흡입 밸브는 자동으로 작동, 8) 알루미늄 합금으로 된 크랭크케이스, 9) 가열된 매니폴드로 연료 흐름을 줌으로써 기화, 10) 고압 마그네토에 의한 점화

그림 1-1 Early Wright engine

그림 1-2 LeRhone rotary engine

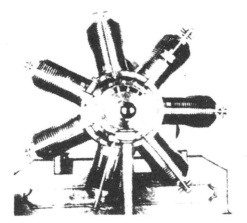

그림 1-3 Gnome-Monosoupape rotary engine

그림 1-4 Early Hispano-Suiza engine

(3) 제1차 세계대전시의 엔진

1) 로터리형 성형 엔진(Rotary type Radial Engine)

이 엔진은 공냉식으로서 제2차 세계대전시 광범위하게 사용된 엔진 중 한 종류이며, 크랭크 축이 고정이고 실린더가 회전하게 되어 있다(그림 1-2, 1-3 참조).

이 엔진의 두 가지 심각한 단점은 다음과 같다.

① 엔진의 회전 질량이 크기 때문에 생기는 토크(Torque)와 자이로 효과(Gyro effect)로 인한 항공기 조종의 어려움.

② 피마자 기름을 윤활류로 사용함으로써 크랭크케이스에서 연료와 혼합되어 연소하면서 발생하는 배기 가스로 인한 조종사의 불편함.

2) 직렬형 엔진(In-Line Engine)

이 엔진의 실린더는 크랭크 축에 평행하게 단열(single row)로 배열되어 있다(그림 1-4 참조).

그림 1-5 Inverted in-line engine

그림 1-6 Liberty engine

특히 크랭크 축의 아래쪽에 실린더가 배치되어 있는 것을 도립 직렬형 엔진이라고 한다(그림 1-5 참조). 실린더 수는 일반적으로 6개로 제한하는데 이는 냉각을 용이하게 하고 과도한 마력당 중량비를 피하기 위함이다. 또한 짝수 개의 실린더는 적절한 균형을 주기 위함이다. 이 엔진은 공냉식 또는 액냉식이 사용되었으나 현재 액냉식은 거의 사용되지 않는다.

이 엔진은 앞면적이 작아 유선형 공기 흐름을 주며 항력이 작다. 도립 직렬형 엔진은 조종사 시야를 좋게 해 주며 랜딩 기어(Landing Gear)를 짧게 해 준다.

3) V형 엔진(V-Type Engine)

이 엔진은 실린더가 크랭크케이스에 90°, 60° 또는 45°의 경사각을 이루는 V자 형태로 2열로 배치되어 있다(그림 1-6 참조). 직렬형 엔진과 비교해서 마력당 중량비가 줄어들었으나 앞면적은 약간 커졌다.

(4) 제 1 차 세계대전 이후의 엔진

제 1 차 세계대전 이후에 많은 다양한 엔진이 개발되었다(그림 1-7 참조).

1) 성형 엔진(Redial Engine)

1920년대이래 군용기와 상업용 항공기 엔진에 사용되었으며 특히 제 2 차 세계대전시에 거의 모든 폭격기와 수송기에 사용되었다. 이 엔진은 효율과 신뢰성이 좋아 현재까지도 세계 도처에서 사용되고 있다.

단열(single-row) 성형 엔진은 크랭크 축을 중심으로 방사상으로 배치된 기수의 실린더로 되어 있다. 일반적으로 실린더 수는 5, 7, 9개이다. 모든 피스톤은 단열(single-row) 360° 크랭크 축에 연결되어 있어서 작동 부품의 수와 무게가 줄어들었다.

복열(double-row) 성형 엔진은 1개의 크랭크축에 연결된 2개의 단열 성형 엔진과 같다(그림 1-9 참조). 실린더는 복열로 방사상으로 배열되어 있으며 각 열은 기수의 실린더를 갖는다.

통상적인 실린더 수는 14, 18개이다. 복열(two-throw) 180° 크랭크 축이 사용되며 뒷열의 실린더는 앞열 실린더 사이에 위치함으로써 냉각에 필요한 램 공기(ram air)가 각 열에 골고루 주어진다. 성형 엔진은 모든 피스톤 엔진에서 가장 낮은 마력당 중량비를 갖는다. 단점으로는 엔진의 전면 면적이 커서 항력이 커지고 또한 냉각에도 약간의 문제가 발생한다. 그럼에도 불구하고 엔진의 효율과 신뢰성이 우수하여 왕복 엔진이 장착된 대형 항공기에 가장 많이 사용된다. 제2차 세계대전 말기부터 폭격기와 수송기에 광범위하게 사용된 28기통 P&W R-4360 엔진은 다열(Multiple-Row) 성형 엔진이다(그림 1-10 참조).

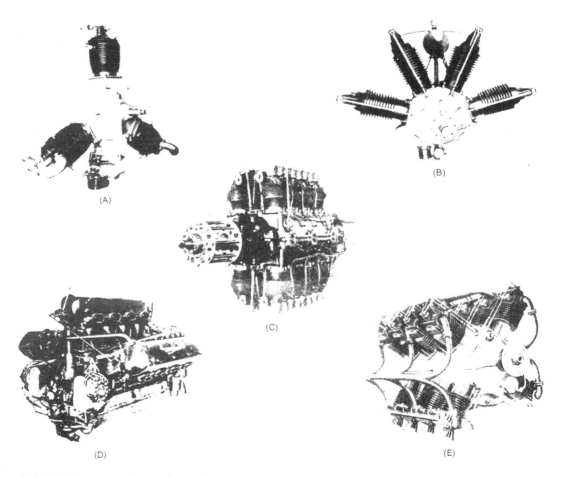

(A)

(B)

(C)

(D)

(E)

그림 1-7 Different engine configurations developed after World War I.
(A) Szekeley, 3-cylinder radial ; (B) Italian MAB, 4-cylinder fan-type engine ; (C) British Napier "Rapier," 16-cylinder H-type engine ; (D) British Napier "Lion," 12-cylinder W-type engine ; (E) U.S. Viking 16-cylinder X-type engine

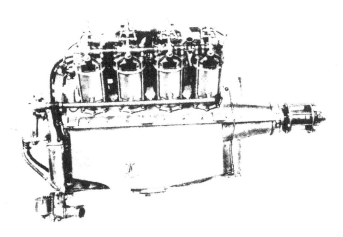

그림 1-8 Cartiss OX-5 engine

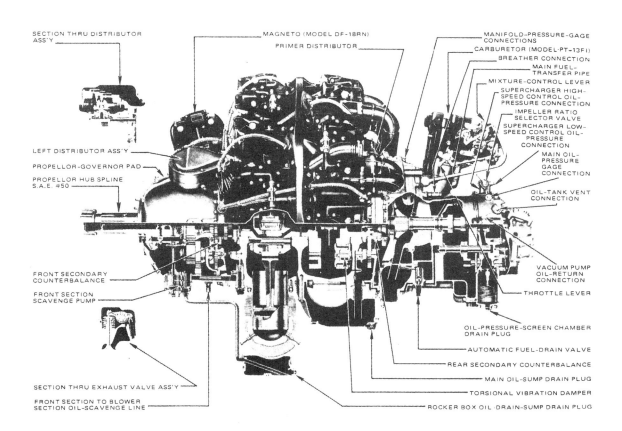

그림 1-9 Double-row radial engine

그림 1-10 Pratt & Whitney R-4360 engine(Courtesy Pratt & Whitney)

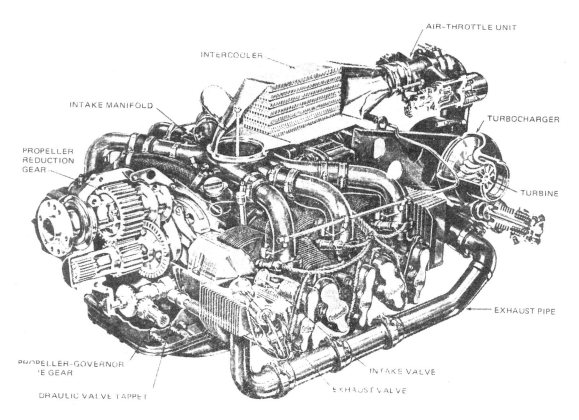

그림 1-11 Teledyne Continental six-cylinder opposed engine(Courtesy Teledyne Continental)

가스 터빈 엔진의 개발로 인해서 이러한 엔진은 터보 프롭이나 터보 제트 엔진으로 대체되었다. 가스 터빈 엔진은 피스톤 엔진에 비해 고장률이 적고 정비비가 적게 들며 더욱이 오버홀 주기(Time Between Overhaul, TBO)가 크게 증가되었다.

2) 대향형 엔진(Opposed or Flat Engine)

대향형 엔진은 경항공기와 경헬리콥터에 대부분 사용되며 마력은 통상 100hp~400hp이다. 이 엔진은 효율, 신뢰성, 경제성이 가장 우수하므로 경항공기에 적합하다. 대향형 엔진은 보통 실린더와 크랭크 축이 수평으로 장착되나 어떤 헬리콥터에는 크랭크 축이 수직으로 장착되기도 한다. 이 엔진은 낮은 마력당 중량비를 가지며 유선형 공기 흐름과 진동이 적은 것이 장점이다(그림 1-11 참조).

1-2 엔진 설계와 분류

보편적으로 왕복 엔진의 분류는 여러 특성에 의하여, 즉 실린더 배열, 냉각 방식, 사이클당 행정 수에 의하여 분류된다. 그러나 가장 만족스러운 분류는 실린더 배열에 의한 분류이다.

(1) 실린더 배열(cylinder Arrangement)

항공기 엔진은 크랭크 축에 관한 실린더 배열에 따라 다음과 같이 분류한다(그림 1-12 참조).

1) 직렬형(in-line, upright)
   도립 직렬형(in-line, inverted)
2) V형(V-type, upright)
   도립 V형(V-type, inverted)
   이중 V형(double V-type)
3) 대향형(Opposed and flat type)
4) X형(X type)
5) 성형(radial type)
   ① 단열(single row)
   ② 복열(double row)
   ③ 다열(multiple row)

이 중 현재 가장 많이 사용하고 있는 엔진 형식은 대향형과 성형 엔진이다. 약간의 V형과 직렬형 엔진이 아직도 사용되고 있으나 일반 항공기용으로의 제작은 중단된 상태이다.

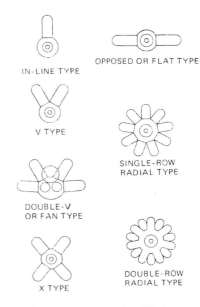

그림 1-12 Engines classified according to cylinder arrangement

(2) 실린더 배열과 배기량에 의한 분류 또는 명칭

현재 많이 사용하고 있는 왕복 엔진의 특성과 형식을 나타내는 문자는 다음과 같다.

L **Left-hand rotation** for counterrotating propeller

T **Turbocharged** with turbine-operated device

V **Vertical,** for helicopter installation with the crankshaft in a vertical position

H **Horizontal,** for helicopter installation with the crankshaft horizontal

A **Aerobatic;** fuel and oil systems designed for sustained inverted flight

I **Fuel injected;** continuous fuel-injection system installed

G **Geared** nose section for reduction of propeller revolutions per minute (rpm)

S **Supercharged;** engine structurally capable of operating with high manifold pressure and equipped with either a turbine-driven supercharger or an engine-driven supercharger

O **Opposed cylinders**

R **Radial engine;** cylinders arranged radially around the crankshaft

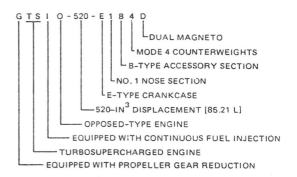

배기량 뒤의 첫 문자는 출력부의 형태(type)이고 뒤이은 숫자는 전방 부분의 설계 형태로서 1~9 까지의 숫자로 되어 있다. 그 다음의 문자는 보기 부분의 형태를 지시하며 다음 숫자는 진동 모드 (mode)로서 평형추에서 볼 수 있으며 마지막 문자는 마그네토 형태를 나타낸다.

(3) 냉각 방식에 의한 분류

항공기 엔진은 공기나 액체에 의해 냉각된다. 그러나 현재 액냉식 엔진은 거의 사용하고 있지 않다. 엔진의 과도한 열은 다음과 같은 3가지의 주요한 이유로 인하여 어떠한 내연 기관에도 바람직하지 못하다.

① 혼합기의 연소 상태에 나쁜 영향을 미친다.
② 엔진 부품의 약화와 수명을 단축시킨다.
③ 윤활을 해친다.

만약 엔진 실린더 내부의 온도가 과도하게 높으면 혼합기에 빨리 열이 가해질 것이며 연소는 적당한 시기 이전에 일어날 것이다. 조기 연소는 디토네이션(Detonation), 노킹(Knocking), 기타 다른 나쁜 원인이 되며 이는 과도한 과열 상태로 악화되어 피스톤과 밸브의 손상을 초래하게 한다. 또한 과열은 윤활유의 점성을 낮게 하여 유막 형성을 못하게 하며, 심하면 엔진 작동을 정지시키는 결과를 유발한다.

1) 공냉식(Air Cooling)

공냉식 엔진에서는 얇은 금속판이 실린더의 벽과 실린더 헤드의 바깥 면에 붙어 있다. 공기가 이 얇은 판 위로 흐를 때 실린더로부터 과도한 열을 흡수하여 대기 중으로 방출한다. 실린더 주위의 배플(baffle)은 공기 흐름을 실린더 둘레에 골고루 줌으로써 최대의 냉각 효과를 얻기 위하여 장착한 것이다(그림 1-13참조).

이 배플은 알루미늄판으로 만들어져 있으며 압력 배플(pressure baffle)이라고도 부른다. 엔진의 작동 온도는 엔진 카울링(cowling)에 붙어 있는 카울 플랩(cowl flap)에 의하여 조종된다. 이 카울 플랩은 보통 전기식 작동 모터로 작동되거나 수동으로 작동된다.(그림 1-14 참조).

복열 성형 엔진에서 적절한 배플의 배치를 그림 1-15에서 보여주며 대향형 엔진의 배플은 그림 1-16에 보여 준다. 배플은 고속 공기 흐름을 실린더 가까이 냉각핀을 통하여 흐르게 하여야 하기 때문에 나사, 볼트, 스프링 훅(spring hook) 또는 특수한 잠금 장치에 의해 부착된다.

헬리콥터는 램공기 압력(ram air pressure)이 엔진을 냉각시키는 데 충분치 않다. 특히 호버링(hovering)할 때는 더하다. 그러므로 엔진 구동 냉각팬을 장치하여 이것으로 엔진을 냉각시킨다.

공냉식의 주요한 장점은 다음과 같다.
① 동일한 마력의 액냉식 엔진보다 무게가 가볍다.
② 기온이 낮은 데서 작동하는 데 큰 영향을 받지 않는다.
③ 총격(gunfire)에 덜 취약하다.

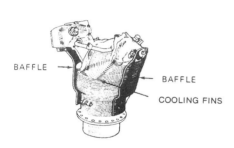

그림 1-13 Cylinder with pressure baffles for cooling

그림 1-14 Cowl Flaps

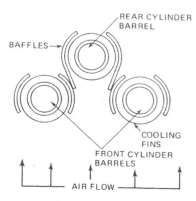

그림 1-15 Baffles around he cylinders of a twin-row radial engine

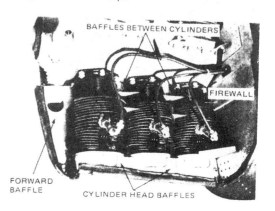

그림 1-16 Baffling for an opposed-type engine

2) 액냉식(Liquid Cooling)

액냉식 엔진은 현재 항공기 엔진에는 거의 사용되지 않고 있으나 새로운 액냉식 엔진의 개발이 진행되고 있다. 액냉식 장치는 라디에이터(Radiator), 온도 조절 장치, 펌프, 연결 파이프와 호스들로 구성된다. 물은 액냉식 엔진의 기본 냉각제(coolant)이나 제2차 세계대전시 에틸렌 글리콜(ethylene glycol)의 우수한 끓는점 350°F(176℃), 어는점 0°F(-17.78℃) 때문에 물과 에틸렌 글리콜의 혼합액이 냉각제로 사용되었다.

1-3 항공기 동력 장치의 새로운 개념과 설계

(1) 보이저 엔진(Voyager Engine)

보이저는 Teledyne Continental Motors에 의해 새롭게 설계 개발된 4 또는 6기통 액냉식 항공기 엔진이다. 이 엔진은 기본 Continental O-200과 O-300 계열 엔진을 액냉식으로 대폭 수정한 것이다(그림 1-20 참조).

6기통 배기량 300in³인 엔진은 2700rpm에서 170bhp를, 4기통 배기량 200in³인 엔진은 2,750rpm에서 110bhp를 발생시킨다. 보이저 엔진은 11.4 : 1의 압축비인 새로운 고난류 연소실을 채택한 경량의 액냉식 실린더로 설계되었으며, 고고도 성능이 우수하고 광범위한 작동 범위에 걸쳐 연료 소모가 감소되었다. 또한 항공기에 적절하게 장착된 라디에이터를 사용함으로써 항력 감소도 가져왔다. 냉각제는 60% 에틸렌 글리콜-물의 혼합제이다. 이 액냉식 엔진은 마모 특성이 우수하여 엔진 수명이 연장되고 오버홀 주기(TBO)가 증가되었다.

그림 1-17 Liquid-cooled cylinder and jacket
(Courtesy Teledyne Continental Motors)

그림 1-18 Experimental Whittle turbojet engine

그림 1-19 Whittle W1 engine

그림 1-20 Voyager six-cylinder liquid-cooled engine (Courtesy Teledyne Coninental Motors)

(2) 폴쉐 PFM 3200 항공기 엔진(Porsche PFM 3200 Aircraft Engine)

이 엔진은 현재 자동차용 가솔린과 항공용 가솔린(autogas and avgas)을 호환 사용할 수 있는 209hp 모델과 항공용 가솔린만 사용할 수 있는 217hp 모델 두 가지이다(그림 1-21 참조).

PFM 3200 엔진은 경량의 6기통 수평 대향형 공냉식 엔진인 폴쉐 911 스포츠 자동차용 엔진으로부터 개발되었다. 이 엔진은 드로틀, 혼합 조정, 프로펠러 조정 장치를 단일 동력 레버(single power lever)로 대체하는 새로운 기술을 채택하였다.

조종사는 자동차 운전사가 가속 패달을 작동시키는 것과 같이 출력 레버를 작동시키는 것이다. 출력이 맞추어지면(set) 모든 고도와 출력 맞춤(setting)에서 최대 효율을 내게끔 자동적으로 연료 혼합과 프로펠러 rpm이 조절된다. 엔진은 가변 점화 시기(variable ignition timing)로 된 복수 점화 장치를 갖는다.

이 장치는 회전 속도, 흡입 공기 온도와 흡입 매니폴드 압력에 의해 정확한 점화 시기가 맞추어진다. 자동 연료 혼합 장치는 모든 고도에서 정확하게 연료와 공기를 혼합해 준다. 엔진은 출력에 비례하여 냉각 공기를 공급하는 엔진 구동 팬에 의해 냉각된다.

그림 1-21 Porsche PFM 3200 engine

(3) 항공기 로터리 엔진(Aircraft Rotary Engines)

Wankel 로터리 엔진은 처음에는 자동차 엔진에 사용되었고 후에 항공기 엔진에도 사용되었다. 초기 로터리 엔진은 많은 설계상의 문제점과 밀폐에 필요한 재료 같은 것에 문제점이 대두되었으나 수년에 걸친 연구로 새로운 설계와 기술이 개발되어 이러한 문제점들이 대부분 해결되었다.

로터리 엔진은 움직이는 부품이 더욱 적어지고, 적은 진동, 간결한 설계(compact design), 우수한 마력 대 중량비로 인하여 소형 항공기 엔진의 동력 장치로 적합하다(그림 1-22 참조).

현재 로터리 엔진의 사용처 중 하나로 군용 목적의 무인 조종 항공기에 사용되고 있다.

그림 1-22 The GR-18 rotary engine(Courtesy Teledyne Continental Motors)

연습문제

1 왕복 기관을 항공기에 가장 먼저 실용화시킨 사람은 ?

① 브레이턴　　　　　　　　　　② 오토
③ 라이트 형제　　　　　　　　　④ 몽골피에

2 왕복 기관을 최초로 개발한 사람은 ?

① 오토　　　　　　　　　　　　② 라이트 형제
③ 브레이턴　　　　　　　　　　④ 몽골피에

3 원동기란 무엇인가 ?

① 자연계의 에너지를 사용 가능한 기계적 에너지로 바꾸는 기계
② 기계적 에너지를 자연계의 에너지로 바꾸는 기계
③ 자연계의 무용(無用) 에너지를 유용(有用) 에너지로 바꾸는 기계
④ 에너지를 창조하는 기계

4 다음 기관 중 나머지와 전혀 다른 기관의 종류는 ?

① 왕복 기관[Reciprocating Engine]　　② 회전 기관
③ 가스 터빈 기관[Gas Turbine Engine]　　④ 증기 터빈 기관

5 실린더 헤드의 냉각핀 재질을 알루미늄으로 하는 이유는 ?

① 열팽창 계수가 틀리는 데서 오는 형태의 변형 파손
② 열팽창 계수가 틀리는 데서 오는 재질의 변형 마모
③ 열팽창 계수가 틀리는 데서 오는 재질의 변형 파손
④ 열팽창 계수가 틀리는 데서 오는 형태의 마모

6 다음 중 배플(baffle)의 역할은 ?

① 실린더에 난류를 형성시켜 준다　　② 실린더 주위에 와류를 형성
③ 실린더 냉각 공기의 흐름을 안내　　④ 실린더 흡입공기의 안내

정답 　1. ③　2. ①　3. ①　4. ④　5. ③　6. ③

7 단일 성형 엔진의 기통번호를 나타내는 방법 중 옳은 것은 ?

① 기관의 후부에서 보아 시계 방향으로 상부 기통부터 번호를 부여한다
② 기관의 후부에서 보아 반시계 방향으로 상부 기통부터 번호를 부여한다
③ 기관의 후부에서 보아 시계 방향으로 하부 기통부터 번호를 부여한다
④ 기관의 후부에서 보아 반시계 방향으로 하부 기통부터 번호를 부여한다

8 왕복 기관의 분류 방법으로 옳은 것은 ?

① 정격 마력, 전 행정 거리
② 크랭크축에 관한 실린더 배열, 냉각 방법
③ 사용 용도 혹은 정격마력
④ 크랭크축에 관한 실린더 배열, 전 행정거리

9 액냉식 기관의 냉각에 사용되는 것은 ?

① 프로펠러 후류
② 램 공기와 수증기
③ 물 또는 에틸렌 글리콜
④ 배플과 카울 플랩

10 지상에서 기관 작동시 카울 플랩의 위치는 ?

① 완전히 닫는다
② 완전히 열어준다
③ ½ 만 열어준다
④ 열었다 닫았다 반복적으로 작동한다

11 카울 플랩의 역할은 ?

① 착륙시 고양력을 발생시킨다
② 기관으로 유입되는 냉각공기의 량을 조절한다
③ 윤활유의 점도를 유지한다
④ 연료의 기화를 촉진시킨다

12 냉각핀의 역할은 ?

① 기관의 난기운전을 돕는다
② 기관의 냉각 면적을 증가시켜 냉각 효율을 증가시킨다
③ 기관을 기체에 고정시킨다
④ 기관을 외부의 이물질로부터 보호한다

13 항공용 왕복 기관의 냉각계통의 구성품이 아닌 것은 ?

① cooling fin　　　② baffle　　　③ flap　　　④ cowl flap

　정답　7. ①　8. ②　9. ③　10. ②　11. ②　12. ②　13. ③

14 왕복기관의 출력을 증가시키는 방법으로 가장 적당한 것은 ?

① 실린더수를 증가시키는 방법, 밸브의 숫자를 증가시키는 방법
② 실린더수를 증가시키는 방법, 실린더 체적을 증가시키는 방법
③ 실린더 체적을 증가시키는 방법, 가스 터빈 기관의 연료를 사용하는 방법
④ 밸브의 숫자를 증가시키는 방법, 가스 터빈 기관의 연료를 사용하는 방법

15 왕복 기관의 출력을 증가시키는 방법으로 주로 사용하는 방법은 ?

① 실린더수를 증가시키는 방법
② 실린더 체적을 증가시키는 방법
③ 가스 터빈 기관의 연료를 사용하는 방법
④ 밸브의 숫자를 증가시키는 방법

16 대향형 기관의 설명에 맞지 않는 것은 ?

① 대형 고마력에 적당하다
② 구조가 간단하고 공기 저항이 적다
③ 실린더가 짝수로 4~6 개가 설치된다
④ 실린더가 서로 마주 보고 있다

17 성형 기관의 실린더 번호를 부여할 때 기준 위치는?

① 프로펠러축 쪽   ② 기관의 후부
③ 조종석   ④ 비행기 후부

18 다음 기관의 종류 중 전면 면적이 작아 공기 저항을 줄일 수 있지만 기관의 숫자가 많아지면 뒷부분의 냉각이 곤란한 기관의 종류는 ?

① 직렬형[In-lined Type]   ② 성형[Radial Type]
③ 대향형[Opposed Type]   ④ X 형

19 성형 기관의 설명 중 틀리는 것은 ?

① 단열 성형은 별 모양으로 배열되고 기통수가 홀수이다
② 전면 면적이 작으므로 공기의 저항이 적다
③ 마력당 무게비가 작다
④ 기관당 실린더수를 늘릴 수 있다

정답   14. ②   15. ①   16. ①   17. ②   18. ①   19. ②

2 왕복 엔진 구조 및 명칭

2-1 개 요

엔진의 구성품과 구조를 잘 아는 것은 엔진 작동 원리와 정비를 이해하는 데 기본이 된다. 항공기 왕복 엔진의 구조에 있어 제일 중요한 것은 작동 부품의 신뢰성이다. 이것은 일반적으로 강하고 무거운 재료가 요구되므로 엔진의 용적이 커지고 무게가 무겁게 된다. 그러므로 항공기 엔진의 설계에 있어 주안점은 신뢰할 수 있을 만큼 충분히 강한 부품일 뿐만 아니라 항공기에 사용하기에 적합하게 가벼워야 한다. 움직이는 부품은 주의 깊게 가공되어야 하며 진동과 피로를 최소화시키도록 균형이 맞아야 한다. 항공기 엔진의 구조에 있어 동력 장치는 신뢰성이 좋고, 경량이며, 작동하는 데 경제성을 가지게끔 각 구성품들이 설계되고 구성되어야 한다.

이 장에서는 항공기 왕복 엔진의 주 구성품과 구조에 대해 다룬다.

2-2 크랭크케이스

엔진의 크랭크케이스(crankcase)는 크랭크 축을 둘러싼 여러 기계 장치를 에워싸고 있는 하우징(housing)이다. 크랭크케이스의 기능은 다음과 같다.

1) 크랭크케이스는 그 자체를 지지한다.
2) 크랭크 축이 회전하는 데 사용되는 베어링이 포함된다.
3) 윤활유에 대해 밀폐 울타리(enclosure)를 준다.
4) 동력 장치의 여러 내부와 외부 기계 장치를 지지한다.
5) 항공기에 장착하기 위한 장착 장치(mounting)가 있다.
6) 실린더 장착을 위한 지지대(support)가 있다.
7) 강도와 견고성으로 크랭크 축과 베어링의 비틀어짐(misalignment)을 방지한다. 대부분의 항공기 엔진의 크랭크케이스는 가볍고 강한 알루미늄 합금으로 만들어진다.

(1) 대향형 엔진 크랭크케이스(Opposed Engine Crankcase)

그림 2-1은 6기통 대향형 엔진의 크랭크케이스이다. 이것은 엔진 중심선에 수직으로 분할된 두 알루미늄 합금 주물로 되어 있으며 스터드(stud)와 너트(nut)로 조여져 있다. 크랭크케이스의 결합면은 가스켓(gasket)을 사용하지 않고 조여지며, 주 베어링 보어(bores)는 정확한 주 베어링 삽입을 위해 가공되어 있다. 보기 하우징(accessory housing), 실린더, 오일 섬프(sump)의 장착을 위해 가공된 장착 패드(pads)가 크랭크케이스에 설치되어 있다. 프로펠러 감속 기어가 부착된 대향형 엔진은 분리된 전방 부분(nose section) 내에 기어가 장착된다.

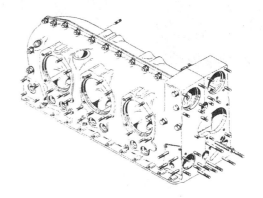

그림 2-1 Crankcase for a six-cylinder opposed engine

크랭크케이스에 캠 축 베어링을 위한 가공된 보어(bores)와 보스(boss)가 포함된다. 윤활이 요구되는 크랭크 축 베어링, 캠 축 베어링, 기타 움직이는 부품에 윤활유를 공급하기 위한 오일 통로와 갤러리(galleries)가 크랭크케이스에 드릴(drill)되어 있다. 오버홀시 오일 통로의 이물질을 제거하여야 하며, 조립시 디스켓으로 이 통로를 막으면 안 된다.

(2) 성형 엔진 크랭크케이스(Radial Engine Crankcase)

일반적으로 성형 엔진의 크랭크케이스는 그림 2-2에서 보는 바와 같이 주요한 네 부분으로 되어 있다.

1) 전방 부분(Front or Nose section)

알루미늄 합금으로 만들어져 있으며 종모양(bell-shaped)과 비슷하고 스터드, 너트 또는 캡나사(cap screw)로 출력부(power section)에 장착되어 있다. 이 부분은 프로펠러 추력 베어링, 프로

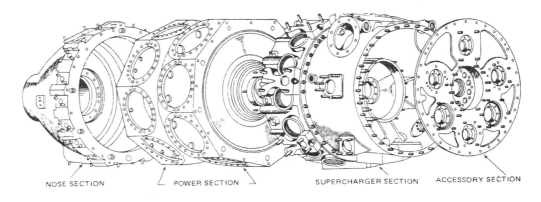

NOSE SECTION   POWER SECTION   SUPERCHARGER SECTION   ACCESSORY SECTION

그림 2-2 Crankcase for twin-row radial engine

펠러 조속기 구동축, 엔진의 프로펠러 속도를 감축해 주는 프로펠러 감축 기어 어셈블리 (assembley)를 지지한다. 또한 오일 소기 펌프, 캠 판 또는 캠 링 기구가 포함된다.

이 부분은 또한 프로펠러 조속기 조종 밸브, 크랭크케이스 소기(breather), 오일 섬프, 마그네토, 마그네토 배전판이 장착되게 되어 있다. 이 부분에 마그네토를 설치하여 얻을 수 있는 이점은 보기 부분(accessory section)보다 냉각이 잘 되는 것이다.

2) 출력부(Main or Power section)

출력부는 열처리된 고강도 알루미늄 합금으로 된 단일체 또는 두 조각으로 구성되어 있다. 한 조각 이상인 것은 볼트(Bolt)로 결합되어 있다. 캠 작동 기구는 이 부분(section)에 의해 지지되어 있고 이 부의 중앙에 크랭크 축 베어링 지지부가 있다. 실린더 장착 패드는 출력부의 외부 원주 주위에 방사상으로 위치한다. 실린더는 스터드, 너트. 또는 캡나사로 패드에 조여진다, 오일 시일(seal)은 전방 크랭크케이스와 출력 크랭크케이스 사이에 있으며 유사한 시일이 출력부와 연료 흡입과 분배부 사이에 있다.

3) 연료 흡입과 분배부(Fuel induction and Distribution section)

이 부는 일반적으로 출력부 바로 뒤에 위치하고 있으며 한 부분(piece)이나 두 부분으로 구성되어 있다. 이 부의 주요 기능이 과급기 임펠러(impeller)와 디퓨저 베인(diffuser Vane)의 하우징 (housing)이기 때문에 과급기부(supercharger section)라고도 부른다.

4) 보기부(Accessory section)

이 부에는 연료 펌프, 진공 펌프, 오일 펌프, 회전계 발전기(tachmeter generator), 발전기, 마그네토, 시동기, 과급기 조종 밸브, 오일 필터, 쿠노 필터(cuno filter) 등 기타 부속 보기가 장착되는 장착 패드(pads)가 있다. 보기 하우징(accessory housing)의 위치와 구조에 관계없이 이 부는 엔진 동력에 의해 작동되는 보기들을 구동하기 위한 기어가 있다.

2-3 베어링(Bearings)

항공기 엔진에 사용하는 베어링은 최소의 마찰과 최대의 내마모성을 갖출 수 있게 설계되어야 한다.

좋은 베어링은 다음 두 가지 특성을 갖는다.

1) 최소의 마찰과 마모를 주며 부과되는 압력에 충분히 견딜 수 있는 재료로 만들어져야 한다.
2) 작동시 소음이 없고 효율적이어야 하며 동시에 자유로운 움직임이 주어지는 치밀한 공차 (very close tolerance)로 부품이 만들어져야 한다.

베어링은 움직이는 부품의 마찰을 감소시켜야 하고, 추력 하중(thrust loads)이나 방사상 하중 (radial loads) 또는 추력과 방사상 하중 둘다를 받아야 한다. 추력 하중을 받도록 설계된 것을 추력 베어링(thrust bearing)이라고 한다.

(1) 평형 베어링(Plain Bearings)

방사상 하중을 받게 설계되어 있다(그림 2-3 참조).

그러나 플랜지(flange)가 있는 평형 베어링은 대향형 엔진의 추력 베어링으로도 자주 사용된다. 평형 베어링은 저출력 항공기 엔진의 커넥팅 로드, 크랭크 축, 캠 축에 사용된다. 재질은 은, 납, 합금(예로서 청동 또는 배빗)이 사용된다.

청동(bronze)은 고압력에 잘 견디나 배빗(babbitt)보다 마찰이 크다. 반면 주석, 구리, 안티몬 (antimony)으로 구성된 은색의 연한 베어링 합금인 배빗은 마찰은 적으나 청동만큼 고압력에 견디지 못한다. 은은 압력에는 잘 견디고 열전도가 양호하나 마찰 특성이 좋지 않다.

그림 2-3 Plain bearings

(2) 롤러 베어링(Roller Bearing)

롤러 베어링은 롤러가 마찰을 제거하며, 비마찰 베어링(antifriction bearing)으로 알려진 2가지 형 중하나이다. 이 베어링은 여러 가지 모양과 치수로 제작되어 있으며 방사상과 추력 하중에 잘 견딘다. 직선 롤러 베어링은 일반적으로 방사상 하중에만 사용되고, 테이퍼(taper) 롤러 베어링은 방사상 및 추력 하중에 견딜 수 있다.

베어링 레이스(race)는 롤러가 이동하는 가이드(guide) 또는 채널(channel)이다. 롤러는 내부 (inner)와 외부(outer) 레이스 사이에 위치하는데 이 레이스는 표면 경화된 강철로 만들어진다.

롤러 베어링은 고출력 항공기 엔진의 크랭크 축을 지지하는 주 베어링(main bearing)으로 사용된다.

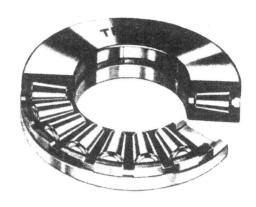

그림 2-4 Roller bearings(Countesy Timken Roller Bearing Co.)

(3) 볼 베어링(Ball Bearing)

이 베어링은 다른 형의 베어링보다 구름 마찰(rolling friction)이 적다. 볼 베어링은 내부 레이스, 외부 레이스, 강철 볼(steel balls), 볼 리테이너(ball retainer)로 구성된다. 레이스는 큰 방사상 하중에 견딜 수 있도록 볼의 곡면(curvature)에 맞게 홈이 파여져 있다(그림 2-5참조)

볼 리테이너는 볼이 적절한 공간을 유지하게 하고 서로 접촉되지 않게 한다. 볼 베어링은 보통 대형 성형 엔진이나 가스 터빈 엔진의 추력 베어링으로 사용된다. 이러한 이유로 방사상 하중뿐만 아니라 큰 추력 하중에 견딜 수 있어야 한다. 또한 자이로 하중(gyroscopic loads)도 받는 데 중요치는 않다. 추력 하중을 위해 특별히 설계된 볼 베어링은 볼 레이스의 홈이 예외적으로 깊다. 또한 소형 볼 베어링은 항공기 엔진의 발전기, 마그네토, 시동기, 기타 보기에 사용된다. 보기에 있는 많

그림 2-5 Ball-bearing assembly

은 베어링들은 미리 윤활되고 밀폐되므로 오버홀 주기동안 윤활없이 만족스러운 기능을 낼 수 있게 설계된다. 베어링 장·탈착시 베어링의 밀폐에 손상을 주지 않기 위해서 올바른 베어링 풀러 (puller)와 공구를 사용하여야 한다.

2-4 크랭크 축(Crankshaft)

크랭크 축은 피스톤과 커넥팅 로드의 왕복 운동을 프로펠러를 회전시키기 위한 회전운동으로 전환시킨다. 크랭크 축은 양끝 사이에 하나 혹은 그 이상의 크랭크(crank) 혹은 열(throw)로 구성된다. 크랭크 축은 내연 기관에서 중추 역할을 하고 있으므로 극히 강한 합금강인 크롬 니켈 몰리브덴강(chromium-nickel-molybdenum steel, SAE 4340)으로 제작되며, 주요 부품(parts)은 다음과 같다(그림 2-6 참조)

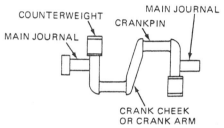

그림 2-6 Nomenclature for twin-row radial crankshaft engine

1) 주 저널(main journal)
2) 크랭크 핀(crank pin)
3) 크랭크 칙 또는 크랭크 암(crank cheek or crank arm)
4) 균형 추와 댐퍼(counter weights and dampers)

(1) 주 저널(Main Journal)

주 저널은 주 베어링에 의해 지지되고 회전하는 크랭크 축의 일부분이다. 이러한 이유로 주 베어링 저널(Main-Bearing Journal)이라고도 부른다. 이 저널은 크랭크 축의 회전중심이며 모든 정상 작동하에서 크랭크 축을 곧바르게(alignment) 유지하게 한다. 주 저널은 마모를 줄이기 위해서 0.015″~0.025″의 깊이로 질화물 처리(nitriding)에 의해 표면 경화한다.

모든 항공기 엔진의 크랭크 축은 엔진 출력부의 회전 구성품의 무게와 작동 하중을 견디기 위해 2개 이상의 주 저널을 가진다.

(2) 크랭크 핀(Crankpin)

크랭크 핀은 커넥팅 로드 베어링을 위한 저널이기 때문에 커넥팅 로드 베어링 저널(connecting rod bearing journal)이라고도 한다. 크랭크 핀은 주 저널과 중심이 떨어져 있기 때문에 열(throw)이라고도 한다.

일반적으로 크랭크 핀의 속이 비어 있는 세 가지 이유는 다음과 같다.

1) 크랭크 축의 전체 무게를 줄인다.

2) 윤활유의 통로 역할을 한다.

3) 탄소 침전물, 찌꺼기(sludge), 다른 이물질이 커넥팅 로드 베어링 표면으로 나오지 못하게 원심력으로 이들이 모이게 하는 방(chamber) 역할을 한다.

이러한 이유로 이 방을 슬러지 실(sludge chamber)이라고도 부른다. 이러한 엔진에는 슬러지 실로부터 드릴된 통로(drilled passage)를 통해 커넥팅 로드의 외부 표면의 구멍으로 윤활유가 공급되어 실린더 벽에 깨끗한 윤활유만 뿌려준다(spray).

크랭크 핀 베어링의 윤활은 주 저널로부터 드릴된 통로를 통해 공급되는 윤활유에 의해 이루어진다. 윤활유는 주 베어링을 지지하고 있는 크랭크케이스와 크랭크케이스 웨브(webs)에 드릴된 통로를 통해 주 저널로 공급된다.

오버홀시 모든 오일 통로와 슬러지 실을 제작 회사의 지침에 따라 깨끗이 세척하여야 한다.

(3) 크랭크 칙(Crank cheek)

크랭크 암(arm)이라고도 부르며, 크랭크 핀을 주 저널에 연결시켜 주는 크랭크 축의 한 부분이다. 많은 엔진에서 크랭크 칙은 주 저널 너머까지 뻗어 있는데 이것은 크랭크 축의 평형을 유지하는 데 사용되는 균형 추(Counter weight)를 지지하기 위함이다. 크랭크 칙에는 윤활유가 주 저널로부터 크랭크 핀까지 공급되는 오일 통로가 드릴되어 있다.

(4) 균형 추와 댐퍼(Counter weights and damper)

균형 추의 목적은 크랭크 축에 정적 평형(static balance)을 주기 위한 것이다. 만일 크랭크 축이 복열(two throw) 이상이라면 서로 균형이 잡히게 되므로 균형 추가 항상 필요한 것은 아니다. 단열 성형 엔진에 사용되는 단열(single throw) 크랭크 축은 그곳에 부착되는 피스톤과 커넥팅 로드의 무게를 상쇄시키기 위해 균형을 맞추어야 하므로 그림 2-7과 같은 균형 추가 장착된다.

댐퍼의 목적은 크랭크 축의 회전에 의해 발생하는 진동을 경감시키기 위함이다. 댐퍼 또는 동적

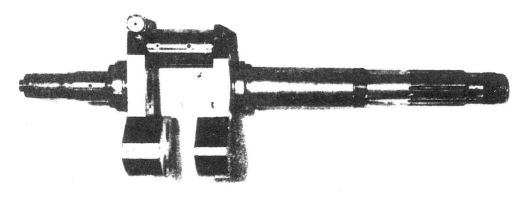

그림 2-7 Single-throw crankshaft with counterweights

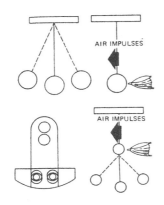

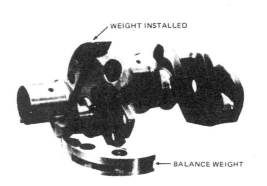

그림 2-8 Dynamic balances and principles of operation

그림 2-9 Dynamic-balances weights

평형(dynamic balances)은 크랭크 축에 비틀림 진동(tortional vibration)을 유발하는 힘을 극복하기 위해 필요하다. 이 힘은 주로 피스톤의 동력 임펄스(power impulse)에 의해 발생한다. 한 엔진의 출력 행정 초기의 피스톤에 부과되는 힘은 8000~10000lb(35584~44480N(Newtons) 정도가 크랭크 축의 열(throw)에 미치게 된다.

동력 임펄스의 주기와 엔진의 움직이는 한 부품 단위로서 크랭크 축과 프로펠러의 자연 진동 주파수가 일치되면 심각한 진동이 일어날 것이다. 동적 평형 장치는 균형 추에 장착된 진자형 추(pendulum-type weights)이거나(그림 2-8 참조) 또는 크랭크 칙의 연장선에 장착된 스트래들(straddle)이다. 어느 경우든 추(weight)는 한 방향으로의 움직임이 자유롭고 한 주파수에서 크랭크 축의 자연 진동을 감쇄할 것이다. 동적 평형 추는 2-9에 보여준다.

엔진에 사용되는 동적 댐퍼(dynamic damper)는 크랭크 칙에 부착된, 움직일 수 있게 되어 있는 홈이 파진 강철 균형 추로 되어 있다. 강철 핀과 구멍(holes) 사이에 직경의 차이가 진자되게 한다. 만약 진자의 자연 진동과 일치하는 속도에서 규칙적인 임펄스가 주어지면 진자는 앞뒤로 진동할 것이다(그림 2-8 윗그림 참조).

앞의 진자에 늘어뜨린 다른 진자는 이 경우에 위에 위치한 진자가 고정인 채로 임펄스를 흡수하여 흔들릴 것이다(그림 2-8 아랫그림 참조). 동적 댐퍼가 바로 위에 설명한 짧은 진자와 같은 역할을 하는 것이다.

(5) 크랭크 축의 형식(Types of Crankshafts)

크랭크 축의 네 가지 형식은 다음과 같다(그림 2-10 참조).

1) 단열 크랭크 축(single throw crankshaft)
2) 복열 크랭크 축(double throw crankshaft)
3) 4열 크랭크 축(four throw crankshaft)
4) 6열 크랭크 축(six throw crankshaft)

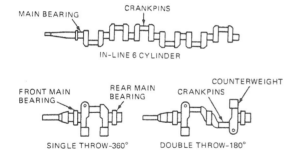

그림 2-10 Three types of crankshafts

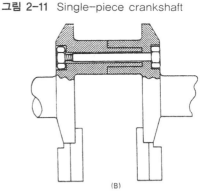

그림 2-11 Single-piece crankshaft

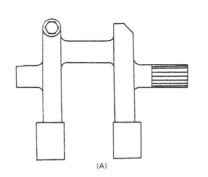

그림 2-12 Two-piece single-throw crankshafts

크랭크 축의 형식과 크랭크 핀(crank pins)의 수는 엔진의 실린더 배열에 의한다. 크랭크 축의 크랭크 위치는 같은 축의 다른 크랭크 위치에 관한 각도(degree)로 나타낸다. 단열 또는 360° 크랭크 축은 단열 성형 엔진에 사용된다(그림 2-11, 12 참조). 복열 또는 180° 크랭크 축은 일반적으로 복열 성형 엔진에 사용된다. 구조는 하나 또는 3부분으로 구성되며 베어링은 볼 또는 롤러 베어링이 사용된다.

4열 크랭크 축은 4기통 수평 대향형, 4기통 직렬 엔진, V-8 엔진에 사용된다. 2개의 열(throw)은 다른 2열과 180° 떨어져 있으며 엔진 출력과 크기에 따라 3또는 5개의 크랭크 축 주 저널이 있다. 베어링은 평형 베어링이고 크랭크 핀 베어링의 윤활을 위해 크랭크 칙에 드릴된 통로가 있다(그림 2-13 참조).

6열 크랭크 축은 6기통 직렬 엔진, 12기통 V형 엔진, 6기통 수평 대향형 엔진에 사용된다. 그림 2-14에 보여주는 크랭크 축은 Continental 6기통 대향형 항공기 엔진의 크랭크 축으로서 6열(throw) 60° 크랭크 축이며 재질은 합금강(SAE 4340)이다.

(6) 프로펠러 축(Propeller Shafts)

프로펠러 장착 축(propeller mounting shaft)의 3가지 형식은 테이퍼 축(taper shaft), 스플라인 축(spline shaft), 플랜지 축(flange shaft)이다.

과거에 저마력 엔진은 테이퍼 프로펠러 축을 주로 사용하였다. 테이퍼 프로펠러 축의 앞쪽의 키 (key)는 프로펠러 위치를 바르게 잡아주는 역할을 하며, 축의 앞쪽 끝은 나사로 되어 있어서 프로펠러를 고정해 주는 너트(nut)로 조인다(그림 2-13 참조).

스플라인 프로펠러 축을 가진 크랭크 축은 스플라인 프로펠러 내부의 홈과 맞추기 위하여 축에 직사각형 홈이 파져 있다(그림 2-7, 그림 2-14 참조). 프로펠러 허브 내부에 있는 하나의 넓은 홈은 블라인드(blind) 스플라인-프로펠러의 위치를 바르게 잡아주기 위해 한 홈내에 나사로 차단된 것이 맞추어지는 곳이다. 스플라인 프로펠러 축은 엔진 마력에 의하여 몇 가지치수로 만들어져 있다. SAE 20, 30, 40, 50, 60, 70으로서 표시되며 엔진은 SAE 20~40까지의 치수를 사용한다.

플랜지형 축은 그림 2-15와 같으며, 출력 450hp까지의 수평 대향형 엔진에 많이 사용된다. 6개의 고강도 볼트 또는 스터드(stud)가 프로펠러를 플랜지에 장착시키는데 사용되며, 일정한 응력을 주기 위해 정해진 순서에 따라 알맞은 토크 값으로 조이는 것이 중요하다.

프로펠러 축하중은 추력 베어링을 통해 엔진 앞부분(nose section)에 전달되고 엔진 마운트를 거쳐 항공기 구조에까지 도달된다.

그림 2-13 Four-throw crankshaft

그림 2-14 Crankshaft for a six-cylinder opposed engine

그림 2-15 Flange-type propeller shaft

2-5 커넥팅 로드 어셈블리

커넥팅 로드는 엔진의 피스톤과 크랭크 축 사이에 힘을 전달하는 링크(link)로서 정의된다. 즉 프로펠러를 구동하기 위하여 피스톤의 왕복 운동을 크랭크 축의 회전 운동으로 바꾸는 것이다. 재질은 강합금(SAE 4340)을 많이 사용하나 저출력용으로는 알루미늄 합금도 사용한다.

커넥팅 로드의 단면은 H자 모양이나 I자 모양이 보통이지만 튜브형(tubular) 단면도 있다. 크랭크 축에 연결된 로드의 단부(end)를 대단부(large end) 또는 크랭크 핀 단부(crankpin end)라고 하고 피스톤 핀에 연결된 단부(end)를 소단부(small end) 또는 피스톤 핀 단부(piston pin end)라고 한다. 커넥팅 로드는 속도와 방향의 변화에 따라 발생하는 관성력을 줄이기 위해 경량(light weight)이어야 하고 작동 조건하에서 부과되는 하중을 견딜 수 있게 충분히 강해야만 한다. 커넥팅 로드의 대표적인 세 가지 형식은 다음과 같다(그림 2-16, 17, 18, 19 참조).

1) 평형(plain type)　　　2) 포크와 블레이드 형(fork and blade type)
3) 마스터와 아티큘레이터 형(master and articulated type)

(1) 평형 커넥팅 로드(Plain Connecting Rod)

평형 커넥팅 로드는 직렬형 엔진이나 대향형 엔진에 사용된다. 로드의 소단부는 피스톤 핀에 대해 베어링으로 작용하는 청동 부싱(bronze bushing)이 장착되며 대단부에는 캡(cap)이 씌워진 두 조각의 셀 베어링(shell bearing)이 장착된다.

점검, 정비, 수리, 오버홀시 커넥팅 로드의 적절한 접합(fit)과 평형(balance)을 주기 위해서는 커넥팅 로드가 장탈 전과 같은 위치, 같은 실린더에 위치하도록 하여야 한다.

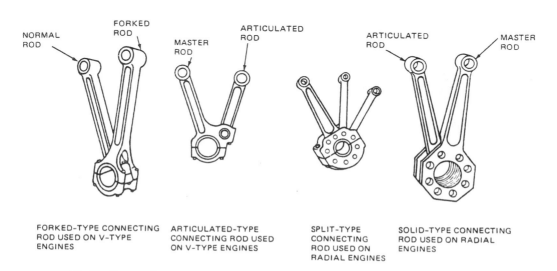

FORKED-TYPE CONNECTING ROD USED ON V-TYPE ENGINES

ARTICULATED-TYPE CONNECTING ROD USED ON V-TYPE ENGINES

SPLIT-TYPE CONNECTING ROD USED ON RADIAL ENGINES

SOLID-TYPE CONNECTING ROD USED ON RADIAL ENGINES

그림 2-16 Connecting-rod assemblies

커넥팅 로드와 캡은 엔진 내에서 위치를 표시하기 위하여 숫자가 찍혀져 있다. 즉 1번 실린더에 대한 로드는 1, 2번 실린더에 대한 로드는 2, 이런 식으로 표시되어 있다(그림 2-17 참조).

(2) 포크와 블레이드 커넥팅 로드 어셈블리

포크와 블레이드 커넥팅 로드 어셈블리(Fork-and-Blade Connecting-Rod Assembly)는 V 형 엔진에 일반적으로 사용된다. 포크 로드와 블레이드 로드는 대단부의 베어링을 공유하며, 포크 로드의 대단부 위에 블레이드 로드의 대단부가 겹쳐 장착된다(그림 2-18 참조).

(3) 마스터와 아티큘레이터 커넥팅 로드 어셈블리

마스터와 아티큘레이터 커넥팅 로드 어셈블리(Master and Articulated Connecting-Rod Assembly)는 일부 V형 엔진에도 쓰였으나 주로 성형 엔진에 사용되었다. 그림 2-19는 7기통 성형

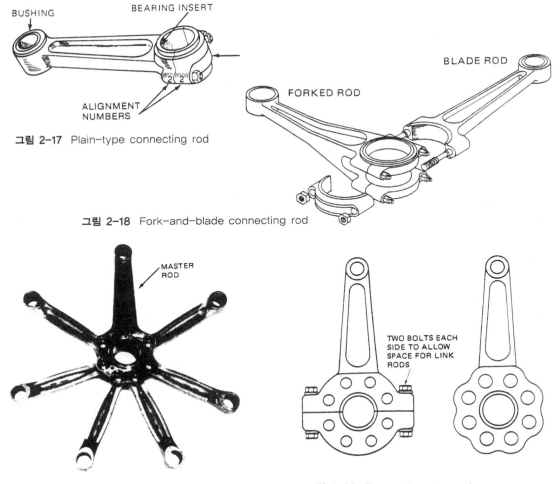

그림 2-17 Plain-type connecting rod

그림 2-18 Fork-and-blade connecting rod

그림 2-19 Master and articulated connecting-rod assembly

그림 2-20 Types of master rods

엔진에 대한 로드 어셈블리를 보여 준다. 마스터 로드는 평형 커넥팅 로드에는 부과되지 않는 응력을 받으므로 최대 강도와 진동과 응력에 견딜 수 있는 합금강으로 만든다.

마스터 로드는 대단부에 아티큘레이터 로드가 장착되는 것 이외에는 다른 로드와 유사하며, 마스터 로드의 대단부 종류에는 두 조각형(two piece type)과 한 조각형(one piece type)이 있다(그림 2-20 참조).

만일 마스터 로드의 대단부가 두 조각으로 되어 있으면 크랭크 축은 하나의 고정체(one solid piece)이며, 마스터 로드의 대단부가 한 조각으로 되어 있으면 크랭크 축은 두 조각이나 세 조각으로 되어 있다. 마스터 로드 베어링은 일반적으로 평형이고 마스터 로드가 두 조각이냐 한 조각이냐에 따라서 분할형 셀 또는 슬리브(split shell or sleeve)로 되어 있다. 일반적으로 베어링 표면은 가능한 한 마찰을 적게 하기 위하여 납으로 도금되어 있다. 베어링은 작동하는 동안 윤활유의 일정한 흐름에 의해 냉각되고 윤활되어진다.

아티큘레이터 혹은 링크 로드(link rod)는 너클 핀(knuckle pin)에 의해 마스터 로드 플랜지(flange)에 장착된다. 각 아티큘레이터 로드는 보통 비철금속인 청동 부싱을 가지고 있다. 저마력 성형 엔진에는 알루미늄 합금 링크 로드가 사용되는데 이 로드에는 알루미늄 합금 자체가 좋은 베어링 표면이 됨으로써 청동 부싱이 필요 없게 된다.

강철로 된 아티큘레이터 로드는 보통 I 또는 H 단면을 갖는데 이는 무게는 가벼우면서도 고강도이고 비틀림 저항이 크기 때문이다. 너클 핀은 피스톤 핀과 비슷하고 재질은 니켈강(nickel steel)이며, 가볍게 하기 위하여 속이 비어 있어서 윤활유의 통로가 되고 마모를 줄이기 위하여 표면 경화되어 있다.

너클 핀은 마스터 로드 플랜지 구멍에 전부동식 또는 고정식으로 장착되며 고정판(lock plate)은 너클 핀이 횡으로 움직이는 것을 방지한다(그림 2-21, 22 참조).

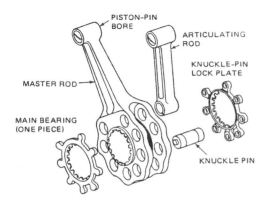

그림 2-21 Master rod with full-floating knuckle-pin and lock-plate assembly

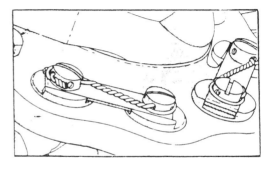

그림 2-22 Stationery knuckle-pin and lock-plate assembly

:::: **2-6 피스톤(Piston)**

피스톤은 실린더 내부의 팽창 가스의 힘을 커넥팅 로드를 통하여 크랭크 축에 전달한다. 엔진 수명을 최대한 길게 하기 위하여 피스톤은 높은 작동 온도와 압력에 견딜 수 있어야 한다. 단조로 된 피스톤(Forged piston)은 보통 알루미늄 합금 4140으로 되어 있으며, 주물로 된 피스톤(Cast piston)은 Alcoa 132 합금으로 되어 있다. 알루미늄 합금이 사용되는 이유는 무게가 가볍고 열전도성이 높으며 베어링 특성이 우수하기 때문이다.

그림 2-23은 대표적인 피스톤의 단면을 보여준다. 피스톤 헤드(head)의 아래쪽에 리브(ribs)가 있어 이 부분에 분사된 윤활유가 최대 접촉면을 갖게 하여 피스톤의 열의 일부를 흡수하는 데 이용된다. 어떤 피스톤은 단면 모양이 약간 타원형으로 되어 있으며, 이러한 피스톤을 캠 그라운드(cam ground) 피스톤이라고 부른다(그림 2-24 참조). 이 피스톤은 실린더에 대한 측면 추력(side thrust)이 증대됨으로써 피스톤의 마모가 증대되나 작동 온도에 도달하면 단면 모양이 타원형에서 원형으로 됨으로써 알맞은 맞춤(Better fit)이 된다. 홈(groove)은 피스톤 링을 유지하게 피스톤 바깥 면에 기계 가공으로 되어 있다. 홈과 홈 사이를 홈랜드 또는 랜드(land)라고 한다. 홈은 정확한

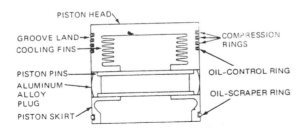

그림 2-23 Cross section of an assembled piston

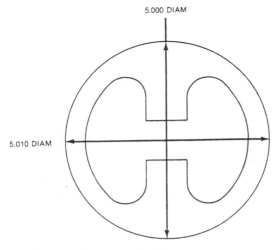

그림 2-24 Cam ground piston

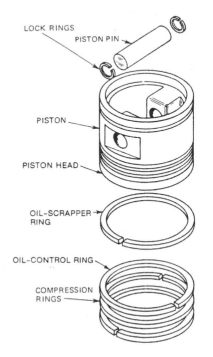

그림 2-25 Components of a complete piston assembly

치수이어야 하며 피스톤과 동심(concentric)이어야 한다.

피스톤과 링 어셈블리는 가능한 한 실린더 벽과 완전한 밀폐 상태가 유지되어야 한다. 엔진 윤활유는 피스톤이 밀폐 상태를 유지하는 데 도움이 되며 마찰을 감소시킨다. 엔진에 있어서 모든 피스톤의 무게는 평형이 되어야 하며 이 평형은 엔진이 작동하는 동안 진동을 감소시키는 데 대단히 중요하다. 즉 각 피스톤의 무게 차이가 1/4OZ(7.09g) 이내이어야 한다. 그림 2-25는 피스톤의 완전한 부품을 보여준다.

(1) 피스톤 속도(Piston Speed)

피스톤과 커넥팅 로드 어셈블리에 부과되는 하중을 알기 위해서는 피스톤의 속도가 고려되어야 한다. 응력을 최소화하고 고속으로 움직이기 위해서는 가능한 한 피스톤이 가벼워야 한다. 만약 엔진이 2,000RPM으로 작동하면 피스톤은 출발과 멈춤(start and stop)이 1분당 4,000번이 되고, 만약 행정이 6inch라면 크랭크 축 회전의 1/4이 되는 출발점과 끝점에서의 속도는 약 35mph(56.32Km/h) 이상 될 것이다.

(2) 피스톤 온도와 압력(Piston Temperature and Pressure)

항공기 엔진의 실린더 내부 온도는 4000°F(2204℃)가 넘으며 작동시 피스톤에 작용하는 압력은 500Psi 이상이 된다.

알루미늄 합금은 가볍고 강하며 열전도성이 우수하여 일반적으로 피스톤 재료에 많이 사용된다. 피스톤 내부의 열은 피스톤 바깥쪽을 통하여 실린더 벽에 전도되며, 피스톤 헤드의 안쪽의 리브(ribs)를 통하여 크랭크케이스의 엔진 오일로 전달된다. 핀(fins)은 가장 보편적으로 사용되는 냉각 방법이면서 피스톤의 강도를 증대시키는 역할도 한다.

(3) 피스톤과 실린더 벽 간격(Piston and Cylinder-wall clearance)

피스톤 링은 모든 행정 동안 피스톤과 실린더 벽 사이에 가스 손실을 방지하는 밀폐 역할을 한다, 실린더 벽에 가스 밀폐가 될 만큼 크게 피스톤을 만들면 피스톤 링이 필요 없으나 이 경우 피스톤과 실린더 벽 사이의 마찰이 너무 클 뿐만 아니라 금속의 수축 또는 팽창에 대한 여유가 전혀 없게 된다. 사실상 피스톤은 실린더보다 천분의 몇 인치 정도 적게 만들어져 있으며 링은 피스톤과 실린더 벽 사이의 간격을 밀폐하기 위하여 피스톤에 장착된다. 만약 피스톤과 실린더 벽 사이의 간격이 너무 크다면 피스톤은 흔들거릴 것이다.

(4) 피스톤의 형식(Types of piston)

피스톤은 헤드(head) 모양에 따라 다음과 같이 분류한다(그림 2-26, 27 참조).

1) 평형(flat)
2) 오목형(recessed)

3) 컵형(cup, concave)

4) 볼록형(dome, convex)

5) 모서리 잘린 원추형(truncated cone)

현재 가장 많이 사용되고 있는 형은 평두(flat head)형이다. 피스톤의 스커트는 트렁크형(trunk type)과 슬리퍼형(slipper type)이 있는데 슬리퍼형 피스톤은 현재 항공용 엔진에는 사용되지 않는다. 같은 엔진의 마력도 다른 피스톤을 사용함으로써 바뀔 수가 있다. 같은 ram으로 작동할 경우 볼록형 피스톤을 사용하는 엔진은 다른 형식의 피스톤을 사용하는 동일 엔진에 비하여 압축비와 제동 평균 유효 압력이 높다.

(5) 피스톤 링의 구조(Piston-Ring Construction)

피스톤 링은 실린더 벽에 대해 지속적인 압력을 유지할 수 있게 스프링 작용을 함으로써 밀폐 작용을 지속하게끔 고급 회주철(high grade gray castiron)로 제작된다. 주철 링은 높은 온도에 접하더라도 탄성을 잃지 않는다. 링의 표면을 크롬으로 도금한 압축 링은 크롬 도금한 실린더에는 사용할 수 없다.

피스톤 링 조인트에는 그림 2-28과 같은 것이 있으며 현재 항공기 엔진에 가장 많이 사용하는 것은 버트 조인트(butt joint)이다. 피스톤 링이 실린더에 장착될 때는 엔진이 작동하는 동안 열팽

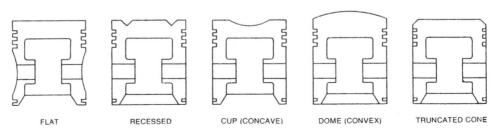

FLAT　　　RECESSED　　　CUP (CONCAVE)　　　DOME (CONVEX)　　　TRUNCATED CONE

그림 2-26 Types of piston heads

그림 2-27 Several type of pistons

BUTT　　　STEP　　　ANGLE

그림 2-28 Piston-ring joints

창을 허용하기 위하여 조인트 끝 사이에 지정된 끝간격(gap clearance)이 있어야 한다. 이 간격의 치수는 엔진의 한계표(Table of Limits)에 명시되어 있다. 만일 피스톤 링에 충분한 간격이 없으면 피스톤 링이 실린더 벽에 고착되어서 실린더를 긁거나 또는 엔진 손상의 원인이 된다.

피스톤 링의 조인트는 피스톤 원주에 엇갈리게(staggered), 즉 360°를 피스톤 링 수로 나눈 각도로 장착되는데 이는 크랭크케이스 속으로 누설되는 가스를 방지하기 위함이다. 가스가 누설되는 징후는 엔진 브리더(breather) 또는 배기로 윤활유가 타서 생기는 청색 연기(blue smoke)가 나오는 것으로 감지할 수 있다. 같은 징후가 피스톤 링이 마모되었을 때도 일어난다. 엔진이 시동되었을 때 청색 연기가 나오고 조금 후 청색 연기가 멈추면 그 엔진은 정상이다. 피스톤 링의 측면 간격(side clearance)은 홈에서 링이 자유롭게 움직일 수 있도록 한 것으로서 엔진의 한계표에 명시되어 있다.

(6) 피스톤 링의 기능(Functions of Piston Rings)

다음과 같은 세 가지의 주요한 기능이 있다

1) 연소실 내의 압력을 유지하기 위한 밀폐 역할
2) 과도한 윤활유가 연소실로 들어가는 것을 막는 역할
3) 피스톤으로부터 실린더 벽으로 열을 전도하는 역할

(7) 피스톤 링의 형식(Types of Piston Rings)

피스톤 링은 기능에 따라 1) 압축 링(Compression Ring)과 2) 오일 링(Oil Ring)으로 나눈다. 압축 링의 목적은 엔진 작동시 가스가 피스톤을 지나 누설되는 것을 방지하는 것이다. 압축 링의 수는 엔진 설계자에 의해 결정되는데 대부분의 항공기 엔진은 각 피스톤당 2개 또는 3개의 압축 링으로 되어 있다. 압축 링은 단면 모양에 따라 직사각형(rectangular), 테이퍼형(tapered), 쇄기형(wedge shaped) 등이 있다(그림 2-29 참조). 특히 쇄기형은 링과 홈 사이에 고착되는 것을 방지하는 자기 청정(self cleaning) 작용을 한다.

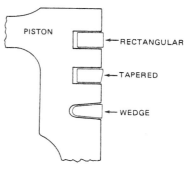

그림 2-29 Cross section of compression rings

오일 링의 주목적은 실린더 벽에 공급되는 윤활유의 양을 조절하고 윤활유, 연소실로 들어가는 것을 방지하는 것이다. 오일 링의 형식에는 오일 조종 링(oil control ring)과 오일 와이퍼 링(oil wipering or oil scraper ring) 두 가지가 있다.

오일 조종 링은 압축 링 바로 밑 홈에 장착되어 있으며 일반적으로 피스톤에 1개의 오일 조종 링이 장착된다. 오일 조종 링의 목적은 실린더 벽에 형성되는 유막의 두께를 조종하는 것이다. 오일 조종 링 홈은 피스톤 안쪽으로 드릴 구멍이 있어서 여분의 오일을 내보낸다. 드릴 구멍을 통하여 흐

르는 오일은 피스톤 핀의 윤활을 도와준다.

만일 많은 양의 오일이 연소실에 들어가면 연소되어 연소실 벽, 피스톤 헤드, 밸브 헤드에 탄소가 덮여져 남게 된다. 이 탄소가 밸브 가이드나 링 홈에 들어가면 밸브와 피스톤 링이 고착되는 원인이 되며 디토네이션과 조기 점화의 원인이 되기도 한다. 항공기 엔진의 운용자(operator)가 오일 소모가 증대되고 진한 청색 연기가 배기되는 것을 인지했다면 피스톤 링이 마모되어 밀폐가 안 되어 적절한 작동이 되지 않는 것을 알아야 한다.

오일 와이퍼 링 또는 스크레이퍼 링(scraper ring)은 피스톤의 매 행정동안 피스톤 스커트와 실린더 벽 사이에 흐르는 오일의 양을 조절하기 위하여 피스톤 스커트에 장착되어 있다. 링의 단면은 보통 경사진 모서리형(Beveled edge)으로 되어 있다(그림 2-30 참조).

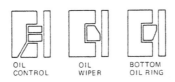

그림 2-30 Oil ring installations

경사진 모서리가 피스톤 헤드 쪽을 향해 있다면 링은 오일을 크랭크케이스로 닦아내고 경사진 모서리가 피스톤 헤드 반대쪽을 향해 있다면 링은 오일을 피스톤과 실린더 벽 사이로 공급하는 펌프같이 작용한다. 피스톤 링의 장착은 제작 회사의 오버홀 지시서에 따라 정확히 장착되어야 한다.

(8) 피스톤 핀(Piston Pins)

피스톤 핀은 간혹 리스트 핀(Wrist pin)이라고도 부르며 피스톤을 커넥팅 로드에 연결하는 데 사용된다. 재질은 강(AMS 6274 또는 AMS 6322)으로 만들어졌으며 가볍게 하기 위하여 속은 비어 있고 마모를 막기 위하여 표면 경화나 전체 경화를 하였다. 피스톤 핀은 고정식(stationary, rigid), 반부동식(semi-floating), 전부동식(full floating)으로 분류한다(그림 2-31 참조).

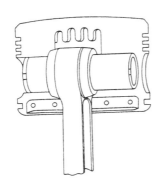

그림 2-31 Piston pin in a piston-pin boss

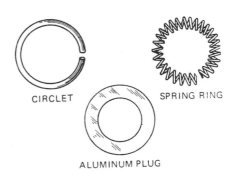

그림 2-32 Piston-pin retainers

고정식은 핀이 어떤 방향으로도 움직일 수 없는 것이고 반부동식은 핀이 피 보스에서는 자유롭게 움직이나 커넥팅 로드 핀에 고정이고 전부동식은 핀이 핀 보스에서, 커넥팅 로드가 핀에서 자유롭게 움직일 수 있는 것으로서 현재 대부분의 항공기 엔진에는 전부동식이 사용되고 있다.

(9) 피스톤 핀 리테이너(Piston-Pin Retainers)

피스톤 핀 끝과 실린더 벽 사이의 접촉을 방지하는 장치로서 그림 2-32에 보여준다.

1) 반지형(circlets)은 피스톤 링과 비슷하며 각 피스톤은 보스의 외부 끝의 홈에 꼭 끼워진다.
2) 스프링 링(spring ring)은 실린더 벽에 대해서 피스톤 핀의 움직임을 방지하기 위하여 피스톤 보스의 외부 끝에 있는 원형 홈에 꼭 맞게 끼워지는 원형 강스프링 코일(circular spring steel coils)이다.
3) 비철금속 플러그(nonferrous-metal plugs)는 보통 알루미늄 합금으로 만들어지는데 피스톤 핀 플러그(Piston Pin Plug)라고도 부르며 항공기 엔진에 가장 많이 사용하고 있다. 피스톤 핀은 0.001inch 이하의 간격으로 피스톤과 커넥팅 로드에 끼워져 있으며, 피스톤 핀을 손바닥으로 밀어서 피스톤 보스에 끼워 넣을 수 있으므로 보통 "push fit"라고 부른다. 피스톤 핀, 보스, 커넥팅 로드에 대한 적절한 간격은 엔진의 한계표(Table of Limits)에 명시되어 있다.

2-7 실린더(Cylinders)

내연 기관의 실린더는 연료의 화학적인 열 에너지를 기계적인 에너지로 전환시켜 피스톤과 커넥팅 로드를 통하여 크랭크 축을 회전하게 한다. 또한 실린더는 연료의 연소로 인해 발생하는 열의 상당 부분을 방출시키며 내부에 피스톤과 커넥팅 로드가 있고 밸브 작동 기구의 일부와 점화 플러그를 지지하고 있다.

현재 엔진에 사용되는 실린더 어셈블리는 보통 다음과 같은 구성품으로 되어 있다(그림 2-33 참조).

1) 실린더 배럴(cylinder barrel)
2) 실린더 헤드(cylinder head)
3) 밸브 가이드(valve guide)
4) 밸브 로커 암 지지(valve rocker-arm support)
5) 밸브 시트(valve seats)
6) 점화 플러그 부싱(spark plug bushing)
7) 냉각 핀(cooling pins)

실린더 어셈블리 중 두 가지의 주 구성품은 실린더 배럴과 실린더 헤드이다. 실린더 어셈블리의

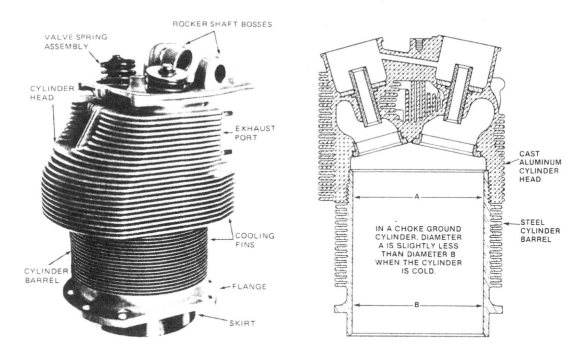

그림 2-33 Cylinder assembly(Courtesy Teledyne Continental Motors)

주요한 구비 조건은 다음과 같다.

1) 엔진이 최대 설계 하중으로 작동할 때 발생하는 온도에서 운용시 생성되는 내압(internal pressure)에 견딜 수 있는 강도이어야 한다.

2) 경량이어야 한다.

3) 열전도성이 우수하며 효율적인 냉각이 이루어져야 한다.

4) 설계가 쉽고 제작과 검사 및 정비의 비용이 저렴하여야 한다.

(1) 실린더 배럴(Cylinder Barrel)

실린더 배럴 내부에서 피스톤이 왕복 운동을 하므로 실린더 배럴은 고강도강 합금(high strength steel alloy)으로 만들어졌으며, 가능한 한 경량의 구조와 고온도하에서 작동하기 위한 적절한 특성과 좋은 베어링 특성과 고인장 강도를 갖는 재질로 제작된다. 실린더 배럴은 보통 크롬 몰리브덴강(chrome-molybdenum steel)으로 만든다. 실린더 배럴의 내부 표면은 피스톤 링이 적절한 베어링 역할을 하게 하기 위하여 혼(horn)된다. 실린더 배럴의 내부는 표면 마모가 잘 되지 않게 질화물 처리(nitriding) 또는 크롬 도금 방법으로 표면 경화하기도 한다.

크롬 도금은 질화물 처리와 비교하면 부식과 녹에 강한 것이 장점이다. 질화물 처리는 배럴의 온도를 975°F(523℃)에 유지시키고 40시간 이상 암모니아 가스를 노출시킴으로써 배럴 표면에 질소가 침투함으로써 표면 경화시키는 방법이다. 어떤 실린더는 실린더 헤드 쪽의 내부 직경(Bore)이

스커트 끝쪽의 내부 직경보다 적은 것이 있는데 이는 실린더 헤드 쪽의 작동 온도가 더 큼으로인한 열팽창을 고려한 것이다. 이러한 실린더를 쵸크 보어(choke bored)라고 한다.

실린더 배럴의 바닥(base)쪽에 플랜지(flange)가 있어 크랭크케이스에 장착하는 역할을 한다. 플랜지는 장착 스터드 또는 볼트(mounting studs or bolts)를 위한 구멍이 드릴되어 있다. 플랜지를 지나 크랭크케이스 속으로 들어가는 스커트(skirt)가 있는데 이것은 엔진의 외부 치수를 줄이고 커넥팅 로드도 짧게 하기 위해 가능한 한 짧게 만들어진다. 도립형 엔진의 실린더와 성형 엔진의 하부에 위치한 실린더는 여분의 긴 스커트로 되어 있다. 이것은 윤활유가 실린더로 떨어지는 것을 방지하여 오일 소모를 감소시키고 실린더 헤드에 모인 오일로 인해 일어날 수 있는 하이드로릭 로크(hydraulic lock)를 줄여준다.

(2) 실린더 헤드(Cylinder Heads)

실린더 헤드는 연소실을 둘러싸고 있는 것으로, 흡 · 배기 밸브와 밸브 가이드, 밸브 시트(seat)가 포함되며 밸브 로커 암(valve rocker arms)이 장착되는 로커 축(rocker shaft)을 갖고 있다. 점화 플러그는 실린더 내의 혼합기가 가장 잘 연소할 수 있는 위치에 장착되도록 설계한다. 점화 플러그가 장착되는 구멍(opening)은 구형 실린더에는 청동 부싱(bushing)이 수축 접합되어 있으나 최근의 실린더에는 헬리 코일(heli-coil)이라고 불리는, 나사 역할을 하는 강철이 끼워져 있다. 이 헬리 코일은 교환이 가능하다.

실린더 헤드는 보통 고강도이며 경량인 주물로 된 알루미늄 합금(AMS 4220)으로 제작된다. 알루미늄 합금의 한 단점은 강철보다 열팽창 계수가 상당히 큰 것이다. 냉각 핀은 냉각 효율이 가장 좋은 모양으로 실린더의 외부에 주물 또는 기계 가공되어 장착되어 있다. 흡입 통로와 흡입 밸브 주위는 실린더로 들어오는 혼합기가 열을 흡수하므로 일반적으로 냉각 핀이 없다. 그러므로 실린더 헤드에서 냉각 핀이 없는 쪽이 흡입 쪽인 것을 쉽게 알 수 있다.

실린더 배럴을 실린더 헤드에 접합하는 세 가지 방법은 다음과 같다.

1) 나사 접합(threaded-joint)
2) 수축 접합(shrink-fit)
3) 스터드와 너트 접합(stud and nut joint)

최초의 엔진에 가장 보편적으로 사용되던 방법은 나사 접합 방법이었다. 이 방법은 실린더 헤드를 약 575°F(302℃)로 가열시켜 냉각시킨 실린더 배럴에 나사로 끼워 접합시킨다. 나사 접합시에는 압축 누설을 방지하기 위하여 나사 사이에 접합제(jointing compound)를 바른다.

실린더 헤드에는 흡입과 배기 매니폴드가 장착되는, 표면이 기계 가공된 흡입과 배기 구멍(opening)이 있다. 파이프와 실린더 사이의 접합을 밀폐하기 위해 흡입 파이프에는 합성 고무 가스켓(synthetic-rubber gasket)을 사용하며 배기 파이프에는 금속과 석면으로 된 가스켓을 사용한다. 성형 엔진의 실린더 헤드는 실린더 헤드 사이에 압력을 고르게 하고 오일 흐름을 주기 위한 로커 박스 인터실린더 드레인 라인(rocker-box intercylinder drain lines)이 설치된다.

(3) 실린더 외부 마감 처리(Cylinder Exterior Finish)

공냉식 실린더 어셈블리는 부식을 초래하는 조건에 노출되기 때문에 열저항 에나멜(heat-resistant enamel)을 바른다. 과거에 이 에나멜은 보통 검정색이었으나 최근에는 부식도 방지할 뿐 아니라 과온도(over temperature) 조건에서는 색깔이 변하는 에나멜이 개발되었다. Teledyne continental motors에서 개발한 continental gold는 보통 때는 금색이나 과도한 온도를 받을 때는 핑크(Pink)로 바뀐다. 또한 Lycoming 엔진에 사용된 청회색(Blue-gray) 에나멜도 과열되면 색깔이 변하게 되어 있어 정비사는 엔진 점검시 열손상에 대한 점검을 쉽게 할 수 있게 되었다.

2-8 밸브와 관련 부품

내연 기관의 밸브의 목적은 엔진의 연소실의 문을 열고 닫고 하는 것이다. 각 실린더는 적어도 하나의 흡입구와 하나의 배기구가 설치되나 어떤 고출력 액냉식 엔진에는 각 실린더당 2개의 흡입구와 2개의 배기구가 설치되어 있다.

포핏형 밸브(Poppet-Type Valve)는 밸브가 튀기(Pop) 때문에 "Poppet"형 밸브로 불려진다. 이 밸브는 밸브 헤드의 모양에 따라서 다음과 같은 네 가지로 구분한다(그림 2-34 참조).

1) 평두형 밸브(flat-headed valve)
2) 반 튤립형 밸브(semitulip valve)
3) 튤립형 밸브(tulip valve)
4) 버섯형 밸브(mushroom valve)

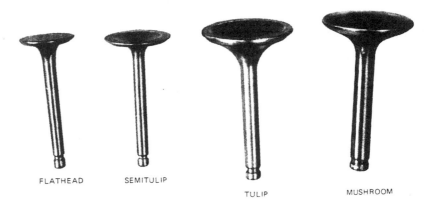

FLATHEAD   SEMITULIP   TULIP   MUSHROOM

그림 2-34 Types of poppet valves

밸브는 고온도와 부식 환경에 노출되므로 이러한 영향에 저항할 수 있는 금속으로 제작된다. 흡입 밸브는 배기 밸브보다 저온에서 작동하기 때문에 크롬니켈강(chromenickel steel)으로 제작되며 배기 밸브는 더 높은 온도에서 견딜 수 있는 니크롬(nichrome), 실크롬(silchrome), 코발트 크롬(cobalt chrome)강으로 제작된다.

밸브 스템(valve stem)은 마모를 막기 위하여 표면 경화하고, 밸브 팁(valve tip)은 경화강(hardened steel)으로 스템의 끝에 용접된다. 스템 끝(stem tip)에 홈을 파서 분할 링 스템 키(split-ring stem key)를 장착하도록 되어 있으며 이 키는 밸브 스프링 리테이닝 와셔(valve spring retaining washer)를 고정시켜 준다.

어떤 성형 엔진의 밸브 스템에는 안전 반지 혹은 스프링 링(safety circlets or spring ring)의 장착을 위하여 로크 링 홈(lock-ring groove) 밑에 좁은 홈을 갖고 있는데 이것은 엔진 작동중 팁(tip)이 부러지거나 혹은 장, 탈착시 밸브가 연소실 내로 떨어지는 것을 방지하기 위함이다.

(1) 배기 밸브(Exhaust Valves)

배기 밸브는 고온도에서 작동하며 혼합기의 냉각 효과를 받지 못하므로 급속히 열을 방출하게 설계되어 있다. 고출력 엔진인 경우 열을 방출시키기 위하여 밸브 스템과 버섯형 헤드 속을 비게 하여 빈 공간 속에 금속 나트륨(metallic sodium)을 채워 넣는다. 이 금속 나트륨은 200°F(93.3℃) 이상에서 녹아서 스템의 공간을 왕복하면서 열을 밸브 가이드를 통하여 실린더 헤드로 방출시킨다.

금속 나트륨이 채워져 있는 밸브는 망치 또는 다른 도구로 절단하면 폭발하기 때문에 어떠한 상황에서도 절단시켜서는 안 되며 적절한 절차에 따라 처분하여야 한다. 고성능 배기 밸브의 면(face)을 "스텔라이트(stellite)"라고 부르는 재질로 약 1/16″ 입힘으로써 더 강하게 만든다. 이 합금은 밸브의 면에 용접한 뒤 정확한 각도로 연마한다. 스텔라이트는 고온 부식에 저항력이 있고 밸브 작동과 관련된 충격과 마모에 잘 견딘다.

밸브의 면은 보통 30° 또는 45°의 각도로 연마된다. 어떤 엔진에는 흡입 밸브면이 30°의 각도로 되어 있고 배기 밸브면은 45°로 되어 있다. 30°각은 공기 흐름을 좋게 하고 45°각은 밸브로부터 밸브 시트까지 열 흐름을 잘 되게 한다.

밸브 스템 끝(tip)은 고탄소강 또는 스텔라이트로 제작하여 내마모성을 크게 하는데 그 이유는 밸브를 개폐하는 로커 암(rocker arm)의 충격을 계속 받기 때문이다.

(2) 흡입 밸브(Intake Valves)

흡입 밸브는 혼합기에 의해 냉각되기 때문에 특별한 냉각 밸브가 요구되지 않는다. 저출력 엔진의 흡입 밸브는 평두형(flat head)이 많이 사용되며 고출력 엔진에는 스템이 연결된 헤드에 응력을 줄이기 위하여 튤립형(tulip type)이 보통 사용된다.

(3) 밸브 가이드(Valve Guides)

그림 2-35에 보여 주는 것과 같이 밸브 가이드는 밸브 스템을 지지하고 안내(guide)하는 것이다. 밸브 가이드는 0.001~0.0025inch tight fit로 수축 접합한다. 이는 심각한 가열 조건하에서도 밀폐를 유지시키기 위함이다. 새 가이드로 교체시에는 보통 약 0.002inch 큰 가이드를 장착시킨다. 밸브 가이드는 알루미늄 청동(aluminum bronze), 주석 청동(tin bronze) 또는 강철로서 제작된다. 어떤 실린더에는 배기 밸브 가이드는 강철로, 흡입 밸브 가이드는 청동으로 되어 있는 것도 있다.

(4) 밸브 시트(Valve Seats)

실린더 헤드는 알루미늄 합금으로 되어 있어 밸브 개폐시 충격에 잘 견딜만큼 강하지 못하기 때문에 밸브가 위치하는 곳에 청동이나 강으로 제작된 밸브 시트가 장착된다(그림 2-36 참조). 한 대표적인 6기통 수평 대향형 엔진의 흡입 밸브 시트는 알루미늄 청동으로, 배기 밸브 시트는 크롬 몰리브덴강으로 되어 있다. 밸브 시트의 외경은 시트가 장착될 곳보다 0.007~0.015inch 더 크다. 그러므로 밸브 시트를 실린더에 장착할 때에는 실린더 헤드에 575°F(301℃) 이상 열을 가하고 시트는 드라이 아이스(dry ice)로 차게 해서 장착한다.

밸브 시트는 밸브면(face)과 같은 각도로 되어 있거나 또는 약간 다른 각도인 "interference fit"로 되어 있다. 특히 오버홀한 엔진 또는 새 엔진에서는 작동 온도에서 선 접촉(line contact)을 주어 시팅(seating)을 좋게 하기 위하여 밸브면이 밸브 시트의 각도보다 1/4°~1° 더 적게 되어 있다.

(5) 밸브 스프링(Valve Springs)

밸브는 헬리컬 코일 스프링(helical-coil spring)에 의하여 닫혀진다. 스프링은 2개 또는 그 이상의 스프링으로 구성되는데, 1개는 다른 것의 내부에 위치하며 각 밸브 스템 위에 장착된다. 만약 단 하나의 스프링만 각 밸브에 사용한다면 스프링의 고유 진동 주파수(natural vibration frequency)로 인하여 서지(surge)나 튐(bounce)이 밸브에 생긴다.

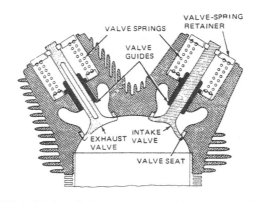

그림 2-35 Installation arrangement for valve guides

그림 2-36 Valve seat in the cylinder head

직경과 피치(pitch)가 다른 2개 이상의 스프링은 서로 다른 주파수를 갖기 때문에 엔진 작동시 스프링 서지 진동을 급속히 완충시킨다. 또한 둘 이상의 스프링을 사용하는 두 번째 이유는 열이나 금속 피로로 인해 부러질 때 생기는 손상을 줄여 주기 때문이다.

밸브 스프링은 특수한 와셔(washer) 모양을 한 강으로 만든 밸브 스프링 리테이너에 의하여 자리에 잡혀져 있다. 밸브 스프링 리테이너는 상부와 하부에 각 하나씩 있는데 상부는 스플릿 스템 키(split stem key)에 의해 고정되며 이것들을 간혹 상부와 하부 밸브 스프링 시트(valve spring seats)라고도 부른다.

(6) 밸브 작동 기구(Valve Operating Mechanism)

항공기 엔진에 있는 밸브 작동 기구의 목적은 엔진 밸브의 타이밍(timing)을 조종하는 것이다. 오늘날 일반적으로 사용되는 밸브 작동 기구의 두 가지 형식은 수평 대향형 엔진에 사용되는 형식과 성형 엔진에 사용되는 형식이다. 두 엔진 모두 오버헤드(overhead) 밸브가 사용된다.

1) 밸브 기구 구성품(Valve Mechanism Components)

① 캠(cam) : 밸브 리프팅 기구(valve lifting mechanism)를 작동시키는 장치.

② 밸브 리프터 또는 태핏(valve lifter or tappet) : 캠의 힘을 밸브 푸시 로드(pushrod)로 전달하는 장치.

③ 푸시 로드(pushrod) : 밸브 작동 기구의 밸브 리프터와 로커 암 사이에 위치하여 밸브 리프터의 움직임을 전달하는 장치로서, 강이나 알루미늄 합금으로 만든 로드(rod) 또는 튜브(tube)로 되어 있다.

④ 로커 암(rocker arm) : 실린더 헤드의 베어링 위에 장착된 피벗된(pivoted) 암으로 밸브를 열고 닫게 한다. 암의 한쪽 끝은 밸브 스템에 접촉되고 다른 쪽 끝은 푸시 로드로부터 움직임을 받는다.

대향형 또는 직렬형 엔진의 캠은 엔진의 흡입 밸브와 배기 밸브 모두를 작동하기에 충분한 수의 캠 로브(lobes)로서 축에 구성되어 있다. 한 대표적인 6기통 대향형 엔진의 캠 축은 그림 2-37에서 보는 것과 같이 각 그룹당 3개의 로브를 가지고 있는 세 그룹(Group)으로 되어 있다. 각 그룹의 중앙 로브는 두 상대(two opposite) 흡입 밸브의 밸브 리프터를 작동시키는 반면 밖의 로브는 배기 밸브의 리프터를 작동시킨다. 성형 엔진에서 밸브를 작동하는 장치는 캠 판 또는 캠 링(camplate or camring)으로 3개 이상의 로브로 구성되어 있다. 5기통 성형 엔진은 보통 3개, 7기통 성형 엔진은 3개 또는 4개, 9기통 성형 엔진은 4개 또는 5개의 로브로 구성된 캠 링으로 되어 있다.

2) 대향형 엔진의 밸브 기구(Valve Mechanism for Opposed Engine)

그림 2-38은 단순한 밸브 작동 기구를 보여준다. 밸브 작용은 캠 축 기어와 물려 있는 크랭크 축 타이밍 기어로서 시작된다. 즉 크랭크 축이 회전함에 따라 캠 축도 또한 회전한다. 그러나 캠 축은

그림 2-37 Camshaft for a six-cylinder opposed engine

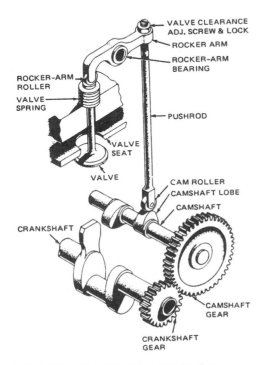

그림 2-38 Valve operating mechanism

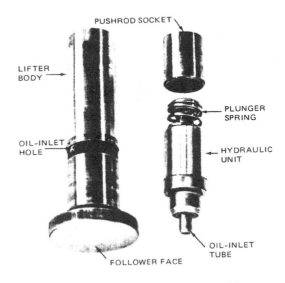

그림 2-40 Hydraulic valve lifter assembly

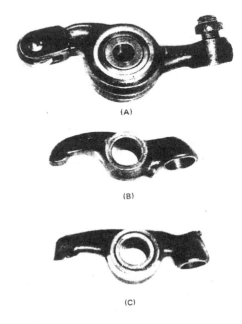

그림 2-41 Typical rocker arms

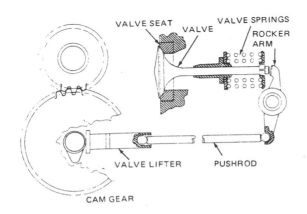

그림 2-39 Valve operating mechanism for an
opposed engine

크랭크 축 rpm의 1/2rpm으로 회전한다. 이것은 각 사이클당 밸브는 단 한번 작동하며 크랭크 축은 사이클당 2회전하기 때문이다. 캠 축의 캠 로브는 캠 롤러(cam roller)를 밀어 올려 캠에 붙어 있는 푸시 로드를 밀어 올린다. 캠 로브의 각 측면에 위치한 램프(ramp)는 밸브 작동 기구의 개폐시 발생하는 충격(shock)을 완화시키기 위하여 설계된다. 대향형 엔진에서 캠 롤러는 사용되지 않고 태핏 또는 유압 리프터(hydraulic lifter)가 사용된다.

푸시 로드에 의해 로커 암의 한쪽 끝이 밀어 올려져 밸브가 열리고 밸브 스프링의 장력(tension)에 의해 밸브가 닫힌다.

그림 2-39는 대향형 항공기 엔진의 밸브 작동 기구를 보여준다. 밸브 작동 기구는 크랭크 축에 있는 기어가 구동함으로써 시작된다. 이 기어를 크랭크 타이밍 기어 또는 액세서리 구동 기어 (accessory drive gear)라고 한다. 캠 축 끝에 있는 것이 캠 축 기어이며, 캠 축 기어의 치차는 크랭크 축 기어의 치차(teeth) 수의 두 배이다.

캠 축과 크랭크 축 기어 위의 타이밍 마크(timing mark)를 일치시켜 캠 축이 크랭크 축과 함께 시기 적절하게 작동하게 하여야 한다. 각 캠 로브에 인접한 것이 유압 밸브 리프터 또는 태핏 어셈블리의 근저로서 캠 종동부면(cam follower face)이다. 이 어셈블리의 외부 실린더를 리프터 몸체 (lifter body)라고 부르고, 몸체 내부는 유압 장치 어셈블리(hydraulic unit assembly)로서 실린더, 플런저(plunger), 플런저 스프링, 볼체크 밸브(ball check valve), 오일 유입 튜브(oil inlet tube)로 구성되어 있다. 그림 2-40은 완전한 리프트 어셈블리를 보여준다.

작동시 압력이 걸려있는 엔진 오일은 측면 오일 유입구(inlet hole)를 통하여 리프터 몸체 속의 오일 저장소(reservoir)로 공급된다. 이 오일은 엔진의 주 오일 갤러리(main oil gallery)로부터 직접 압력을 받고 있으므로 볼체크 밸브를 통하여 오일 유입 튜브와 실린더 속으로 흐른다. 오일의 압력은 푸시 로드 소켓(pushrod socket)을 향한 플런저에 힘을 가하여 작동시 밸브 작동 기구 내의 모든 간격(clearance)을 꼭 죄어 준다. 이러한 이유로 이 형의 리프터를 "무간격 리프터(zero-lash lifter)"라고 부른다.

캠 종동부면에 캠이 힘을 가할 때 오일은 오일 저장소로 되돌아가려는 경향이 있으나 볼체크 밸브가 이를 방지한다.

푸시 로드 소켓(socket)과 볼(ball)에는 푸시 로드로 오일의 흐름을 주기 위래 드릴되어 있다. 이 오일은 속이 빈 푸시 로드를 통하여 로커 암에 위치한 드릴된 푸시 로드 볼과 소켓을 통해 로커 암 베어링과 밸브에 윤활을 준다. 로커 암은 베어링과 밸브 기구에 오일 흐름을 주기 위해 드릴되어 있다. 그림 2-41에서 (B), (C)는 대향형 엔진에 사용하는 로커 암이며 (A)는 Pratt & Whitney R-985 엔진의 로커 암이다. 로커 암은 실린더 헤드의 로커 축 보스(Boss) 내에 장착되는 강축(steel shaft) 위에 장착된다.

3) 성형 엔진의 밸브 기구(Valve Mechanism for Radial Engines)

성형 엔진의 밸브 작동 기구는 실린더의 열(row)의 수에 따라 하나 또는 2개의 캠 판 또는 캠 링에 의해 작동된다. 단열 성형 엔진에는 하나의 캠 판이 사용되며 두 개의 캠 트랙이 요구된다. 하나의 캠 트랙은 흡입 밸브를 작동하고 다른 하나의 캠 트랙은 배기 밸브를 작동한다,

그림 2-42는 다른 엔진형의 캠 축과 같은 목적인 성형 엔진의 캠 링(또는 캠 판)을 보여 준다. 캠 링은 외부에 캠 로브가 있는 원형으로 된 강(steel)으로 되어 있다. 로브가 갑자기 나타남으로써 발생하는 충격을 줄이기 위해 로브 가장자리에 램프(ramp)가 있다. 캠 트랙(cam track)은 로브와 로브 사이의 표면 모두를 포함한다.

그림 2-43은 캠 판(또는 캠 링) 구동을 위한 기어 배열을 보여준다. 이 캠 판은 하나의 트랙에 4개의 로브를 가지고 있다. 그러므로 1/8 크랭크 축 속도로 회전할 것이다. 각 사이클당 밸브는 한번 작동하고 크랭크 축은 2회전하므로 각 캠 트랙에 4개의 로브는 캠 판의 1회전당 밸브를 4번 작동시키고 이 때 크랭크 축은 8회전한다. 그림 2-43에서 크랭크 축 기어와 큰 캠 감속 기어는 같은 치수이다. 그러므로 큰 캠 감속 기어는 크랭크 축과 같은 rpm으로 회전할 것이다. 작은 캠 감속 기어는 큰 캠 판 기어의 1/8 직경으로서 1/8크랭크 축 속도로 캠 판이 회전하게 감속시킨다. 크랭크 축 속도에 대한 캠 판 속도의 공식은 다음과 같다.

$$캠\ 판\ 속도 = \frac{1}{로브의\ 수 \times 2}$$

그림 2-44는 내부 기어에 의하여 구동되는 캠 판을 설명한 것이다. 9기통 성형 엔진에 사용되는 4로브 캠 판은 크랭크 축과 반대 방향으로 회전한다는 것을 알 수 있다. 큰 바깥 링은 9기통 성형 엔진의 실린더를 나타내고 중앙에 작은 링은 캠 링을 나타낸다. 이 엔진의 점화 순서는 1, 3, 5, 7, 9, 2, 4, 6, 8이다.

첫 선도에서 NO.1 캠 로브는 맞은 편 NO.1 실린더에 있고 캠이 NO.1 흡입 밸브를 작동한다고

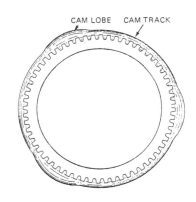

그림 2-42 Cam ring

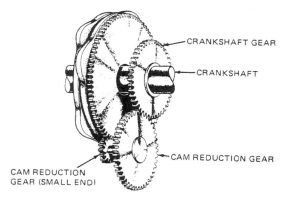

그림 2-43 Drive-gear arrangement for a radial-engine cam

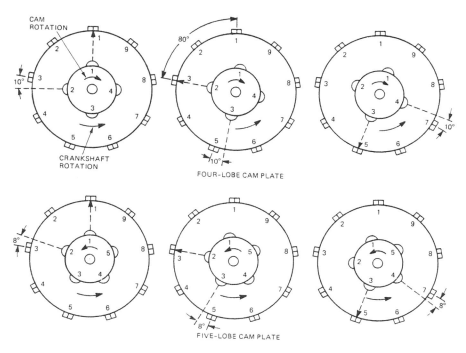

그림 2-44 Diagrams to show cam-plate operation

가정할 수 있다. 점화 순서에 따라 NO.1 실린더로부터 다음 실린더인 NO.3 실린더로 움직일 때 크랭크 축이 80° 회전하여야 한다. 캠은 1/8 크랭크 축 속도로 회전하므로 캠 로브는 크랭크 축이 80° 회전하는 동안 10° 움직일 것이다. 이렇게 하여 NO.2 캠 로브는 둘째 선도에서 보는 바와 같이 맞은 편 NO.3 실린더에 있을 것이다. 크랭크 축이 NO.5 실린더의 흡입 작용까지 80° 회전할 때 NO.3 캠 로브는 맞은 편 NO.5 실린더에 있다.

만약 5개 캠 로브를 가진 9기통 성형 엔진의 똑같은 선도를 그리면 캠은 크랭크 축과 같은 방향으로 회전한다는 것을 알 수 있다. 이것은 캠 로브 사이의 각은 72° 이고 실린더 점화 사이의 각은 80° 이다. 캠 판은 1/10 크랭크 축 rpm으로 회전할 것이다. 그러므로 크랭크 축이 80° 회전할 때 캠 판은 8° 회전할 것이다. 이렇게 하여 다음 작동 캠로드에 맞게 될 것이다.

그림 2-45는 성형 엔진의 밸브 작동 기구를 보여준다. 밸브 태핏(tappet)은 충격을 감소시키기 위하여 하중을 받는 스프링이 있으며 캠 트랙을 따르는 캠 롤러(cam roller)로 되어 있다. 이 태핏은 밸브 태핏

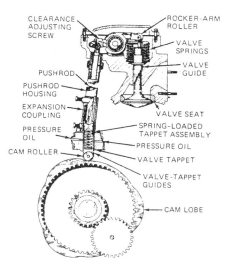

그림 2-45 Valve operating mechanism for a radial engine

45

가이드(guide)로 둘러 싸여 있다. 밸브 태핏은 속이 빈 푸시 로드를 통하여 로커 암까지 윤활유의 통로가 되도록 드릴되어 있다.

로커 암은 로커 암과 밸브 끝(tip) 사이에 적당한 간격을 유지할 수 있게끔 간격 조절 나사 (clearance-adjusting screw)가 있다. 이 간격은 밸브가 열릴 시기와 얼마나 많이 열리고, 얼마나 오랫동안 열려야 할 것인가를 결정하기 때문에 대단히 중요하다. 각 푸시 로드를 감싸고 있는 푸시 로드 하우징(housing)이라고 부르는 알루미늄 합금 튜브는 밸브 작동 기구를 윤활시킨 윤활유를 크랭크케이스로 되돌려 보내는 역할과 푸시 로드의 보호 장치 역할을 한다.

4) 밸브 간격(Valve Clearance)

모든 엔진은 로커 암과 밸브 스템 사이에 조금의 여유 간격을 갖고 있다. 이 간격이 없으면 밸브 가 닫힐 때 밸브가 잘 맞게 붙지 못한다. 그런 결과로 엔진이 불규칙적인 작동을 하여 밸브에 손상을 가져온다. 그러나 만약 유압 밸브 리프터가 장착된 엔진이라면 밸브 간격이 없다. 밸브의 냉간 간격(Cold Clearance)은 일반적으로 열간 간격(Hot Clearance)보다 적다. 이 이유는 엔진의 실린 더가 푸시 로드보다 열을 더 받음으로써 푸시 로드보다 더 팽창하기 때문이다. 보통 엔진의 열간 간 격은 0.070inch이고 냉간 간격은 0.010inch이다.

엔진의 밸브 간격 조절시 출력 행정 초기에 위치하도록, 즉 푸시 로드에 힘이 미치지 않게끔 회 전시켜야 한다. 밸브 간격 조절시 잠금 너트(lock nut)를 느슨하게 한 다음 올바른 두께의 필러 게

표 2-1 Valve-Adjusting Chart

Set Piston at Top Center of Its Ehaust Stroke	pDepress Rockers		Adjust Valve Clearances	
	Inlet	Exhaust	Inlet	Exhaust
11	7	15	1	3
4	18	8	12	14
15	11	1	5	7
8	4	12	16	18
1	15	5	9	11
12	8	16	2	4
5	1	9	13	15
16	12	2	6	8
9	5	13	17	1
2	16	6	10	12
13	9	17	3	5
6	2	10	14	16
17	13	3	7	9
10	6	14	18	2
3	17	7	11	13
14	10	18	4	6
7	3	11	15	17
18	14	4	8	10

이지(feeler gage)를 사용하여 로커 암과 밸브 스템 사이에 간격을 점검한다. 필러 게이지가 약간 저항을 느끼는 점까지 조절 스크류(adjusting screw)를 돌린 후 잠금 너트를 적절할 토크 값으로 조인다. 이 때 간격 조절이 잘 되었다면 올바른 필러 게이지보다 0.001inch 더 두꺼운 필러 게이지가 밸브 간격에 들어가지 못한다. 밸브 간격을 조절할 때에는 배기 밸브가 엔진의 중요한 냉각 효과 때문에 특히 중요하다. 밸브 간격이 너무 과도하면 밸브 열림 시간과 밸브 오버랩이 줄어들게 된다.

표 2-1은 R-2800 엔진의 밸브 조절표이다. 이 표에 의하면 밸브 조절은 NO.1 흡입과 NO.3 배기부터 시작한다. NO.11 피스톤을 배기 행정 상사점에 맞추면 NO.15 배기 태핏과 NO.7 흡입 태핏이 캠 로브의 상사점에 오므로 푸시 로드에 압력이 가해지지만 NO.1 흡입과 NO.3 배기는 푸시 로드에 압력이 전혀 전달되지 않으므로 적당한 간격으로 밸브 간격을 조절한다.

많은 대향형 엔진에 있어서 엔진 로커 암을 조절하지 않고 푸시 로드를 교환함으로써 밸브 간격을 조절한다. 만일 간격이 너무 크면 더 긴 푸시 로드를 사용하고 간격이 너무 적으면 더 짧은 푸시 로드를 장착하면 된다.

2-9 보기부

엔진의 보기부(Accessory section)는 보기 장비, 예를 들면 연료 압력 펌프, 연료 분사 펌프, 진공 펌프, 오일 펌프, 회전계 발전기, 전기 발전기, 마그네토, 시동기, 과급기, 조종 밸브, 오일 여과망, 유압 펌프, 기타 장비가 장착되는 장착 패드(Mounting pads)가 있다. 보기 하우징(Accessory housing)의 구조와 위치에 관계없이 보기 하우징은 엔진 동력에 의해 작동하는 보기들을 구동시키기 위한 기어를 지지하고 포함한다.

그림 2-46은 Lycoming 대향형 엔진의 보기 케이스(Accessory case)를 보여주고 그림 2-47은 Pratt & Whitney R-985 성형 엔진의 보기부를 보여준다.

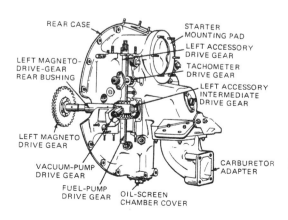

그림 2-46 Accessory case for a six-cylinder opposed engine(Courtesy Textron Lycoming)

1. CRANKCASE
2. OIL PUMP DRIVE GEAR
3. FUEL PUMP PLUNGER
4. OIL PUMP BODY
5. IDLER SHAFT
6. VAC. PUMP PAD
7. SPRING
8. SEAT
9. SLEEVE
10. RETAINING RING
11. OIL FILTER ASSY.
12. HYD. PUMP DRIVE ADAPTER
13. OIL SEAL
14. FUEL PUMP GASKET
15. DUAL MAGNETO
16. DRIVING IMPELLER
17. DRIVEN IMPELLER
18. MAGNETO GEAR
19. ACCY. DRIVEN GEAR
20. GASKET
21. THERMOSTATIC VALVE
22. WASHER

그림 2-47 Accessory section for the Pratt & Whitney R-985 radial engine

::::: 2-10 프로펠러 감속 기어

감속 기어(Reduction Gears)의 목적은 엔진이 최대 출력을 내기 위하여 고 rpm으로 회전하는 동안 엔진의 출력을 흡수하여 가장 효율적인 속도로 프로펠러를 회전하게 하는 것이다. 엔진의 출력은 엔진의 rpm에 직접적으로 비례한다. 즉 3000rpm 때의 엔진 출력은 1500rpm 때의 엔진 출력의 2배가 된다.

프로펠러는 선단 속도(tip speed)가 음속(1116ft/s(340.16m/s); 표면 해면 상태에서(at sea level conditions])에 가깝거나 또는 초과하면 효율적인 작동을 할 수 없다. D=8ft 프로펠러 선단(tip)은 1회전당 약 25ft를 이동한다. 그러므로 프로펠러가 2,400rpm으로 회전하면 선단 속도는 1,000ft/s가 된다. 10ft 프로펠러 선단인 경우는 위와 동일 조건에서 선단 속도는 1256ft/s가 되어 음속보다 빠르게 된다.

프로펠러 길이가 6ft인 소형 엔진은 최대 3,000rpm 이상의 속도로 작동시킬 수 있다. Avco Lycoming IGSO-480 엔진은 최대 3400rpm으로 감속시킨다. Teledyne Continental Tiera T8-450 엔진은 최대 4,400rpm으로 작동할 때 0.5 : 1의 스퍼 감속 기어 장치에 의하여 프로펠러를 2,200rpm으로 감속시킨다. 또한 이 비는 2 : 1이라고도 표현한다. 프로펠러는 감속 기어가 사용될 때는 항상 엔진보다 느리게 회전한다. 감속 기어는 스퍼 기어(spur gear)와 유성 기어(planetary gear)로 설계한다.

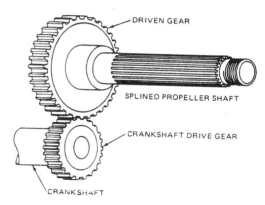

그림 2-48 Spur-gear arrangement

(1) 스퍼 기어(Spur-Gear)

스퍼 기어 배열은 그림 2-48에 보여준다. 수동 기어(driven gear)는 구동 기어(drive gear)의 회전 방향과 반대 방향으로 회전한다. 즉 프로펠러 회전 방향은 엔진 크랭크 축 회전 방향과 반대이다. 엔진 속도 대 프로펠러 속도 비는 크랭크 축 구동 기어 치차의 수(the number of teeth) 대 수동 기어 치차의 수의 비에 역으로 비례한다.

(2) 유성 기어(Planetary Gear)

유성 기어 배열은 그림 2-49에 보여 준다. 그림 2-49A에서 바깥쪽 기어는 벨 기어(bell gear)라고 하며 이 기어는 엔진 앞 케이스(nose case) 내에 볼트로 고정되어 있다.

유성 기어는 프로펠러 축이 부착되는 캐리어 링(carrier ring) 또는 케이지(cage)에 장착된다.

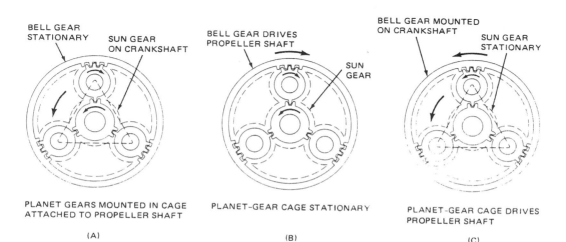

그림 2-49 Different arrangements for planetary gears

유성 기어는 크랭크 축 회전 방향과 반대 방향으로 회전하며 프로펠러는 크랭크 축 회전 방향과 같은 방향으로 회전한다.

그림 2-49B는 유성 기어가 고정이며 크랭크 축이 회전함에 따라 선 기어가 구동되어 벨 기어가 크랭크 축 회전 방향과 반대 방향으로 회전한다.

그림 2-49C는 선 기어가 고정이며 벨 기어는 크랭크 축에 장착되어 있고 유성 기어 케이

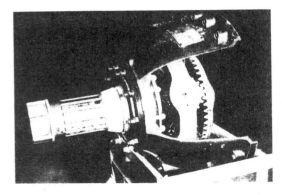

그림 2-50 Bevel-planetary-gear arrangement

지(cage)는 프로펠러 축에 장착된다. 유성 기어는 크랭크 축의 회전 방향과 같은 방향으로 회전한다. 그림 2-50은 베벨 유성 기어 배열(bevel-planetary gear arrangement)을 보여준다.

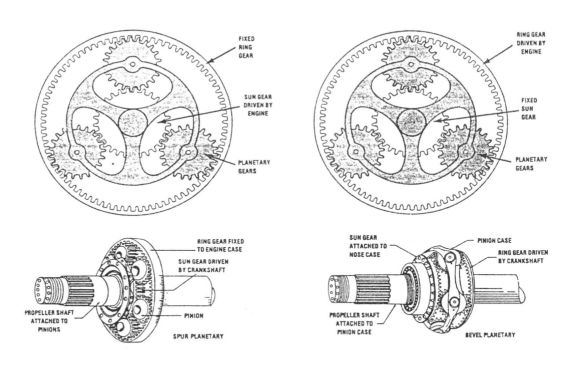

그림 2-51 Planetary gears are the most generally used arrangement when it is necessary to transmit a great deal of power with the smallest practical frontal area.

연 습 문 제

1 성형 엔진에서 프로펠러 조속기 구동축, 프로펠러 감속 기어, 프로펠러 스러스트 베어링에 의해 지지되어 있고 오일 배유 펌프, 캠 플레이트 등이 있으며 점화기와 배전기가 붙어 있는 부분은 크랭크 케이스의 어느 부분을 말하는가?

① 앞부분   ② 출력 부분
③ 연료 흡입부와 분배부   ④ 보기 부분

2 다음 중 기관의 분류 방법에 속하지 않는 것은?

① 사용 연료에 따른 분류   ② 기계 구조적 작동에 따른 분류
③ 점화 방법에 따른 분류   ④ 용도에 따른 분류

3 다음 기관의 분류 방법 중 냉각 방법에 따른 분류에 속하지 않는 것은?

① 발산식 기관   ② 공랭식 기관
③ 액랭식 기관   ④ 증발식 기관

4 다음 중 왕복 기관의 장점에 속하지 않는 것은?

① 소형 경량으로 성능이 양호하다
② 연료를 실린더 안에서 연소시키므로 효율이 우수하다
③ 급가속의 성능이 우수하고 큰 출력을 얻을 수 있다
④ 시동에 따른 준비 시간이 짧다

5 다음 중 왕복 기관의 단점에 속하지 않는 것은?

① 왕복 부분을 없앨 수 없으므로 충격과 진동이 발생한다
② 자력 시동이 불가능하다
③ 고온, 고압 부분이 많아 윤활이 어렵다
④ 시동에 따른 준비 시간이 길다

6 다음 중 왕복 기관의 구조에 속하지 않는 것은?

① 기본 구조   ② 배기 계통   ③ 액세서리 계통   ④ 특별 계통

정답   1. ①   2. ②   3. ①   4. ③   5. ④   6. ④

7 다음 중 오일 펌프, 연료 펌프, 마그네토, 캠 기어, 크랭크축 기어 등이 부착되어 있는 왕복 기관의 구조는 ?

① 기본 구조　　　　　　　　　　③ 배기 계통
③ 액세서리 계통　　　　　　　　④ 특별 계통

8 기통두의 내측에 있는 연소실의 형상이 아닌 것은 ?

① 원통형　　　　② 반구형　　　　③ 직각뿔형　　　　④ 원뿔형

9 기통두와 기통두 배럴 접합 방식이 아닌 것은 ?

① 나사 접합　　　　　　　　　　② 수축 접합
③ 스터드-너트 접합　　　　　　　④ 압력 접합

10 유압 폐쇄(hydraulic lock)는 어떤 곳에서 많이 발생하는가 ?

① 대향형 엔진 우측 실린더　　　　② 대향형 엔진 좌측 실린더
③ 성형 엔진 상부 실린더　　　　　④ 성형 엔진 하부 실린더

11 성형 기관이 지상에서 정지 상태로 어느 정도 있다가 하부 기통 속으로 유체가 축적된 상태에서 시동될 때 그 작동을 멈추게 하고 계속 회전하려는 크랭크축의 힘에 의하여 커넥팅 로드 등의 파손을 초래하는 현상은 ?

① 디토네이션　　　　　　　　　　② 프리 이그니션(조기점화)
③ 하이드로릭 록(유압폐쇄)　　　　④ 백 파이어(역화)

12 Valve guide는 실린더 헤드에 다음과 같은 방법에 의해 장착되어진다. 옳은 것은?

① Event press　　　　　　　　　② Threading
③ Sweating　　　　　　　　　　④ Shrinking

13 Valve guide를 장착하는데 사용되는 방법은?

① 가열한 다음 냉각되기 전에 장착시킨다
② 헤드는 열을 가하고 가이드는 냉각시킨 다음 장착
③ 냉각시키고 다시 가열한 다음 장착한다
④ 열을 가하고 냉각시켜 재 가열한 다음 장착

14 다음 중 어느 것이 제일 단단한 밀착을 요하는가?

① 밸브 가이드   ② 로커 아암 부싱

③ 스파크 플러그 부싱   ④ 밸브 시트

15 실린더 헤드와 배럴을 연결하는 방법으로 가장 많이 사용되는 방법은?

① 수축 연결법   ② 스터드 연결법

③ 나사 연결법   ④ 너트 연결법

16 왕복 기관의 실린더 내벽을 내마멸, 내열성이 있도록 하는 방법 중 아닌 것은?

① 강철로 된 라이너를 끼운다   ② 질화 처리를 한다

③ 알크래드 처리를 한다   ④ 크롬 도금을 한다

17 기통벽을 경화하는데 사용하는 방법은?

① 에노다이징   ② 스텔라이징

③ 노말라이징   ④ 니트라이징

18 왕복 기관에서 Chock bore를 사용하는 목적은?

① 연소가스가 압축링을 지나가는 것을 방지

② 정상 작동 온도에서 똑바른 내경을 유지

③ 과도한 실린더 벽의 마모 방지

④ 오일이 실린더 헤드로 들어오는 것을 방지

19 쵸크 보어(choke bore)의 실린더는?

① 실린더 상부가 하부보다 내부 직경이 더 작다

② 실린더 하부가 상부보다 내부 직경이 더 작다

③ 실린더 하부가 중부보다 내부 직경이 더 작다

④ 전체 직경을 통하여 똑같다

20 왕복기관의 실린더에서 가장 큰 마모가 일어나는 곳은?

① 꼭대기에서   ② 경사진 실린더의 바닥에서

③ 배기구 주위에서   ④ 바닥으로 향한 중심에서

정답　14. ④　15. ①　16. ③　17. ④　18. ②　19. ①　20. ①

21 왕복 기관에서 축적된 액체로 인하여 기관이 시동될 때 그 작동을 멈추게 하는 결과를 가져오는데 이런 현상을 무엇이라고 하는가?

① 유압 폐쇄   ② 디토네이션
③ 베이퍼 로크   ④ 프리이그니션

22 성형 기관의 하부 실린더와 도립 직렬형 기관의 실린더 속으로 과도한 오일이 흘러 들어가는 것을 방지함으로써 오일 소모를 감소하는 데 사용하는 방법은?

① 여분의 오일링을 끼운다   ② 소기 펌프를 실린더마다 사용한다
③ 오일 와이퍼 링을 거꾸로 끼운다   ④ 실린더의 스커트 길이를 길게 한다

23 성형 기관이 정지하고 있을 때에는 무엇이 아래쪽 실린더에 오일이 흘러가는 것을 방지하는가?

① 오일 닦기링이 거꾸로 장착되어 있으므로   ② 오일링이 부착된다
③ 긴 실린더 밑 자락   ④ 각 실린더마다 배유 펌프가 있다

24 왕복 기관의 피스톤 핀 윗 부분에 4개의 피스톤 링을 갖고 있다면 이 피스톤 링은 어떠한 종류로 구성되어 있는가 ?

① 2개는 압축링, 2개는 오일링   ② 3개는 압축링, 1개는 오일링
③ 3개는 오일링, 1개는 압축링   ④ 4개 모두 압축링

25 왕복 기관에서 실린더의 압축 압력이 정상값이 되지 못하는 이유 중 관계가 먼 것은 ?

① 부정확한 밸브 간격   ② 마멸이나 손상된 피스톤
③ 푸시 로드의 마모   ④ 피스톤링의 마멸

26 압축링에서 링과 링 사이의 간격은 ?

① GROOVE   ② LAND
③ SURFACE   ④ WAVE

27 다음 중 피스톤 링의 작용이 아닌 것은 ?

① 마모 작용   ② 열전도 작용
③ 기밀 작용   ④ 오일 조절 작용

정답 21. ① 22. ④ 23. ③ 24. ② 25. ③ 26. ② 27. ①

28 피스톤 링의 장착 목적이 아닌 것은 ?

① 연소실의 압력을 밀폐한다
② 연소실로 새는 오일의 유입을 방지한다
③ 피스톤의 열을 실린더의 벽으로 전달한다
④ 실린더 벽의 마모를 방지한다

29 피스톤 핀의 종류에 속하지 않는 것은 ?

① 고정식　　　　　　　　　　② 반부동식
③ 평형식　　　　　　　　　　④ 전부동식

30 피스톤의 지름을 실린더의 지름보다 약간 작게 만들었다. 그 이유는?

① 제작을 쉽게 하기 위해　　　② 마찰을 줄이기 위해
③ 피스톤의 열팽창으로 인한 고착 방지　　④ 실제는 똑같다

31 피스톤 간극에 대한 설명 중 옳은 것은 ?

① 피스톤 상부의 간극이 하부의 간극보다 크다
② 열팽창을 고려하여 하부쪽 간극을 크게 한다
③ 열팽창을 고려하여 중간의 간극을 크게 한다
④ 윤활을 목적으로 고려되었다

32 피스톤 헤드의 모양 중 가장 널리 쓰이는 것은?

① 평면형　　　　　　　　　　② 오목형
③ 도움형　　　　　　　　　　④ 컵형

33 피스톤 링의 가스에 대한 작용이 아닌 것은?

① 기밀 작용　　　　　　　　　② 열전도 작용
③ 윤활유 조절 작용　　　　　　④ 마찰 방지 작용

34 피스톤 링은 연소실의 기밀 유지를 해주는 역할 외에 다음의 역할을 한다. 어느 것인가?

① 피스톤 핀의 윤활　　　　　　② 방열의 통로
③ 연소 압력의 초과 방지　　　　④ 크랭크 케이스의 내압 저하

35 피스톤 링의 재질은?

① Bronze
② 4130 steel
③ Al alloy
④ Cast iron

36 피스톤에는 기밀 유지와 윤활 때문에 링이 설치된다. 만약 링 홈이 4개가 있다면 이 4개의 홈에는 어떤 종류의 링이 들어 있는가?

① 4개의 압축링
② 압축링 2개, 오일링 2개
③ 압축링 1개, 오일링 2개, 오일 스크레이퍼링 1개
④ 3개의 압축링과 1개의 오일 조절링

37 피스톤 링에 관한 사항 중 옳은 것은?

① 3개의 상부링은 압축링이고 2개의 하부링은 오일 조절링이다
② 상부링은 오일 조절링이고 중간링은 압축링이다
③ 상부링과 하부링은 오일 조절링이고 중간링은 압축링이다
④ 3개의 상부링들은 오일 조절링이고 2개의 하부링은 압축링이다

38 피스톤 링의 간격(gap)은 어떻게 측정하는가 ?

① 딥스 게이지(depth gage)로 측정
② 디크니스 게이지(thickness gage)로 측정
③ 고-노-고 게이지(go-no-go gage)로 측정
④ 만일 적당한 링이 장착되어 있으면 측정할 필요가 없다

39 새로 끼운 피스톤 링의 끝 간격(End gap)이 작다면 다음 중 어떤 조치를 취해야 하는가?

① 교환한다
② 한 치수 큰 것을 사용한다
③ 적당한 간격으로 filing한다
④ Lapping한다

40 피스톤 링의 끝은 서로 엇갈리게 배치한다. 그 이유는?

① 열전도율이 좋아졌다
② 윤활유 조절이 잘된다
④ 가스의 누설이 방지된다
④ 윤활유가 흐르지 못한다

41 피스톤의 제1링(최상부)은 크롬 도금을 한 것이 많다. 이 도금은 어떤 목적으로 하는가?

① 고온의 연소 가스에 의한 부식 마모를 방지하기 위한 것이다

② 고압 가스가 새는 것을 방지하기 위해서

③ 피스톤 링과 실린더 내벽과의 열전도를 감소시키기 위해서

④ 도금의 마모를 보고 피스톤 링의 교환 시기를 알기 위해서

42 크롬 도금한 피스톤 링에 대한 설명 중 맞지 않는 것은?

① 고온 연소 가스에 의한 부식을 방지한다

② 크롬 도금한 실린더에는 사용할 수 없다

③ 고속에 의한 마모를 줄이기 위함이다

④ 오일 소비량을 감소시키기 위함이다

43 피스톤 링 중에서 실린더 벽과 피스톤의 마찰 감소 역할을 하는 것은?

① 압축링 ② 오일 조절링

③ 오일 제거링 ④ 기밀 유지링

44 기관이 작동 중 실린더 벽에 발라진 오일이 너무 많다면 어떻게 제거되는가?

① 압축링에 의해서 제거된다

② 실린더 아랫 쪽에 있는 배유구멍에 의해

③ 연소실로부터 배기 가스의 바람을 이용함으로써

④ 오일 조절링과 링홈에 있는 구멍에 의해서

45 왕복 기관의 실린더가 심하게 마모가 되었다면 어떻게 되겠는가?

① 기관의 회전이 빠르다

② 오일의 소비량이 많다

③ 점화전의 스파크가 세어진다

④ 혼합비가 농후해 진다

46 만일 오일 긁기링의 사각형 면이 아래로 향하도록 장착되었다면 일어나는 결과는?

①.오일 소비의 감소 ② 오일 소비의 증가

③ 오일 압력의 감소 ④ 오일 압력의 증가

정답 41. ① 42. ④ 43. ② 44. ④ 45. ② 46. ①

47 오늘날 사용되고 있는 대부분의 왕복 기관에서 채택하는 피스톤 핀의 형은?

① 반 뜨개식   ② 완전 뜨개식
③ 피스톤에서만 자유로운 형   ④ 로드에서만 회전이 자유로운 형

48 피스톤 핀 플러그의 목적은?

① 핀의 열팽창을 허용   ② 핀이 실린더 벽을 치는 것을 방지
③ 냉각을 위하여 오일을 핀속으로 보낸다   ④ 핀이 로드 중앙에 오게 한다

49 배기 밸브는 과도한 열에 노출되기 때문에 고내열 재료 또는 중공으로 되어 있다. 중공의 내부에는 무엇을 채워 열을 방출시키는가 ?

① 물   ② 헬륨
③ 수소   ④ 금속 나트륨

50 밸브 개폐 시기에 사용되는 용어 약자 중 상사점을 표시한 것은 ?

① BTC   ② BDC
③ ATC   ④ TDC

51 IC 60° ABC의 상태란 ?

① 밸브가 흡입 압축 상사점 전 60도에서 열린다
② 밸브가 흡입 압축 상사점 후 60도에서 닫힌다
③ 밸브가 흡입 압축 하사점 전 60도에서 열린다
④ 밸브가 흡입 압축 하사점 후 60도에서 닫힌다

52 4행정 기관의 밸브 개폐 시기가 다음과 같을 때 실질적인 폭발 행정의 각도는 ?
[IO=20° BTC, IC=50° ABC, EO=60° BBC, EC=10° ATC]

① 60°   ② 120°
③ 180°   ④ 240°

53 왕복 기관에서 7기통 성형기관의 캠링은 몇개의 로브를 가지고 있는가 ?

① 6개 혹은 7개   ② 5개 혹은 6개
③ 3개 혹은 4개   ④ 4개 혹은 5개

정답 47. ②   48. ②   49. ④   50. ④   51. ④   52. ②   53. ③

54 다음에서 크랭크축 속도에 대한 캠판 속도의 법칙을 옳게 나타낸 것은 ?

① 캠판 속도 $= \dfrac{1}{\text{로브수} \times (1/3)}$

② 캠판속도 $= \dfrac{3}{\text{로브 수} \times 2}$

③ 캠판속도 $= \dfrac{1}{\text{로브 수} \times (1/2)}$

④ 캠판속도 $= \dfrac{1}{\text{로브수} \times 2}$

55 고출력 기관의 배기 밸브 내부는 중공으로 하고 속에 금속 나트륨을 넣었다. 어떤 형의 밸브인가?

① 튜립형
② 반 튜립형
③ 평형
④ 버섯형

56 배기 밸브는 주로 버섯형으로 그 내부에 사용되는 냉각제의 이름은?

① 물과 알콜의 혼합물
② 암모니아수
③ 드라이 아이스
④ 소듐

57 배기 밸브의 밸브 스템과 헤드에서 금속 나트륨의 작용은?

① 흡입 밸브의 냉각을 돕는다
② 배기 밸브의 냉각을 돕는다
③ 밸브의 파손을 방지한다
④ 배기 밸브의 온도를 일정하게 유지한다

58 스텔라이트(초경질합금)는 어느 부분에 사용하는가?

① 실린더 벽
② 밸브 페이스
③ 밸브 가이드
④ 밸브 스템

59 밸브 페이스 각도는?

① 30°, 50°
② 45°, 50°
③ 30°, 45°
④ 20°, 70°

60 스텔라이트(stellite)라 불리는 물질로 배기 밸브의 면을 입히는 이유는?

① 무게를 더 가볍게 하기 위하여
② 열을 발산시키기 위하여
④ 부식과 마모의 저항력을 크게 하기 위하여
④ 냉각을 쉽게 하기 위하여

정답　54. ④　55. ④　56. ④　57. ②　58. ②　59. ③　60. ③

61 항공용 왕복 엔진의 대표적인 흡입 밸브의 열림 시기는 ?

① 10~20° ATC

② 20~30° BBC

③ 50~75° ABC

④ 8~30° BTC

62 흡입 밸브가 상사점 전에 열리는 것을 무엇이라 하는가 ?

① 밸브 랩(valve lap)

② 밸브 리이드(valve lead)

③ 밸브 랙(valve lag)

④ 밸브 간격(valve clerance)

63 왕복 엔진에서 배기 밸브 열림 시기는 대개 어느 때인가 ?

① ATC 15°

② BTC 20°

③ BBC 69°

④ ABC 60°

64 실린더에서 다음과 같은 VALVE TIMMING의 기관이 있다. VALVE OVER LAP은 얼마인가?

IO:BTC 30°　　　EO:BBC 60°　　　IC:ABC 60°　　　EC:ATC 15°

① 15°

② 45°

③ 60°

④ 75°

65 왕복엔진에서 밸브의 조절은 어느 행정에서 행하여야 하는가 ?

① 흡입 행정

② 배기 행정

③ 압축 행정

④ 임의 행정

66 대향형 기관의 크랭크축이 1회전할 때 캠축은 몇 회전하는가?

① 2회전 한다

② 1회전 한다

③ 1/2회전 한다

④ 3회전 한다

67 대향형 기관의 밸브 기구 중 캠축의 회전 속도가 1/2로 되는 이유 중 맞는 것은?

① 각 밸브는 4행정 동안 1번씩만 열리면 되기 때문에

② 캠축 회전이 크랭크축에 의해 회전하기 때문에

③ 캠축이 성형 기관 캠 플레이트보다 크기 때문에

④ 각 밸브가 많은 운동을 하면 안되기 때문에

68 9기통 성형 기관의 캠 회전 방향이 크랭크축의 회전 방향과 반대일 때 캠 로브수는?

① 3개

② 4개

③ 5개

④ 6개

69 9기통 성형 기관에서 크랭크축에 관한 캠 플레이트의 속도는?(캠 로브가 4개인 경우)

① 같은 방향으로 크랭크축 속도의 $\frac{1}{2}$

② 같은 방향으로 크랭크축 속도의 $\frac{1}{8}$

③ 반대 방향으로 크랭크축 속도의 $\frac{1}{2}$

④ 반대 방향으로 크랭크축 속도의 $\frac{1}{8}$

70 9기통 성형 기관에서 로브가 5개인 캠 플레이트가 1회 완전하게 회전하면 크랭크축은 몇 회전 하는가?

① 5회전

② 9회전

③ 10회전

④ 18회전

71 수평 대향형 기관에 사용하는 유압식 밸브 리프터(Hydraulic valve lifter)의 특징 중 아닌 것은?

① 밸브 간격을 0으로 하여 운전할 수 있다

② 오버홀 때만 맞추면 된다

③ 밸브의 작동이 유연하다

④ 연료의 흐름량을 가장 경제적으로 조절한다

72 다음 밸브 간극 중 열간 간극과 냉간 간극이 옳바르게 나열된 것은 ?

① 열간 간격 : 0.07in, 냉간 간격 : 0.01in

② 열간 간격 : 0.07cm, 냉간 간격 : 0.01cm

③ 열간 간격 : 0.01in, 냉간 간격 : 0.07in

④ 열간 간격 : 0.01cm, 냉간 간격 : 0.07cm

73 과대한 밸브 간격은 밸브가 열려 있는 동안에 어떤 영향을 미치는가 ?

① 밸브가 일찍 열리고 일찍 닫힌다

② 밸브가 늦게 열리고 늦게 닫힌다

③ 밸브가 늦게 열리고 일찍 닫힌다

④ 밸브가 일찍 열리고 늦게 닫힌다

74 왕복 기관의 밸브 간격 중에서 기관이 작동 중일 때의 간격을 무엇이라 하는가?

① 열간 간격

② 냉간 간격

③ 검사 간격

④ 여유 간격

75 냉간 간격과 열간 간격을 비교할 때 냉간 간격은?

① 더 크다

② 같다

③ 더 작다

④ 기관이 데워지지 않을 때까지 더 크다

정답 69. ④ 70. ③ 71. ④ 72. ① 73. ③ 74. ① 75. ③

76 과대한 Valve Clearance는 밸브에 어떤 결과를 가져오는가?

① Valve overlap을 가중시킨다
② Valve overlap을 감소시킨다
③ 폭발 행정에서 실린더 압력을 증가시킨다
④ Valve Seat을 손상시킨다

77 실린더 내에서 작용하는 피스톤의 힘을 크랭크축에 전달하여 회전 운동으로 변환시키는 것은?

① 커넥팅 로드
② 카운터 웨이트
③ 푸시 로드
④ 푸시 풀 로드

78 다음 커넥팅 로드에 대한 설명으로 옳지 못한 것은 ?

① 큰 하중을 받기 때문에 고강도로 제작된다
② 피스톤의 힘을 크랭크축에 전달한다
③ 주 커넥팅 로드는 정확한 원운동을 한다
④ 부 커넥팅 로드는 정확한 원운동을 한다

79 항공기 기관에 사용되는 다이나믹 댐퍼의 목적은 다음 중 무엇을 감소시키기 위한 것인가 ?

① 진동 방지
② 기관 앞쪽의 자이로 효과
③ 오일 압력의 요동
④ 주저널의 원심력

80 항공기용 성형 기관에서 Sludge chamber는 어느 곳에 있는가?

① 기관의 섬프에
② 크랭크축의 핀
③ 크랭크축의 끝
④ 오일 냉각기

81 크랭크축의 정적 평형을 유지하는 장치는?

① 다이나믹 댐퍼
② 플라이 휠
③ 평형추
④ 웨이트 모멘트

82 크랭크축의 크랭크 안에는 정적 평형을 유지하고 진동을 막는 장치가 있다. 이 중 크랭크축의 변형이나 비틀림 및 진동을 막아 주는 장치는?

① 평형추
② 다이나믹 댐퍼
③ 정적 안정
④ 크랭크 핀

정답 76. ② 77. ① 78. ④ 79. ① 80. ② 81. ③ 82. ②

83 성형 기관에 사용되는 가장 보편적인 스러스트 베어링의 형식은?

① 테이퍼된 로울러 베어링   ② 볼베어링

③ 평평한 마찰 베어링   ④ 별 모양의 로울러 베어링

84 고성능의 왕복 기관에서 직선 로울러 베어링은 어디에 사용되는가 ?

① 프로펠러 축   ② 크랭크축

③ 커넥팅 로드   ④ 터보 압축기의 축

85 축과 베어링이 접촉하는 부분을 무엇이라 하는가 ?

① 칼라   ② 부시

③ 베어링   ④ 저널

86 축방향으로 하중을 받는 저널은 ?

① 원뿔 저널   ② 구면 저널

③ 드러스트 저널   ④ 레이디얼 저널

87 저널과 베어링이 미끄럼 접촉을 하는 베어링을 무슨 베어링이라 하는가 ?

① 미끄럼 베어링   ② 드러스트 베어링

③ 니들 베어링   ④ 볼 베어링

88 베어링 메탈의 구비 조건이 아닌 것은 ?

① 열전도가 좋을 것   ② 유지 및 수리가 용이할 것

③ 되도록 마찰 저항이 클 것   ④ 충분한 강도가 있을 것

89 다음은 미끄럼 베어링에 대한 설명이다. 잘못 설명한 것은 ?

① 구조가 간단하다   ② 수리가 용이하다

③ 작은 하중에 사용한다   ④ 충격 하중에 잘 견딘다

90 구름 베어링의 단점이 아닌 것은 ?

① 충격 하중에 약하다   ② 큰 하중에 약하다

③ 소음과 진동이 생기기 쉽다   ④ 시동시 마찰 저항이 크다

정답 83. ② 84. ② 85. ④ 86. ③ 87. ① 88. ③ 89. ③ 90. ④

3 항공기 내연 기관의 이론과 성능

3-1 개 요

모든 동력 비행의 추진에 사용되는 항공기 엔진의 가장 보편적인 두 가지 형식은 왕복 엔진과 가스 터빈 엔진이다. 이들 엔진은 추진을 위한 동력을 발생하기 위해 열 에너지를 사용하기 때문에 열기관이라고 불려진다.

기본적으로 엔진은 에너지 자원(source)을 유용한 일로 바꾸는 장치이다. 에너지 자원은 열기관에서 연소되어 열을 내는 연료이다. 열은 엔진에 의해 동력으로 바뀌어진다. 왕복 엔진은 혼합 가스를 팽창시키기 위해 열이 사용되고, 실린더 내의 피스톤에 압력을 전달하게 된다. 크랭크 축에 연결된 피스톤이 크랭크 축을 돌게 함으로써 동력이 생산되고 일을 하게 된다.

가스 터빈 엔진에서 열은 엔진을 통해 이동하는 기체(공기)를 팽창시키는 데 사용되어 결과적으로 기체의 속도를 크게 증가시킨다. 터빈을 통한 기체의 고속 흐름은 축마력을 발생하게 된다. 터보 제트 엔진에서 엔진 배기로의 가스 분사는 항공기를 추진하는 데 사용되는 추력을 발생시킨다.

터보 축과 터보 프롭 엔진에서 대부분의 에너지는 축마력으로 전환된다. 그러나 엔진 배기가 전체 추력의 15~20%을 차지하기도 한다.

이 장에서는 왕복 엔진의 기본 원리와 작동에 대해 다루었다.

3-2 엔진 작동 원리

대부분의 항공기용 왕복 엔진은 독일의 August Otto에 의해 1876년 개발된 4행정 5사건 사이클(The Four-Stroke Five Event Cycle)로 작동되는 Otto 사이클 엔진이다.

가솔린 엔진의 기본 동력 발생 부품은 실린더, 피스톤, 커넥팅 로드와 크랭크 축이다(그림 3-1). 피스톤이 이동하는 거리를 행정(stroke)이라고 부른다. 각 행정은 크랭크 축을 180° 회전시킨다. 실린더에서 피스톤의 위쪽 이동 한계를 상사점(Top Dead Center)이라 하고 아래쪽 이동 한계를 하

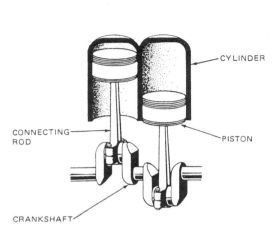

그림 3-1 A Basic parts of a gasoline engine

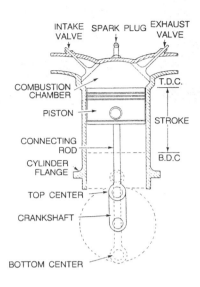

그림 3-1 B Components and terminology of engine operation

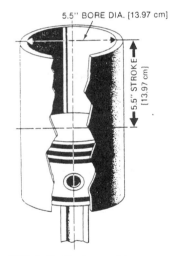

그림 3-2 Stroke and bore

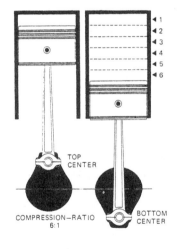

그림 3-3 Top dead center and bottom dead center

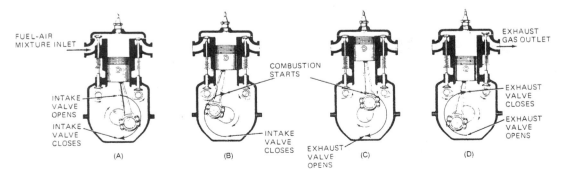

그림 3-4 Operation of a four-stroke engine
(A) Intake stroke (B) Compression stroke (C) Power stroke (D) Exhaust stroke

사점(Bottom Dead Center)이라 한다. 실린더 내부 직경을 보어(Bore)라 한다. 행정과 보어가 같은 엔진을 square engine이라고 부른다(그림 3-2 참조).

실린더의 압축비(Compression Ratio)는 피스톤이 하사점에 있을 때와 상사점에 있을 때의 실린더 공간 체적의 비이다. 예를 들면 피스톤이 행정의 하사점에 있을 때 실린더의 공간 체적이 120in³(1.97L), 피스톤이 상사점에 있을 때의 체적이 20in³(0.33L)이면 압축비는 120 : 20, 즉, 6 : 1이다(그림 3-3).

4행정 사이클 엔진의 4행정은 흡입 행정(intake stroke), 압축 행정(compression stroke), 출력 행정(power stroke), 배기 행정(exhaust stroke)이다. 4행정 사이클 엔진에서 각 사이클당 크랭크 축은 2회전한다.

흡입 행정은 흡입 밸브(intake valve)가 열려 있고 배기 밸브(exhaust valve)가 닫힌 상태에서 피스톤이 상사점에서 밑으로 움직일 때 기화기로부터 연료와 공기의 혼합기(또는 작동유체)가 실린더 속으로 흡입되는 행정이다(그림 3-4 A 참조).

피스톤은 흡입 행정의 하사점에 도달하면 다시 실린더 헤드 쪽으로 움직인다. 흡입 밸브가 하사점 후 크랭크 축 회전의 약 60°에서 닫히는 것은 흡입되는 혼합기의 관성을 이용하여 체적 효율을 증가시키고자 함이다. 두 밸브가 닫히고 연료와 공기 혼합기는 실린더 속에서 압축된다. 이를 압축 행정이라 한다(그림 3-4 B 참조).

피스톤이 압축 행정 상사점 전 몇 도의 위치에 도달했을 때 점화가 시작된다. 점화 플러그(Spark Plug)에 의하여 연료와 공기의 혼합기에 점화가 일어나 피스톤에 하향으로 힘을 가하는 열과 압력이 발생한다. 점화가 상사점 전 몇 도에서 일어나게끔 맞추어진 이유는 연료의 완전 연소와 출력 행정의 상사점에서 최대 압력을 이루기 위함이다.

만일 점화가 상사점에서 일어난다면 피스톤이 밑으로 움직일 때 연료가 연소되므로 고압력이 발생하지 않는다. 또한 실린더의 벽을 따라 밑으로 이동하면서 연소되는 가스는 실린더 벽에 열을 가할 것이고 따라서 엔진은 과열될 것이다. 연소 압력이 피스톤을 미는 힘을 가하는 행정을 출력 행정(power stroke)이라 한다. 이 행정을 폭발 또는 팽창(explosion or expansion) 행정이라고도 한다(그림 3-4 C 참조).

피스톤이 출력 행정의 하사점(BDC)에 도달하기 전에 배기 밸브가 열리고 고온 가스는 실린더로부터 배출되기 시작한다. 피스톤에 가해진 압력이 0으로 떨어져 실린더 속의 잔여 가스는 피스톤이 상사점(TDC)으로 움직일 때 열려진 배기 밸브를 통하여 압출된다. 이를 배기 행정(exhaust or scavenging stroke)이라 한다(그림 3-4 D 참조).

흡입, 압축, 점화(ignition), 출력, 배기의 5사건(event) 순서는 엔진이 작동을 하기 위해서 차례로 일어나야만 하는 사이클이다. 각 사건이 정확하게 크랭크 축 회전의 180°로 일어나는 것은 아니다. 흡입 밸브가 실제적으로 상사점 전에서 열리기 시작하고 배기 밸브는 상사점 후에 닫힌다. 이것을 밸브 오버랩(Valve Overlap)이라 하며 이것은 완전한 배기를 위해 밖으로 흐르는 배기 가스의 관성을 이용하고 이 때 실린더 내의 저압 조건의 장점을 이용하여 혼합기가 가능한 한 조기에 연소실로 들어오게 하여 체적 효율(Volumetric Efficiency)을 향상시키기 위함이다.

3-3 밸브 타이밍과 엔진 점화 순서

(1) 원리

엔진 작동의 1사이클당 크랭크 축은 2회전하고 각 밸브는 한번씩 작동한다. 수평 대향형 또는 직렬형 엔진은 캠 축에 하나의 로브(Single lobs)로 되어 있어 크랭크 축 2회전당 캠 축은 1회전하게 되어 있다.

성형 엔진은 캠 링(Cam Ring) 또는 캠 판(Cam Plate)을 사용하여 밸브를 작동시키는데, 캠 링에는 3, 4, 5개의 로브로 되어 있다. 그러므로 크랭크 축과 캠 링 회전비는 각각 1 : 6, 1 : 8, 1 : 10이 된다.

(2) 밸브 타이밍 위치에 관련된 약어

After bottom center	ABC	Before top center	BTC
After top center	ATC	Exhaust closes	EC
Before bottom center	BBC	Exhaust opens	EO
Bottom center	BC	Intake closes	IC
Bottom dead center	BDC	Intake opens	IO
Top center	TC	Top dead center	TDC

(3) 엔진 타이밍 선도

항공기 엔진에 대한 밸브 타이밍의 육안 개념을 주기 위해 밸브 타이밍 선도가 사용된다. 그림 3-5는 Continental model E-165와 E-185 엔진에 대한 선도로서 다음과 같은 명세를 보인다.

IO 15° BTC   EO 55° BBC
IC 60° ABC   EC 15° ATC

만약 흡입 밸브가 너무 빠르게 열리면 배기 가스가 흡입 매니폴드(intake manifold)로 흘러 들어와 주입되는 연료-공기 혼합기를 점화시키게 되는데 이를 역화(Backfiring)라 한다. 또한 역화는 흡입 밸브가 열린 위치에서 고정되었을 때도 발생한다.

흡입 밸브와 배기 밸브가 동시에 열려있을 때 이루는 각의 거리를 밸브 오버랩(Valve overlap)이라고 부른다. 흡입 밸브가 15°BTC에서 열리고 배기 밸브가 15°ATC에서 닫힐 때 밸브 오버랩은 30°이다. 밸브 오버랩을 두는 이유는 다음과 같다.

1) 체적 효율의 향상
2) 배기 가스를 완전히 배출시킴
3) 실린더 냉각을 돕는다.

그림 3-5에서 흡입 밸브가 60°ABC까지 열려 있는 것을 보여준다. 이것은 피스톤이 하사점을 지난 후에도 얼마 동안은 혼합 가스가 실린더 속으로 계속 흘러 들어오는 혼합 가스의 관성력의 장점을 이용하여 가능한 한 최대 혼합기를 실린더 속으로 흡입시키게 하기 위함이다. 배기 밸브가 하사점 전에 열리는 주된 이유는 다음과 같다.

1) 실린더의 완전 배기
2) 엔진의 냉각이 더 좋아진다.

흡입, 배기 밸브가 상사점이나 하사점 후에 열리거나 닫히는 것을 밸브 지연(Valve lag)라고 하며 흡입, 배기 밸브가 상사점이나 하사점 전에서 열리거나 닫히는 것을 밸브 앞섬(Valve lead)이라고 한다.

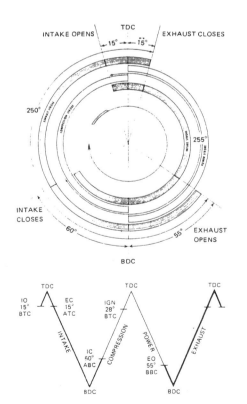

그림 3-5 Diagram for valve timing

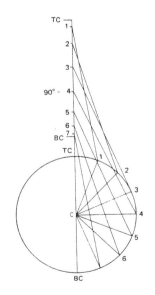

그림 3-6 Relation between piston travel and crankshaft ravel

밸브 지연과 밸브 앞섬은 크랭크 축 이동의 각도로서 표시한다. 예를 들면 흡입 밸브가 상사점 전 15°에서 열리면 밸브 앞섬은 15°이다. 크랭크 열(Throw)이 상사점을 지나 80°~90°에 도달시 피스톤은 최대 속도로 이동한다(그림 3-6 참조).

그림 3-5를 사용하여 다음 사항을 결정할 수 있다.

1) 각 밸브가 열린 상태에서 크랭크 축이 이동한 회전 거리
2) 양 밸브가 닫힌 상태에서 크랭크 축이 이동한 회전 거리

밸브가 열려 있는 시간을 지속(duration)이라 한다. 예를 들면 배기 밸브의 지속(duration)은 크랭크 축이 이동한 회전 거리로 250°가 된다.

(4) 점화 순서(Firing Order)

엔진의 점화 순서란 실린더가 점화되는 순서를 말한다. 직렬, V형, 수평 대향형 엔진의 점화 순서는 진동이 적고 균형(balance)을 이룰 수 있게 설계된다. 점화 순서는 크랭크 축의 열(throw) 위치와 캠 축의 로브(lobes) 위치와의 관계에 의해 결정된다.

그림 3-7은 6-실린더 수평 대향형 Lycoming 엔진에 대한 실린더 배열과 점화 순서를 보여 준다. 수평 대향형 엔진의 실린더 번호는 제작 회사에 따라 다르므로 제작 회사의 엔진 지침서(manual)를 참조하여야 한다.

단열 성형 엔진(single row radial engine)의 점화 순서는 항상 실린더를 하나씩 건너서 점화되며, 엔진의 실린더 수는 기수(odd number)로 되어 있다. 복열 성형 엔진은 본질적으로는 2개의 단열 성형 엔진을 결합한 것으로서 이는 각 열에서 하나씩 떼어가며 순서대로 점화되는 것을 의미한다. 예를 들면 18기통 엔진에서 뒷열은 기수 실린더 1, 3, 5, 7, 9, 11, 13, 17이 되며 앞열은 2, 4,

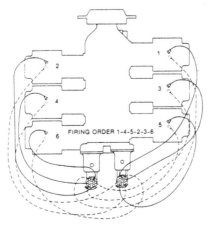

그림 3-7 Cylinder numbering and firing order(Textrpm Lycoming)

표 3-1 Engine Firing Orders

Type	Firing Order
4-cylinder in-line	1-3-4-2 or 1-2-4-3
6-cylinder in-line	1-5-3-6-2-4
8-cylinder V-type (CW)	1R-4L-2R-3L-4R-1L-3R-2L
12-cylinder V-type (CW)	1L-2R-L-4R-3L-1R-6L-5R
	-2L-3R-4L-6R
4-cylinder opposed	1-3-2-4 or 1-4-2-3
6-cylinder opposed	1-4-5-2-3-6
8-cylinder opposed	1-5-8-3-2-6-7-4
9-cylinder radial	1-3-5-7-9-2-4-6-8
14-cylinder radial	1-10-5-14-9-4-13-8-3-12-7-2-11--6
18 cylinder radial	1-12-5-16-9-2-13-6-17-10-3 14-7-18-11-4-15-8

6, 8, 10, 12, 14, 16, 18이 된다. 이들 각 열에서 한 실린더씩 띄면 뒷열은 1, 5, 9, 13, 17, 3, 7, 11, 15, 앞열은 2, 6, 10, 14, 18, 4, 8, 12, 16으로 된다.

실린더의 앞열과 뒷열의 점화는 엔진의 상호 반대쪽에서 시작하기 때문에 No.1 실린더가 점화된 후 No.12 실린더가 점화된다. 그러므로 앞열과 뒷열의 점화를 결합하면 점화 순서는 1, 12, 5, 16, 9, 2, 13, 6, 17, 10, 3, 14, 7, 18, 11, 4, 15, 8로 된다.

14기통 성형 엔진에서는 +9, −5, 18기통에서는 +11, −7의 수를 기억하면 편리하다. 예를 들면 14기통에서 제1번 실린더 다음은 1+9=10번 실린더이고 그 다음은 10−5=5번 실린더, 다음은 5+9=14번 실린더로서 이런 방식으로 계속하면 된다. 18기통에서도 같은 방법을 적용하면 된다.

⸬ 3-4 출력 계산

(1) 동력(Power)

동력은 일률로서 상용단위는 마력(Horse Power, HP)이다. 18세기 말, 증기 기관의 발명자 제임스 와트(James Watt)는 영국산 말 한 마리가 매초 550ft · lb 또는 33,000ft · lb의 비율로 일할 수 있음을 발견했다. 그의 관찰로부터 마력이 생겨났고, 마력은 영국의 측량 단위 중에서 동력의 표준 단위이다.

또한 항공기 동력 단위는 아직도 마력(HP)으로 나타내고 있다. 1마력(HP)은 33,000ft · lb/min(4536kg · m/min) 또는 550ft · lb/s(77kg · m/s)로 표시된다.

(2) 피스톤 배기량(Piston Displacement)

피스톤 배기량은 실린더 내에서 피스톤이 한 행정동안 움직인 거리에 실린더 내경(Bore)의 단면적을 곱함으로써 얻을 수 있다.

예를 들면 실린더 내경 6inch(15.24cm), 행정 6inch(15.24cm)이면

$$단면적 = \pi r^2$$
$$= 28.274 in^2 (182.41 cm^2)$$
$$배기량 = 6 \times 28.274$$
$$= 169.644 in^3 (2.779 L)$$

엔진의 총 배기량은 크랭크 축이 1회전하는 동안 전체 피스톤이 배기한 총 용적이다. 이것은 하나의 피스톤 배기량에 엔진 전체 실린더 수를 곱한 것과 같다. 전체 피스톤 배기량이 커지면 엔진이 낼 수 있는 최대 마력도 커진다.

배기량은 엔진 설계시 유의하여야 할 요소 중 하나이다. 만약 실린더 내경이 너무 커지면 연료의

낭비를 가져오고 강한 열로 인하여 적절한 냉각이 어렵다. 또한, 행정이 너무 길다면 커넥팅 로드의 과도한 동적 응력(Dynamic Stress)과 각도(Angularity)로 인해 원치 않는 결과를 가져오게 된다.

"Square" 엔진은 실린더 내경과 행정의 치수 사이에 적절한 균형을 갖추고 있는 것을 말한다(보어와 행정 길이가 같음). 엔진 배기량의 증가는 실린더를 추가함으로써 얻을 수 있고, 출력 증가를 가져온다.

실린더 내경(Boar) 5inch(12.70cm), 행정 4inch(10.16cm), 6기통인 수평 대향형 엔진의 총 배기량은?

[풀이] 단면적 $\dfrac{\pi}{4} \times 25 = 19.635\text{inch}^2(125.68\text{cm}^2)$

         배기량 $4 \times 19.635 = 78.54\text{inch}^3(1.29\text{L})$

         총배기량 $78.54 \times 6 = 471.24\text{inch}^3(7.723\text{L})$

         이 엔진은 0-470 엔진이라고 부른다.

(3) 지시 마력(Indicated Horsepower)

지시 마력(ihp)은 엔진에 의해 발생하는 마력, 즉 열에너지로부터 기계적 에너지로 변환되는 전체 마력을 뜻한다.

한 실린더에 작용하는 전체 힘은 지시 평균 유효 압력(imep) P와 피스톤 헤드의 면적 A의 곱으로서 산출된다. 이 힘에다 행정 길이를 곱한 값은 출력 행정시 한 일량이 되며 이 일량에 분당 출력 행정의 수를 곱하면 1분간에 한 일량과 같고 또 엔진 전체의 기통 수를 곱하면 엔진이 한 전체의 일량이 된다. 결국 1마력은 1분당 33,000ft · lb의 일량으로 정의되므로 엔진이 한 전체 일량을 33,000으로 나누면 그것이 지시 마력이 된다.

그러므로 엔진의 지시 마력은 다음 공식으로 계산한다.

$$\text{ihp} = \frac{\text{PLANK}}{33,000}$$

     여기서,   P:지시 평균 유효 압력(PSI)

            L: 행정(ft)

            A: 피스톤 면적 ()

            N: 실린더당 분당 출력 행정의 수

              * 4행정 사이클 엔진: rpm/2

              * 2행정 사이클 엔진: rpm

            K: 실린더 수

(4) 제동 마력(Brake Horsepower)

제동 마력(bhp)은 엔진에 의해 프로펠러 혹은 다른 구동 장치에 전달되는 실질적인 마력이다. 제동 마력은 지시 마력에서 마찰 마력(Friction Horsepower, fhp)을 뺀 마력이다. 마찰 마력은 엔진과 보기(accessories)의 움직이는 부품들의 마찰을 극복하기 위해 필요한 전체 마력이다. 즉 bhp = ihp-fhp이다.

대부분 항공기 엔진의 "bhp"는 지시 마력의 85~90%이다. 엔진의 "bhp"는 발전기 같은 어떤 힘을 흡수하는 장치에 엔진을 연결함으로써 정확하게 측정할 수 있다.

다이나모미터(dynamometer)는 엔진의 출력을 측정하는 데 사용되는 한 장치이다. 만일 발전기의 전기 하중과 효율을 알면 발전기를 구동하는 엔진의 "bhp"를 측정할 수 있다. 예를 들면, 엔진이 100V를 발전하는 발전기를 구동하고 발전기의 부하가 50A라면 전력은 전압과 전류를 곱한 것으로 $110 \times 50 = 5,500$Watt이다. 1hp = 746W이므로 5500/746 = 7.36hp이다. 발전기의 효율이 60%이면 발전기를 구동하는 데 필요한 출력은 7.36/0.60, 즉 12.27hp이다. 그러므로 우리는 엔진이 발전기를 구동하는 데 12.27hp가 필요하다는 것을 알 수 있다.

(5) 프로니 브레이크(Prony Brake)

그림 3-10에 보여주는 Prony brake는 엔진에 의해 발생하는 토크(torque) 또는 회전 모멘트를 측정하는 장치이다. 이것은 프로펠러 축이 드럼(drum)에 묶여 있는 힌지(hinge) 상태의 칼라(collar)와 브레이크(brake)로 구성된다. 칼라(collar)와 드럼(drum)은 바퀴로 조절될 수 있는 마찰

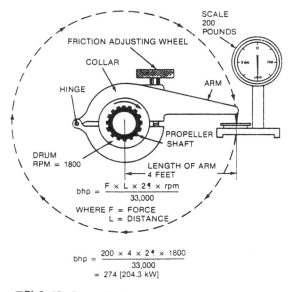

그림 3-10 Prony brake

동력을 만든다. 길이를 알고 있는 암(arm)이 부착되어 있거나 힌지(hinge)된 칼라(collar)의 일부분이며 끝부분의 한 점이 척도계(Scale set)에 접촉되어 있다.

프로펠러 축이 회전함에 따라 제동(brake)되어 있는 힌지(hinge)된 칼라(collar)가 움직이려고 하지만 척도계에 지지되어 있는 암(arm)에 의해 동작이 제지된다. 이 때 척도계는 암(arm)에 걸리는 힘을 흡수하는 데 필요한 힘을 나타낸다. 만일 척도계에 기록된 힘(F)에 암(arm)의 길이를 곱하면 그 값은 회전축이 갖는 토크(torque) 값이 된다. 토크를 알고 있는 경우 프로펠러 축의 회전에 의한 일의 양은 다음과 같다.

$$회전당 \ 일 = 2\pi \times Torque$$

회전당 일에 회전 수(rpm)를 곱하면 분당 일, 즉 출력이 된다. 그러므로 엔진의 제동 마력은 다음 공식으로 계산된다.

$$bhp = \frac{F \times L \times 2\pi \times rpm}{33,000}$$

예를 들면,

Scale상의 힘 = 200lb (889.6N)

암(Arm)의 길이 = 4ft

rmp = 1,800이면,

$$bhp = \frac{200 \times 4 \times 2\pi \times 1800}{33,000} = 274HP \ (204.3kW)$$

(6) 평균 유효 압력(Mean Effective Pressure)

평균 유효 압력은 계산되거나 또는 측정된 마력에 근거한 내연 기관의 실린더 내부의 평균 압력이다. 매니폴드 압력이 증가함에 따라 평균 유효 압력은 증가한다. 'imep'는 'ihp'로부터 유도되고 'bmep'는 'bhp'로부터 유도된다.

그림 3-11은 한 엔진의 한 사이클에 걸친 실린더 내의 압력을 보여준다. 상사점 바로 전에서 점화된 후 급격하게 압력이 상승하여 상사점을 지난 직후 최대 압력에 도달하게 된다. 실린더 내의 가장 높은 압력은 상사점을 지난 후 5°~12° 사이에 발생한다. 출력 행정 말기에 아주 적은 압력이 존재하나 이것은 배기 밸브를 통해 빠르게 소멸된다.

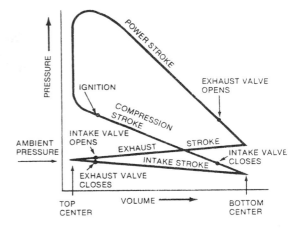

그림 3-11 Curve to show cylinder pressure

엔진의 bhp를 다이아모미터(dynamometer) 또는 프로니 브레이크(prony brake)에 의해서 산출해 내면 다음의 공식에 의해 제동 평균 유효 압력(bmep)을 계산할 수 있다.

$$P(bmep) = \frac{33,000 \times bhp}{LANK}$$

(7) 지시 선도(The Indicator Diagram)

지시 마력은 그림 3-12와 같은 지시 선도에 기록된 실제 압력으로부터의 계산에 따른 이론적인 일량에 근거한다. 이 지시 선도에서 압축 행정 동안과 점화된 후 압력이 상승하는 것을 볼 수 있다. 출력 행정에서는 가스의 팽창으로 인해 압력이 떨어짐을 알 수 있다. 출력 행정 동안 피스톤에 가해지는 힘은 일정하지 않다. 왜냐하면 연료와 공기의 혼합기가 거의 순간적으로 연소되기 때문에 상사점에서는 높은 압력이 작용하고 피스톤이 내려감에 따라 압력이 감소한다.

지시 마력에 대한 출력 계산은 작동 행정 전체에 걸쳐 피스톤에 작용하는 평균 압력을 사용함으로써 간단히 구할 수 있다. 이 평균 압력을 지시 평균 유효 압력이라고 하며 지시 선도에서 얻을 수 있다.

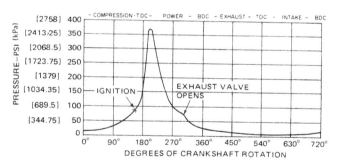

그림 3-12 Cylinder pressure indicator diagram

(8) 출력 정격(Power Ratings)

엔진의 이륙 출력(take off power) 정격은 이륙 과정 중에 작동되는 비행기 엔진의 최대 회전수(rpm)와 매니폴드 압력(manifold pressure)에 의해 결정된다. 이륙 출력은 1분~5분까지와 같은 시간 한계가 주어진다. 매니폴드 압력은 기화기 또는 내부 과급기와 흡입 밸브 사이에 있는 흡입 매니폴드 내의 연료-공기 혼합기 압력이다. rpm이 일정할 때 매니폴드 압력이 증가하면 엔진의 출력도 증가한다. 마찬가지로 매니폴드 압력이 일정할 때 rpm이 증가하면 엔진의 출력도 증가한다.

엔진의 이륙 출력은 최대 허용 연속 출력(maximum continuous power-output allowance)보다도 약 10% 이상 크다. 이것은 미국에서 허용되는 출력 증대이고 영국은 최대 순항 출력의 15% 이상이다. 이것은 간혹 과속(overspeed) 조건으로 간주된다.

　또한 최대 연속 출력을 이륙 출력 이외의 최대 출력(Maximum Except Take off power, METO)이라고도 한다. 최대 이륙 출력에서 작동하는 엔진은 이륙시 낮은 비행 속도로 인해 더운 날씨에서는 기화기 공기 온도가 매우 높게 된다. 이러한 이유로 조종사는 더운 날씨에서는 특히 엔진 과열을 피하여야 한다. 엔진 과열은 디토네이션, 조기 점화의 원인이 되며 출력 손실뿐만 아니라 엔진 손상도 초래한다.

　정격 출력은 표준 엔진 정격(Standard Engine Rating)이라고도 부르며 이는 연속 작동이 안전하게 확립된 상태에서 특정한 rpm과 매니폴드 압력에서 작동할 때 엔진으로부터 얻을 수 있는 최대 마력을 말한다. 이것은 특정한 조건하에서 엔진 제작자에 의해 보증된 출력으로서 METO와 같은 것이다. 최대 출력(Maximum Power)은 엔진이 어떤 조건하에서 어떠한 시간에 낼 수 있는 가장 큰 출력이다.

(9) 임계 고도(Critical Altitude)

　임계 고도란 주어진 출력 마력을 유지할 수 있는 가장 높은 고도이다. 예를 들면 어떤 항공기 엔진이 주어진 rpm에서 엔진으로부터 얻을 수 있는 정격 출력이 유지되는 가장 높은 고도를 말한다. 터보 차저(Turbo Charger)와 과급기(Super Charger)는 엔진의 임계 고도를 증가시켜 주는 데 사용된다.

3-5 엔진 효율

(1) 기계적 효율(Mechanical Efficiency)

　엔진의 기계적 효율은 축 출력(Shaft Output) 또는 제동 마력과 지시 마력 또는 실린더에 의해서 발생되는 출력의 비(ratio)이다.

　예를 들면 제동 마력 대 지시 마력의 비가 9 : 10이면 엔진의 기계적 효율은 90%이다.

(2) 열 효율(Thermal Efficiency)

　열 효율은 연료의 열에너지가 기계적 에너지로 바뀌면서 생기는 열손실의 척도이다. 그림 3-13은 연료의 열에너지가 냉각 장치로 25%가 빠지고, 배기 가스에 의해 40%가 소멸되고, 기계적인 마찰에 5%가 사용되어 프로펠러 축에 이용되는 것은 30%라는 것을 나타낸다.

　엔진의 열 효율은 연료의 열에너지와 유용한 일로 쓰인 열에너지의 비이다.

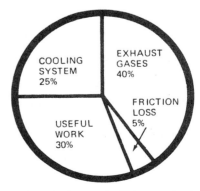

그림 3-13 Thermal efficiency chart

지시 열 효율(Indicator Thermal Efficiency)

$$= \frac{\text{ihp} \times 33,000}{\text{분당 연소되는 연료의 무게} \times \text{열가(heat value, Btu)} \times 778}$$

제동 열효율(Brake Thermal Efficiency)의 공식은 위 식에서 ihp 대신에 bhp로 대치시키는 것을 제외하고는 위 공식과 같다.

 예제

어떤 항공기 엔진이 2600rpm에서 104bhp를 발생시키고 시간당 6.5갤런(gallons)의 연료를 소모한다. 연료의 열가는 1lb당 20000Btu라면 이 엔진의 열 효율은 얼마인가?

[풀이] 제동 열효율(BTE) $= \dfrac{104 \times 33,000(\text{ft} \cdot \text{lb/min})}{(6.5/60) \times 6 \times 20,000 \times 778(\text{ft} \cdot \text{lb/min})}$

$= 0.34$ 또는 34%

여기서, 항공용 가솔린의 1gallon = 6lbs,

1lb = 20,000Btu,

1Btu = 778ft · lb이다.

(3) 체적 효율(Volumetric Efficiency)

체적 효율은 대기압과 온도에서 엔진에 의해 연소되는 연료-공기의 혼합기의 체적과 피스톤 배기량과의 비이다. 만약 엔진의 실린더가 표준 대기의 압력(14.7psi)과 온도(59°F)에서 피스톤 배기량과 정확하게 동등한 체적을 흡입한다면 이 실린더는 100%의 체적 효율을 갖추고 있다고 할 수 있다. 같은 방법으로 체적이 95in³인 연료와 공기 혼합기를 피스톤 배기량이 100in³인 실린더에 수용하게 되면 체적 효율은 95%이다.

체적 효율의 공식은 다음과 같다.

$$\text{체적 효율} = \frac{\text{대기압하에서의 충전 체적(Vol. of charge at atm. pressure)}}{\text{피스톤 배기량(Piston Displacement)}}$$

체적 효율의 감소는 엔진에 유입되는 공기의 질량 감소로 인함인데, 체적 효율에 영향을 미치는 대표적인 요소들로서는 1) 부적절한 밸브 타이밍, 2) 엔진 rpm, 3) 기화기 공기 온도, 4) 흡입 계통의 설계, 5) 고온의 연소실 등이 있다.

부적절한 밸브 타이밍은 체적 효율에 영향을 미친다. 흡입 밸브는 피스톤이 흡입 행정을 시작할 때 가능한 한 많이 열려야 하고 배기 밸브는 배기 가스의 배출 과정이 정지될 때 바로 닫혀야만 한다. 고 rpm 엔진에서는 흡입 매니폴드, 밸브 입구, 기화기에서 발생되는 마찰 때문에 엔진의 체적 효율이 감소된다.

흡입 공기 속도가 증가함에 따라 마찰은 증가하고 공기 흐름의 체적은 감소한다. 매우 높은 엔진 rpm에서는 밸브가 "float"(완전히 닫히지 않음)가 되어 공기 흐름에 영향을 미친다.

공기의 온도가 증가함에 따라 밀도가 감소하기 때문에 기화기 공기 온도는 체적 효율에 영향을 미친다. 이것은 연소실 내로 유입되는 공기의 질량을 감소시키는 결과가 된다. 높은 연소실 온도도 공기의 밀도에 영향을 미치는 한 요소이다. 최대 체적 효율은 드로틀(throttle)을 완전히 열 때, 엔진이 최대 부하 상태(full load)에서 작동할 때 얻을 수 있다.

과급기가 없는 엔진은 항상 체적 효율이 100% 미만이고 과급기가 있는 엔진은 실린더 내로 유입되는 공기를 가압함으로써 체적 효율 100% 이상으로도 작동된다. 과급기가 없는 항공기 엔진에서 체적 효율이 100%보다 적은 주요한 이유는 다음 두 가지이다.

1) 흡입 계통의 굴곡(bend), 장애물, 표면 거칠음이 공기 흐름을 실질적으로 방해함으로써 흡입 매니폴드 내의 압력은 대기압보다 낮게 된다.
2) 드로틀과 기화기 벤투리(venturi)는 압력이 저하되게끔 설계되어 있다.

3-6 성능에 영향을 주는 요소

엔진 성능에 영향을 주는 것은 전술한 바 있는 엔진 출력, 평균 유효 압력, RPM, 배기량들이다. 본 절에서는 실제 엔진 작동에 관련된 것들에 대해 더 심도 있게 다룬다.

(1) 매니폴드 압력(Manifold Pressure or Manifold Absolute Pressure)

매니폴드 압력은 실린더 흡입구에 들어오기 바로 전 연료-공기 혼합기의 절대 압력이다. 절대 압력은 psia(pound per square inch absolute) 또는 in Hg(inches of mercury)로 표시한다. 엔진이 작동하지 않을 때 해면상에서 매니폴드 계기는 표준 상태하에서 29.92in Hg를 지시한다. 엔진이 저회전할 때 계기는 10-15in Hg를 지시한다. 왜냐하면 MAP는 드로틀 밸브의 제한에 의하여 대기압보다 낮게 되기 때문이다.

MAP는 최대 허용 압력 근처에서 작동하는 고성능 엔진의 운용자에게 주요 관심사가 된다. 항공기 엔진의 운용자는 과도한 MAP, 부적절한 MAP와 RPM 비로 작동하는 것을 피해야 한다. 왜냐하면 그러한 작동은 과도한 실린더 압력과 온도를 발생시키는 결과를 초래하기 때문이다. 과도한 실린더 압력은 실린더, 피스톤, 피스톤 핀, 밸브, 커넥팅 로드, 크랭크 축 저널에 과도한 압력을 가할 것이다. 과도한 압력은 과도한 온도를 초래하고 이것은 디토네이션, 조기 점화, 출력 손실을 가져온다. 만일 얼마동안 디토네이션이 계속되면 엔진에 커다란 손상이 온다.

가변 피치 프로펠러가 장착되고 과급기가 장착되지 않은 엔진은 안전한 작동을 보증하기 위하여 다기관 압력(MAP) 계기를 장착하여야만 한다. 고정 피치 프로펠러를 사용하는 엔진은 MAP가 드로틀 개폐에만 따르므로 다기관 압력 계기가 필요치 않다.

(2) 디토네이션과 조기 점화(Detonation and Preignition)

디토네이션은 연소실의 압축된 혼합기의 온도와 압력이 순간적으로 폭발할 만큼 충분히 높아졌을 때 일어난다. 과도한 온도와 압력은 여러 엔진 변수들에 의해 발생하게 되는데 이 엔진 변수들은 높은 흡입 공기 온도, 너무 낮은 연료의 옥탄가, 너무 큰 엔진 하중, 너무 이른 점화 시기, 너무 희박한 연료-공기의 혼합비, 너무 높은 압축비 등이다.

그림 3-14는 디토네이션에 영향을 미치는 요소들을 보여준다. 또한 디토네이션과 이들의 관계는 실린더 압력과 온도와 관계가 있음을 보여준다. 디토네이션의 주요 원인은 엔진에 맞지 않는 옥탄가의 연료를 사용하여 운용하는 것이다. 고옥탄가의 연료가 저옥탄가의 연료보다 더 높은 온도와 압력에 견딜 수 있다. 디토네이션의 발생은 실린더 내의 압력과 온도가 정상 한계를 벗어나 증가함에 따라 연료-공기 혼합기가 폭발하는 것이다(그림 3-15 참조).

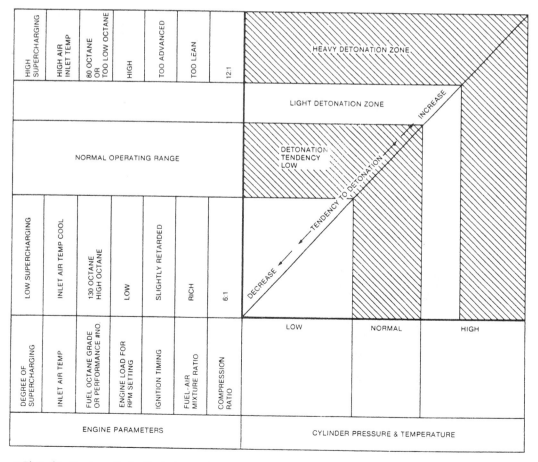

그림 3-14 Factors that affect detonation

디토네이션은 실린더와 피스톤의 온도를 더 상승시켜 피스톤 헤드를 녹이는 원인이 되기도 한다. 디토네이션은 일반적으로 심각한 출력 손실을 초래한다. 이는 피스톤의 헤드를 망치로 친 것과 같이 매우 짧고 높은 압력으로 밀기 때문에 피스톤에 힘이 흡수되지 않아 출력 손실을 초래하는 것이다(그림 3-16, 17 참조).

매우 희박한 혼합비는 농후 혼합비보다 훨씬 느리게 타게 된다. 그 결과 실린더의 온도가 높아진다. 이러한 조건이 수정되지 않는다면 실린더 온도는 디토네이션이 발생할 때까지 계속 상승할 것이다. 또한, 흡입 공기 온도가 너무 높은 것도 한 원인이 된다. 이 조건은 엔진의 고출력 맞춤

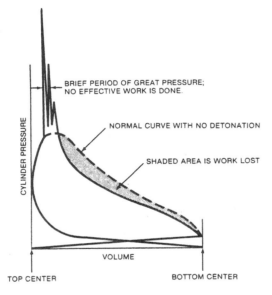

그림 3-15 Detonation as illustrated by pressure-volume diagram

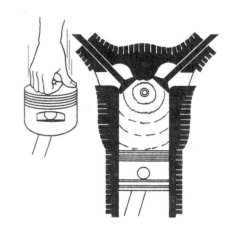

그림 3-16 Normal combustion within a cylinder

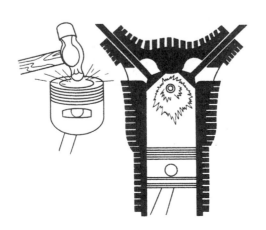

그림 3-17 Detonation within a cylinder

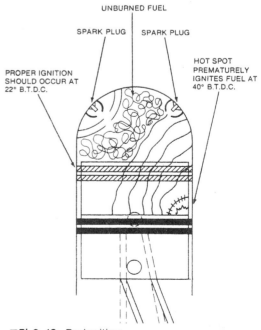

그림 3-18 Preignition

(setting) 또는 과도한 과급시 기화기 열에 의해 초래된다.

항공기 엔진에서 일반적으로 디토네이션은 조기 점화만큼 쉽게 탐지되지 않는다. 조기 점화는 점화 플러그가 점화하기 전에 실린더의 과열 부분(hot spot)이 연료와 공기 혼합기를 점화시켰을 때 일어난다(그림 3-18 참조).

과열 부분은 과열된 점화 플러그 전극(electrodes)이나 과열된 탄소 입자이다. 조기 점화는 거친 엔진 작동, 출력 손실, 높은 실린더 헤드 온도에 의해 감지된다. 조기 점화와 디토네이션을 방지하기 위해서는 적절한 연료를 사용하고 MAP와 실린더 헤드 온도의 적절한 한계 내에서 엔진을 운용하는 것이 필요하다.

(3) 압축비(compression Ratio)

압축비는 엔진의 최대 마력을 내는 데 기여하는 한 요소이다. 어떤 타당한 한계 내에서는 압축비가 증가하면 최대 마력도 증가한다. 그러나 경험에 의하면 내연 기관의 압축비가 10 : 1보다 크면 디토네이션이나 조기 점화가 일어나 과열 현상, 출력의 손실, 엔진의 손상을 초래한다. 압축비가 증가하면 실린더 내의압력도 증가한다(그림 3-19 참조).

만약 엔진이 10 : 1 이상의 압축비를 갖게 되면 연료는 높은 안티녹성(high antiknock characteristic)-고옥탄가 또는 고퍼포먼스수(high performance number)-을 가진 연

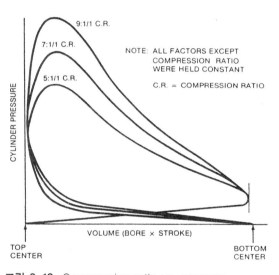

그림 3-19 Compression ratio vs. pressure

료를 사용하여야 한다. 통상적으로 가솔린 엔진의 압축비는 약 7 : 1이나 고성능 엔진은 그 이상의 압축비를 갖는다. 만약 사용된 연료에 대한 압축비가 너무 높다면 디토네이션이 발생하여 과열 현상, 출력의 손실, 피스톤과 실린더의 손상을 초래할 것이다. 엔진의 최대 압축비는 엔진의 설계 한계, 유용한 고옥탄가 연료, 과급의 정도에 의해 영향을 받는다. 엔진의 압축비의 증가는 비연료 소모율(sfc)을 낮추게 하고 열 효율을 증대시킨다.

(4) 제동 비연료 소모율(Brake Specific Fuel Consumption)

제동 비연료 소모율(bsfc)은 단위 bhp당 단위 시간에 대해 소모된 연료의 무게(lbs)로 표시된다. 최근의 왕복 엔진의 bsfc는 보통 0.40~0.50/(hp · h)이다. Bsfc는 엔진 설계와 작동의 많은 요소들, 체적 효율, rpm, bemp, 마찰 손실 등에 의해 결정된다.

엔진에서 최량의 bsfc는 통상 최대 출력의 약 70%인 순항 조건에서 얻어진다. 이륙시 bsfc는 최

량 경제 조건 때보다 거의 2배 가량 증가한다. 왜냐하면 이륙시에는 농후 혼합비가 사용되고 최대 출력을 위해 필요한 고 rpm으로 인한 엔진 효율의 감소 때문이다.

(5) 마력당 중량비(Weight-Power Ratio)

마력당 중량비는 최량 출력 조건에서의 bhp와 엔진의 중량의 비로 표시된다. 예를 들면, 엔진의 중량이 150lb이고 출력이 100hp이면 마력당 중량비는 150 : 100 또는 1.5lb/hp이다. 중량이 항공기 설계시 주요한 고려 사항이기 때문에 항공기 동력 장치의 선택에 있어 엔진의 마력당 중량비는 항상 중요한 요소이다. 왕복 엔진의 마력당 중량비는 1.0~2.0lb/hp이고 고성능 엔진의 대다수는 1.0~1.5lb/hp이다.

(6) 고도(Altitude)

공기 밀도는 특정한 rpm과 MAP에서 엔진의 출력에 영향을 미친다. 공기 밀도는 압력, 온도, 습도에 의해 결정되며 이러한 요소들은 엔진의 정확한 성능을 결정하기 위하여 고려되어야 한다.

엔진 차트(chart)로부터 엔진의 출력을 구하려면 어떤 수정을 하여야 할 것인가를 아는 것이 필요하다. 첫째로, 밀도 고도(density altitude)는 압력 고도(pressure altitude)에 약간의 수정을 가함으로써 결정된다. 압력 고도를 밀도 고도로 바꾸기 위한 차트는 그림 3-20에 보여준다. 만약 특정한 고도에서의 온도가 그 고도에서의 표준 온도 Ts와 같다면 밀도에 대한 수정은 습도의 요소가 없는 이상 필요치 않다. 그림 3-21의 차트(chart)는 특정한 고도에서 continental O-470M 엔진의 출력을 결정하는 데 사용된다. 좌측 차트는 기화기 입구에 램(ram) 공기 압력이 없는 조건하의 해면 표준 상태에서 엔진 출력을 나타내고, 우측 차트는 고도의 영향을 보여주며 처음 차트와 연결

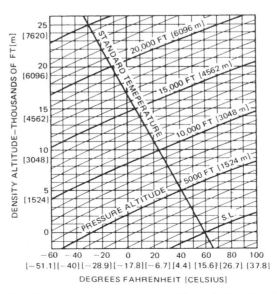

그림 3-20 Chart to convert pressure altitude to density altitude

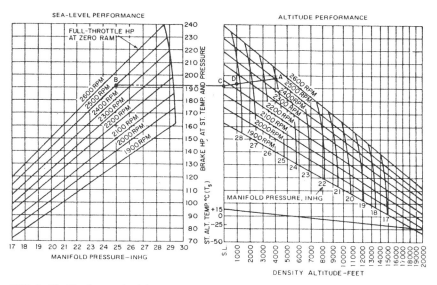

그림 3-21 Finding actual horsepower from sea-level and altitude chart

하여 사용한다. 엔진 rpm과 MAP가 일치하는 점이 양 차트에 존재한다. 해면 차트에 표시되는 마력은 고도 차트의 동일한 점 C로 옮겨진다. 그 뒤 고도 수정을 하기 위하여 점 A로부터 점 C까지 일직선을 그린다. 밀도 고도선과(예로서 D) 이 선과의 교차점이 엔진의 출력이다. 마력은 표준 온도(T_s)보다 작을 때는 매 6℃ 감소할 때마다 1%를 더하여 수정하고, 표준 온도(T_s)보다 높을 때는 매 6℃ 증가에 1%를 감하여 수정하여야 한다.

(7)혼합비(Fuel-Air Ratio)

엔진 운용자에게 특별히 관심 있는 혼합비는 최대 출력 혼합비(best power mixture)와 최량 경제 혼합비(best economy mixture)이다. 또한, 각 경우의 실제 혼합비는 엔진 rpm과 MAP에 달려 있다.

최대 출력 혼합비는 특정한 rpm에서 최대 출력을 내게 하는 것이고, 최량 경제 혼합비는 bsfc가 최소값이 되게 한다. 이것은 한정된 연료로 최대 항속 거리를 가고자 할 때 조종사에 의해 보통 사용되는 방법이다.

(8) 기타 변수

기화기 공기 입구(Scoop)에서 램(Ram) 공기 압력은 입구의 설계와 공기 속도에 의해 결정된다. 램 공기 압력은 엔진에 들어오는 공기를 과급하는 효과를 갖게 된다. 그러므로 실제 출력은 표준 rpm, 압력, 온도 조건하에서 보다 더 크게 된다.

경험 식은 다음과 같이 표시된다.

$$Ram = \frac{v^2}{2045} - 2$$

여기서 램은 수두(inches of water)로 나타내고 공기 속도는 MPH이다.

기화기 공기 온도(CAT)는 엔진에 유입되는 공기의 밀도에 영향을 미치기 때문에 중요하다. 만약 CAT가 너무 높으면 디토네이션을 초래한다. 과급기가 장착된 엔진은 CAT보다는 다기관의 혼합기 온도가 중요하게 된다. 수증기압의 효과는 높은 습도 조건하의 최대 출력 근처에서 작동하는 엔진에서 중요하다. 극한 조건에서 이 효과는 엔진의 최대 정격 출력의 5% 정도를 감소시킬 수도 있다. 그러므로 이륙 거리, 기타 임계 요소들에 주의하여야 한다. 5,000ft(1524m) 이상의 고도에서는 수증 기압은 고려 대상이 되지 않는다.

배기 역압력(Exhaust Back Pressure)은 실린더의 배기구에서 대기압보다 높은 압력으로 인해 체적 효율의 감소를 초래하기 때문에 엔진 성능에 영향을 미친다. 그러므로 배기 계통의 설계는 엔진 제작자나 배기 계통 제작자에게 주요 항목 중 하나이다.

배기 아큐먼트 장치(exhaust-argumenting system)는 배기 역압력을 줄여주고 분사된 배기 가스로 추가 추력도 발생시킨다. 이 장치는 항공기의 엔진 성능의 향상을 가져오게 한다. 또한 엔진 나셀(Nacelle)내의 배기 아큐먼트(exhaust argumentors)는 공기 유량을 증대시켜 냉각 효과도 좋게 한다.

 연 습 문 제

1 체적을 일정하게 유지시키면서 단위 질량을 단위 온도 올리는 데 필요한 열량을 무엇이라고 하는가 ?

① 비열비 ② 비열
③ 정압 비열 ④ 정적 비열

2 비열비는 정압비열과 정적비열로 표시할 수 있다. 다음 중 옳게 표현한 것은 ?

① $K = \dfrac{Cv}{Cp}$ ② $K = \dfrac{Cp}{Cv}$ ③ $K = \dfrac{Cv}{Cp + 1}$ ④ $K = \dfrac{Cp}{Cv + 1}$

3 다음 중 비열비를 나타낸 것은 ?

① $\dfrac{정압}{정적}$ ② $\dfrac{정적}{정압}$ ③ $\dfrac{정압 \times 정적}{정압 \times 1}$ ④ $\dfrac{비열}{정적}$

4 왕복기관에서 체적이 일정한 사이클과 관계 있는 것은 ?

① 정압 사이클 ② 정적 사이클
③ 정온 사이클 ④ 카르노 사이클

5 압축비가 7인 오토 사이클의 열효율은 얼마인가 ?

① 45.88% ② 50.28% ③ 54.20% ④ 60.38%

6 압축비가 9인 오토 사이클의 열효율은 얼마인가 ?(공기 비열비 k = 1.5)

① 0.67 ② 0.54 ③ 0.65 ④ 0.51

7 왕복기관의 실린더에서 발생하는 마력은 ?

① 축 마력 ② 지시 마력
③ 제동 마력 ④ 추력 마력

정답   1. ④ 2. ② 3. ① 4. ② 5. ③ 6. ① 7. ②

8 프로펠러에 공급되는 마력은 ?

① 지시 마력   ② 마찰 마력

③ 제동 마력   ④ 이용 마력

9 다음 중 가스 터빈 기관에서 가장 이상적인 사이클은 무엇인가 ?

① 브레이턴 사이클   ② 카르노 사이클

③ 오토 사이클   ④ 사바테 사이클

10 브레이턴 사이클의 이론 열효율을 구하는 공식 중 맞는 것은 ?

① $1 - (1/\gamma p)^{k/(k-1)}$ ② $1 - (1/\gamma p)^{(k-1)/k}$

③ $1 - (1/\gamma p)^{1/k}$ ④ $1 - (1/\gamma p)^{1/k-1}$

11 기체 상수 중 산소의 기체 상수는 얼마인가 ?(단위 = kg m/kg K)

① 29.27   ② 26.49   ③ 30.26   ④ 19.26

12 가역 사이클의 하나인 카르노 사이클에 대한 설명 중 옳은 것은 ?

① 두 개의 단열 변화와 두 개의 동적 변화로 형성한다

③ 두 개의 단열 변화와 두 개의 등온 변화로 형성한다

③ 두 개의 동적 변화와 두 개의 단일 변화 및 등온 변화로 형성함

③ 두 개의 등온 변화와 두 개의 단일 변화 및 동적 변화로 형성함

13 다음 비체적에 대한 설명 중 맞는 것은 ?

① 단위 체적당 중량   ② 단위 질량당 체적

③ 단위 체적당 질량   ④ 단위 면적당 적용하는 중량

14 화씨 온도를 섭씨 온도로 고치는 관계식을 나타낸 것 중 옳은 것은 ?

① ℃/100 = (℉ − 32)/180   ② ℃/100 = (℉ + 32)/180

③ ℉/100 = (℃ + 32)/180   ④ ℉/100 = (℃ − 32)/180

15 온도의 척도로써 섭씨 온도와 화씨 온도 및 절대 온도를 사용한다. 섭씨 850℃를 화씨로 고치면 몇 도인가 ?

정답   8. ③ 9. ① 10. ② 11. ② 12. ② 13. ② 14. ① 15. ①

① 1562 ℉   ② 490 ℉   ③ 1472 ℉   ④ 450 ℉

16 해면상의 표준 대기압은 ?

① 14.7 inchHg   ② 14.7 psi
③ 29.92 kg/cm²   ④ 29.92 psi

17 내연 기관에 있어서 연소에 의해 생성되는 대개의 열은 ?

① 유용 에너지로 변한다   ② 배기 계통으로 나가 버린다
③ 오일 계통에 의해 없어짐   ④ 실린더 벽을 통해 없어진다

18 다음 중 왕복 기관의 열분포가 맞는 것은?

① 냉각 손실 28.5%, 배기 손실 34%, 제동일 28%, 마찰 손실 9.5%
② 냉각 손실 28%, 배기 손실 28.5%, 제동일 34%, 마찰 손실 9.5%
③ 냉각 손실 34%, 배기 손실 28.5%, 제동일 28%, 마찰 손실 9.5%
④ 냉각 손실 9.5%, 배기 손실 34%, 제동일 28.5%, 마찰 손실 28%

19 다음 중 화씨 온도를 섭씨 온도로 고치는 공식으로 맞는 것은 ?

① ℃ = 9/5 (℉ − 32)   ② ℃ = 5/9 (℉ − 32)
③ ℃ = 9/5 ℉ + 32   ④ ℃ = 9/5 ℉ − 32

20 다음 기관 중 이론적으로 정적하에서 연소 과정을 완료하는 것은 ?

① Otto 기관   ② 디젤 기관
③ Brayton 기관   ④ 스팀 기관

21 이상적인 Otto 사이클 엔진에 있어 열효율을 나타내는 공식은 ?

① $1 - (1/\varepsilon)^k$ ② $1 - 1/\varepsilon^{k-1}$
③ $1 - (1/\varepsilon)^{1-k}$ ④ $1/\varepsilon^{k-1} - 1$

22 압축비가 7인 오토 사이클의 열효율은 몇 %인가 ?(단, 비열비는 1.4)

① 5.42   ② 54.2
③ 542   ④ 0.542

23 마찰 마력이란 ?

① 기관의 지시 마력과 정격 마력의 차
② 기관의 체적 효율과 제동 마력의 차
③ 지시 마력과 제동 마력의 차
④ 제동 마력과 정격 마력의 차

24 제동 마력이란?

① 마찰을 이겨내는 데 손실된 마력
② 감속 기어에서 손실된 마력
③ 프로펠러축에 공급되는 마력
④ 기관에 잠재하는 마력

25 제동 마력을 구하는 공식 중 맞는 것은 ?(P=제동 평균 유효 압력, L=행정 거리, A=피스톤 면적, N=회전수, K=기통수, bHP=제동 마력)[단, ft lb/min 단위에서]

① bHP=PLANK/33,000
② bHP=PLANK/5,500
③ bHP=PLANK/375
④ bHP=PLANK/475

26 완전 가스 중 산소의 기체상수는 몇 KJ/kg K 인가 ?

① 0.208   ② 0.260   ③ 0.287   ④ 0.297

27 단위 질량을 단위 온도 올리는 데 필요한 열량은 ?

① 비열   ② 비열비   ③ 정압 비열   ④ 정적 비열

28 일을 소비하지 않고 열을 저온체에서 고온체로 이동시키는 것은 불가능하다는 것은 누구의 정의인가 ?

① 베루누이 정리
② 보일-샤를의 법칙
③ 캘빈-플랑크의 정의
④ 클라우지우스 정의

29 열기관 사이클 중 이론적으로 가장 좋은 가상적인 사이클은 ?

① 카르노 사이클
② 오토 사이클
③ 브레이톤 사이클
④ 사바테 사이클

30 스파크 플러그로 점화되는 내연기관의 이상적인 사이클은 ?

① 오토 사이클
② 브레이톤 사이클
③ 사바테 사이클
④ 카르노 사이클

31 왕복 기관 중 흡입행정이란 ?

① 흡입 밸브가 열리고 배기 밸브가 닫힌 후 피스톤이 밑으로 내려가는 경우

② 흡입 밸브가 닫히고 배기 밸브가 닫힌 후 피스톤이 밑으로 내려가는 경우

③ 흡입, 배기 밸브가 모두 닫혀 있고 점화가 발생하는 경우

④ 배기 밸브 열리고 흡입 밸브 열려 있는 경우

32 왕복 기관에서 흡입 행정이란 ?

① 흡입 밸브가 열려 있고 배기 밸브가 닫혀 상사점에서 시작하여 피스톤이 밑으로 움직일 때

② 흡입 밸브가 열려 있고 배기 밸브가 닫혀 하사점에서 시작하여 피스톤이 밑으로 움직일 때

③ 흡입 밸브가 닫혀 있고 배기 밸브가 닫혀 상사점에서 시작하여 피스톤이 밑으로 움직일 때

④ 흡입 밸브가 닫혀 있고 배기 밸브가 닫혀 상사점에서 시작하여 피스톤이 위로 움직일 때

33 왕복 기관의 점화 시기는 ?

① 압축 상사점 전

② 압축 상사점 즉시

③ 압축 상사점 후

④ 출력 행정시

34 다음 중 왕복엔진의 연소실 내의 최고 압력은 몇 kg/cm^2인가 ?

① 60 ② 30

③ 100 ④ 150

35 흡입 및 배기 밸브가 닫히면서 피스톤이 상사점으로 향하는 행정은 무슨 행정인가 ?

① 압축 행정 ② 배기 행정

③ 폭발 행정 ④ 흡입 행정

36 압축 행정 중에서 밸브는 다음 어느 위치에 있는가 ?

① 행정 중에는 흡입 밸브와 배기 밸브가 동시에 닫힌다

② 양측의 로커 암이 밸브 스프링의 장력을 받는다

③ 행정 말에는 흡입 밸브가 열리고 행정 초에는 배기 밸브가 열린다

④ 행정 초에는 흡입 밸브가 열려 있다가 행정 진행 중에 닫힌다

정답 31. ① 32. ① 33. ① 34. ① 35. ① 36. ①

37 내연 기관에서 압축비란?

① BDC에서 피스톤에 작용하는 압력과 TDC에서 피스톤에 작용하는 압력을 비교할 때의 비
② 피스톤이 BDC에 있을 때 실린더 체적과 피스톤이 TDC에 있을 때 연소실 체적 사이의 비
③ 기관에서 발생한 동력과 크랭크축에 공급된 동력의 비
④ 실린더에 흡입된 혼합기의 체적과 총 행정 체적과의 비

38 기관이 정상 작동시 실린더 내의 최대 압력과 최대 온도는 얼마인가 ?

① $60Kg/cm^2$, $2000℃$　　　　　② $140Kg/cm^2$, $2000℃$
③ $60Kg/cm^2$, $2400℃$　　　　　④ 60PSI, $2000℃$

39 4행정 사이클(4 STROKE CYCLE) 엔진에서 점화는 어느 때 발생하는가 ?

① 피스톤이 출력 행정에서 하향으로 움직이기 시작한 바로 뒤
② 피스톤이 압축 행정 상사점에 도달하기 전
③ 압축 행정의 상사점에서
④ 출력 행정의 시작에서

40 연소 과정 시작시 피스톤의 위치는 ?

① 상사점에 있다　　　　　　　② 하사점에 있다
③ 상사점 직전에 있다　　　　　④ 상사점 직후에 있다

41 왕복 기관의 점화 시기가 적당히 맞추어질 때 연소 과정은 어느 때 완료되나 ?

① 폭발 행정에서 상사점 직후　　② 배기 밸브가 열리는 직후
③ 압축 행정에서 상사점 직전　　④ 흡입 밸브가 열리기 직전

42 4행정 엔진에서 배기 밸브가 이제 막 열렸다. 어느 행정중인가 ?

① 흡입 행정　　　　　　　　　② 폭발 행정
③ 압축 행정　　　　　　　　　④ 배기 행정

43 6기통 수평 대항형 엔진에서 모든 실린더가 폭발했다면 크랭크축의 회전각도는 ?

① $180°$　　　　　　　　　　② $760°$
③ $360°$　　　　　　　　　　④ $720°$

44 왕복 엔진에서 밸브 오버랩이란 ?

① 흡입 밸브만 열려 있는 것

② 흡입 밸브와 배기 밸브가 동시에 열려 있는 것

③ 흡입 밸브와 배기 밸브가 모두 닫혀 있는 것

④ 배기 밸브만 열려있는 것

45 왕복 엔진에서 밸브 오버랩을 사용하는 이유는 ?

① 실린더의 냉각을 돕기 위해서일 뿐이다

② 혼합가스를 실린더에 많이 들어 오게 하기 위해서이다

③ 점화를 용이하게 하기 위해서이다

④ 혼합 가스의 역류를 방지한다

46 흡입 행정 초기에는 흡입 및 배기 밸브가 다 같이 열려 있는 상태가 되는데 이 기간을 각도로 나타낸 것을 무엇이라 하나 ?

① 밸브 열림   ② 밸브 오버랩   ③ 밸브 닫힘   ④ 밸브 개폐 시기 선도

47 밸브 오버랩의 장점으로 적당한 것은 ?

① 압축비를 높인다   ② 체적 효율을 증대시킨다

③ 킥백을 방지한다   ④ 디토네이션이 방지된다

48 밸브 오버랩을 주는 목적은 ?

① 흡기 밸브의 냉각을 돕는다   ② 압축비를 높인다

③ 체적 효율을 증대시킨다   ④ 킥백(KICK BACK)을 방지한다

49 밸브 오버랩의 단점으로 적당한 것은 ?

① 역화의 우려가 있다   ② 체적 효율을 증대시킨다

③ 킥백을 방지한다   ④ 배기 밸브가 과냉각된다

50 다음 중 밸브 오버랩의 단점이 될 수 있는 것은 ?

① 체적 효율의 감소   ② 잔류 가스의 축적

③ 기화 작용의 감소   ④ BACK−FIRE 유발

정답 44. ② 45. ② 46. ② 47. ② 48. ③ 49. ① 50. ④

51 흡입 밸브가 상사점 전 20°에서, 배기 밸브가 하사점 전 60°에서 각각 열리고 흡입 밸브가 하사점 후 50°에서, 배기 밸브가 상사점 후 30°에서 각각 닫힐 때 밸브 오버랩은?

① 90°　　　　　　② 70°　　　　　　③ 50°　　　　　　④ 30°

52 기관이 고속으로 작동시 밸브 오버랩이 있는 기관에서 발생될 수 있는 현상은?

① 역화(Back Fire) 발생　　　　　② 체적 효율이 감소한다
③ 킥백(Kick Back) 발생　　　　　④ 배기 밸브가 과냉각된다

53 만일 기화기의 공기 온도가 너무 높다면 가장 가능성이 있는 결함은?

① 안티노크 현상　　　　　　　　② 디토네이션 현상
③ 후화 현상　　　　　　　　　　④ 역화 현상

54 왕복 기관의 압축비는 디토네이션 때문에 얼마로 제한하는가?

① 5 ~ 6 : 1　　　　　　　　　　② 5 ~ 8 : 1
③ 8 ~ 10 : 1　　　　　　　　　 ④ 10 ~ 12 : 1

55 디토네이션이 일어날 때 제일 먼저 감지할 수 있는 사항은?

① 연료 소모량(fuel consumption)이 많아진다
② 연료 소모량(fuel consumption)이 적어진다
③ 실린더 온도(cylinder temperature)가 내려간다
④ 심한 진동이 생긴다

56 엔진 실린더의 디토네이션은 어떤 현상으로 탐지되는가?

① 연료의 과다 소모　　② 오일의 과다 소모
③ 실린더 온도 상승　　④ 기화기를 통한 역화

57 디토네이션과 조기 점화의 차이점은?

① 조기 점화는 점화 후에 발생하고 디토네이션은 실린더 온도를 증가시킨다
② 조기 점화에 의해 실린더 온도가 급격히 상승하고 디토네이션에 의해서 기관이 파손된다
③ 조기 점화는 일부의 실린더에서, 디토네이션은 기관 전체에서 발생한다
④ 둘의 차이점은 발견하기 곤란하다

정답 51. ③　52. ②　53. ②　54. ③　55. ④　56. ③　57. ④

58 ADI에 사용되는 액체는 ?

① 물+솔벤트　　　② 물+오일+알콜　　　③ 알콜　　　④ 오일+알콜

59 ADI를 사용하는 목적은 ?

① 조기 점화를 예방

② 혼합 가스의 압력을 낮추어 디토네이션 방지

③ 혼합 가스의 온도를 낮추어 디토네이션 방지

④ 연료의 빙결을 방지

60 ADI에 사용하는 알콜의 역할은 ?

① 조기 점화를 예방　　　　　　② 물의 기화를 방지

③ 기관의 부식 방지　　　　　　④ 물이 어는 것 방지

61 항공기 왕복 기관에서 실제로 사용되는 기관의 마력당 중량비는 ?

① 0.61~1.22kg/kw　　　　　② 1.16~2.22kg/kw

③ 2.16~3.22kg/kw　　　　　④ 3.16~4.22kg/kw

62 피스톤 지름이 15cm, 행정거리 0.155m, 실린더수 4개일 때의 총행정 체적은 ?

① 13960cm³　　② 12960cm³　　③ 11960cm³　　④ 10960cm³

63 왕복기관에서 총배기량이란 ?

① 크랭크축이 2회전하는 동안 전체 피스톤이 배기한 총용적

② 크랭크축이 1회전하는 동안 전체 피스톤이 배기한 총용적

③ 크랭크축이 2회전하는 동안 한 개의 피스톤이 배기한 총량

④ 크랭크축이 1회전하는 동안 한 개의 피스톤이 배기한 총량

64 다음 중 왕복 기관의 압축비를 구하는 공식으로 맞는 것은 ?

① $\dfrac{\text{연소실 체적}}{\text{행정 체적 + 연소실 제적}}$　　　　② $\dfrac{\text{행정 체적} \times \text{실린더 체적}}{\text{연소실 체적}}$

③ $1 + \dfrac{\text{연소실 체적}}{\text{행정 체적}}$　　　　④ $\dfrac{\text{행정 체적 + 연소실 체적}}{\text{연소실 체적}}$

정답　58. ②　59. ③　60. ④　61. ①　62. ④　63. ①　64. ④

65 왕복 기관에 장착된 프로펠러 효율과 제동 마력을 곱한 마력은 ?

① 필요 마력　　　　　　　　　　　　　② 이용 마력
③ 여유 마력　　　　　　　　　　　　　④ 지시 마력

66 M.E.T.O(maximum except take off) 출력은 ?

① 30분만 허용되는 최대 출력　　　　　② 연속 사용이 가능한 최대 출력
③ 상승 비행시 허용되는 최대 출력　　　④ 순항시 사용되는 최대 출력

67 엔진의 임계고도란 ?

① 엔진이 안전하게 운전되는 고도　　　② 엔진이 정격출력을 유지할 수 있는 최고 고도
③ 최고 마력을 얻을 수 있는 고도　　　④ 답 없다

68 왕복 기관에서 연료 소비율이 가장 적은 상태에서 얻어지는 동력을 말할 때는 ?

① 순항 마력　　　　　　　　　　　　　② 정격 마력
③ 이륙 마력　　　　　　　　　　　　　④ 체적 마력

69 피스톤 지름이 15cm인 피스톤에 60Kg/cm²의 가스압력이 작용하면 피스톤에 작용하는 힘은?

① 10.6t　　　　　② 11.7t　　　　　③ 12.2t　　　　　④ 15.9t

70 실린더의 용적이 80 in³피스톤의 행적 용적이 70 in³일때 압축비는 ?

① 7　　　　　　　② 8　　　　　　　③ 9　　　　　　　④ 10

71 18 실린더 복열 성형 기관에서 기관의 각 실린더의 직경이 6inch이고 행정이 6inch일 때 기관의 총 행정 체적은 ? (단위 : in³)

① 2952.08　　　　② 3052.08　　　　③ 3152.08　　　　④ 3252.08

72 왕복 기관에서 체적 효율에 관한 설명 중 옳은 것은 ?

① 100% 체적 효율은 결코 얻을 수 없다
② 체적 효율은 항상 100%를 초과한다
③ 과급기가 있는 기관에서 체적 효율은 100%를 초과할 수 있다
④ 100% 체적 효율은 오직 해면에서만 얻을 수 있다

73 왕복 기관의 매니폴드 압력이 증가함에 따라 어떤 현상이 나타나는가 ?

① 실린더 내의 공기 부피가 증가한다
② 혼합 가스의 무게가 감소한다
③ 실린더 내의 공기 부피가 감소한다
④ 실린더 내의 공기 밀도가 증가한다

74 제동 평균 유효 압력에 영향을 주는 요소가 아닌 것은 ?

① 압축비
② 압력비
③ 체적 효율
④ 혼합비

75 다음 중 기관의 마력 증가법이 아닌 것은 ?

① 행정 체적의 증가
② 기화기 히터의 작동
③ 회전 속도의 증가
④ 제동 평균 유효 압력의 증가

76 다음 기관의 마력 증가법 중 가장 효과적인 방법은 ?

① 행정 체적의 증가
② 압축비의 증가
③ 회전 속도의 증가
④ 제동 평균 유효 압력의 증가

77 다음 제동 평균 유효 압력의 증가법 중 설명이 잘못된 것은 ?

① 압축비 - 압축비가 증가하면 BMEP도 증가
② 회전 속도 - 회전 속도가 증가하면 BMEP도 계속 증가
③ 혼합비 - 혼합비가 증가하면 BMEP는 어느 정도까지는 증가하다 감소
④ 점화 시기 - 적절하게 조절되면 BMEP도 증가

78 회전 속도의 영향에 의해 제동 평균 유효 압력은 증가하다가 감소한다. 이유로 적당한 것은 ?

① 기계적인 마찰 때문에
② 압축비가 감소하기 때문에
③ 충격파의 발생으로 인해
④ 체적 효율이 감소하기 때문에

79 엔진의 출력을 측정하는 장치는 ?

① 세이볼트 유니버설 점도계
② CFR 기관
③ 다이나모 메타
④ 텐션 메타

정답 73. ④ 74. ② 75. ② 76. ④ 77. ② 78. ④ 79. ③

80 왕복 엔진에서 흡기 압력과 RPM을 일정하게 하고 상승하면 어떻게 되겠는가 ?

① 임계 온도까지는 출력이 증가한다　　　② 밀도 감소로 출력이 감소한다
③ 배압이 증가하므로 출력이 증가한다　　④ 위 다 맞다

81 고도가 증가할 때 기관의 출력은 과급기가 없는 경우 어떻게 되는가 ?

① 온도가 낮아져 밀도가 증가하므로 기관의 출력은 어느 정도까지는 증가하다가 감소한다
② 압력이 감소하므로 밀도가 감소하여 기관의 출력이 감소한다
③ 압력의 감소로 밀도가 감소하지만 온도가 감소하므로 밀도가 증가하여 출력이 증가한다
④ 기관의 출력은 변함없이 일정하다

82 과급기가 있는 경우 기관의 출력은 어떻게 변화하는가 ?

① 기관의 출력은 어느 정도까지는 증가하다가 감소한다
② 압력이 감소하므로 밀도가 감소하여 기관의 출력이 감소한다
③ 압력의 감소로 밀도가 감소하지만 온도가 감소하므로 밀도가 증가하여 출력이 증가한다
④ 기관의 출력은 변함없이 일정하다

83 과급기가 있는 경우 기관의 출력이 증가하는 이유로 옳은 것은 ?

① 혼합 가스의 온도가 낮아져 밀도가 증가하기 때문에
② 다기관·압력은 감소되지 않고 배압이 감소되기 때문에
③ 다기관의 압력은 증가하고 배기 배압은 낮기 때문에
④ 다기관의 압력과 배압이 감소하기 때문에

4 윤활유와 윤활 계통

4-1 윤활유의 분류

윤활유는 운동하는 부품 사이의 마찰을 감소시키며 금속 표면의 녹과 부식을 방지하는 데 사용된다. 윤활유는 출처에 근거하여 동물성, 식물성, 광물성, 합성으로 분류한다.

(1) 동물성 윤활유(Animal Lubricants)

소 기름, 돼지 기름, 향유고래 기름, 돌고래 기름 등이 있는데 상온에서 안정하기 때문에 화기(firearm), 재봉틀, 시계 등에 사용할 수 있다.

특히 돌고래 기름은 고급 시계와 같은 정교한 계기에 사용된다. 그러나 동물성 윤활유는 고온에서 지방산이 생기기 때문에 내연 기관에는 사용할 수 없다.

(2) 식물성 윤활유(Vegetable Lubricants)

피마자 기름, 올리브 기름, 평지 기름(rape oil), 목화씨 기름 등이 있는데 공기 중에 노출되면 산화되는 경향이 있다. 동물성, 식물성 윤활유는 광물성 윤활유보다 마찰 계수가 적다. 그러나 금속 표면에서 결합이 풀어지기 때문에 금속을 급속히 마모시킨다.

식물성 윤활유는 가솔린에 융해되지 않으므로 크랭크 케이스가 흡입 계통의 한 부분으로 사용되는 로터리 엔진에 피마자 기름이 사용되기도 했다. 식물성 윤활유는 엔진 내에서 쉽게 산화되고 접착 조건(gummy condition)의 원인이 된다.

(3) 광물성 윤활유(Mineral Lubricants)

항공기 내연 기관에 광범위하게 사용된다. 광물성 윤활유는 고체, 반고체, 유체로 분류한다.

1) 고체 윤활유

운모(mica), 동석(soapstones), 흑연(graphite) 등이 있는데 고속 기계에서는 열을 충분히 빠르게 방산시키지 못하나 저속 기계에는 만족할 만하다. 분말로 된 흑연은 극히 추운 기후에서 오일과 그리스(grease) 대신에 화기(firearm)의 윤활에 사용된다.

2) 반고체 윤활유

극히 무거운 오일과 그리스가 반고체 윤활유이다. 그리스는 오일과 비누(soap)의 혼합체이다. 이 윤활유는 어떤 장비에 주기적으로 적용할 때 알맞고, 회전 또는 연속적인 작동을 하는 윤활 계통에는 알맞지 않다. 나트륨 비누와 오일로 만든 그리스는 기어(gears)와 열을 받는 장비에 사용되고, 칼슘 비누와 오일로 만든 그리스는 컵 그리스(cup grease)가 되고, 알루미늄 비누와 오일로 만든 그리스는 볼 베어링과 고압 적용에 사용된다.

3) 유체 윤활유

유체 윤활유 또는 오일(oils)은 쉽게 펌프되고 분무되며, 열을 흡수해서 빨리 열을 방산시키고, 완충 효과도 좋기 때문에 모든 형태의 내연 기관에 사용된다.

(4) 합성 윤활유(Synthetic Lubricants)

가스 터빈 엔진의 작동은 높은 온도가 요구되기 때문에 고온에서 증기화되지 않고 쉽게 분해되지 않으며 코크(coke)나 다른 침전물이 생기지 않는 윤활유가 필요하다. 그러한 필요에 따라 자연 원유(natural crude oils)를 사용하지 않고 만든 윤활유를 합성 윤활유라고 부른다. 대표적인 합성 윤활유는 TypeI(MIL-L-7808), TypeII(MIL-L-23699)가 있다.

4-2 윤활유의 성질

항공기 엔진 오일의 가장 중요한 성질은 인화점, 유동점, 점도, 화학 안정성이다. 정제소에서 시험되는 성질들은 중력(gravity), 색, 탄소 잔여(carbon residue), 흐림점(cloud point), 재 잔여(ash residue), 산화, 침전(precipitation), 부식, 중화(neutralization), 유질(oiliness)이다(표 4-1 참조).

표 4-1 Characteristics of aircraft engine lubricating oil

	AN 1065 SAE 30 Aviation 65	AN 1080 SAE 40 Aviation 80	AN 1100 SAE 50 Aviation 100	AN 1120 SAE 60 Aviation 120
Viscosity				
S.S.U. @ 100°F	443	676	1,124	1,530
S.S.U. @ 130°F	215	310	480	630
S.S.U. @ 210°F	65.4	79.2	103.0	123.2
Viscosity Index	116	112	108	107
Gravity, °API	29.0	27.5	27.4	27.1
Color, ASTM	1.5	4.5	4.5	5.5
Pour Point, °F	-20	-15	-10	-10
Pour Point, DWuted, °F	-70	-70	-70	-50
Flash Point, °F	450	465	515	520
Carbon Residue %W(R)	0.11	0.23	0.23	0.40

(1) 중력(Gravity)

원유(petroleum oil)의 중력은 측정된 부피의 무게 지수(index)로 나타낸다. 측정 장치는 비중계나 API 중력계(American Petroleum Institute gravity scale)가 사용된다(그림 4-2 참조).

항공기 윤활유의 비중이 0.9340이고 무게가 7.778lb/gal이면 API 중력은 20이다. 만약 항공기 윤활유의 비중이 0.9042이고 무게가 7.529lb/gal이면 API 중력은 24가 된다.

(2) 인화점(Flash point)

오일의 인화점은 가열된 오일 표면 위에 가연성 혼합물인 증기가 생성되어 매우 적은 불꽃과 접촉시 순간적으로 타는 때의 온도이다.

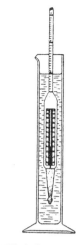

그림 4-2 Hydrometer for determining API gravity

항공기 엔진은 고 온도에서 작동하기 때문에 높은 인화점을 가져야 한다.

오일이 증기화되는 율(rate)은 엔진의 온도와 오일의 등급(grade)에 따른다. 만약 증기화된 오일이 탄다면 엔진은 적절한 윤활을 할 수 없게 된다. 어떤 특정한 엔진의 작동 온도는 사용되어야 할 오일의 등급을 결정한다.

오일의 발화점(fire point)은 가열된 오일에서 가연성 혼합물인 증기가 생성되어 적은 불꽃에 의해 점화되었을 때 계속해서 연소가 될 만큼 충분한 증기가 나오는 때의 온도이다.

윤활유의 인화점과 발화점 시험(test)에는 ASTM(American Society for Testing and Materials)의 추천에 의하여 그림 4-3과 같은 클레브랜드 오픈 컵(cleveland open cup) 장치가 사용된다. 안정된 윤활유의 시험에서 발화점은 인화점보다 보통 약 50~60°F(28~33℃) 더 높다.

만약 항공기 엔진에 사용된 오일의 시험 결과 매우 낮은 인화점을 갖는 것이 되었다면 이것은 엔진 연료에 의해 오일이 희석된 것이다. 만약 오일이 가솔린에 의해 크게 희석되었다면 발화점은 매우 낮게 될 것이다.

(3) 점도(Viscosity)

점도는 오일의 유체 마찰로서 정의한다. 즉 점도는 오일의 흐름을 저항하는 것으로 간주한다. 점도가 높으면 유동이나 흐름이 느리다. 점도가 낮으면 유동점 이상의 온도에서 오일 유동이나 흐름이 훨씬 더 자유롭다. 낮은 온도에서 유동할 수 있는 오일을 저점도(low viscosity) 오일이라고 한다. 오일에 의한 유체 마찰의 양은 오일의 점도에 의한다.

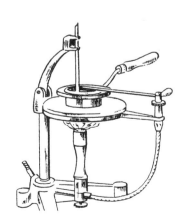

그림 4-3 Cleveland open-cup test

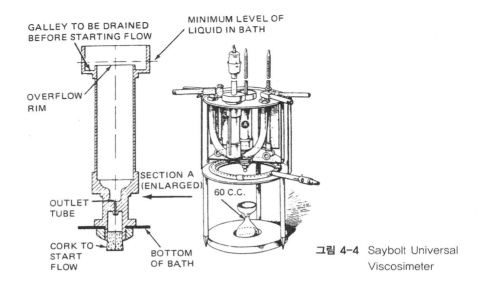

GALLEY TO BE DRAINED
BEFORE STARTING FLOW

MINIMUM LEVEL OF
LIQUID IN BATH

OVERFLOW
RIM

SECTION A
(ENLARGED)

OUTLET
TUBE

CORK TO
START
FLOW

BOTTOM
OF BATH

60 C.C.

그림 4-4 Saybolt Universal Viscosimeter

그림 4-4에서 보여주는 세이볼트 유니버설 비스코시미터(Saybolt Universal Viscosimeter)는 윤활유를 시험하는 표준 기구이다. 시험은 보통 100, 130, 210°F에서 행한다. 이 기구는 60cm³의 오일이 주어진 온도에서 몇 초만에 출구로 흘러 나오는가 하는 것으로 점도를 측정한다.

상업 항공기용 오일의 점도는 일반적으로 210°F에서의 S.U.V에 의해 80, 100, 120, 140 같은 숫자로 나타내며 SAE(Society of Automotive Engineers) 숫자와의 관계는 그림 4-1과 같다.

점도 지수(viscosity index, VI)는 온도 변화에 따른 점도 변화율을 나타내는 한 방법이다. 일반적으로 저점도의 오일은 추운 날씨에 사용되고 고점도의 오일은 따뜻한 날씨에 사용된다. 그러나 엔진이 최대 온도에서 작동할 때 오일이 적절히 작용할 수도 있고, 엔진이 차가울 때 마찰을 최소화할 수 있는 가장 낮은 점도의 오일을 선택하는 것이 중요하다.

오일의 등급과 형식은 작동자 지침서(operator's manual)에 따라 엔진에 사용하여야 한다. 항공기 엔진에 사용되는 윤활유가 자동차에서 사용되는 윤활유보다 점도가 더 높다. 이것은 항공기 엔진이 더 높은 온도에서 작동하고 더 큰 작동 간격(operating clearance)을 갖게 설계되었기 때문이다.

추운 날씨에서 엔진을 시동할 때에는 작동 온도에서 적절한 점도를 유지할 수만 있다면 유동점과 점도가 모두 낮은 것이 요구된다. 저유동점과 저점도 중 저점도가 저온에서 시동과 오일을 펌프하는 데 훨씬 더 유용하게 작용한다.

항공기 엔진에서는 저온도에서 엔진을 시동할 때 윤활유에다 엔진 가솔린을 직접 섞음으로써 오일을 희박(oil dilution)하게 만들기도 한다. 엔진이 작동 온도에 도달하면 가솔린은 증발되고 오일만 남게 된다. 이 방법의 단점은 부품을 약간 부식시키는 원인이 된다는 것이지만 다른 장점에 의해 크게 문제가 되지는 않는다. 이 방법을 수행함에 있어 다음 두 가지 사항에 유의하여야 한다.

1) 상업 항공용 오일 100(SAE 50 또는 AN 1100)보다 더 희박하게 하지 말라.

2) 지상 온도에 따라 엔진 연료로 희박하게 할 오일을 선택하라.

(4) 색(color)

윤활유의 색은 빛이 전달되는 강도에 의해 시험되는 ASTM union colorimeter에 의해 구분되는데 1(순백색:lily white)에서 8(진홍색보다 어두운:darker than claret red)의 숫자로 표시한다.

(5) 흐림점(Cloud Point)

흐림점은 정해진 시험 조건에서 오일로부터 밀랍(wax)이 분리되어 선명해지는 온도이다. 이것은 응결점(solidification)보다 약간 위의 온도가 된다.

(6)유동점(Pour Point)

오일의 유동점은 오일이 냉각되었을 때 동요 없이 오일이 흐를 수 있을 때의 온도이다. 실제적으로 유동점은 오일이 흐를 수 있는 제일 낮은 온도이다. 유동성(Fluidity)이 좋으면 엔진이 찬 날씨에서 시동됐을 때 바로 순환 작용을 할 수 있다. 그림4-5는 유동점과 흐림점 시험 장비를 보여준다.

일반적으로 유동점은 엔진 평균 시동 온도의 5°F 이내이어야 한다. 그러나 이것은 오일이 엔진 작동 온도에서 적당한 유막을 형성할 수 있는 충분한 점

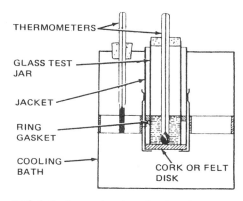

그림 4-5 Apparatus for cloud-point and pour-point tests

도가 있어야 하므로 오일의 점도와 관련하여 고려되어져야한다. 그러므로 추운 날씨에서 시동시 오일은 유동점과 점도를 고려하여 엔진의 작동 지침에 따라 선택하여야 한다.

(7) 탄소 잔여 시험(Carbon-Residue Test)

탄소 잔여 시험은 윤활유의 탄소 형성 성질을 파악하고자 함이다. 시험 방법은 Ramsbottom carbon-residue test와 Conradson test가 있다(그림 4-6, 7 참조).

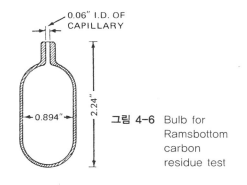

그림 4-6 Bulb for Ramsbottom carbon residue test

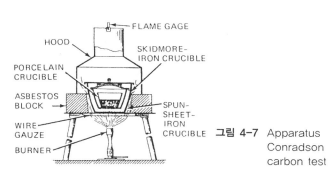

그림 4-7 Apparatus Conradson carbon test

엔진에 탄소 침전물이 생기는 것은 탄소 형성 성질도 중요하지만 오일의 형식, 엔진의 기계적인 조건, 작동 사이클, 오일의 특성, 연료를 기화시키는 방법들에 의해서도 결정된다.

(8) 재 시험(Ash Test)

재 시험은 탄소 잔여 시험의 연장이다. 재 함유량(ash content)은 모든 탄소와 탄소질의 물질이 증발되거나 탄 후 잔여물의 백분율(무게에 의한)이다. 이것을 화학적으로 분석한 결과, 철의 함유량은 마모율을 나타내고, 모래는 대기로부터 오며, 납 화합물은 유연 휘발유(leaded gasoline)로부터 온 것으로 윤활유의 성능에 관한 일부를 알 수 있다.

(9) 산화 시험(Oxidation Tests)

항공기 윤활유는 공기와 촉매 작용하는 금속과 접촉하며 상대적으로 높은 온도를 받는다. 이것은 오일이 산화되는 데 원인이 된다. 오일의 산화는 점도를 증가시키고 슬러지(sludge), 탄소잔여물, 래커 또는 바니시(lacquer or varnishes), 무기산(inorganic acids)을 형성시킨다.

엔진 오일의 탄소 잔여값이 주어진 한계보다 낮을 때 산화 생성물은 뜨거운 오일에 용해된다. 이로 인하여 래커의 침전물은 금속 표면에 형성되어 엔진 내에서 오일 흐름을 비교적 느리게 하고, 탄소 같은 물질의 슬러지가 여러 곳에 형성된다. 이러한 상황을 방지하기 위하여 산화 방지제(antioxidant)나 부식 방지제(anticorrosion agents)를 윤활유에 섞어서 사용하기도 한다.

(10) 침전(Precipitation)

원심 용기의 밑에 침전되는 양을 나타내는 ASTM 침전 번호(precipitation number)로서 표시한다.

(11) 부식과 중화(Corrosion and Neutralization)

윤활유는 산이 포함된다. ASTM에 중화 번호(Neutralization)는 오일 1g을 중화시키는 데 필요한 수산화칼륨의 무게(단위: mg)로 표시된다. 중화 번호가 오일의 부식 작용을 나타내는 것은 아니다.

(12) 유 질(Oiliness)

유질은 온도와 유막 압력이 동일한 조건하에서 윤활유들이 같은 점도를 갖고 있어도 마찰을 줄이는 성질이 서로 다른 것을 말한다. 유질은 윤활유뿐만 아니라 적용되는 표면에 따라서 결정된다. 윤활되는 부품이 너무 뜨거울 때 또는 금속 표면이 너무 고울 때는 유막이 매우 얇기 때문에 이러한 때 특히 유질이 중요하다.

(13) E.P(Extreme-Pressure) 윤활유

고압을 받는 치차나 높은 문지름 속도(rubbing speed)를 갖는 기어에 사용되는 윤활유-광물성 윤활유에 황 또는 염소 등이 첨가된 특별한 윤활유-로 마찰을 줄여줌으로써 마모를 줄여 준다.

(14) 화학적, 물리적 안정성(Chemical and Physical Stability)

항공기 엔진 오일은 산화, 열분리, 코킹(coking)에 대해 화학적 안정성이 있어야 하며 압력과 온도에 대한 물리적 안정성이 갖추어져야 한다. 오일은 물과 친화하지 않는 특성(demulsibility)을 가져야 하며 비휘발성이어야 한다. 또한 오일은 최소 마찰 계수, 윤활 되는 표면에서 최대 응집력, 유질 특성, 적절한 유막 강도를 갖추어야 한다.

4-3 윤활유의 필요성

항공기 엔진에는 많은 운동하는 부품들이 있다. 왕복 또는 회전하는 각 부품들은 운동하는 동안 안내(guide)되어야 하고 주어진 위치에 고정되어야 한다. 운동하는 부품 사이에서의 접촉은 마찰을 유발시켜 에너지를 소모시킨다. 만약 윤활유가 사용되려면 운동하는 표면에 윤활유의 유막이 형성됨으로써 마모를 줄이고 출력 손실을 줄여준다.

(1) 미끄럼 마찰(Sliding Friction)

하나의 표면이 다른 표면 위에 미끄러질 때 각 표면에 맞물리는 금속 미립자가 운동하기 위하여 미끄럼 마찰이라는 저항이 생긴다.

반듯한 표면도 현미경으로 조사하면 요철 부분이 있게 마련이다. 그러므로 두 물체가 서로 미끄러질 때 튀어나온 부분이 들어간 부분에 잡히게 되어 마찰이 생긴다.

(2) 구름 마찰(Rolling Friction)

실린더 또는 구(sphere)가 평면을 구를 때 표면에서의 운동의 저항을 구름 마찰이라 한다. 롤러 베어링을 사용할 때보다 볼 베어링을 사용할 때가 구름 마찰이 적다. 구름 마찰은 표면에서 선 또는 점 접촉(line of Point contact)을 주기 때문이다.

(3) 문지름 마찰(Wiping Friction)

문지름 마찰은 특히 기어 치차(gear teeth) 사이에서 발생한다. 웜 기어(worm gear) 같은 것이 단순 스퍼 기어(spur gear)와 같이 설계된 것보다 문지름 마찰이 크다. 이 마찰은 접촉면에 연속적으로 운동의 강도와 방향이 변하는 하중이 미침으로써 심한 압력을 받게 되므로 특별한 윤활유가 필요하다. 이러한 목적의 윤활유를 EP 윤활유라고 한다.

(4) 마찰량을 결정하는 요소

두 고체면 사이의 마찰량은 한 면이 다른 면에 대하여 문지르는 속도, 표면이 만들어진 상태와 재질, 접점의 운동 성질, 표면에 의하여 운반되는 하중 등에 의하여 결정된다. 마찰은 보통 고속에서 감소된다.

연한 베어링 지질을 단단한 금속과 접속하는 데 사용하면 마찰이 감소한다. 그 이유는 연한 금속이 강한 금속의 형태(form)로 몰드(mold)될 수 있기 때문이다.

윤활유의 응집력은 사실상 금속끼리의 접촉을 방지하며, 점도는 베어링 표면 위의 압력에 의해 밀리는 것(squeezed out)을 막아준다. 금속 마찰을 대신하는 내부 마찰은 문지르는 속도, 접촉면의 면적, 윤활유의 점도에 의해 결정되고 하중, 표면상태, 재료에 의해서는 결정되지 않는다.

4-4 윤활유 필요조건과 기능

(1) 항공기 윤활유의 특성

항공기 엔진의 적절한 윤활을 위하여 다음과 같은 특성을 갖는 윤활유의 사용이 요구된다.

1) 항공기 엔진의 작동 온도에서 적절한 점도를 갖추어야 한다.
2) 운동하는 부품의 마찰 저항을 적게 하는 높은 감마 특성(high antifriction characteristics)을 갖추어야 한다.
3) 저온도에서 최대의 유동성(Fluidity)을 갖추어야 한다.
4) 온도 변화에 따른 점도의 변화가 최소이어야 한다.
5) 비마모 성질(antiwear properties)이 높아야 한다.
6) 최대 냉각 능력을 갖추어야 한다.
7) 산화에 대한 저항이 커야 한다.
8) 윤활되는 부품의 금속을 부식시켜서는 안 된다(noncorrosive).

(2) 엔진 오일의 기능

항공기 엔진은 연속적으로 급격히 변하는 환경 속에서 작동한다. 이륙시 엔진은 수분간 최대 출력을 내며 점차로 순항 출력까지 줄어든다. 엔진은 보통 최대 출력의 약 70% 정도인 순항 출력으로 수 시간 동안 작동한다. 항공기 왕복엔진은 공랭식이며 작동 온도가 높기 때문에 자동차용 엔진오일을 사용하지 못한다.

항공용 오일은 엔진 윤활뿐만 아니라 프로펠러 기능을 돕기 위한 유압작용도 하며 프로펠러 감출 기어의 윤활제로서도 작용한다.

엔진 오일은 다음과 같은 기능을 수행한다.
1) 윤활 작용 : 운동하는 부품 사이의 냉각
2) 냉각 작용 : 엔진의 여러 부품을 냉각
3) 밀폐 작용 : 실린더 벽과 피스톤 링 사이의 공간을 메워서 연소실을 밀폐하여 연소가스가 링을 지나 흐르는 것을 방지한다.

4) 청결 작용 : 운동하는 엔진 부품으로부터 불순물이나 이물질을 제거하여 엔진 오일 필터에서 걸러내어 엔진을 청결하게 한다.

5) 부식 방지 작용 : 금속을 산소, 물, 기타 부식 물질로부터 보호함으로써 부식을 방지한다.

6) 완충 작용 : 충격 하중을 받는 부품 사이에서 완충 역할을 한다.

(3) 순수한 광물성 오일(Straight Mineral Oil)

오늘날 항공기 왕복 엔진에 사용되는 오일의 형식 중 하나이다. 이 오일은 추운 온도에서 유동성을 개선하기 위한 약간의 첨가제를 제외하고는 어떠한 첨가제가 포함되어 있지 않다. 이 오일은 주로 대부분의 4사이클 항공용 피스톤 엔진을 길들이는(break-in) 동안 사용된다.

(4) 재를 남기지 않고 분산되는 오일(Ashless Dispersant Oil)

순수한 광물성 오일 이외의 대부분의 항공기 오일은 탄소, 납 화합물, 먼지 같은 것들이 부유하게 하는 분산체가 포함된다. 분산체(dispersant)는 오염 물질이 밑에 모이거나, 슬러지를 형성하거나, 오일 통로를 막는 것을 방지한다. 오염 물질은 엔진에 쌓이지 않고 여과기에서 여과(filter)되거나 또는 오일과 함께 드레인(drain) 된다.

대다수의 오일에는 분산체와 더불어 산화 안정성, 마모 방지제, 거품 방지제 같은 첨가물이 포함된다. 이러한 첨가제들은 특히 어떠한 금속 재(metallic ash)도 남기지 않기 "ashless"라고 부른다. 오일에 재가 많이 포함되면 조기 점화, 스파크 플러그 오염, 기타 엔진 고장의 원인이 된다. 항공기 왕복 엔진에 사용되는 대부분의 오일은 AD(ashless dispersant)오일이다.

(5) 다점도 오일(Multiviscosity Oils)

추운 기후에서 엔진 시동시 단등급 오일(single-grade oils)의 사용은 엔진의 말단부와 중요한 부품에 오일의 도착을 느리게 한다. 이것은 과도한 마모와 조기 오버홀을 유발시킨다.

단등급 오일은 엔진의 말단부까지 도달되었을 때에도 오일이 너무 진하기 때문에 수분간은 윤활을 더 좋게 한다. 또한 따뜻할 때에는 다점도 오일은 시동시 단등급 오일보다 더 빨리 엔진 갤러리(gallery)로 흐르고 오일 압력도 빨리 도달시킨다.

단등급 오일의 단점은 온도 변화에 대한 적응이 좋지 못한 것이다. 그림 4-8은 다등급 오일과 단등급 오일의 온도 변화에 따른 점도의 변화를 보여주고 그림 4-9는 엔진 베어링에 윤활유가 도달되는 시간을 보여준다.

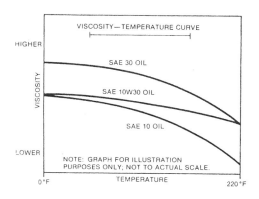

그림 4-8 Multigrade vs. straight-grade oil

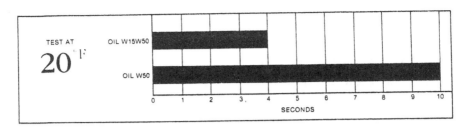

그림 4-9 Time needed for oil to reach gallery

:::: 4-5 윤활 계통의 특성과 구성품

윤활 계통의 목적은 마찰을 받는 엔진의 모든 부품에 적절한 윤활과 냉각을 위하여 엔진에 알맞은 압력과 체적의 오일을 공급하는 것이다. 윤활유는 내연 기관의 여러 운동하는 부품에 압력이나 분무(spray or splash)의 방식으로 공급된다.

(1) 압력 윤활(Pressure Lubrication)

압력 윤활 계통은 펌프가 베어링에 오일을 압송한다. 그림 4-10은 전형적인 윤활계통을 보여준다. 오일 펌프는 오일 섬프(sump)에 떨어진 침전물이 펌프로 들어가는 것을 방지하기 위하여 오일 섬프의 바닥보다 높은 곳에 위치한다. 펌프는 편심 베인형(eccentric-vane type)과 기어형(gear type)이 있는데 기어형의 펌프가 광범위하게 사용된다. 오일은 펌프의 입구쪽으로 흐르고, 펌프는 오일을 오일 매니폴드(oil manifold)로 압송하여 크랭크 축 베어링으로 오일을 공급한다. 압력 릴리프 밸브(pressure relief valve)는 펌프의 출구쪽에 위치한다.

오일은 주 베어링으로부터 크랭크 축에 드릴된 구멍을 통해서 커넥팅 로드 베어링으로 흐른다. 또한 오일은 말단(end) 베어링 또는 주(main) 오일 매니폴드를 통해 속이 빈 캠축으로 흘러 여러 캠 축 베어링과 캠에 오일을 공급한다. 통상적인 항공기나 헬리콥터 왕복 엔진의 오버헤드(overhead) 밸브 장치에 대한 윤활은 밸브 푸시 로드를 통해 오일을 공급함으로써 수행된다. 오일은 밸브 태핏을 통해 푸시 로드로 흘러 로커 암, 로커 암 베어링, 밸브 스템으로 압송된다.

엔진 실린더 표면과 피스톤 핀은 크랭크 축과 크랭크된 베어링으로부터 분무되는 오일에 의해 윤활된다. 오일은 실린더 벽에 분무되기 전에 미세한 크랭크 핀 간격을 통해 오일이 천천히 새어나오기 때문에 오일이 실린더 벽에 도달하는 데 상당한 시간이 요구된다. 특히 낮은 온도에서 오일은 더욱 느리게 흐르기 때문에 추운 기후는 엔진 시동시 엔진 연료로서 엔진 오일을 희박하게 하는 주된 이유 중 하나이다.

(2) 분무 윤활(Splash or Spray Lubrication)

모든 항공기 엔진에 사용되는 윤활의 주된 방법은 압력 윤활이다. 분무 윤활은 항공기 엔진의 압

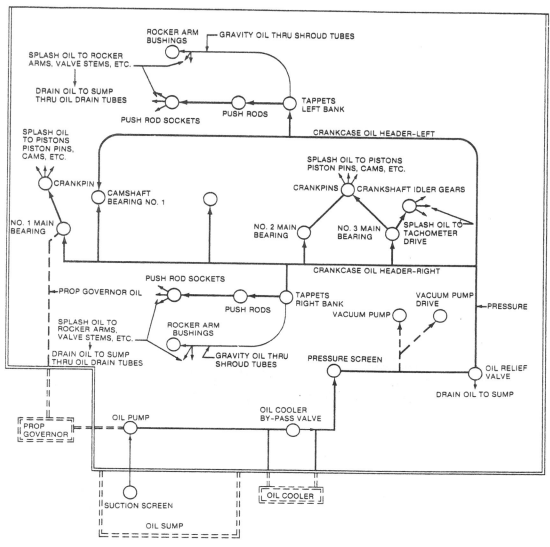

그림 4-10 Lubrication for four-cylinder engines

력 윤활에 부가적으로 사용된다. 그림 4-10은 윤활 선도로서 압력식과 분무식이 혼합된 윤활 계통의 한 예이다.

(3) 윤활 계통의 주 구성품(Principal Components of a Lubrication System)

항공기 윤활 계통은 압력 오일 펌프, 오일 압력 릴리프 밸브, 오일 저장소, 오일 압력 계기, 오일 온도 계기, 오일 필터, 오일 냉각기, 온도 조정기, 연결 파이프 등으로 구성된다. 오일 희박 장치(oil dilution system)는 추운 기후에서 시동시 필요할 때 사용된다.

1) 오일 용량(Oil Capacity)

윤활 계통의 용량은 엔진의 안전을 위하여 과도한 오일 온도가 되지 않게 적당량의 오일을 공급하여야 한다. 다발 엔진의 항공기에서 각 엔진의 윤활 계통은 독립되어 있다.

이용할 수 있는 오일 탱크의 용량은 임계 작동 조건하의 최대 오일 소모에 안전하게 순환되고 윤활과 냉각이 될 수 있는 적당한 용량과 더불어 항공기의 항속시간에 견딜 수 있는 용량보다 적어서는 안 된다. 보통 연료와 오일의 체적 비율은 비축 또는 전송(reserve of transfer) 장치가 없는 항공기는 30 : 1이고 전송 장치가 있는 항공기는 40 : 1의 비율이다.

2) 윤활 계통의 배관(Plumbing for the Lubricating System)

오일 계통의 배관은 본질적으로 연료 계통 또는 윤활 계통에서 요구되는 것과 같다.

진동을 받지 않는 라인(line)은 알루미늄 합금으로 만들며 연결 고리는 AN 또는 MS형으로 만든다. 진동을 받는 곳인 엔진 근처 또는 엔진과 방화벽 사이의 라인은 합성 호스(synthetic hose)가 사용된다. 항공기 엔진 내에 사용된 호스는 화재 발생시 오일이 엔진 내로 방출되는 것을 최소화하기 위하여 내화제(fire-resistant)로 만들어져야 한다(그림 4-11 참조).

그림 4-11 Silicone-coated asbestos fire sleeve

3) 오일 온도 조정기 또는 오일 냉각기(Oil Temperature Regulator or Oil Cooler)

오일 온도 조정기는 작동 엔진에 적절한 수준의 오일 온도를 유지하기 위하여 설계된다. 오일 온도 조정기는 엔진 오일의 냉각이 주요한 기능이기 때문에 일반적으로 오일 냉각기라고도 부른다(그림 4-12 참조).

그림 4-13은 오일 온도 조정기의 한 형태로서 외부 실린더 직경이 내부 실린더 직경보다 1inch 더 크다. 이것은 오일의 온도가 적절하거나 너무 차가울 때 오일이 코어(core)를 우회(bypass)할 수 있게 한다.

오일의 온도가 너무 뜨거우면 오일은 오일 점도 밸브(oil viscosity valve)에 의해 냉각관으로 들어가게 된다. 냉각관으로 들어가는 오일 흐름은 자동 온도 조절 밸브(thermostatic

그림 4-12 Oil cooler

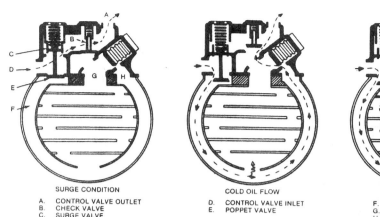

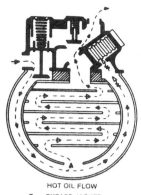

SURGE CONDITION

A. CONTROL VALVE OUTLET
B. CHECK VALVE
C. SURGE VALVE

COLD OIL FLOW

D. CONTROL VALVE INLET
E. POPPET VALVE

HOT OIL FLOW

F. BYPASS JACKET
G. CORE OUTLET
H. BYPASS JACKET OUTLET

그림 4-13 Oil temperature regulator (oil cooler)

control valve) 또는 오일 냉각기 우회 밸브(bypass valve)에 의해 조절된다. 이 밸브는 오일이 차가울 때는 냉각이 필요 없으므로 열리고, 오일이 뜨거울 때는 최대 냉각을 주기 위하여 닫히게 설계되어 있다.

4) 오일 점도 밸브(Oil Viscosity Valve)

오일 점도 밸브는 그림 4-14에 보여주며 오일 온도 조정기의 한 부품으로 사용된다. 오일 점도 밸브는 알루미늄 합금 하우징(housing)과 자동 온도 조절기(thermostatic control element)로 구성된다. 오일 냉각기 밸브와 오일 점도 밸브는 오일 온도 조정기를 형성하며 오일의 흐름 통로를 조절함으로써 요구되는 한계내의 점도를 유지하고 원하는 온도를 유지시키는 두 가지 임무를 수행한다.

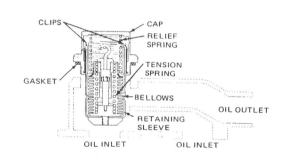

그림 4-14 Oil viscosity valve

5) 오일 압력 릴리프 밸브(Oil Pressure Relief Valves)

오일 압력은 엔진 및 보기(accessories)가 모두 작동된 상태에서 적절히 윤활하기에 적당해야 한다. 오일 압력이 높으면 오일 계통에 손상이 올 수도 있고 오일이 누설될 수도 있다.

오일 압력 릴리프 밸브의 목적은 윤활 계통 자체에 손상을 방지하고, 계통의 손상으로 인해 엔진 부품에 적절한 윤활이 안되는 것을 방지하기 위하여 윤활 오일 압력을 한계(limit) 내로 제한하고 조절하는 것이다. 오일 압력 릴리프 밸브는 압력 펌프와 엔진의 내부 오일 계통 사이에 위치하고 있다. 이것은 보통 엔진 내부에 장착되어 있다. 오일 압력 릴리프 밸브는 여러 가지 형태가 있는데 그 중 몇 가지는 다음과 같다.

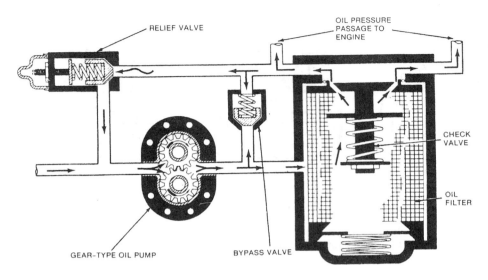

그림 4-15 Engine oil pump and associated units

① 일반형 릴리프 밸브(General Design of Relief Valve)

최근 경비행기 엔진에 사용되는 오일 압력 릴리프 밸브는 설계와 구조면에서 비교적 단순하며, 그림 4-15에서 보여주는 것과 같은 원리에 따라 작동된다. 일반형 릴리프 밸브 어셈블리는 오일 펌프 하우징의 통로에 장착된 한 개의 플런저(plunger)와 한 개의 스프링으로 구성되어 있다. 오일 압력이 너무 높으면 그 압력 때문에 플런저가 스프링의 장력에 대해 반대쪽으로 움직여 통로가 열리며 오일펌프 입구쪽(inlet)으로 오일을 되돌아가게 한다.

대형 왕복 엔진용 오일 압력 릴리프 밸브는 보통 보정형(compensationg type)이다. 이런 형태의 릴리프 밸브는 오일이 충분히 더워져서 저압으로 대량 흐를 때까지는 고압을 유지해서 엔진이 첫 시동될 때 엔진에 적절한 윤활을 하게 한다. 릴리프 밸브의 맞춤(setting)은 스프링 장력을 변화시키는 조절 나사에 의해 조정된다. 좀더 간단한 형태의 릴리프 밸브에는 조절 나사가 없다. 이런 경우 릴리프 밸브 압력 맞춤이 정확하지 않으면 스프링을 바꾸거나 스프링 뒤에 한 개 또는 그 이상의 와셔(washers)를 끼워야 한다.

② 단일 압력 릴리프 밸브(Single Pressure Relief Valve)

그림 4-16에서와 같이 전형적인 단일 압력 릴리프 밸브에는 스프링이 부착된 플런저가 있는데 한쪽 끝에 끝이 좁아진 모양의 밸브가 있고, 스프링 장력을 변화시키는 조절 나사, 조절 나사를 고정시키는 고정 너트(lock unit), 펌프쪽에서 엔진쪽으로 난 통로, 그리고 펌프 입구쪽으로의 통로가 있다.

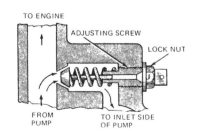

그림 4-16 Single pressure relief valve

6) 항공기 엔진 오일 여과기(Aircarft Engine Oil Filters)

대부분의 신형 항공기 엔진에는 완전 흐름형(full-flow type)의 오일 필터 장치가 갖추어져 있다. 그러나 구형 엔진에는 이런 장치 대신에 부분 흐름 장치(partial-flow system) 또는 우회 장치(bypass system)가 있다. 우회 장치에서는 오일의 약 10%만 여과 장치를 통해 여과되고 여과된 오일은 직접 섬프(sump)로 되돌아간다. 그림 4-17에서 보는 바와 같이 엔진 베어링을 통과하는 오일은 여과된 오일이 아니다.

최신형 오일 여과기는 완전 흐름 오일 장치(full-flow oil system)로 되어있다. 이 장치는 그림 4-18에서 보는 바와 같이, 여과기가 오일 펌프와 엔진 베어링 사이에 위치하여 베어링 표면을 통과하기 전에 오염된 모든 오일을 여과한다.

또한 모든 완전 흐름 장치(full-flow system)에는 압력 릴리프 밸브가 있는데 그것은 오일 압력에 의해 미리 정해진 압력에서 열리게 되어 있다. 여과기가 막히게 되면 릴리프 밸브가 열리고 오일을 우회시켜 엔진의 오일 부족을 방지한다.

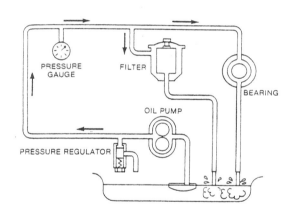

그림 4-17 Bypass filter system

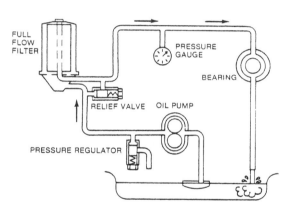

그림 4-18 Full-flow lubrication system

① 스트레이너형 여과기(Strainer-Type Filter)

모든 여과기는 오일이 엔진에 들어가기 전에 이물질을 제거하는 데 그 목적이 있다. 스트레이너형 오일 여과기는 그림 4-19에서 보는 바와 같이 단순한 망으로 된 원통형이다. 이 여과기는 막히면 터지게 설계되어 있어서 정상적으로 계속 오일이 흐르게 되어 있다. 또 망이 막히면 릴리프 밸브가 열리도록 되어 있는 여과기도 있다(그림 4-20 참조)

② 일회용 여과기 통(Disposable Filter Cartridge)

현재 대부분의 경비행기용 엔진에는 여과기 통 안에 일회용 여과기가 들어 있는 외부 오일 여과기(external oil filter)를 사용하고 있다. 이러한 여과 장치를 분해해 보면 그림 4-21과 같다.

여과 장치는 어댑터(adapter)에 의해 엔진에 장착되어 있는데 그 어댑터에는 오일 온도 벌브(oil

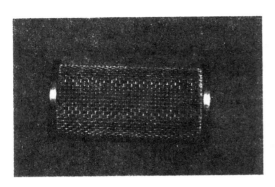

그림 4-19 Strainer-type oil filter

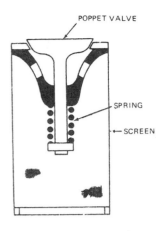

그림 4-20 Oil screen with relief(bypass) valve

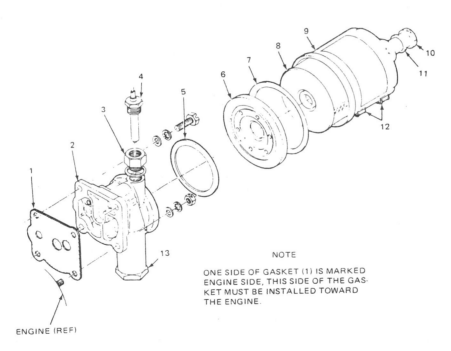

NOTE

ONE SIDE OF GASKET (1) IS MARKED
ENGINE SIDE, THIS SIDE OF THE GAS-
KET MUST BE INSTALLED TOWARD
THE ENGINE.

ENGINE (REF)

1. Gasket
2. Adapter
3. Oil-temperature-bulb adapter
4. Oil-temperature bulb
5. Gasket
6. Lid
7. Gasket
8. Filter element
9. Filter can
10. Hollow stud
11. Copper gasket
12. Safety-wire tab
13. Thermostatic valve

그림 4-21 External oil filter with disposable cartridge

temperature bulb)와 서모스탯 밸브(thermostatic valve)가 있어서 이 밸브에 의해 적정 온도가 될 때까지 오일을 오일 냉각기 둘레로 우회시킨다.

일회용 여과기 통(cartridge)은 한 번 사용된 것은 제거해 버리고 새 것으로 갈아 끼운다. 사용된 여과기는 버리기 전에 외부 종이 덮개를 벗기고 여과기를 완전히 열어서 펼친 후 금속 이물질 여부를 검사해 본다. 여과기 통 안쪽에도 역시 금속 이물질 여부를 검사해 보아야 하는데 이것으로 엔진의 어떤 부품이 이상이 있는가를 알아볼 수 있다.

③ 회전형 여과기(Spin-On Oil Filter)

이것은 그림 4-22에서 보는 바와 같이 최신형의 오일 여과기이다. 이 여과기는 렌치 패드(wrench pad), 강철 케이스(steel case), Strata-Kleen 합성 섬유지, 엔진 장착용의 끝이 나사로 된 장착판(mounting plate)으로 구성되어 있다. 이 여과기의 핵심은 여과기 케이스 안쪽에 있는 Strata-Kleen 합성 섬유지이다. 오일은 케이스 외부로 흘러 페이퍼를 통과하여 여과기 중심으로 가서 지지 튜브(support tube)를 거쳐 엔진으로 돌아간다. 이런 형태의 여과기는 완전 흐름(full-flow) 형태인데 모든 오일이 여과기를 통과하게 된다.

그림 4-23에서 보여주는 바와 같이 가운데 여과지에서는 오일이 여러 층의 고정된 섬유층을 통과하기 때문에 겉과 속에서 둘 다 여과를 하게 한다. 엔진 오일 통로를 막히게 하거나 베어링 표면에 영향을 미치는 여과지의 이동은 없다. 또한 여과기에는 밀봉된 일회용 하우징에 드레인 방지 밸브(antidrain back valve)와 압력 릴리프 밸브가 포함되어 있다. 여과기의 장착 패드에 있는 가스켓은 여과기와 그 어댑터 사이를 밀폐시켜 주고 보기 케이스에 볼트로 죄어 있다. 이런 형의 여과기는 전체 엔진 수명을 보호하는 데 매우 효과적인 것이 입증되었다.

④ 쿠노 오일 여과기(Cuno Oil Filter)

쿠노 여과기는 일련의 얇은 판 또는 디스크로 되어 있는데, 한 조의 디스크가 다른 디스크들 사이의 공간에서 회전하게 되어 있다. 오일은 디스크 외부에서 디스크 사이의 공간을 통하여 안쪽 통

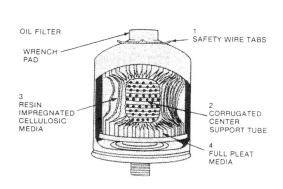

그림 4-22 Spin-on oil filter

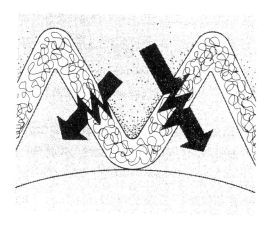

그림 4-23 Oil filter medium (paper)

로로 가서 엔진까지 압송되어 흐른다. 오일에서 여과된 입자들의 최소한의 크기는 디스크들 사이의 공간의 두께에 따라 달라진다. 디스크의 외경(outer diameter)에서 모아진 이물질들은 디스크를 회전시킴으로써 제거되는데 이것은 여과기 케이스 밖에서 손잡이를 돌려서 할 수 있다. 장기간 사용 후에는 여과기 케이스를 열어서 이물질을 제거한다. 이때에 여과기 통 전체를 철저히 검사하여 세척하고 이물질에 금속 입자가 포함되어 있는지 검사한다. 구식 성형 엔진에는 대부분 이런 형태의 여과기가 사용되었다.

⑤ 오일 여과기의 점검(Inspection of Oil Filter)

오일 여과기를 점검하는 것은 엔진 내부의 손상을 발견하는 좋은 방법이다. 엔진 오일 여과기를 점검할 때 스크린, 디스크 혹은 일회용 여과기 통의 찌꺼기와 여과기 하우징에 있는 찌꺼기에 금속 부스러기가 있는지 세심하게 검사한다. 새 엔진이나 새로 오버홀한 엔진에서도 종종 스크린이나 여과기에 약간의 미세한 금속 부스러기가 나올 수 있으나 비정상으로 간주되지는 않는다. 엔진이 작동되어 오일이 한 번 이상 교환된 후에는 오일 스크린에 인지될 만한 양의 금속 부스러기가 나와서는 안 된다.

만일 상당량의 금속 부스러기가 나오면, 엔진은 그 부스러기의 근원을 알아내기 위해 분해해 보아야 한다. 오일 교환시에 오일 샘플(sample)을 채취해 실험실에 보내서 마모된 금속 성분을 분석한다.

7) 오일 분리기(Oil Separater)

오일이나 오일 입자가 존재하는 공기 계통(air system)에는 오일 분리기를 이용할 필요가 있다. 이것은 진공 펌프나 공기 펌프의 방출 라인에 위치하며 그 기능은 방출되는 공기에서 오일을 제거하는 것이다.

오일 분리기에는 배플 판(baffle plate)이 있는데 이것은 공기를 휘저어서 오일이 배플과 분리기 옆면(side)에 모이게 한다. 그때 오일은 오일 출구를 통해 엔진으로 되돌려진다. 오일 분리기는 최저 지점에서 오일 방출구에 수평으로 약 20° 되게 장착되어야 한다.

오일 분리기는 공기에서 오일을 제거함으로써 그 계통에서 고무 성분의 변질을 막아주는데, 이것은 날개 앞쪽 선단(leading edge)에 있는 고무 부츠(boots)가 진공 펌프에 의해 공기 팽창을 하는 제빙 장치의 경우에 특히 중요하다.

8) 오일 압력 계기(Oil Pressure Gauge)

오일 압력 계기는 엔진 오일 계통에서 하나의 중요한 구성품이다. 이 계기는 보통 버든 튜브(bourdon-tube)형이며 오일 계통에서 발생하는 최저압(무압)에서부터 최고압까지 광범위하게 압력을 측정할 수 있도록 되어 있다.

오일 계기 라인은 엔진 압력 펌프(pressure pump) 출구 근처에 연결되어 있고 추운 기후에 엔진을 난기 운전(warmingup)하는 동안 정확한 오일 압력을 지시하기 위하여 저점도의 오일로 채워져 있다. 오일 계기 라인에 제한 오리피스(restricting orifice)가 있어서 압력 서지(surge)로 인한 손상을 방지해 주고 있다. 만일 추운 기후에서 고점도 오일을 사용하게 되면 계통 내에 발생한 실제 압력이 오일 압력 계기에 늦게 지시된다.

9) 오일 온도 계기(Oil Temperature Gauge)

오일 온도 계기용 온도 센서(sensor of probe)는 압력 펌프와 엔진 계통 사이에 있는 오일 흡입 라인 또는 통로에 위치하고 있다. 어떤 엔진에는 온도 센서가 오일 필터 하우징에 장착되어 있다. 온도 계기는 보통 전기 또는 전자형으로 되어 있다.

10) 오일 압력 펌프(Oil Pressure Pumps)

오일 압력 펌프는 기어형(gear type)과 베인형(vane type)이 있다. 기어형 펌프는 케이스 내에서 회전하는 기어로 그림 4-24에서와 같이 기어 치차와 케이스 벽 사이에 최소한의 공간을 두도록 정확하게 기계 가공되어 있다.

전형적인 기어 펌프의 작동은 그림 4-25와 같다. 기어형 펌프는 대부분의 왕복 엔진에 사용되고 있다. 모든 엔진 오일 압력 펌프의 용량은 엔진의 요구량보다 더 크다.

과다 오일은 압력 릴리프 밸브를 통해서 펌프 입구쪽으로 되돌아간다. 이는 엔진이 마모되고 간

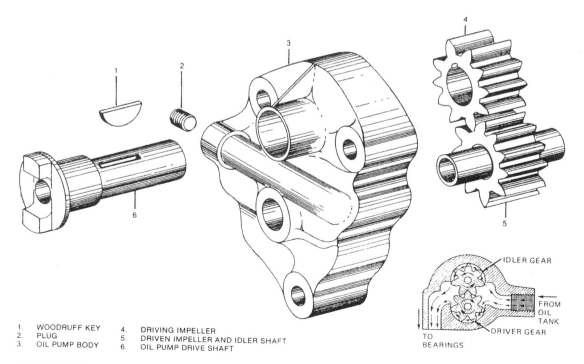

1. WOODRUFF KEY
2. PLUG
3. OIL PUMP BODY
4. DRIVING IMPELLER
5. DRIVEN IMPELLER AND IDLER SHAFT
6. OIL PUMP DRIVE SHAFT

그림 4-24 Oil pump drive assembly

그림 4-25 Gear-type oil pump

격이(clearance) 더 커짐에 따라 펌프에서 엔진으로의 오일 공급량 증대를 가능하게 한다. 엔진 압력 펌프에서 엔진 시동 후 30초 이내에 오일 압력이 발생하지 않는다면 이것은 펌프가 마모로 인하여 프라임(prime)되지 않는다는 표시이다. 펌프에서 기어의 측면 간격(side clearance)이 너무 크면 오일은 기어를 지나치게 되고 압력도 높아지지 않는다. 이 경우 펌프를 교환하여야 한다.

11) 소기 펌프(Scavenge Pump)

드라이 섬프(dry-sump) 윤활 계통 또는 터보 차저(turbo charger)의 소기 펌프는 압력 펌프보다 용량이 훨씬 더 크게 설계되어 있다. 전형적인 엔진에서 기어형 소기 펌프는 압력 펌프와 똑같은 축으로 구동되지만 소기 펌프 기어의 깊이(depth)는 압력 펌프 기어의 두 배이다. 그래서 소기 펌프의 용량은 압력 펌프 용량의 두 배가 된다. 소기 펌프의 용량이 더 큰 이유는 엔진 내의 섬프로 흐르는 오일에 다소의 거품이 있어서 압력 펌프를 통하여 엔진으로 들어가는 오일보다 훨씬 양이 많아지기 때문이다. 오일 섬프(oil sump)를 드레인(drain)하기 위하여 소기 펌프는 압력 펌프보다 훨씬 많은 양의 오일을 다루어야 한다.

12) 오일 희석 장치(Oil Dilution System)

그림 4-26은 오일 희석 장치가 연료 계통과 오일 계통 사이에 어떻게 연결되어 있는가를 보여주고 있다. 그림에서, 연료 펌프의 압력이 걸려 있는 연료 계통에 라인이 연결되어 있고 이 선이 오일 희석 솔레노이드(solenoid) 밸브에 연결되어 다시 Y 드레인(drain)에까지 이르게 되는데 Y 드레인은 오일 계통의 엔진 입구 라인 내에 있다. 만일 이 계통에 Y 드레인이 없다면 오일 희석 라인은 압력 펌프 입구 앞의 엔진 입구 라인 어느 지점에 연결될 것이다.

오일 희석 솔레노이드 밸브는 조종석 내의 스위치에 연결되어 있어서 비행 후 엔진을 정지하기 전에 조종사가 오일을 희석시킬 수 있다. 그림 4-27은 솔레노이드 밸브를 보여준다.

오일 희석 계통의 조절 밸브에 하자가 있어 새거나 열리게 되면, 작동중에 가솔린이 계속 엔진으로 들어가게 된다. 그렇게 되면 오일 압력은 낮아지고 오일 온도는 높아지며, 오일에 거품이 생긴다. 또 연료 소모가 높아지고, 엔진 브리더(breather)에서 과도한 오일 연기(fume)가 나오게 된다.

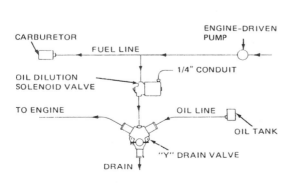

그림 4-26 An oil dilution system

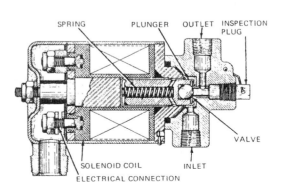

그림 4-27 Solenoid valve

4-6 윤활에 관한 엔진 설계의 특징

엔진 설계시 윤활에 직접 관련된 특징은 다음과 같다.

(1) 슬러지 챔버(Sludge chamber)

어떤 엔진의 크랭크 축은 속이 빈 커넥팅 로드 저널(hollow connecting-rod journals) 내부가 챔버(chamber)로 설계된다. 그 챔버에 의해 탄소 찌꺼기(carbon sludge)와 이물질들이 모아지게 된다. 챔버는 금속 스풀(metal spool)을 속이 빈 크랭크 핀(hollow crank pins or journal) 내에 끼워 만든 것도 있고 또는 속이 빈 크랭크 핀의 각 끝쪽에 플러그(plug)로 된 것도 있다. 오버홀 (overhaul) 시에 챔버를 분해해서 슬러지를 제거할 필요가 있다. 챔버를 재조립할 때에는 오일 통로가 어떤 쪽으로든 덮이거나 막히지 않게 세심한 주의를 하여야 한다. 크랭크 축을 오버홀할 때 모든 오일 통로를 세척하여야 한다.

(2) 상호 실린더 드레인(Intercylinder Drains)

대부분의 성형 엔진에서는 밸브 작동 기구에 윤활을 주기 위하여 상호 실린더 드레인이라고 부르는 오일 튜브가 밸브 로커 박스 상호간에 연결되어 있다. 상호 실린더 드레인은 밸브 기구에 적정 윤활을 확실히 하고 오일이 순환해서 섬프(sump)로 되돌아 올 수 있도록 해준다.

드레인 튜브는 항상 청결해야 하고 슬러지가 없어야 한다. 드레인 튜브의 일부분 또는 전체가 막히게 되면 로커 박스 내에 과다 오일이 생겨서 일부 오일이 흡입 행정시 밸브 가이드를 통해 실린더로 들어가게 된다. 이것은 특히 하부에 위치한 실린더(lower cylinder)에서 점화 플러그가 오염 (fouling)되는 원인이 되고, 밸브 기구의 냉각과 윤활이 적절치 못한 결과를 초래한다.

(3) 도립 및 성형 엔진의 오일 조종(Oil Control in Inverted and Radial Engine)

성형 엔진의 일부 실린더와 도립 엔진의 모든 실린더는 엔진 하부에 위치하고 있다. 그러므로 이들 실린더들이 오일로 넘치지 않게 하기 위한 특징을 알아볼 필요가 있다. 이것은 실린더의 긴 스커트(skirt)와 효과적인 소기 장치에 의해 이뤄진다. 이들 엔진의 작동시 하부 실린더로 떨어진 오일은 즉시 크랭크 케이스로 돌려보낸다. 그때 오일은 아래로 드레인되고 실린더 스커트 외부에 있는 크랭크 케이스에 모아진다. 여기서 오일은 섬프로 드레인되어 크랭크 케이스에 계속 모이지 않게 된다(그림 4-28 참조). 엔진 작동시 크랭크 케이스 내에 있는 오일은 주로 분무(mist or spray) 형태이다.

이 오일은 실린더 벽, 피스톤, 피스톤 핀들을 윤활하게 해준다. 피스톤에 있는 오일 조종 링에 의해 과도한 오일이 헤드로 들어가지 못하게 한다. 어떤 피스톤에는 오일 제어 링 아래에 드레인 홀 (drain hole)이 있다. 오일은 실린더 벽으로부터 드레인 홀을 지나 피스톤 안쪽으로 흘러서 크랭크 케이스로 모이게 된다.

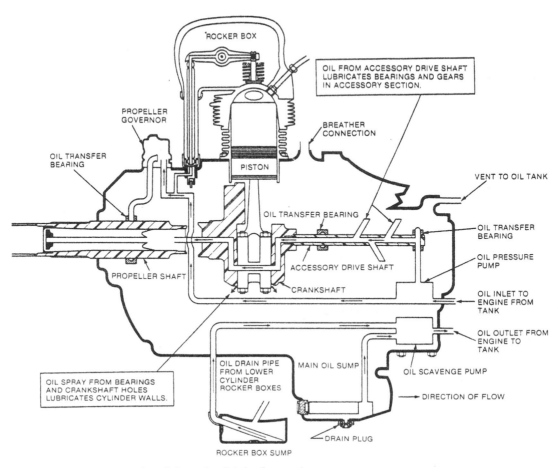

그림 4-28 Schematic of radial-engine lubrication system

4-7 대표적인 윤활 계통

(1) 웨트 섬프 엔진 오일 계통(Oil System for Wet-Sump Engine)

그림 4-29는 컨티넨탈 IO-470-D 엔진의 윤활 계통을 보여준다. 엔진을 윤활하는 오일은 엔진 아래쪽에 부착되어 있는 섬프에 저장된다. 오일은 섬프 바닥에 위치한 흡입(suction) 오일 스크린을 통하여 기어형 오일 펌프를 통과한 후, 오일 여과망(filter screen)을 통과하고 내부 갤러리(internal gallery)를 따라 오일 냉각기가 위치한 엔진의 전반부로 흐른다.

바이패스 체크 밸브(bypass check valve)는 망이 막혔을 경우에도 오일을 흐르게 하기 위해 여과망 주변에 바이패스 라인(bypass line)이 있다. 조절할 수 없는(nonadjustable) 릴리프 밸브가 있어서 과도한 압력을 가진 오일은 펌프의 입구쪽으로 되돌려 보낸다. 오일 온도는 온도 조절 밸브

(thermally operated valve)에 의해 냉각기(cooler)를 우회하게 하거나 냉각기 내부를 통하게 하여 조절된다.

오일은 드릴된 내부 통로를 통하여 냉각기로부터 윤활을 해야 할 엔진의 모든 부분에까지 운반된다. 오일은 또한 프로펠러 조속기(governor)로 통하고, 크랭크 축으로 향해 흐르며, 피치와 엔진 rpm의 조절을 위해 프로펠러를 향해서도 흐른다.

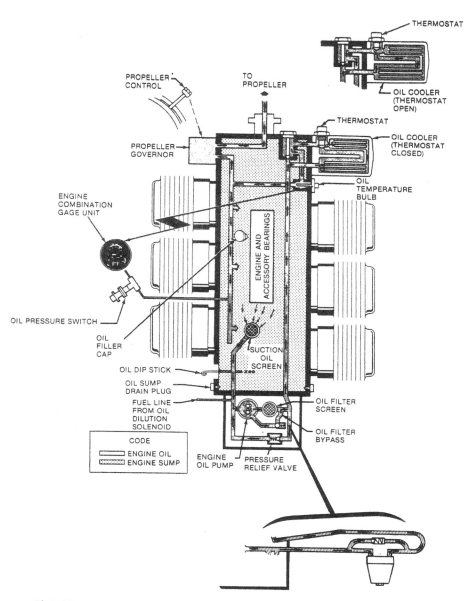

그림 4-29 Lubrication system for an opposed engine

오일 온도 벌브(bulb)는 오일이 냉각기를 통과한 후의 오일 온도를 감지하기 위하여 오일 계통 내의 한 지점에 위치하고 있다. 그러므로 온도 계기는 오일이 엔진의 고온부(hot section)를 통과 하기 전의 온도를 지시하게 된다. 오일 압력 지시 장치(oil pressure indicating system)는 2번 실 린더와 4번 실린더 사이에 있는 크랭크 케이스의 왼쪽 하부 피팅(fitting)에 장착되어 있는 연관 (plumbing)으로 되어 있다. 연관은 날개를 통해 승무원실(cabin)로 해서 계기 패널(panel)의 전면 으로 연결되어 있다.

제한 장치(restrictor)는 압력 서지(surge)로부터 계기를 보호하고 연관이 파괴되었을 경우 (plumbing failure) 엔진 오일의 감소를 제한하기 위하여 엔진 피팅 엘보(fitting elbow)에 내장되 어 있다. 이 제한 장치는 또한 추운 기후에서 작동하기 위한 계기 라인 내의 경 오일(light oil)을 보 유하는 데 조력하기도 한다.

이 윤활 계통에는 오일 희석 장치가 되어 있다. 연료 라인은 주 연료 스트레이너 케이스 (strainer case)로부터 엔진 방화벽에 장착되어 있는 오일 희석 솔레노이드 밸브를 통해 엔진 오일 펌프의 흡입쪽과 연결된 엔진 피팅(fitting)으로 연결되어 있다. 오일 희석 스위치가 닫히면 연료가 연료 스트레이너에서 오일 펌프의 입구쪽으로 흐른다. 이 엔진에서 희석하는 데 필요한 연료의 총 량은 4qt(3.79L)이다.

(2) 드라이 섬프 엔진의 오일 계통(Oil System for Dry-Sump Engine)

그림 4-30은 대향형 왕복 엔진의 윤활 계통의 주요 구성품과 그 위치를 보여주고 있다. 오일이 엔진으로부터 외부 오일 탱크로 펌프되기 때문에 이 계통을 드라이 섬프 계통이라고 부른다.

그림 4-30에서 보여주는 계통에서 오일은 오일 탱크로부터 엔진 구동 압력 펌프로 흐른다. 오일 온도는 오일이 엔진에 들어가기 전에 감지된다. 즉 라인 내의 오일 온도가 감지되어 엔진의 오일 온 도 계기에 나타나게 된다. 압력 펌프는 엔진의 요구량보다 훨씬 큰 용량을 가지므로 압력 릴리프 밸 브가 내장되어 과다 오일이 펌프의 입구쪽으로 되돌아 가도록 되어 있다. 오일 압력 계기 연결부나 센서는 오일 압력 계기를 작동하기 위해 압력 펌프의 압력면(pressure side)에 위치하고 있다. 오 일 여과망(screen)은 보통 압력 펌프와 엔진 계통 사이에 있다. 오일 여과망이 막힐 경우 엔진으로 여과되지 않은 오일을 흐르게 하는 바이패스 밸브가 있다. 그 이유는 여과되지 않은 오일이라도 오 일이 없는 것보다는 낫기 때문이다. 오일은 엔진 계통을 통과하여 흐른 후 소기 펌프로 끌어올려져 오일 냉각기를 통해 오일 탱크로 되돌아온다.

소기 펌프는 압력 펌프보다 용량이 훨씬 큰데 그 이유는 엔진 작동 중 생긴 공기방울과 거품 때 문에 소기 펌프가 취급할 오일 양이 많아졌기 때문이다. 오일 냉각기에는 보통 온도 조절 밸브 (thermostatic control valve)가 내장되어 있어서 오일 온도가 적정 온도가 될 때까지 냉각기 주변 으로 오일을 우회(bypass)하게 한다. 오일 탱크에 압력이 축적되는 것을 방지하기 위하여 통기 라 인(vent line)이 탱크로부터 엔진의 크랭크 케이스로 연결되어 있다.

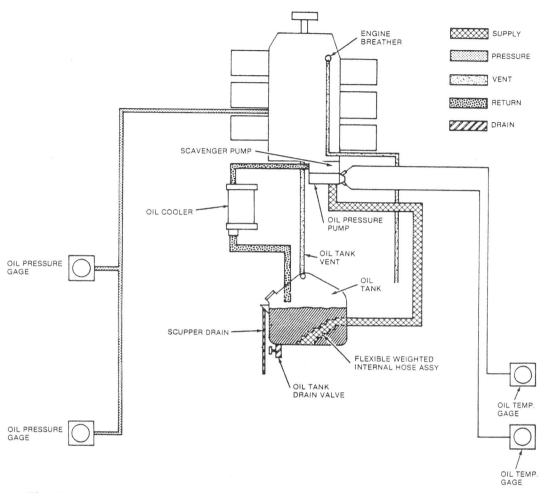

그림 4-30 Schematic of dry-sump oil system

이것은 오일 탱크가 엔진 통기 계통을 통해 순환하게 해준다. 엔진이 작동하지 않을 때 중력 때문에 오일이 엔진으로 흐르지 못하도록 하기 위하여 어떤 계통에는 체크 밸브(check valve)가 채택된다.

(3) 오일 탱크(Oil Tank)

드라이 섬프 엔진 윤활 계통에는 각 엔진 계통마다 분리된 오일 탱크가 필요하다. 이 탱크는 알루미늄판으로 용접되었거나 리벳된 알루미늄 또는 스테인리스 강철로 되어 있다. 어떤 항공기에는 연료 셀(cell)과 유사한 합성 고무 탱크로 설치되어 있다.

탱크의 출구는 보통 탱크의 맨 아랫부분에 위치하고 있어서, 지상에서나 정상적인 비행 자세에서 완전히 배출하게 해 준다. 만일 비행기에 프로펠러 페더링 장치가 되어 있다면 주 탱크(main tank) 또는 별도의 저장소(reservoir)에 페더링을 위한 오일이 비축되어 있어야 한다.

만일 비축 오일의 공급이 주 탱크에서 이뤄진다면 프로펠러를 페더링할 필요가 있을 때를 제외하고는 비축 오일 공급이 주 탱크로부터 공급될 수 없도록 출구가 배열되어야 한다.

어떤 오일 탱크, 특히 오일을 대량으로 공급하는 탱크는 주 탱크 내의 오일에서 일부 오일을 부분적으로 분리하는 호퍼(hopper)로 설계되어 있다. 오일은 호퍼의 밑 쪽에서 흘러나와 엔진으로 들어가고 호퍼 위쪽(top)으로 되돌아온다. 이것은 탱크 내 일부 오일을 엔진을 통해 순환시켜 줌으로써 난기(worm-up)가 급속히 이루어지게 해준다. 호퍼는 바닥 근처에 있는 구멍을 통해 오일의 주 탱크(main body)로 열려 있고, 어떤 경우에는 호퍼 내 오일이 다 소모될 때 오일을 호퍼 내부로 흐르게 하는 플래퍼 밸브(flapper valve)가 호퍼에 설치되어 있다. 호퍼를 일명 온도 가속 통(temperature-accelerating well)이라고도 한다(그림 4-31 참조).

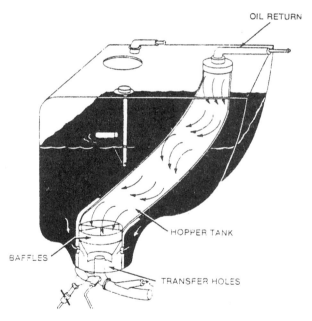

그림 4-31 Oil tank with hopper

오일 탱크 내에 또는 탱크 출구에는 오일의 흐름을 방해하는 이물질을 거르는 장치가 되어 있어야 한다. 오일 탱크 출구는 어떠한 작동 온도 조건하에서도 안전 값 이하의 오일을 흐르게 하는 망이나 가드(guard)로 둘러 싸여져서는 안 된다. 단, 오일 탱크 출구의 직경이 오일 펌프 입구의 직경보다 작아서는 안 된다. 즉 펌프가 탱크 출구보다 용량이 커서는 안 된다는 것이다. 오일 탱크는 탱크 용량의 10%의 팽창 공간 또는 1/2gal(1.89L)의 여유 용량 공간을 두어야 한다(어느 쪽이든 큰 쪽으로).

탱크가 채워질 때 팽창 공간까지 채워져서는 안 된다. 이것은 오일 주입구(filler neck or

opening)를 팽창 공간 아래에 위치시킴으로써 이루어진다. 어떠한 엔진에도 직접 연결되어 있지 않은 비축 오일 탱크는 적어도 탱크 용량의 2% 정도의 팽창 공간을 가져야 한다.

왕복 엔진에 사용하기 위해 설계된 오일 탱크는 팽창 공간의 상부로부터 엔진의 크랭크 케이스로 통기(vent)되어야 한다. 탱크 내의 통기 구멍은 어떠한 정상 비행 조건하에서도 오일에 의해 막히지 않는 곳에 위치하여야 한다. 통기는 응결된 수증기에 의해 어떤 라인에서 얼어붙어 막히게 되지 않도록 설계되어야 한다.

곡예 비행기를 위한 오일 탱크는 짧은 기간의 배면 비행을 포함하는 곡예 기동시 심각한 오일 결핍을 방지할 수 있도록 설계되어야 한다.

오일 주입구 뚜껑(cap)은 밀폐되어야 하고 "oil"이라는 단어와 탱크의 용량이 명시되어야 한다. 오일 탱크는 5PSI(34.48kpa) 시험 압력(test pressure)을 견디어야 하고 작동 중 일어나는 모든 진동, 관성, 유체 하중에 손상 없이 지지되어야 한다. 오일 탱크 또는 웨트 섬프 내의 오일 양은 딥스틱(dipstick)에 의하여 알 수 있다. 어떤 딥스틱은 오일 주입구 뚜껑에 붙어 있다. 비행 전에는 육안으로 오일 양을 점검하여야 한다.

연 습 문 제

1 엔진에서 윤활유의 역할이 아닌 것은 ?

① 마모 작용   ② 윤활 작용

③ 냉각 작용   ④ 기밀 작용

2 다음 중 윤활유의 작용으로 적당한 것은 ?

① 마찰 감소, 윤활, 기밀, 냉각 및 청결 작용

② 마찰, 윤활, 냉각 및 기밀 작용

③ 마찰 감소, 방청 작용, 부식 작용

④ 냉각, 기밀, 방청, 냉각 및 부패 작용

3 윤활유의 작용으로 옳지 않은 것은 ?

① 방빙 작용   ② 기밀 작용

③ 청결 작용   ④ 냉각 작용

4 항공기용 왕복 기관에서 윤활 방법에 주로 사용되는 방법은 ?

① 비산식   ② 압송식

③ 압력식   ④ 복합식

5 항공기 기관에서 오일이 윤활 외에 어떠한 다른 일을 수행하는가?

(A : 밀봉, B : 청소, C : 냉각, D : 부식 방지)

① A   ② A, B

③ A, B, C   ④ A, B, C ,D

6 윤활유의 성질을 나타내는 것이 아닌 것은?

① 비등점   ② 인화점

③ 유성   ④ 세탄가

7 항공기 기관에서 모든 조건에서 사용되는 이상적인 오일은 무엇인가?

정답   1. ①   2. ①   3. ①   4. ②   5. ④   6. ④   7. ③

① 저점성 인덱스를 갖는 고점성의 오일

② 저점성 인덱스를 갖은 오일

③ 금속이 서로 접촉을 방지할 수 있는 매우 묽은 오일

④ 실린더 벽에 들러 붙는 진한 오일

8 윤활유의 점도와 발동기의 관계는?

① 고점도의 것이 좋고 발동기의 마모도 적다

② 저점도의 것이 좋고 발동기의 마모도 작은 것 외에 시동성이 좋다

③ 점도는 발동기의 윤활, 마모에는 직접 무관하다

④ 온도 변화에 대해 점도 변화가 적은 것이 좋다

9 고점성 인덱스가 의미하는 것은?

① 오일의 점성이 온도 변화에 따라 매우 크게 변한다

② 오일의 점성이 높은 유동점을 갖는다

③ 오일 점성이 온도 변화에 따라 크게 변화하지 않는다

④ 오일 점성이 큰 인덱스 수를 가진다

10 점도 지수가 큰 오일이란?

① 넓은 온도 범위에 있어서 비교적 점도 변화가 작은 오일

② 수분에 대하여 아주 강한 친화력을 갖는 오일

③ 항공용 기관에는 가장 부적당한 오일

④ 온도 변화에 대하여 점도가 크게 변화하는 오일

11 윤활유의 점도는 어떻게 측정하나 ?

① 온도 변화에 따른 마찰계수 변화

② 밀도 변화에 따른 마찰계수 변화

③ 흐름 저항에 따른 마찰계수 변화

④ 온도 저항에 따른 마찰계수 변화

12 오일의 점성 측정은 ?

① 온도변화에 대한 내부 마찰력의 변화율　　② 밀도

③ 전달력　　④ 흐름에 대한 저항

정답　8. ④　9. ③　10. ①　11. ①　12. ①

13 상업용 항공 오일은 80, 100, 120과 140으로 구분된다. 이들 상업용 항공 오일수치는 상업용 SAE Number와 비교하여 어떤 비율을 갖는가?

① 2:1   ② 3:1   ③ 1:1   ④ 4:1

14 윤활유 SAE NO 30은 aviation NO로 몇번인가 ?

① 65   ② 80   ③ 100   ④ 120

15 윤활유 점도를 위해서는 오일을 일정한 온도로 가열한다. 이 온도는?

① SAE 60번까지는 100°F, 그 이상은 200°F
② SAE 30번까지는 120°F, 그 이상은 210°F
③ SAE 50번까지는 160°F, 그 이상은 200°F
④ SAE 40번까지는 130°F, 그 이상은 210°F

16 SAE 40W라 하는 윤활유는?

① SAE 40번의 동절기용의 것이다
② 별로 의미가 없는 보통의 윤활유이다
③ SAE 40번으로 희석시키지 않으면 안되는 것
④ SAE 40번의 점도가 높은 것

17 윤활유를 압력 펌프까지 이송시켜주는 압력은 ?

① 공기 압력   ② 소기 펌프 압력
③ 중력   ④ 윤활유 압력

18 윤활유에 섞인 물이나 침전물을 배출하기 위하여 탱크에 장치한 것은 어느 것인가 ?

① 섬프 드레인 밸브   ② 섬프 밸브
③ 바이패스 밸브   ④ 릴리프 밸브

19 오일 희석제로 사용하는 것은 ?

① 옥시풀   ② 케로신(등유)
③ 신나   ④ 가솔린

20 모든 오일 탱크에 있는 벤트 라인(VENT LINE)은 왜 있는가 ?

① 기관에서의 압력 상승을 방지한다
② 탱크 내에서 형성되는 거품을 제거한다
③ 기관 내에서 생기는 거품을 제거한다
④ 탱크 내의 압력 상승을 방지한다

21 윤활 계통과 엔진 각 부분을 어떤 손실없이 적당히 윤활하기 위하여 윤활유 압력을 조절하고 제어하는 윤활 장치는 ?

① 오일 압력 펌프
② 오일 압력 릴리프 밸브
③ 오일 배유 펌프
④ 오일 압력 계기

22 윤활 계통의 압력이 과도할 때 윤활유가 펌프 입구로 귀환되도록 만들어진 밸브는 무슨 밸브인가 ?

① 체크 밸브
② 릴리프 밸브
③ 바이패스 밸브
④ 조절 밸브

23 왕복 기관의 윤활 계통에서 릴리프 밸브의 스프링이 부러지면 어떤 현상이 나타나는가 ?

① 계통에 높은 오일 압력이 형성된다
② 계통에 낮은 오일 압력이 형성된다
③ 기어형 윤활유 펌프의 회전수가 증가
④ 기어형 윤활유 펌프의 회전수가 감소

24 오일 압력계 지침이 심하게 진동한다. 그 원인으로 옳은 것은 ?

① oil temperature가 너무 높기 때문이다
② 오일 압력계 라인에 기포가 들어있기 때문이다
③ 엔진 진동이 심하기 때문이다
④ 오일 압력계의 라인이 막혔기 때문이다

25 윤활유 속에 들어있는 이물질을 여과하는 것은 ?

① 오일 압력 변환기
② 오일 압력
③ 오일 온도 변환기
④ 오일 필터

정답 20. ④ 21. ② 22. ② 23. ② 24. ② 25. ④

26 오일 온도는 어디서 측정하는가?

① 기관의 입구　　　　② 소기 펌프　　　　③ 기관 출구　　　　④ 탱크 입구

27 기관의 오일 온도계는 어디의 오일 온도를 지시하나?

① 오일 냉각기로 들어오는 오일　　　② 오일 저장 탱크의 오일
③ 오일 저장 탱크로 귀환되는 오일　　④ 기관으로 들어오는 오일

28 다음에서 왕복기관의 오일분광분석 결과 은분 입자가 많이 나오는 경우 예상되는 결함 부분은?

① 마스터 로드 실　　　　　　　② 커넥팅 로드 베어링
③ 크랭크축 베어링　　　　　　　④ 피스톤 링

29 오일 탱크는 수리한 후 다음의 어떤 방법으로 시험해야 하는가?

① 사용해 보고 새는 것을 관찰한다
② 오일을 탱크에 가득 채우고 새는 것을 관찰한다
③ 수중에 탱크를 담그고 내부에서 새는지 본다
④ 탱크에 정규의 내압을 가하고 시험을 한다

30 오일 탱크에는 팽창 공간을 얼마나 두는가?

① 1.5%　　　　　　② 2%　　　　　　③ 10%　　　　　　④ 15%

31 주오일 필터가 막히면?

① 오일은 기관으로 흐르지 않는다
② 오일은 기관으로부터 흐르지 않는다
③ 오일은 기관을 통해 정상적으로 흐른다
④ 오일은 75% 정상비로 흐른다

32 오일 여과기의 오일 바이패스 밸브는?

① 조절 밸브 역할을 한다
② 오일 냉각기 둘레로 오일을 직접 보내준다
③ 오일을 보기 부분으로 보낸다
④ 여과기가 막힐 경우 오일이 흐르도록 한다

33 대형 성형 기관에서 오일 계통에 바이패스 밸브가 있는 곳은?

① 압력 펌프

② 소기 펌프와 오일 탱크 사이에

③ 압력 펌프와 내부 오일 계통 사이에

④ 오일 탱크와 기관 압력 펌프 사이에

34 방사형 발동기의 건식 윤활 계통에 있어서 체크 밸브의 목적은 무엇인가?

① 오일이 오일 냉각기로부터 유출되는 것을 방지한다

② 기관이 정지후 오일이 기관으로 유출되는 것을 방지한다

③ 오일이 압력 펌프를 우회하는 것을 방지하기 위해서

④ 기관 정지 후 오일이 크랭크 축으로부터 유출되는 것을 방지하기 위해

35 오일 압력 조절 밸브의 위치는?

① 오일 냉각기와 소기 펌프 사이에

② 섬프와 탱크 사이에

③ 소기 펌프와 탱크 사이에

④ 오일 펌프와 내부 계통 사이에

36 기관 오일의 압력 조절은?

① 시동 후 바로 조절한다

② 혼합기를 농후하게 한다

③ 기관 오일을 정상 작동 온도까지 상승시켜서 행한다

④ 조속기를 사용하여 프로펠러 피치각을 크게 하여 행한다

37 오일 압력 릴리프 밸브로부터 오일은 어디로 되돌아 가는가?

① 압력 펌프 입구로

② 소기 펌프 입구로

③ 소기 펌프 출구로

④ 압력 펌프 출구로

38 모든 기관 속도에 일정한 오일 압력을 유지하는 것은 무엇에 의하여 이루어지는가?

① 오일 펌프의 속도가 변화함으로써

② 오일 필터에 의해서

③ 압력 릴리프 밸브에 의해서

④ 오일 라인의 Thermostat에 의해서

39 오일온도를 조절하기 위하여 사용되는 열전대식 밸브는 어느 곳에서 오일과 직접 접하게 되는가?

① 오일이 오일 냉각기를 떠나는 부분

② 오일 탱크 입구 근처

③ 오일 냉각기 입구 부착 부분

④ 엔진 오일 펌프의 근방

40 오일 온도의 Sensing Element가 가장 많이 열릴 때는 ?

① 오일이 정상보다 차가울 때

② 오일이 정상보다 더울 때

③ 오일 냉각기의 문이 열릴 때

④ 엔진이 멈추고 오일이 흐르지 않을 때

41 왕복 기관에서 오일 소기 펌프가 압력 펌프보다 용량이 큰 이유 중 가장 적당한 것은?

① 오일 소기 펌프는 쉽게 고장이 나므로

② 윤활유가 고온이 됨에 따라 팽창되므로

③ 압력 펌프보다 압력이 낮으므로

④ 배유가 공기와 혼합하여 체적이 증가하므로

42 호퍼형 오일 탱크의 목적은?

① 잉여 오일 공급을 유지하기 위해

② 오일을 묽게 하기 위한 필요량 제거

③ 프로펠러 페더링을 위한 오일 공급을 보유하기 위해

④ 오일을 좀더 빨리 데우기 위해

43 윤활유 탱크 내에 호퍼 탱크를 장치한 목적이 아닌 것은?

① 탱크 내의 윤활유가 동요하는 것을 막기 위해

② 윤활유 중 탄소를 분리하기 위해

③ 난기 운전에 요하는 시간을 짧게 하기 위해

④ 배면 비행시 윤활유 유출을 막기 위해

44 Hopper형 오일 탱크의 용도가 아닌 것은?

① 시동시 온도 유지   ② 거품을 방지

③ 배면 비행시 오일 공급   ④ 희석 작용

45 왕복 기관에서 오일 펌프와 내부 오일 계통 사이에 놓여서는 안되는 것은?

① 체크 밸브   ② 필터

③ 바이패스 밸브   ④ 오일 희석 도관

46 대형 방사형 발동기에서 오일 탱크는 기관에 벤트 라인이 연결되어 있다. 이 목적은?

① 기관의 벤트 계통을 사용함으로써 오일의 손실을 방지한다

② 탱크 안에 있는 정압을 유지한다

③ 오일 냉각기의 과도한 압력을 방지한다

④ 오일 냉각기에 정압을 유지하면서 소기 펌프를 돕는다

47 기관의 오일은 언제 희석하는가?

① 기관을 끄고 난 후　　　　　② 기관 시동 전에

③ 기관을 끄기 전에　　　　　④ 기관 시동 후

48 오일을 희석 후 연료는 어디로 가는가?

① Sump로부터 없어진다　　　　② 배기되어 없어진다

③ 기관 시동시 없어진다　　　　④ 기관 운전시 증발된다

49 윤활유 압력이 너무 낮을 경우 예상 결함이 아닌 것은 ?

① 윤활유량이 불충분하다　　　　② 윤활유 압력계의 결함이다

③ 릴리프 밸브가 너무 높게 맞춰졌다　　④ 오일 펌프가 결함일 것이다

50 SOAP(spectrometric oil analysis program)이란 다음 설명 중 어느 것과 관계가 있는가 ?

① 오일 속에 혼합된 수분　　　　② 자성체 금속의 파편

③ 오일 속에 혼합된 미분의 금속편　　④ 오일 속에 혼합된 금속 파편과 미량의 금속분

51 왕복 엔진의 오일이 포함하고 있는 대부분의 열은 어디에서 생긴 것인가 ?

① 커넥팅 로드 베어링　　　　　② 크랭크 샤프트 주베어링

③ 배기 밸브　　　　　　　　　④ 피스톤과 실린더벽

52 항공기 엔진 오일을 미리 정한 기간에 교환하는 목적은 무엇인가 ?

① 오일이 점차 짙게 변하기 때문에

② 오일이 가솔린과 희석되어 피스톤에서 크랭크 케이스를 씻기 때문에

③ 오일이 습기, 산, 미세하게 분리된 찌꺼기와 함께 오염되기 때문에

④ 산화되어 오일이 부하 상태에서 막을 형성할 능력이 없기 때문에

정답　46. ②　47. ③　48. ④　49. ③　50. ④　51. ④　52. ③

53 압력 오일에 의해 반드시 계속적으로 윤활되어야 하는 베어링 타입은?

① 볼 베어링　　　　　　　　　　② 롤러 베어링

③ 테이퍼 베어링　　　　　　　　④ 평면 베어링

5 흡기 계통, 과급기, 터보차저와 배기 계통

5-1 개 요

항공기 엔진의 완전한 흡입 계통은 다음의 세 가지 주요 부분으로 구성된다.

(1) 공기를 기화기에 이르게 하는 공기 스쿠프(airscoop)와 덕팅(ducting)

(2) 주입 계통(injection system)의 기화기 또는 공기 조절 장치

(3) 흡입 다기관(또는 매니폴드;manifold)과 파이프(pipe)

이들 부분이 엔진에 공급되어야 할 모든 공기를 위한 통로와 공기 조정 장치이다(그림 5-1).

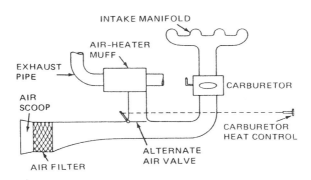

그림 5-1 A simple induction system

(1) 흡입 공기 여과기(Induction Air Filters)

흡입 공기 여과기는 공기 스쿠프에 장치되어 있어서 먼지, 마모된 부스러기, 모래, 심지어 더 큰 이물질들이 엔진으로 들어오기 전에 제거한다. 흡입 공기 여과기에는 기본적으로 세 가지 형태가 있다.

즉, 웨트형망(wetted-type mesh) 여과기, 건지(dry paper) 여과기, 그리고 폴리우레탄 거품(foam) 여과기이다. 웨트망 여과기(wetted mesh filter)는 보통 프레임(frame) 내에 금속 필라멘트(filament)로 되어 있다. 금속망 필라멘트에 있는 오일막(film)에서 먼지와 모래 입자들이 걸러

133

진다. 건지형 여과기는 자동차의 공기 여과기와 비슷하다. 그것은 여러 층의 종이 여과기로 되어 있고 공기가 여과기를 통과하도록 되어 있다.

가장자리는 엔진으로 들어오는 이물질을 막기 위해 밀폐되어 있다. 종이 여과기는 주기 점검시에 교체하면 되나 손상되거나 막히면 즉시 교체하여야 한다. 새로운 거품형 여과기(foam-type filter)는 항공기에 사용하기 위해 개발되었고 이것은 폴리우레탄과 웨트형으로 되어 있다. 여러 가지 형의 여과기들이 이러한 거품형 여과기로 교체되고 있다.

(2) 공기 스쿠프와 덕트(Air Scoop and Ducting)

비과급 엔진을 위한 덕트 계통은 (1) 공기 스쿠프, (2) 공기 여과기, (3) 대체 공기 밸브, (4) 기화기 공기 히터 또는 히터 머프(heater muff)의 4가지 주요부로 되어 있다.

전형적인 공기 스쿠프는 공기 흐름(airstream)을 향해 열려 있다. 공기 스쿠프는 램 공기(ram air)를 받아들이며 보통 프로펠러 후류(slipstream)에 의해 증대된다. 공기 속도의 영향은 공기를 과급시킴으로써 엔진으로 들어오는 공기의 총 중량을 증대시킨다. 이렇게 하여 5%만큼 출력이 증대된다. 공기 스쿠프의 설계는 램 공기 압력에 의한 출력 증대량에 상당한 영향에 미친다.

대체 공기 밸브(alternate air valve)는 조종석에 있는 기화기 가열 조정(heat control)에 의하여 작동된다. 이 밸브는 "on"으로 하면 주 공기 덕트가 닫히고 히트 머프 덕트는 열게 하는 단순한 문이다. 정상 가동 중에 이 문은 히터 머프로의 통로는 닫고 주 공기 덕트를 연다. 문은 스프링이 있어서 항상 정상 위치를 유지하려고 한다. 히터 머프(heater muff)는 배기관 둘레에 있는 덮개(shroud)이다. 덮개는 배기관과 덮개벽 사이의 공간으로 공기가 흐르도록 끝 쪽에서 열려 있다. 덕트는 머프에서 주 공기 덕트로 연결되어 있다. 기화기의 공기 히터 장치가 작동할 때 엔진부 내의 공기는 배기관 둘레 공간으로 흘러 가열되어 흐른다. 기화기 공기 가열은 기화기의 빙결과 물이 생기는 것을 방지할 필요가 있을 때만 사용되어야 한다. 고출력 작동시 가열된 공기를 사용하면 디토네이션(detonation)의 원인이 되고 엔진 출력의 감소 원인이 된다.

어떤 흡입 계통은 램 공기가 처음에 공기 여과기를 통과하지 않고 기화기로 직접 들어가도록 설계되어 있다. 그러한 경우에 공기 여과기는 교체(alternate) 덕트에 장착된다. 그러므로 항공기가 모래나 먼지가 많은 상태에서 지상 운전을 할 경우 직접 공기 덕트(direct air duct)는 밸브문에 의해 닫히고 공기 여과기를 통해 공기가 기화기로 들어온다. 이륙한 후 항공기가 깨끗한 공기에서 비행할 때는 공기 흡입이 직접 덕트로 되돌아간다. 대체 공기원(alternate air source)은 항공기가 심한 비(rain) 속을 통과하여 비행할 때 유용하다. 즉, 나셀(Nacelle)에 의해 비가 없는 보호된 공기를 가지고 엔진을 계속 정상 작동할 수 있게 해 준다. 그러나 공기 여과기는 기화기로 가는 공기 압력을 다소 감소시켜서 출력을 저하시킨다. 가열된 공기는 차가운 공기보다 저밀도이므로 출력 손실을 가져온다. 그러므로 최대 출력을 내기 위해서는 가열되지 않은 공기가 엔진에 공급되어야 한다.

(3) 흡입 다기관(Intake manifold)

전형적인 대향형 항공기 엔진에는 각 실린더로 통하는 파이프가 있는 흡입 계통이 있다. 이 형의 어떤 모델은 파이프의 한쪽 끝은 플랜지(flange)에 의해 실린더에 죄어 있고 다른 쪽 끝은 슬립 조인트(slip joint)에 고정되어 있다. 또 다른 모델은 파이프가 고무 호스의 짧은 부분을 클램프로 고정시켜 다기관에 연결되어 있다. 또 어떤 모델들은 기화기가 오일 섬프에 장착되어 연료와 공기의 혼합기가 기화기에서 오일 섬프 내의 통로로 흘러 엔진 실린더에 이르는 각각의 파이프를 통해 흘러나오게 되어 있다.

연료와 공기의 혼합기가 오일 섬프 내의 통로를 통해 흐를 때, 오일로부터 혼합기로 열이 전달된다. 이러한 배열은 다음 두 가지 목적을 달성할 수 있다.

① 오일을 약간 냉각시키고
② 혼합기의 온도를 약간 증가시켜 연료의 기화를 좋게 한다.

열이 가열된 오일에 의해 또는 배기관에 근접시켜 연료-공기 혼합기에 사용되는 배열을 "hot spot"이라고 한다. 성형 엔진에 사용된 흡입 계통의 형태는 엔진에서 요구되는 출력 마력에 따라 달라진다. 저출력의 소형 엔진에서 공기는 기화기를 거쳐 기화기 내의 연료와 혼합된 후 각각의 흡입관을 통해 실린더로 흐른다. 어떤 엔진은 흡입 다기관이 주 엔진 구조의 일부분이 되는 것도 있다. 연료-공기 혼합기는 다기관부 외부 가장자리(outer edge)에서 슬립 조인트로 엔진에 연결된 각 파이프에 의해 각 엔진 실린더로 공급된다. 슬립 조인트의 목적은 온도 변화로 팽창과 수축이 일어나 생기는 손상을 방지하고자 하는 것이다.

기화기와 실린더 사이의 엔진 흡입 계통 부분은 적절한 엔진 작동을 위해 가스 밀폐제(gastight seal)가 장착되어야 한다. 다기관 절대 압력(manifold absolute pressure : MAP)이 대기 압력보다 낮으면(그런 경우는 항상 비과급 엔진에서 생긴다) 다기관 계통에서 공기가 누설(leak)되어 희박 혼합기가 된다. 이는 엔진 과열, 디토네이션, 역화 또는 완전 정지의 원인이 될 수도 있다.

흡입 계통에 조금이라도 누설이 생기면 rpm이 감소함에 따라 대기와 흡입 다기관 내부의 압력 차이가 증가하기 때문에 낮은 rpm 때 가장 주시해 보아야 한다. 흡입 다기관이나 파이프에서 누설이 생기면 과급 엔진의 연료 공기의 혼합기의 일부가 손실된다. 물론 이것은 출력 감소와 연료 낭비의 원인이 된다.

흡입 파이프에 가스 밀폐제를 연결하는 방법은 슬립 조인트 밀폐(slip-joint seal)를 하기 위하여 합성 고무 팩킹 링(packing ring)과 팩킹 리테이닝 너트(retaining nut)를 이용하는 것으로서 금속 엔진 실린더가 온도 변화로 인해 팽창, 수축되는 동안 배기 챔버(exhaust chamber)로 흡입 파이프를 적절히 슬라이드(slide)시켜 준다.

파이프 플랜지와 실린더 입구(port) 사이에 있는 실린더 흡입부에 가스켓(gaskets)을 두어 볼트와 너트로 플랜지를 단단하게 고정할 필요가 있다. 또 다른 방법으로는 팩킹 링과 팩킹 리테이너를 이용하여 흡입구(opening)를 죄는 것이다. 또 다른 방법은 흡입구에 튀어나온 짧은 스택(stacks) 에 고무 연결 장치를 이용하여 파이프에 연결하는 것이다.

(4) 6기통 대향 엔진용 흡입 계통(Inducting System for Six-Cylinder Opposed Engine)

컨티넨탈(Continental) 엔진의 흡입 계통의 주요한 어셈블리는 그림 5-2에서 보여준다. 이 계통에서 램 공기는 엔진 배플(baffle) 왼쪽 뒤에 있는 공기 박스로 들어가서 뒤쪽으로 덕트되는데 거

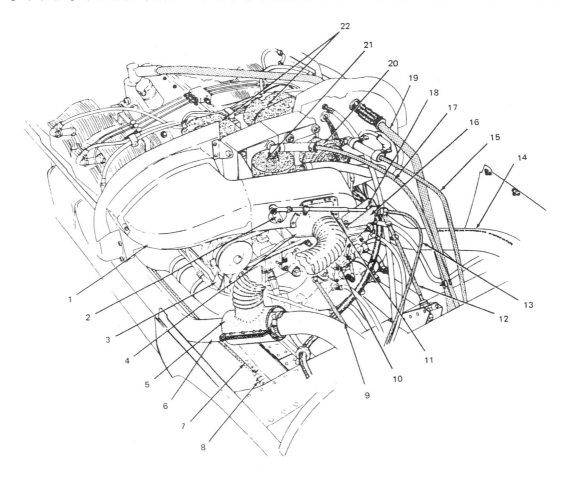

1. Carbureto ai box assembly
2. Alternate air actuating arm
3. Engine mount'
4. Carburetor heat adapter
5. Carburetor heat shroud
6. Left exhaust stack
7. Propeller control cond·uit'
8. Conduit connector
9. Throttle control sliding end
10. Carburetor
11. Alternate air control sliding end
12. Mixture control sliding end
13. Alternate air control conduit
14. Right exhaust stack
15. Vacuum line
16. Control mounting bracket
17. Air-oil separator line
18. Alternate air connector
19. Crankcase breather line
20. Vacuum pump
21. Air-oil separator
22. Magnetos

그림 5-2 Induction system for a six-cylinder opposed engine(Cessna Aircraft Co.)

기서 연료-공기 조종기(fuel-air control unit)로 들어가기 전에 공기 여과기를 통과하게 된다. 공기 여과기와 연료 여과기와 연료-공기 혼합 조종기 사이에는 흡입 공기 문이 있어서 조절 위치에 따라서 히터 덕트 또는 주 공기 덕트를 닫는다. 공기 여과기가 막히면 그 문이 자동으로 열려서 공기가 히터 덕트로부터 유입되게 한다.

연료-공기 혼합 조종기로부터 공기는 흡입 다기관 파이프를 통해 실린더에 공급된다. 이 배관(piping)은 연료-공기 혼합 조정기에 있는 Y피팅(fitting)에서 2개의 다기관으로 이르게 하기 위하여 각 엔진의 실린더 아래쪽을 따라 연결되어 있다. 이러한 배열은 그림 5-3에서 보여 준다.

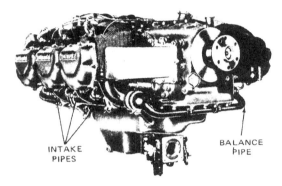

그림 5-3 Intake pipes and balance pipe(Teledyne Continental)

균형 파이프(balance pipe)는 앞쪽에서 2개의 다기관 사이에 연결되어 있는데 이 파이프는 다기관의 압력을 같게 해 주어서 실린더의 공기 흐름을 균일하게 해 준다. 각 배관의 짧은 부분은 다기관에서 각 실린더 흡입구로 연결된다. 엔진 작동 중에 연료는 각 실린더 흡입구로 계속 주입된다. 흡입 계통은 다양한 엔진 작동에서 항공기를 조화할 수 있도록 여러 방법으로 설계되어 있다. 대부분의 흡입 계통은 가장 효율적인 작동을 위한 적정 공기를 엔진에 공급하도록 설계되어 있다.

(5) 흡입 계통 빙결(Induction System Icing)

흡입 계통의 빙결은 연료-공기 혼합기의 흐름을 차단하거나 연료-공기 혼합 비율을 변하게 하기 때문에 위험하다. 항공기가 구름, 안개, 비, 진눈깨비, 눈, 심지어 맑은 공기라도 습도가 높은 경우에서 비행할 때는 흡입 계통에 빙결이 형성될 수 있다. 흡입 계통의 빙결은 ① 임팩트 빙결(impact ice), ② 연료 증발 빙결(fuel evaporating ice), ③ 드로틀 빙결(throttle ice) 세 가지로 분류된다. 제6장에서 더 자세하게 빙결 형태를 논하기로 한다.

빙결은 흡입 계통(공기 스쿠프) 입구에서부터 기화기와 실린더 흡입구 사이에 있는 흡입 다기관에 이르기까지 어느 곳에서나 형성될 수 있다. 빙결 형성은 대기 온도 및 습도와 엔진 작동 상태에 따라 달라진다. 만일 기화기로 연결된 공기 스쿠프와 덕팅이 물이 어는점 이하의 온도에 있다면, 공기중 물 입자가 찬 표면과 만날 때 특히 공기망(screen)과 흡입 덕트에서 임팩트 빙결(impact ice)

이 생긴다. 덕트에서 조금이라도 돌출된 부분에도 결빙이 생길 수 있다. 빙결은 엔진 드로틀 고정시 엔진 출력이 감소하므로 감지할 수 있다.

항공기에 고정 피치 프로펠러가 장착되어 있다면 엔진 rpm이 감소하게 된다. 정속 프로펠러에 서는 rpm이 일정할지라도 다기관 압력이 감소하고 엔진 출력도 떨어지게 된다.

빙결 조건에서 작동되는 항공기에는 기화기 공기 온도(Carburetor Air Temperature : CAT) 계기가 장착되어야 한다. 이 계기는 공기가 기화기에 들어갈 때의 온도를 지시하고 빙결 조건의 존 재 여부를 감지할 수 있게 해 준다. CAT가 32°F(0℃) 이하로서 엔진 출력의 손실이 있다면 빙결이 존재한다고 간주되므로 기화기에 열이 적용되어야 한다.

흡입 계통에 생기는 빙결은 기화기를 가열함으로써 제거된다.(과거의 대형 엔진에서는 빙결 형 성을 줄이기 위해 공기 입구 덕트에 알코올을 분사하였다. 그러므로 이 계통은 알코올 저장 용기, 전기 펌프, 분사 노즐 그리고 필요시 조종사가 사용할 수 있는 조종 장치들로 구성되어 있다.) 소형 항공기에는 공기가 배기 다기관 둘레의 머프에 의해 가열된다. 그 배기열로 인해 기화기에 들어가 기 전에 온도가 높아진다.

⸬ 5-2 과급기와 터보 차저의 원리

과급기(Supercharger)와 터보 차저(Turbocharger)는 고고도에서 엔진 최대 출력을 나오게 하 고 이륙시 엔진 출력을 높여 준다. 고고도에서는 엔진 흡입 계통에 들어오는 공기 밀도가 감소되기 때문에 비과급 엔진의 출력은 감소된다. 과급 계통은 보통 엔진의 공기 흡입구에 연결된 원심형 압 축기로 구성된다(그림 5-4 참조).

압축기는 크랭크 축의 기어에 의해 또는 배기 가스에 의해 구동된다. 과급 엔진은 고고도에서 감 소된 공기 밀도를 엔진으로의 공기 흐름을 증대시킴으로써 보충할 수 있다. 과급 엔진의 주목적이 고도 보상일지라도 대부분의 엔진은 엔진 출력을 높이기 위해 지상에서도 30inHg(101.61kPa) 이 상으로 MAP를 올린다. 엔진은 MAP가 30inHg 이상일 때 과급된 것으로 간주한다.

어떤 고출력 엔진의 경우는 34~48inHg까지 올라가기도 한다. 이런 장치를 해면 과급기(sea-

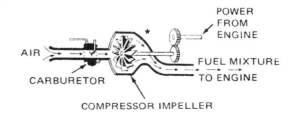

그림 5-4 Sea-level supercharger

level supercharging) 또는 지면 부스트 송풍기(ground boost blowers)라고도 한다. MAP를 30inHg 이상으로 높이지 않는 엔진 구동 압축기도 있다. 이 압축기를 노말라이저(normalizers)라고 부른다.

터보 차저(Turbocharging)에서는 압축기와 연결된 터빈을 구동하는 데 배기 가스가 이용된다. 특히 흡입 공기 압력을 30inHg 이상으로 높여 주는 터보 차저를 터보 과급기(turbo super-charger)라고 한다. 고고도에서는 공기 밀도가 감소하는데 엔진이 최대 이용 출력을 내기 위해서는 터보 차저가 공기 밀도 감소를 보상하거나 정상화(normalize)하여야 한다. 터보 차저 계통은 이륙시 MAP를 높이는 데나 MAP 30inHg 이상으로 높이는 데 사용되지 않는다. 과급기, 터보 차저 또는 터보 과급기의 용량은 임펠러(impeller)의 크기와 회전 속도에 따라 다르다. 터보 차저 또는 터보 과급기의 경우에 출력은 엔진에서 나오는 배기 가스의 양에 따라 달라진다.

(1) 과급기에 관련된 기체의 특성

과급기의 원리를 이해하려면 기체 특성에 관한 많은 지식이 요구된다. 모든 물질은 고체와 유체로 분류될 수 있는데 유체는 액체와 기체로 분류한다. 이들 고체, 액체, 기체는 모두 중량을 가지지만 기체의 중량은 모든 조건하에서 일정한 값이 아니다.

예를 들어, 해면 압력(sea-level pressure)에서 약 13ft³(368.16L)의 공기는 1lb(0.45Kg)이지만 더 높은 압력에서는 더 무겁고, 낮은 압력에서는 더 가볍다. 질량(mass)과 중량(weight)은 같은 것은 아니나 보통 같은 것으로 취급된다.

체적(volume)은 단지 물체가 차지하는 공간을 의미하고 밀도나 압력이 고려되지 않기 때문에 질량과 체적은 혼동해서는 안 된다. 이들의 관계는 기체의 여러 가지 법칙으로 설명된다.

보일(Boyle)의 법칙에 의하면 압력과 체적과의 관계는 다음과 같다. "기체의 체적은 온도가 일정할 때 절대 압력에 반비례한다." 피스톤이 부착된 밀폐 실린더 내의 공기의 양은 온도가 일정하고 피스톤을 지나는 누설이 없다고 가정하면 체적과 압력은 보일의 법칙에 따라 역의 관계가 된다(그림 5-5 참조).

그림 5-5의 좌측에서, 15ft³(424.8L)의 기체는 압력 10psia(68.95kPa)에서 중량이 1lb이고, 우

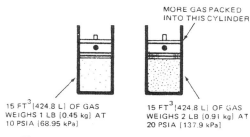

그림 5-5 Quantity of gas (air) charge

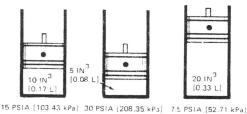

그림 5-6 Relative volumes and pressure

측에서의 기체는 압력 20psai(139.9kPa)에서 중량이 2lb(0.91kg)이다. 두 그림에서 체적은 같으나 압력이 변하므로 피스톤 아래에 있는 공기의 질량은 변하지 않는다.

그림 5-6에서 실린더 내의 체적은 좌측이 10in³ (0.17L), 가운데 5in³(0.08L), 우측 20in³(0.33L)일 때 좌측 실린더 내의 공기 밀도가 표준이라면 가운데 실린더의 공기 밀도는 2배이고 우측 실린더의 공기 밀도는 1/2이다. 밀도 감소를 상쇄시키는 어떤 요인이 없다면, 해면에서 엔진은 공기의 전 중량(full weight of air)을 받아들이고, 10,000ft(3,048m)에서는 3/4, 20,000ft에서는 1/2, 30,000ft(9,144m)에서는 1/3, 40,000ft (12,192m)에서는 1/4에 불과하다. 이 관계는 그림 5-7에 보여준다.

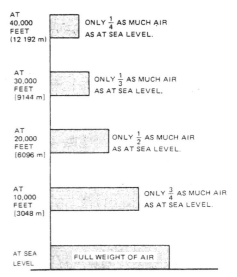

그림 5-7 Effect of altitude on density of air

이들 관계는 내연 기관에서 엔진 출력이 주로 충전된 질량에 따라 달라지기 때문에 중요하다. 비과급 엔진은 체적 효율과 피스톤 배기량에 따라 충전 질량이 제한된다.

충전 질량(the mass of the charge)을 증가시키기 위해 과급기나 터보 차저로 유입 충전(incoming charge)의 압력과 밀도를 증가시킬 필요가 있다. 그러므로 과급기나 터보 차저의 기능은 엔진 실린더로 들어오는 공기(또는 연료 공기 혼합기)의 양을 증가시키기 위한 것이다. 과급기는 원래 고고도에서 최대 출력을 내기 위해 엔진 실린더에 들어오는 공기 밀도를 증가시킬 목적만으로 개발되었다. 그러나 연료 생산 및 엔진 설계의 개선으로, 정상적인 대기압보다 높은 흡입 계통의 압력 증가를 위해(이것은 충전 밀도를 증대시킴) 저고도에서도 과급기를 작동할 수 있게 되었다.

그림 5-8은 온도가 기체의 체적에 미치는 영향을 보여주고 있다. 기체의 탄력성은 온도 변화가 일어날 때 나타나는데 일정 가스량의 온도가 올라가고 압력이 일정하다면 기체는 절대 온도에 비례하여 팽창할 것이다. 이것은 다음과 같이 표현된다.

$$\frac{V_1}{V_2} = \frac{T_1}{T_2} \quad \text{(압력 일정)}$$

이 등식은 샤를(Charles)의 법칙으로 알려져 있다. 그림 5-8에서 첫째 실린더의 기체 온도는 0℃(273K(kelvins))이다. 기체 온도가 273℃(546K)까지 올라가면 절대 온도가 두 배가 되므로 체적도 두 배가 된다. 기체의 양이 10℃(283K)에서 10ft³의 체적일 때 100℃(373K)에서의 체적을 알고 싶다면 온도 표시를 절대(Kelvin)값으로 바꿔야 한다. 그러기 위해 섭씨(Celsius)값에 273을 더하면 된다. 그러면 10℃가 283K되고 100℃는 373K가 된다. 위 공식을 적용하면,

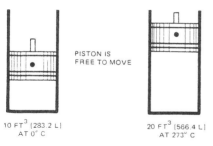

그림 5-8 Effect of temperature on gas volume

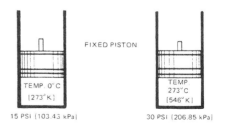

그림 5-9 Effect of temperature on gas pressures

$$\frac{10}{V_2} = \frac{283}{373}$$

$$283V_2 = 3730$$

$$V_2 = \frac{3730}{283} = 13.18 \text{ft}^3 (373.26\text{L})$$

그러므로 압력이 일정할 때 온도 증가로 기체 부피가 10ft³으로 증가했다. 기체 압력은 체적이 일정할 때 절대 온도에 비례하여 변한다. 이것을 다음의 등식으로 나타낼 수 있다.

$$\frac{P_1}{P_2} = \frac{T_1}{T_2} \quad \text{(부피 일정)}$$

이 원리는 그림 5-9에서 보여 준다. 즉 온도는 0℃(273K)에서 273℃(546K)로 상승되었다. 절대 온도가 체적이 일정할 때 두 배가되기 때문에 압력도 두 배가된다.

(2) 다기관 압력(Manifold Pressure)

MAP란 엔진의 흡입 다기관의 압력을 말한다. 엔진 실린더로 들어오는 연료-공기 혼합기의 중량은 MAP와 혼합기 온도에 의해 측정된다. 정상적인 흡입(aspirated) 엔진에서, MAP는 공기 흡입 계통에서 공기 마찰로 인한 손실 때문에 외부 대기압보다 낮다. 그러나 과급 엔진에서는 MAP가 대기압보다 높다. 과급기가 작동되면 MAP가 대기압보다 높거나, 낮아지는데 이는 과급기의 조종과 드로틀(throttle)의 맞춤(setting)에 따라 달라지게 된다.

정속 프로펠러가 장착된 고성능 엔진에서는 MAP가 대단히 중요하다. MAP가 너무 높으면 디토네이션(detonation)과 과열(overheating)이 일어나기 쉬우며, 이러한 상태가 오래 지속되면 엔진 손상을 가져와 엔진 고장의 원인이 된다. 과급 엔진의 작동 중에는 엔진의 출력 맞춤(rpm과 MAP)에 세심한 주의를 기울여야 한다. 엔진이 특히 고압축비이면, 과급기는 고도 5,000ft(1,524m) 이상이 될 때까지는 전혀 사용할 수 없다. 그러한 엔진의 과급기가 저고도에서 작동되면 연소실의 압력과 온도가 높아지고 이는 디토네이션과 조기 점화(preignition)의 원인이 된다.

MAP를 지배하는 또 다른 요인은 연료의 옥탄가 또는 퍼포먼스 수(performance no)이다. 연료의 디토네이션 억제(antidetonation) 특성이 매우 높으면 연료가 저 옥탄가일 때보다 최대 MAP가 훨씬 높다. 때문에 항공기를 서비스하는 사람은 연료 탱크 커버에 표시된 연료 옥탄가를 잘 주시해야 한다. 비상시에 항공기에 명시된 옥탄가보다 낮은 옥탄가의 연료를 사용할 필요가 있을 때 조종사는 평상시보다 낮은 MAP로 엔진을 작동하면 고장을 피할 수 있다.

(3) 과급의 목적

항공기 엔진에서 과급의 주목적은 이륙시에 고출력을 내고 고고도에서 최대 출력을 지속하기 위하여 MAP를 대기압 이상으로 증가시키기 위한 것이다.

증대된 MAP는 두 가지 방법으로 출력을 증가시킨다.

1) 엔진 실린더에 공급되는 연료-공기 혼합기의 중량을 증가시킨다.

일정 온도에서 일정 체적에 포함된 혼합기의 중량은 혼합기의 압력에 의해 좌우된다. 만일 일정 체적의 기체 압력이 증가하면 밀도가 증가하기 때문에 기체 중량은 증가한다.

2) 압축 압력을 증가시킨다.

엔진의 압축비는 일정하다. 그러므로 압축 행정 초기에 혼합기의 압력이 커질수록 압축 행정 말기에 혼합기의 압력이 더 커져서 압축 압력은 증가한다. 압축 압력이 낮으면 평균 유효 압력(mean effective pressure ; mep)을 높여주고 따라서 엔진 출력도 높여준다.

그림 5-10에서는 압축 압력의 증가를 보여주고 있다. 첫 번째 실린더에서 압력은 압축 행정 초기로서 단지 36inHg(121.93kPa)이다. 압축 행정 말기인 두 번째 실린더의 압축 압력은 270inHg(914.49kPa)이다. 이 경우 흡입 압력은 비교적 낮다. 세 번째 실린더에서의 압력은 45inHg(154.42kPa)이고 네 번째 실린더의 압축 압력은 405inHg(1371.74kPa)이다. 압축 행정 초기에 상대적으로 압력이 높았기 때문에 말기에도 여전히 높다. 이 경우 흡입 압력은 왼쪽의 두 그림에 비하여 높다. 압축의 결과로 증가된 온도도 압력에 가중된다.

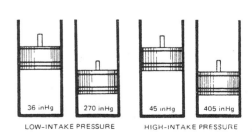

그림 5-10 Effects of air pressure entering the cylinder

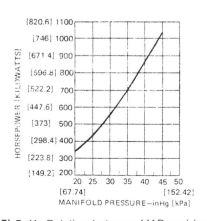

그림 5-11 Relation between MAP and horsepower

(4) 마력과 MAP와의 관계

최대 rpm에서 어떤 엔진의 MAP와 엔진 출력의 관계는 그림 5-11과 같다. 가로는 MAP, 세로는 마력을 나타내며 MAP가 30inHg(101.61kPa)일 때 약 550hp(410.14kw)에서 만나게 된다. 엔진이 과급되지 않았을 때 흡입 다기관의 이론상 최대 압력은 해면상의 대기압인 30inHg로 간주하므로 이 때 엔진에 의해 발생하는 출력은 약 550hp(410.14kw)가 된다. 그러나 실제로는 다기관의 마찰 손실 때문에 비과급 엔진에서 MAP가 30inHg만큼 발생하는 것은 불가능하다.

MAP가 45inHg(154.42kPa)일 때 엔진 출력은 약 1,050hp(782.99kPa)가 된다. 이것은 과급에 의해 MAP를 45inHg로 증가시키면 엔진 출력이 1,050hp가 됨을 의미한다. 더 높은 출력을 내기 위해 MAP를 무한정 증가시킬 수는 없다. 과도한 MAP는 오히려 엔진 작동에 역효과를 가져오며 궁극적으로 고응력(high stress), 디토네이션, 고온의 결과로 엔진에 영구적인 손상을 초래하게 된다.

(5) 과급의 한계(Supercharging Limitations)

엔진 과급에서 다른 요인들이 같다면 엔진 출력은 압력 증가에 비례한다. 그러나 다른 요인들이 항상 일정한 것은 아니다. 그러므로 안전 작동을 가능하게 하는 데는 몇 가지 제약 요소들이 있다.

첫째는 온도이다. 공기가 압축되면 온도가 올라간다. 이것은 공기를 가열 팽창시켜, 공기 압축에 필요한 출력량을 증가시키기 때문에 과급의 효율성을 감소시킨다. 또한 상승 공기 온도는 엔진의 효율성을 떨어뜨리는데 그 이유는 흡입 혼합기가 차가울 때 엔진 작동이 더 잘되기 때문이다. 혼합기가 과도하게 고온이 되면 조기 점화와 디토네이션을 일으켜 결국 동력 장치의 기계 고장을 초래하게 된다.

과급으로 인한 온도 증가에 엔진 실린더 내의 압축기에 의해 발생한 열이 더해진다. 이러한 이유 때문에 과급기와 실린더의 복합 압축은 엔진 연료의 안티녹(antiknock)의 질 또는 옥탄가로 결정되는 정확한 한계를 지켜야만 한다.

만일 과급기가 해면에서 공기 압력을 14.7에서 20psi(101.6→137.9kPa)로 증가시킬 수 있는 충분한 성능을 가지도록 설계되었다면 과급이 없을 때보다 약 40% 더 많은 출력을 낼 수 있다.

만일 이 과급기가 1000hp(735.7kw) 엔진에 장착되었다면, 1000hp 엔진의 피스톤 배기량은 과급되지 않은 710hp(529.48kw) 엔진의 피스톤 배기량보다 더 클 필요는 없을 것이다. 그러나 과급기가 있는 엔진은 출력 증가로 생긴 고응력을 견딜 수 있도록 설계되어야 한다. 그것은 1000hp 출력을 내기 위해 710hp짜리 엔진에 과급기를 단순히 추가시킴으로써 되는 것이 아니다.

710hp과 1000hp의 차이는 분명히 290hp(216.25kw)이지만 이러한 가상의 엔진을 위한 과급기를 작동하는 데는 약 70hp(52.22kw)이 필요하다. 그러므로 1000hp 출력을 내기 위해서는 단순히 290hp(216.25kw)가 아닌 290+70=360hp(268.56kw)의 출력 발생이 엔진에서 필요한 것이다.

그러므로 필요한 1000hp을 실제로 얻기 위해서는 710hp 엔진에 과급기를 부착하여 360hp의 추가 출력을 내야 하는 것이다.

많은 엔진에 과급기가 작동되고 있지만 더 이상 과급기를 제작하지는 않는다. 최근의 엔진은 터보 차저를 채택하여 고고도에서도 해면 압력을 유지할 수 있게 해주는 흡입 공기 압축을 하고 있다.

(6) 엔진 출력에 미치는 고도의 영향

항공기가 지표면 위로 상승하면 대기압과 공기 밀도는 감소한다. 항공기의 비행은 지표면 가까이의 고밀도 공기에서보다 저밀도 공기에서 저항을 덜 받는다. 이것은 물보다 밀도가 큰 윤활 오일, 기타 다른 액체에서보다는 물에서 수영하는 것이 훨씬 쉬운 것과 같은 원리이다. 게다가 엔진 배기가스에 대한 역압력(back pressure)이 감소하고 고고도에서 공기가 지표면 근처보다 차갑다. 이러한 모든 요인들이 엔진의 효율성을 높여 주게 된다. 이러한 장점들과 관련하여 고고도에서는 몇 가지 단점이 있다.

즉, 고고도에서 공기는 중량이 덜 나가며 엔진 실린더에 가해지는 공기 압력도 적게 된다. 그러므로 고도가 높아질수록 엔진 출력은 감소한다. 이러한 관계는 산길을 주행하는 자동차와도 비교될 수 있다. 자동차 엔진은 같은 부피의 공기지만 그 중량은 적게 된다. 따라서 엔진 실린더에 연료-공기 혼합기의 효율적인 연소를 위한 산소가 충분히 공급되지 않는다. 자동차이든 항공기든 간에 엔진이 높은 고도에서 작동되는 데는 몇 가지 문제가 있다.

예로, 대기압이 낮아지면 가솔린의 비등점(boiling point)을 낮게 하여 연료 계통이 특별히 설계되지 않는 한은 증기 폐색(vapor lock)의 위험에 처하게 된다. 또한 더 높은 고도에서는 대기압의 밀도도 감소되어 전기 통로의 공기 저항이 작아진다. 그러므로 전류가 점화 플러그에서 점화가 되기도 전에 점화 장치에서 누전(leak out)된다.

높은 고도에서 엔진 출력에 관한 문제로 돌아가서, 해면상에서 100hp(74.57kw)을 내는 자동차 엔진은 해면 위 고도 약 14,000ft(4,267.20m)인 곳에서는 약 60hp(44.74kw) 밖에 낼 수 없다. 자동차들은 비교적 고고도에서 운용되지 않으므로 자동차 엔진 설계 기술자들은 높은 고도에서의 출력 손실에 관해서는 별로 관심이 없다.

그러나 항공기 동력 장치의 설계에는 대단히 실질적인 문제가 된다. 대부분의 항공기는 20,000ft(6,096m) 이상으로의 상승이 요구된다. 이러한 고고도에서 1ft³(28.32L)의 공기 중량은 해면상에서의 값의 1/2에 불과하다. 20,000ft의 고도에서 해면상에서와 똑같은 공기 중량을 가지게 하기 위해서는 두 배의 부피를 가져야 한다. 반면에 40,000ft(12,192m)에서 1ft³의 공기 중량은 해면상의 공기 중량의 1/4밖에 안 되므로 부피는 4배가 되어야 한다. 고도 20,000ft에서의 실제 공기 압력은 약 13.75inHg(46.61kPa)이고 해면에서는 29.92inHg(101.34kPa)이므로 해면에서의 공기압의 1/2도 안 된다. 그러나 온도 저하 때문에 공기 밀도는 압력이 감소하는 만큼 감소되지는 않는다. 해면에서의 표준 온도는 59°F(15℃)이며 고도 20,000ft에서는 −12.3°F(−24.61℃)이다. 그러므로 일정 체적의 공기의 실제 중량은 표준 해면상에서의 중량의 1/2보다 약간 더 크다. 고도 40,000ft(12,192m)에서 공기 압력은 해면 압력의 1/5 미만이지만 온도 감소 때문에 일정 체적의 공기 중량은 해면에서의 중량의 약 1/4이다.

해면 과급기 또는 터보 차저는 엔진의 펌핑 용량을 증가시키는 데 효율적인 장치로서 중량을 증대시켜 준다. 그러나 해면 과급기(sea level supercharger)가 장착된 동력 장치는 그림 5-12에서와 같이 과급되지 않은 엔진과 똑같이 고도 변화에 영향을 받는다.

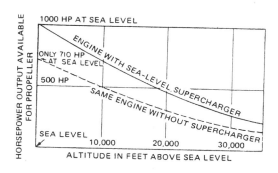

그림 5-12 Effect of altitude with a sea-level supercharger

인간의 신체는 그 자체에 과급 장치를 가지고 있다. 산에 오르거나 비행기를 타고 높은 고도에서 비행할 때 인간의 폐는 희박한 공기를 보충하기 위해 더 많은 공기를 빨아들인다. 또 신체의 연소 과정에 필요한 산소량을 얻으려고 한다. 가솔린 엔진도 그러한 과정에서 예외는 아니다. 높은 고도에서 적절한 출력을 내기 위해 엔진은 희박한 대기를 보충하기 위해 특별히 과급 장치를 갖추어야만 하는 것이다.

여기서 문제의 해결책은 단지 항공기의 예상 비행 최고 고도를 유지할 수 있는 충분한 용량(copacity)의 송풍기(blower)를 설치하는 것이라 할 수 있다. 그러나 이것은 높은 고도에서 충분한 출력을 내고 낮은 고도에서는 과잉 출력을 내지 않아야 한다. 해면상 또는 근접에서 공기 밀도가 고 고도에서의 희박한 공기만큼 많이 압축된다면 몇 가지 만족스럽지 못한 결과가 생기게 될 것이다.

첫째, 엔진에 과부하(overloaded)가 걸려 곧 고장을 일으키게 될 것이다. 왜냐하면 너무 높은 온도와 압력의 공기가 실린더로 들어오기 때문이다.

둘째, 해면상이나 해면 근접에서 과급기를 구동하는 데 필요한 추가 동력은 에너지 낭비가 된다.

분명히 과급 장치의 용량이 크면 클수록, 고고도에서의 성능은 더 효율적이다. 그러나 항공기는 지표면에서 이륙하여 공기가 과밀한 저고도를 통과해 상승하다가 과급 장치를 필요로 하는 고고도에 이르게 된다. 그러므로 항공기가 해면상 또는 근접에서 작동되는 동안에는 어떤 장치로 과급 과정을 늦추게 하거나 그렇지 않으면 그 영향을 줄이도록 해야 한다. 이와 같은 사실은 해면 과급기 (sea level supercharger)와 고도 과급기(altitude supercharger)간에 기본적 차이가 있음을 말해 준다.

해면 과급기의 용량은 엔진이 해면에서 안전하게 작동하고 고고도에서 요구되는 과급을 할 수 있는 작동 상태에 의해 결정된다. 이것은 특별한 제어 장치나 조절 장치가 없고, 저고도에서 초과 온도와 초과 압력에 따른 악영향에서 보호하기 위한 어떤 장치가 설비되어야 한다.

이론상, 이상적인 고도 과급기는 엔진에 같은 공기의 중량의 공기를 공급해서, 고도에 관계없이 최대 출력(full power)을 전달할 수 있게 하는 것이다. 어떤 과급기는 이 이론에 따라 고안되고 설계되었다. 그러나 실제로는 어떤 타협이 필요하다. 즉 엔진 효율성뿐 아니라 항공기의 전반적 및 설계 성능의 효율성이 고려되어야 한다. 최근에 제작되는 터보 차저는 어떤 특정 항공기를 위한 확립된 고도까지는 해면상의 MAP(sea level MAP)를 효과적으로 유지해 주는 장치에 의해 조종된다.

(7) 고도 과급기 설계시 고려해야 할 요인

과급기를 작용하는 힘이 엔진의 크랭크 축에서 생긴다면, 과급에서 얻어지는 순마력이 감소된다. 과급에서 얻어진 순마력은 과급 장치가 공간을 차지하고 항공기 중량을 가중시키기 때문에 전반적인 항공기 성능에 전적으로 반영되지는 않는다. 과급의 정도는 과도한 온도와 과도한 압력으로부터 생기는 조기 점화와 디토네이션을 피하기 위해 일정한 한도 내에서 제한되어야 한다. 고고도에서 요구되는 추가 압축의 결과로 생기는 과도한 열로 인한 연료-공기의 혼합기 온도를 내리기 위해서는 특별한 냉각 장치가 사용되어야 한다. 이러한 냉각에 사용되는 특별한 방열기(radiator)를 intercooler 또는 aftercooler라고 부르며, 그 명칭은 기화기에 대한 그들의 위치에 따라 달라진다.

(8) 내부 과급기와 외부 과급기(Internal and External Supercharger)

전형적인 항공기에 사용된 대부분의 과급기는 기화기에서 연료와 혼합되기 전의 공기나 또는 기화기에서 나오는 연료 혼합기를 압축하는 데 고속으로 회전하는 임펠러(impeller or blower)를 사

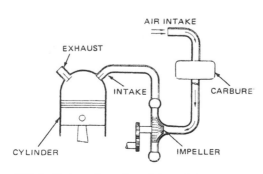

그림 5-13 Location of an internal-type supercharger

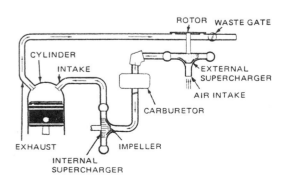

그림 5-14 Location of an external-type supercharger

용한다. 그러므로 항공기 흡입 계통에서의 그들의 위치에 따라서 과급기를 내부형 또는 외부형으로 분류할 수가 있다. 과급기가 기화기의 실린더 흡입구 사이에 위치할 때는 내부형 과급기(internal type supercharger)라고 한다(그림 5-13 참조).

공기는 대기 압력에서 기화기에 들어가 연료와 혼합된다. 연료-공기의 혼합기는 대기압 정도로서 기화기에서 나와 과급기에서 대기압 이상의 압력으로 압축되어 엔진 실린더로 들어간다. 과급기의 임펠러를 구동하는 데 필요한 동력은 기어에 의해 엔진 크랭크 축으로부터 전달받는다. 높은 기어비(high gear ratio) 때문에 임펠러는 크랭크 축보다 훨씬 더 빨리 회전한다. 기어비가 두 가지 다른 속도로 회전하도록 조절된 과급기를 2속 과급기(two-speed supercharger)라고 한다.

일반적으로 내부형 과급기는 매우 높은 고도에서 작동되지 않을 엔진 또는 기화기 흡입구에 압축된 공기의 공급이 필요치 않은 엔진에 사용된다.

그림 5-14와 같은 외부형 과급기는 기화기 흡입구에 압축 공기를 공급한다. 공기는 과급기에서 압축되어 공기 냉각기를 통해 기화기로 전달되고 거기서 연료와 혼합된다. 보통의 외부형 과급기를 구동하는 동력은 터빈에 작용하는 엔진 배기가스의 작동으로부터 얻어지기 때문에, 공기를 과급하느냐 또는 단순히 해면 압력을 유지하느냐에 따라 외부형 과급기를 터보 과급기 또는 터보 차저라고 부른다. 임펠러의 속도는 버킷 휠(bucket wheel)에 부딪치는 배기 가스의 양과 압력에 따라 달라진다.

(9) 단(Stages)

단(Stage)은 압력 증가를 말하며 과급기는 압력 증가가 몇 번 이루어지는가에 따라 1단(single-stage), 2단(two-stage), 다단(multi-stage)으로 분류된다. 1단 과급 장치에 1속 또는 2속 내부 과급기가 포함될 수 있다. 1단 과급 장치는 그림 5-13에서 보여준다.

5-3 내부 1속 과급기

(1) 6기통 대향형 엔진용 계통(System for Six-Cylinder Opposed Engine)

과거의 대향형 엔진에 사용된 과급기 형태는 내부 1속 과급기(Internal Single-speed Supercharger)이며 기화기와 실린더 흡입구 사이에 위치한 기어로 구동되는 임펠러로 구성되어 있다.

그림 5-15에서 보여주는 분해된 과급기 구성품들에 따르면 기화기에서 나온 연료-공기의 혼합기가 임펠러의 중앙부로 들어가고, 원심력에 의해 디퓨저(diffuser)를 통해 외부로 빠져 과급기 하우징으로 들어간 후 오일 섬프로 둘러싸여진 흡입 계통 부분으로 흘러 들어가 각 실린더의 각각의 흡입 파이프로 들어가게 된다.

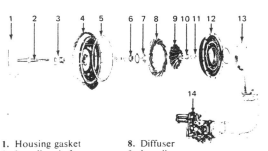

1. Housing gasket
2. Impeller shaftgear
3. Shaft bearing
4. Housing assembly
5. Housing gasket
6. Driveshaft seal
7. Driveshaft oil seal
   retainer

8. Diffuser
9. Impeller
10. Impeller nut spacer
11. Impeller locknut
12. Air inlet adapter assembl
13. Air inlet housing assembly
14. Carburetor

그림 5-15 Exploded view of a supercharge

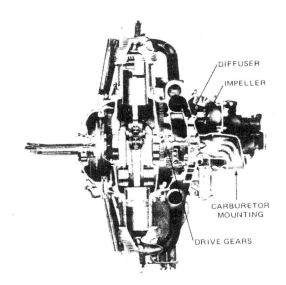

그림 5-16 Single-speed internal supercharger for a radial engine

(2) 성형 엔진용 1속 과급기(Single-speed Supercharger for a Radial Engine)

전형적인 고출력 성형 엔진에서 내부 송풍기 또는 과급기는 엔진의 후방 부분에 위치한다. 연료-공기 혼합기는 기화기로부터 나와서 과급기(또는 송풍기)를 통해 디퓨저부와 각각의 흡입 파이프를 통해 엔진 실린더로 들어간다. 과급뿐 아니라 내부 임펠러는 연료의 증기화와 무화를 도와주고 모든 실린더에 혼합기를 골고루 배분하도록 해준다.

Pratt & Whitney R-985 엔진용 과급기 부분의 주요 구성품은 그림 5-16과 같다.

과급기는 엔진의 과급기 케이스에 장착된 임펠러로 구성되어 있다. 후방 케이스에는 디퓨저 베인(diffuser vanes)이 있는데 이것은 밀폐제(seal)와 패킹 너트(packing nuts)로 케이스 외부의 뚜껑에 부착되어 있는 9개의 흡입 파이프에 골고루 혼합기를 배분해 준다. 임펠러는 엔진에 의해 크랭크 축 속도의 10배 속도로 엔진에 의해 구동된다. 이로써 최대 MAP는 37.5inHg(127.01kPa)를 내고, 출력은 450hp(333.57kW)를 낼 수 있다.

(3) 2속 내부 과급기(Two-speed internal Supercharger)

어떤 구형 항공기에는 2속 내부 과급기가 장착되어 있는데 이것은 고고도에서의 작동을 위하여 어느 정도 과급할 수 있게 설계되어 있다.

Pratt & Whitney R-2800 Double Wasp 계열 CB 엔진에는 전형적인 2속 내부 과급기가 장착되어 있는데 이 과급기에 쓰이는 임펠러는 저기어비는 7.92 : 1 로 고기어비는 8.5 : 1 로 회전한다. 어떤 엔진 모델에서는 고기어비가 9.45 : 1 인 것도 있다.

5-4 터보 차저

터보 차저(turbocharger)는 엔진 배기로부터 힘을 얻는 터빈 휠(turbine wheel)에 의해 구동되도록 설계된 외부 구동 장치이다.

램 공기압(ram air pressure)은 터보 압축기(송풍기)의 입구쪽에 작용하여 기화기 또는 연료 분사 입구쪽으로 출력된다. 만일 압축기로 높은 공기 압축을 하게 되면, 공기 온도를 감소시키기 위해 압축 공기를 내부 냉각기로 통하게 할 필요가 있다(그림 5-17 참조).

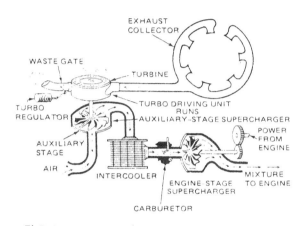

그림 5-17 Arrangement of a turbosupercharger system

만일 CAT(기화기 온도)가 너무 높으면 디토네이션이 일어나게 된다. 배기 가스는 보통 웨이스트 게이트(waste gate)에 의해 주 배기 방향이 전환된다. 웨이스트 게이트는 터빈을 통해 나오는 배기 가스의 방향을 돌리기 위해 닫힌다. 개폐의 정도는 과급기에서 얻어지는 공기 압력의 증대량을 결정한다. 터보 과급기 계통의 일반적인 배열은 그림 5-17과 같다.

터보 과급기 계통은 설계 고도까지 일정한 MAP를 유지하는 데 사용될 수 있다. 임계 고도(critical altitude) 이상에서는 MAP가 고도 증가에 따라서 급격히 떨어지기 시작한다. 그러므로 임계 고도란 어떤 엔진의 과급기가 더 이상 최대 출력(full power)을 낼 수 없는 고도라고 정의할 수 있다.

(1) 경항공기 엔진용 터보 차저와 노말라이저

터보 차저가 장착된 경비행기 엔진을 그림 5-18에서 보여준다. 그림에서 각 실린더에서 나온 모든 배기 파이프는 하나의 주 배기 스택(stack)에 연결되어 있음을 볼 수 있다.

웨이스트 게이트는 배기 가스의 출구를 막아서 덕트를 통해 터빈으로 방향을 전환시키기 위해 스택의 출구 근처에 있다. 터빈은 압축기를 구동시켜 기화기 입구로 들어가는 공기 압력을 증가시

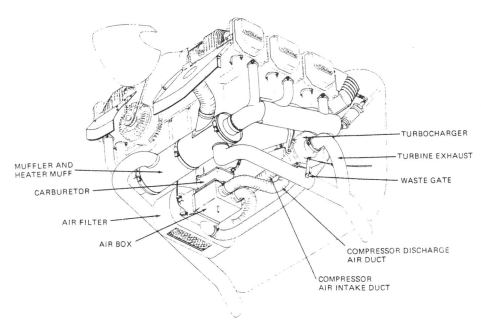

MUFFLER AND HEATER MUFF

CARBURETOR

AIR FILTER

AIR BOX

TURBOCHARGER

TURBINE EXHAUST

WASTE GATE

COMPRESSOR DISCHARGE AIR DUCT

COMPRESSOR AIR INTAKE DUCT

그림 5-18 Installation of light-aircraft turbosupercharger system

킨다. 이러한 터보 차저는 5,000ft(1,524m) 이상의 고도에서 사용할 수 있도록 설계되었는데, 이유는 5,000ft 이하에서는 과급 없이도 엔진의 최대 출력을 낼 수 있기 때문이다.

1) 개 요

터보 차저는 각각 하우징을 갖고 있는 터빈 휠(wheel)과 원심형 압축기 임펠러가 정밀하게 균형된 회전 축으로 연결되어 있다. 터보 차저의 기본 구성품은 그림 5-19와 같다. 하우징은 기계 가공된 주물인 반면에 터빈과 압축기 임펠러는 기계 가공(machining)과 그라인딩(grinding)으로 되어 있다.

엔진 배기 가스로 구동되는 터빈은 임펠러에 동력을 줌으로써 기화기 입구에 압축 공기를 공급한다. 그림 5-20은 터보 차저와 기화기 공기 박스로 이르는 덕팅에 관한 사진이다. 그림 5-20을 그림 5-21과 비교해 보면 작동 원리를 분명하게 이해할 수 있다.

터보 차저가 작동을 안 할 때, 즉 자연 흡입 작동(naturally aspirated operation)시는 기화기 공기 박스 내의 스윙 체크 밸브(swing check valve)가 열린다. 체크 밸브 작동은 자동이며 터보 차저 압력이 램 공기 압력보다 더 커지면 닫히게 된다.

기화기 가열은 과급기 작동 여부에 관계없이 교체 공기 덕트(alternate air duct)를 통해 이루어진다(그림 5-21 참조). 기화기 가열이 필요할 때는 교체 공기 밸브가 닫혀 램 공기가 차단되고 히트 머프(heat muff)를 통한 공기가 공급된다. 기화기 가열은 터보 차저에 의한 압력 상승이 5inHg (16.94kPa) 이상일 때에는 사용되어서는 안 된다.

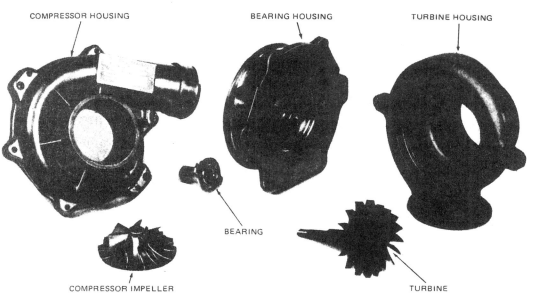

COMPRESSOR HOUSING

BEARING HOUSING

TURBINE HOUSING

BEARING

COMPRESSOR IMPELLER

TURBINE

그림 5-19 Components of a turbocharger

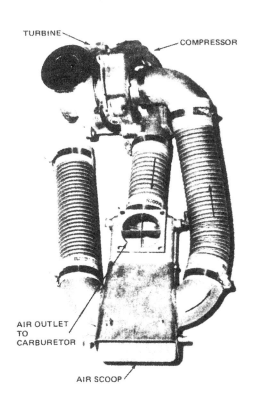

TURBINE

COMPRESSOR

AIR OUTLET TO CARBURETOR

AIR SCOOP

그림 5-20 Turbocharger and ducting

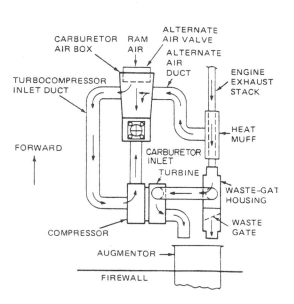

CARBURETOR AIR BOX

RAM AIR

ALTERNATE AIR VALVE

ALTERNATE AIR DUCT

ENGINE EXHAUST STACK

TURBOCOMPRESSOR INLET DUCT

HEAT MUFF

FORWARD

CARBURETOR INLET

TURBINE

WASTE-GATE HOUSING

WASTE GATE

COMPRESSOR

AUGMENTOR

FIREWALL

그림 5-21 Turbocharger system

터보 차저의 베어링은 슬리브 저널형(sleeve journal type)으로서 압력 윤활이 사용된다. 이 형태의 베어링은 가격이 저렴하고 신뢰성이 높다. 터빈과 터빈 하우징은 고온도 합금의 주물이고 압축기 하우징과 임펠러는 경량이며 열특성이 좋은 알루미늄 합금의 주물로 되어 있다.

2) 윤활 계통(Lubrication System)

터보 차저의 윤활은 엔진 조속기, 연료 펌프 피팅(fitting)에 연결된 라인에 의해 공급된다. 이 윤활 공급 라인 내에 압력 조절 포핏 밸브(poppet valve)가 있어 엔진 겔러리 오일 압력 60~80psi를 터보 차저에서 요구하는 압력인 30~50psi로 줄여준다. 이 압력하에서 1~2qt/min(0.95~1.89L/min)의 윤활 오일이 공급된다. 터보 차저에 공급된 오일은 바이패스 압력 릴리프 밸브에 의해 엔진 섬프로 되돌아간다.

터보 차저 윤활 공급 라인에 압력 스위치가 있어 오일 압력이 27~30psi로 떨어지면 경고등이 작동하게 된다. 오일 압력이 낮게 되면 조종사는 터보 차저 베어링을 보호하기 위하여 웨이스트 게이트를 열어 터보 차저 작동을 멈추고 자연 흡입 작동으로 바꾸어야 한다.

3) 조종(Controls)

전술한 바와 같이 터보 차저 작동의 주 요인은 웨이스트 게이트 개폐의 정도이다. 이것은 터빈을 통한 엔진 배기 가스의 양과 압력 상승을 결정한다.

4) 작동(Operation)

이 특정 터빈 차저는 고도 4,000~6,000ft(1,219~1,829m) 이상의 고도에서 작동하게 설계되어 있어 엔진이 지상에서 작동할 때에는 비과급 엔진에서 요구하는 것과 같다. 상승시 항공기가 출력이 떨어지는 고도에 도달하였을 때 드로틀을 완전 전개 위치(wide open position)에 놓고 연료-밸브 선택 콘솔에 위치한 분리된 조종 장치로 웨이스트 게이트를 닫기 시작한다. 터보 차저의 작동은 항공기가 고도 20,000ft(6,096m)까지 상승하는 동안 해면 MAP, 28inHg(94.83kPa)을 유지하게 한다.

상승(climb)에 대한 전형적인 엔진 작동 조건은 다음과 같다.

① 터보 차저 작동시 최대 2400rpm과 최소 2200rpm
② 25~28inHg 최대 MAP
③ 터보 차저 작동시 최대 실린더 헤드 온도는 400~475°F(204.24~245.87℃)
④ 출력 맞춤(setting)과 외부 공기의 온도에 따르는 기화기 흡입 공기 온도는 100~160°F, 항공기가 원하는 순항 고도에 도달한 후 MAP는 23~25inHg, rpm은 2200~2300 순항 범위로 감소시켜 동력을 줄여야 한다. 그 때 항공기는 순항 속도로 트림되고 연료-공기 혼합기는 최량 경제(best economy) 조건으로 조절된다.

엔진이 75% 출력 이하로 작동시 혼합 조종 장치를 MAP가 약간 떨어질 때까지 천천히 잡아 당겨야 한다. 그 때 혼합 조종 장치는 부드럽고, 정상 엔진 작동이 유지될 때까지 앞으로 이동시킨다.

착륙 준비할 때 터보 차저는 웨이스트 게이트를 열어서 작동을 멈추어야 하고 기화기 가열을 작동시켜야 한다. 실린더 헤드의 급작스런 냉각은 균열과 손상을 초래하게 되기 때문에 드로틀을 급작하게 닫으면 안 된다.

5-5 터보 복합 엔진

(1) 서론

항공기 동력 장치로서 가스 터빈의 적용은 여러 단계를 거쳐 발전해 왔고 현재는 가스 터빈이 대형 항공기의 주 동력원이며 경항공기에도 급속히 채택되고 있는 시점에 와 있다. 엔진 출력을 증가시키기 위해 가스 터빈을 사용하는 한 방법으로 터보 과급기가 있다. 터보 과급기는 압축기를 구동하기 위해 배기 구동 터빈을 채택하고 있다. 압축기는 왕복 엔진의 흡입 공기 압력을 증가시키고 더 많은 질량의 연료와 공기를 연소시킨다.

터보 과급기에서 터빈은 엔진 출력을 증대시키는 데 간접적으로 사용된다. 가스 터빈에 의해 출력을 증가시키기 위한 직접적인 방법은 터보 복합 엔진(turbo compound engine)에서 채택하고 있다. 이러한 가스 터빈의 사용은 엔진 출력 증가에 대단히 효과적인 것으로 알려졌으나 가스 터빈 엔진이 발전됨에 따라 그 필요성이 없어졌다.

터보 복합 엔진을 장착한 항공기가 세계 각국에서 현재도 작동중이기 때문에 이 계통에 대하여 간단한 설명을 할 필요가 있다. 터보 복합 엔진을 채택하고 있는 대형 항공기로는 Douglas DC-7과 Lockheed Super Constellation이 있다.

(2) 개요

Curtiss-Wright에서 제조한 Wright 터보 복합 엔진은 2열로 18개의 실린더가 있는 공냉식 왕복 엔진이다. 이 엔진은 2속 과급기, 직접 연료 분사, 저압 점화 장치가 장착되어 있다. 일명 출력 회복 터빈(Power-Recovery Turbine ; PRTs)이라고도 부르는 Blow-down Turbines는 속도형(velocity type)인데, 이는 가스의 압력에 의해서보다는 배기 가스의 속도에 의해 출력이 발생되는 것을 의미한다. 이런 형태의 터빈은 배기 계통에 최소 역압력(minimum back pressure)이 생기게 한다. 3개의 PRTs 각각은 6기통 실린더에서 나오는 배기 가스에 의해 구동되며, 실린더 배플로부터 덕트린 램 공기에 의해 냉각된다. 터빈-크랭크 축의 비율은 9.7 : 1인데 터빈 구동과 크랭크 축 기어 사이의 유체 클러치(fluid clutch) 때문에 작동 중 항상 그 비율이 일정한 것은 아니다. 그림 5-22는 PRTs가 엔진 크랭크 축에 연결되는 방법을 보여주고 있다. 터빈 휠은 속이 빈(hollow) 축과 커플링(coupling)에 의해 베벨 구동 기어(bevel drive gear)에 연결되어 있다. 축의 진동은 스프링 판과 디스크로 되어 있는 진동 댐퍼(damper)에 의해 흡수된다. 터보 복합 엔진의 작동 중에는

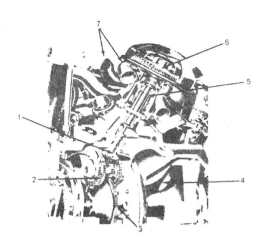

1. Bevel drive gear
2. Fluid coupling
3. Crankshaft gear
4. Diffuser section
5. Vibration damper
6. Turbine wheel
7. Exhaust pipes to turbine

그림 5-22 Power-recovery turbine and coupling units(Teledyne Continental)

PRTs가 28,000rpm 이상으로 회전할 수 있어 터빈과 터빈 버켓에 원심 응력이 크게 작용하기 때문에 PRTs에 균열, 열손상(burn damage) 또는 분열을 가져올 수도 있는 기타의 조건들을 감지하기 위해서는 주기 검사가 수행되어야 한다. 구성품들의 굽힘과 파괴를 유발하는 급속한 가열 및 급속한 냉각을 방지하려면 주의 깊게 제작자의 지침에 따라서 엔진을 작동해야 한다.

(3) 성능(Performance)

Wright 모델 TC19DA의 터보 복합 엔진은 보통 3,250hp(2,423.53kw)을 낸다. 그러나 이륙 시에는 3,700hp(2,759,09kw)로 작동된다. 이는 2,900rpm에서 2,700hp(2,013.39kw)를 전달하는 R-3350 엔진(Blow-down 터빈이 없는)과 비교된다. 엔진의 추천 순항(recommanded cruise) 성능은 2,200rpm에서 1,800hp(1,342.8/kw)이고 연료 소모는 0.37lb/hp-h(0.23kg/kw)이다. 엔진 중량이 3,240lb(1,470kg)이기 때문에 비중량(specific weight)은 0.92lb/hp(0.56kg/kw)이다. 이들 수치로부터 터보 복합 엔진의 성능은 원래 전형적인 왕복 엔진의 성능보다 더 좋다는 것을 알 수 있다.

:::: 5-6 왕복 엔진 배기 계통

엔진 작동에 사용되는 가장 중요한 계통 중의 하나는 연소 산화물을 안전하고 효율적으로 엔진에서 제거해 주는 배기 계통이다. 배기 가스는 유독성이 있고 매우 뜨겁기 때문에 배기 계통의 설계, 제작, 정비에 상당한 주의를 기울여야 한다. 엔진 배기 계통의 정비 및 검사도 정기적으로, 제작자의 지시에 따라 수행되어야 한다. 정비를 소홀히 하거나 점검을 수행하지 않으면 엔진실 화재, 조종실(cockpit)과 객실(cabin)에 유독 가스 침투, 엔진실(nacelle)내의 부품과 구조의 손상 및 엔진 성능 저하를 초래할 수 있다.

(1) 배기 계통의 개발

초기 항공기 엔진의 배기 계통은 매우 단순하였다. 엔진의 배기는 배기구(exhaust ports)에 부착된 짧은 강철 스택(steel stack)을 통하여 각각의 실린더 배기구로부터 방출된다. 이러한 계통은 소음이 심하고 항공기의 개방된 조종실로 배기 가스가 흘러들어 오기도 한다. 야간에 비행하는 조종사들은 종종 배기 불꽃 색상을 관찰함으로써 엔진 고장 탐구를 할 수 있다. 즉, 하늘색 불꽃(light-blue flame)은 혼합이 정확하며 엔진이 정상적으로 작동하고 있다는 것을 나타낸다. 불꽃이 정상보다 짧으면 희박 혼합 표시이고 불꽃이 흰색이거나 붉은 빛을 띄면 농후 혼합의 표시이다. 단 한 실린더에서만 흰색 또는 붉은 불꽃을 낸다면, 밸브 고장이거나 피스톤 링이 마모된 것이다. 배기 계통의 발전 단계에서 다음 단계는 직렬과 대향형 엔진에 배기 다기관(exhaust manifolds)을 설치했다는 것과 성형 엔진에 컬렉터 링(collector ring)을 설치했다는 점이다. 이러한 장치를 통해 배기 가스는 외부 또는 아래로 나가게 되어 조종실이나 객실에 가스가 들어올 가능성을 감소시켜 주었다. 다기관과 배기 파이프를 사용하여 머프(muffs)와 다른 열교환 장치(heat exchanging equipment)를 설계하게 되고 거기서 일정한 배기열이 모아져 객실 난방(heating), 기화기의 방빙, 서리 제거 등에 쓰이게 되었다.

최근 항공기에는 배기 다기관, 열교환기, 머플러가 장착되어 있다. 더욱이 어떤 배기 계통에는 터보 차저, 오그멘터(augmenters) 및 기타 장치가 장착되어 있다. 대부분 배기 계통 제작에는 인코넬(inconel) 또는 열 부식 방지 합금이 사용되고 있다.

(2) 대향형 엔진의 배기 계통(Exhaust System for Opposed Engines)

대향형 항공기 엔진용 배기 계통은 여러 가지 형태로 설계, 제작되고 있지만 모두가 효과적인 배기 계통에 필요한 중요한 특징을 가지고 있다. 그림 5-23은 대향형 엔진의 4기통 엔진용 배기 계통으로 비교적 단순하다. 배기 다기관은 머플러에서 배기구로 이르는 라이저(risers)로 구성되어 있다. 라이저는 플랜지, 스터드(studs), 열 반지 황동 너트로 부착되어 있다. 구리-석면(copper-asbestos) 가스켓은 장착 밀폐를 주고 배기 가스 누설을 막기 위해 플랜지와 실린더 사이에 부착되어 있다. 머플러, 덮개(shroud), 라이저 제작에 사용된 튜브는 부식 방지 강철이다. 터보 차저가 있는 6기통 대향형 엔진을 위한 배기 다기관 계통의 배열은 그림 5-24에서 보여준다. 부식 방지철로 만든 라이저는 실린더 아래쪽에 있는 배기구에 스터드와 열 방지 너트로 부착되어 있다.

이 라이저는 구부러져 있어서 다기관의 뒤쪽으로 배기되도록 하고 있다. 엔진의 반대쪽도 이와 비슷한 배열이 되어 있어서, 엔진 양쪽에서부터 배기 파이프를 통하여 엔진 뒷부분에 있는 웨이스트 게이트(waste gate)로 배기되도록 하고 있다. 엔진의 터보 차저가 작동될 때는 웨이스트 게이트

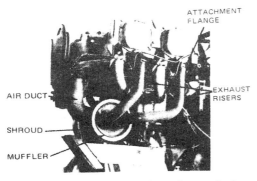

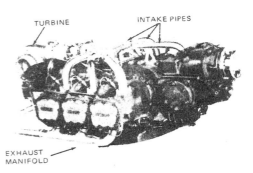

그림 5-23 Exhaust system for a four-cylinder opposed engine

그림 5-24 Exhaust manifold system for a six-cylinder opposed engine with a turbochager(Textron Lycoming)

가 터보 차저의 터빈을 통하여 배기되도록 한다. 온도 변화에 따른 팽창 및 수축을 하게 하기 위하여 팽창 이음(expansion joint)이 배기 계통에 사용된다. 경비행기용 배기 계통과 객실 난방 장치는 그림 5-25에서 보여준다.

이 계통에서 배기는 머플러를 통해 후부 파이프(tail pipe)를 지나 엔진 하부로 배출된다. 교차(crossover) 파이프는 왼쪽 실린더로부터 오른쪽 머플러의 후부 파이프로 배기하도록 한다. 배기 라이저는 팽창, 수축을 하게 하는 클램프에 의해 머플러에 부착되어 있다. 스테인리스 강철 셀(shell) 또는 덮개(shrouds)는 머플러 근처에 위치하여 머플러로부터 생긴 열을 모아 히터 호스(heater hose)로 가게 한다. 양쪽 머플러의 덮개는 머플러와 그 덮개 사이의 공간으로 외부 공기를

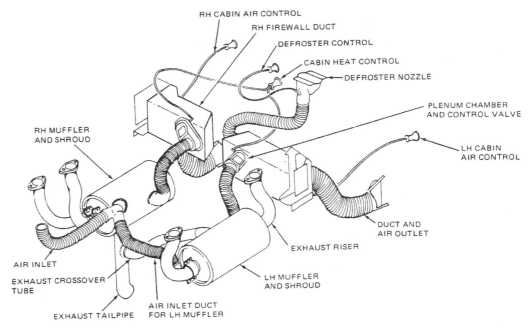

그림 5-25 Exhaust system for a light airplane(Cessna Aircraft Co.)

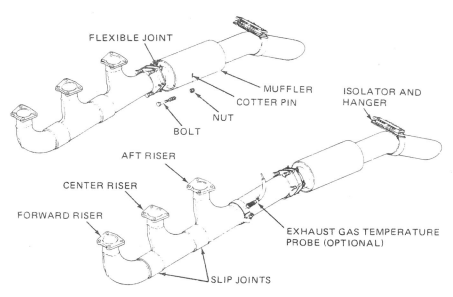

그림 5-26 Exhaust system components for a six-0cylinder engine(Cessna Aircraft Co.)

통하게 하는 유연한(flexible) 덕트 계통과 연결되어 있다. 덮개에서 가열된 공기는 유연한 덕트를 통하여 열 조절 밸브가 위치하고 있는 환기실(plenum chamber)로 이동한다. 덮개는 나사로 조여진 플랜지에 의해 머플러 주변에 클램프 되어 있다.

이렇게 제작하는 것은 머플러에 균열이나 다른 이상이 생겼는지 검사를 하기 위하여 덮개를 쉽게 장탈할 수 있게 하기 위함이다. 쌍발 항공기(light twin-engine airplane)에 사용되는 배기 계통은 그림 5-26에서 보여준다.

이 항공기에는 연소형 가열 장치(combustion-type heating system)가 장착되어서 배기와 관련된 열 교환 장치가 필요 없다. 엔진의 각 측면에 있는 배기 계통은 3개의 라이저, 후기 라이저와 머플러 사이에 있는 유연 이음(flexible joint), 팽창과 신축을 할 수 있게 스프링 타입의 격리된 고리(isolator & hanger)에 의해 엔진에 장착되는 후기 라이저(tail pipe)로 구성되어 있다. 그림 5-27에서는 후기 라이저와 머플러 사이에 유연 이음의 구조를 보여준다. 라이저 사이에는 정렬(alignment)을 돕고 팽창을 허용하는 신축 이음(slip joint)이 있다.

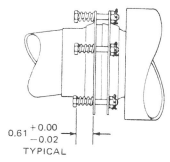

그림 5-27 Flexible-joint construction(Cessna Aircraft Co.)

(3) 성형 엔진의 배기 계통(Exhaust System for Radial Engine)

원래의 성형 엔진은 짧은 스택(stack)을 통해 가스를 배출하였다. 스택은 배기 밸브와 실린더 헤드의 배기 부분에 과도하고 급격한 온도 변화를 막아 주고 고열의 배기 가스를 실린더 헤드의 인접 지역으로부터 가져온다. 배기 계통의 장착은 각각의 다기관에서 배기 가스를 모아서 열이 항공기 구조에 영향을 주지 않고 배기 가스에서 배출되도록 하는 것이 바람직하다는 것이 경험을 통해 밝혀졌다. 그림 5-28과 같이 14기통 복열 성형 엔진용 채집 배기 링(collector ring)은 각각 2개의 배기 흡입구를 갖는 7구역(Section)으로 만들어져 있다.

배기 출구 반대편의 링 부분은 단지 2개의 실린더로부터 배기 가스를 운반하기 때문에 가장 작다. 그 지점에서부터 출구쪽으로의 구역의 직경은 많아진 가스를 운반하기 위하여 넓어졌다. 채집 배기 링에 연결된 긴 배기 스택은 전방 실린더에 연결할 수 있도록 앞으로 뻗어 있다. 실린더로부터 나온 배기 스택은 확장, 수축할 수 있는 슬리브 연결(sleeve connection)에 의해 채집 배기 링에 연결되어 있다. 채집 배기 링의 각 구역은 브래킷(bracket)에 의해 엔진의 송풍기부에 부착되어 있다.

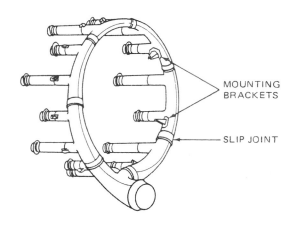

그림 5-28 Exhaust collector ring and stacks for a 14-cylinder twin-row engine

(4) 배기 증대 장치(Exhaust Augmentors)

어떤 항공기의 배기 계통에는 배기 증대 장치(exhaust augmentors)를 가지고 있다. R-2000과 같은 18기통 엔진에 배기 증대 장치의 장착을 하기 위해 엔진 오른쪽에서 모인 배기는 오른쪽 배기 증대 장치로 배출되고 엔진의 왼쪽에서는 왼쪽 배기 증대 장치로 배출된다. 엔진 각 측면에 있는 4개의 배기 파이프에서는 2개의 실린더로부터 나오는 배기 가스를 취급한다. 2개의 실린더에서 각각의 배기 스택으로 공급되는 것은 과다한 역 압력 없이 최대의 배기량이 나오도록 하기 위해 가능한 한 많이 분리한 것이다.

그림 5-29는 간단한 배기 증대 장치를 보여준다. 배기 증대 장치는 엔진실로부터 나오는 공기의 유량을 증가시키는 벤튜리(venturi) 효과를 낸다.

엔진실을 통해 증가된 공기 유량은 엔진을 냉각하는 데 쓰이며 소량의 "jet" 추력을 제공해 준다. 배기 증대 장치 튜브는 최대 효과를 내려면 배기 흐름과 완전히 일치되어야만 한다. 배기 증대 장치 튜브는 부식 방지 강철로 만들어지며 때로는 조종실에서 조종할 수 있는 조절 베인(vane)도 포함하고 있다.

엔진이 요구 온도보다 낮은 온도에서 작동될 경우 조종사는 배기 증대 장치의 단면을 45% 정도 줄이고 엔진 작동을 증가시키기 위해 베인을 닫을 수 있다.

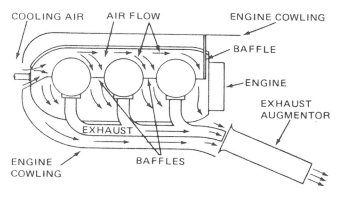

그림 5-29 Operation of an exhaust augmentor

연 습 문 제

1 왕복 기관의 매니폴드 압력이 증가함에 따라 어떤 현상이 나타나는가 ?

① 실린더 내의 공기 부피가 증가한다
② 혼합 가스의 무게가 감소한다
③ 실린더 내의 공기 부피가 감소한다
④ 실린더 내의 공기 밀도가 증가한다

2 과급기의 확산실(디퓨저)의 목적은 ?

① 속도를 증가시키고 압력을 증가시킨다
② 속도를 감소시키고 압력을 감소시킨다
③ 속도는 감소시키고 압력은 증가시킨다
④ 모두 정답이다

3 과급기의 종류가 아닌 것은 ?

① 원심력식   ② 베인식
③ 로우터식   ④ 루우츠식

4 엔진 출력의 감소가 있었다. 그 원인은 ?

① 흡입계통에만 성능저하가 발생
② 흡입계통에 공기흐름의 저항이 많다
③ 흡입계통에는 이상이 없다
④ 기화기는 제대로 장착되었다

5 왕복계통의 흡입계통 고장 중에서 기관의 출력이 낮아지는 원인을 찾는다면 ?

① 흡입 계통이 막혔다
② 공기 턱트의 연결에 이상이 없다
③ 흡입 덕트의 공기 흐름에 저항이 있다
④ 기화기의 장착 상태는 이상이 없다

정답 1. ④ 2. ③ 3. ③ 4. ② 5. ③

6 왕복 기관의 흡입 계통의 고장에서 기관 작동이 거칠다. 다음 중에서 그 원인은 ?

① 공기 흡입 덕트의 연결이 헐겁다
② 흡입 덕트의 공기 흐름이 잘된다
③ 흡입기 파이프에 이상이 없다
④ 기화기 장착 상태를 검사해보니 이상 없다

7 왕복 기관의 혼합 가스 공급 부분이 아닌 것은?

① 공기 덕트
② 기화기
③ 과급기
④ 배기구

8 Air scoop의 기능은?

① 고공에서 충분한 공기를 공급하는 것
② 램 압축 효과를 얻는 것
③ 조종사에게 충분한 공기를 공급하는 것
④ 기관을 냉각시키는 것

9 기화기의 방빙(Anti-icing) 방법은?

① 흡입 공기를 따뜻하게 하는 것
② 50% 알콜과 연료를 섞는 것
③ 알콜을 흡입구에 뿜어 주는 것
④ 연료를 따뜻하게 하는 것

10 흡입 계통에 위치한 매니폴드 히터는 다음 중 어느 곳으로부터 열을 공급받는가?

① 전기로 작동되는 히터
② 조종석 히터
③ 열전쌍
④ 배기 가스

11 기관을 시동할 때 기화기 히터 조종(Carburetor heat control)의 위치는?

① 1/2정도 연다
② Heat 위치
③ 중간 위치
④ Cold 위치

12 기화기의 빙결이 일어나면 어떤 현상이 일어나는가 ?

① rpm 이 증가
② 흡기 압력의 증가
③ 흡기 압력의 감소
④ CHT에 이상 발생

정답 6. ② 7. ④ 8. ② 9. ① 10. ④ 11. ④ 12. ③

13 과급기가 없는 경우 매니폴드의 관에서 공기의 누설이 발생하면?

① 영향 없음　　　　　　　　　　　② 높은 다기관 압력
③ 낮은 다기관 압력　　　　　　　　④ 약간 농후한 혼합비 발생

14 과급기 엔진에서 흡기 다지관 압력 계기와 흡입 계통 사이의 관에 작은 누설이 있을 경우 계기는 ?

① 진동 발생　　　　　　　　　　　② 고마력에서 낮게 지시한다
③ 고마력에서 높게 지시한다　　　　④ 대기압을 지시한다

15 기관의 성능 점검시 "Carburetor heater"를 작동시키면?

① 회전수가 급격히 증가한다　　　　② 기관이 정지한다
③ 회전수와 관계가 없다　　　　　　④ 회전수가 조금 떨어진다

16 순항시 AMC를 장착하지 않은 기화기에 열을 가하면 어떻게 되는가?

① 실린더 내의 혼합기의 체적 증가
② 매니폴드 내의 혼합기의 중량 감소
③ 매니폴드 내의 혼합기의 중량 증가
④ 실린더 내의 혼합기의 체적 감소

17 흡기 압력 계기에서 블리이드 혹은 퍼지 밸브의 목적은?

① 과도한 흡기압을 배출시키기 위하여
② 물분사를 사용할 때 과도한 흡입 압력을 허용하기 위해서
③ 기관의 오버 부스트를 방지하기 위해서
④ 관의 습기나 응축물을 제거하기 위해서

18 과급기의 종류가 아닌 것은?

① 축류식　　　　　② 원심력식　　　　　③ 루우츠식　　　　　④ 베인식

19 내부 과급 기관의 임펠러에서 디퓨저 베인은?

① 속도 증대　　　　　　　　　　　② 압력 증대
③ 압력 감소　　　　　　　　　　　④ 각 실린더로 분배

20 1단 2속 과급기의 클러치 변경은 어떤 힘으로 하는가?

① 고압유
② 전기
③ 기관의 오일 압력
④ 공기압

21 과급기의 지상 점검 중 정비사가 과급기의 작동을 낮은 비율로부터 높은 비율로 변화시킬 때 알 수 있는 것은?

① 매니폴드 압력은 증가하고 회전수는 일정하게 유지된다
② 회전수는 증가되고 매니폴드 압력은 일정하게 유지된다
③ 매니폴드 압력과 회전수는 감소한다
④ 오일 압력이 잠시 떨어지고 매니폴드 압력과 회전수 양쪽이 증가한다

22 터보 컴파운드 기관에서 배기 구동 터빈은 어떻게 연결되어 있는가?

① 과급기와 연결되어 과급기를 구동
② 클러치에 의해 크랭크축과 연결
③ 흡기 압력을 증가시키기 위해 흡입 매니폴드에 연결
④ 과급기의 2단계와 연결

23 터보 컴파운드 엔진에서 터빈 속도는 어느 것에 의하여 결정되는가 ?

① 크랭크 축 속도
② 커플링을 돌리는 유체
③ 배기 가스 압력
④ 배기 가스 속도

24 저고도에서 과급기를 장비한 기관이 작동 한계를 초과했다면 당장 나타날 수 있는 결과는?

① 과농후 혼합비
② 실린더의 과열 및 높은 기통두 온도
③ 마력 감소
④ 매니폴드 압력 감소

25 18 실린더 성형 기관에 3개의 PRT(Power recovery turbine)이 장비되어 있다. 이 터빈의 원리는?

① 기계적 에너지의 한가지 형태에서 다른 형태로 변환하기 위한 것이다
② 열 에너지를 기계적 에너지로 변환하기 위한 것이다
③ 과도한 가스 압력의 사용으로 동력의 저하이다
④ 외부 과급기와 비슷한 것이다

26 PRT에 대한 동력은 어디에서부터 오는가?

① 배기 가스 속도
② Turbocharger
③ 크랭크축
④ 액체의 밀림에 의한 커플링

27 왕복 기관에서 흡기 압력(Manifold pressure)이 증가할 때는 어떤 현상이 나타나는가?

① 충진 체적이 증가한다
② 충진 체적이 감소한다
③ 혼합 가스의 무게가 감소한다
④ 충진 밀도가 증가한다

28 과급기가 없는 기관에서 스로틀 밸브가 완전히 열린 상태에서 가장 압력이 높은 부분은?

① 기화기의 벤츄리 내부
② 기화기의 공기 스쿠프
③ 스로틀의 판 뒤
④ 흡기 다지관

29 과급기의 부착 여부에 따라 매니폴드 압력과의 관계를 설명한 것은?

① 과급기가 있는 경우 매니폴드 압력이 대기압보다 높을 수 있다
② 과급기가 없는 경우 매니폴드 압력이 대기압보다 높을 수 있다
③ 과급기가 있는 경우 매니폴드 압력이 대기압보다 낮다
④ 과급기와 매니폴드 압력은 아무런 관계가 없다

30 과급기가 없는 기관은 평균 해면에서 흡기압이 대기압 보다 낮게 된다. 회전수는 변화없이 고도를 높이면 그 결과는?

① 공기 부피의 감소로 인한 출력 손실
② 공기 밀도의 감소로 인한 출력 손실
③ 출력은 같다
④ 배기압의 감소로 출력의 이득

31 매니폴드 압력을 증가시켜 평균 유효 압력을 증가시켜 주는 장치는?

① 부자식 기화기
② 과급기
③ 압력식 기화기
④ 연료 구동 펌프

6 연료와 연료 계통

본 장에서는 주로 기본적인 항공기 연료와 기화기를 통해서 엔진까지의 연료 공급에 관련된 연료 계통을 다루었다. 소형과 중형 왕복 엔진에 사용되는 부자식 기화기의 이론, 작동, 구조, 정비를 상세하게 다루었으며 또한 구형 엔진에 사용되었던 압력식 기화기도 다루었다.

6-1 가솔린의 특징

가솔린은 항공용 연료로서 사용하기에 적합한 특징을 갖고 있다. 다른 연료와 비교해서 가솔린은 고발 열량을 갖고 있으며 상온에서 공기에 노출시 증발한다. 가솔린과 같이 저온에서 증발되는 연료를 고휘발성(high volatility)을 갖는다고 말한다. 엔진 시동을 위해서는 고휘발성이 요구된다.

그러나 가솔린이 너무 쉽게 증발하여 연료 라인 내에서 기포를 형성하면 증기 폐색(vapor lock)을 초래하게 된다. 적절한 항공기 연료는 시동시 충분한 휘발성을 가져야 할뿐만 아니라 연료 계통 내에서 과도한 증기를 형성시키지 않아야 한다.

(1) 연료 시험(Testing Fuels)

항공기 연료의 휘발성을 결정하기 위하여 그림 6-1과 같은 분류 시험(fractional-distillation test)이 행해진다. 플라스크(flask) 아래에서 열을 가하고 여러 온도에서 리시버(receiver)에 응결되는 연료의 양을 기록한다. 이러한 데이터는 그림 6-2와 같이 그래프로 나타낼 수 있다.

시험 연료(test fuel)의 10% 유출점에서의 온도는 엔진 시동시에서 가장 낮은 대기 온도를 뜻하며 50% 유출점에서의 온도는 엔진 가속 능력을 결정하며 90% 유출점은 전체 성능(overall performance)을 결정한다.

또한 가솔린의 휘발성은 기화기 빙결에 영향을 미치기 때문에 중요하다. 증발은 열없이 일어날 수 없으므로 기화기에서 연료 증발을 위한 열은 공기와 금속으로부터 취해

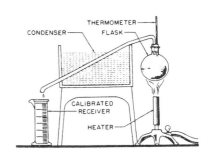

그림 6-1 Fractional-distillation test

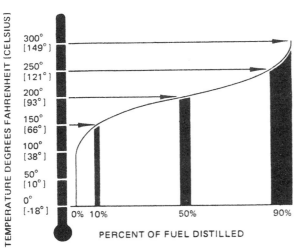

그림 6-2 Fuel distillation at different temperatures

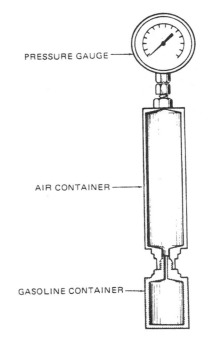

그림 6-3 Reid vapor pressure bomb

진다. 이 때 너무 많은 열이 증발에 사용된다면 결빙이 일어날 것이다. 고휘발성 연료가 저 휘발성 연료보다 주위 열을 더 급속히 빼앗을 것이다. 기화기 빙결은 부자식 기화기를 채택한 항공기를 제외한 항공기에서는 일어나지 않는다. 압력 분사와 연료 분사 계통에서는 연료 분사가 결빙이 형성되지 않는 곳에서 이루어지기 때문이다.

일반적으로 항공용 연료는 여러 다양한 가솔린이 혼합되어 있기 때문에 증발 성질을 주의 깊게 점검하여야 한다. 다양한 온도에서 주어진 연료에서 발생하는 증기 압력의 양을 측정하기 위하여 그림 6-3과 같은 Reid Vapor Pressure Bomb 장치가 사용된다.

(2) 옥탄가(Octane Number)

가솔린은 안티노크(antiknock) 성질에 따라 분류되며 이 성질은 옥탄가로 표현된다. 화학적으로 가솔린은 탄화수소(hydrocarbons)의 혼합체로 분류된다. 이 탄화수소의 두 성분은 이소옥탄(iso octane)과 노말헵탄(normal heptane)으로서 이소옥탄은 높은 안티노크 성질을 가지며 노말헵탄은 낮은 안티노크 성질을 갖는다. 옥탄가는 혼합체에서 이소옥탄의 퍼센트로서 표현된다. 예를 들면, 70 옥탄가의 연료는 70%의 이소옥탄과 30%의 노말헵탄으로 구성된 연료를 의미한다.

연료의 안티노크성을 측정하는 장치로는 C.F.R(Cooperative Fuel Research) 엔진이라는 가변 압축비 엔진이 사용된다. 이 엔진은 시험 연료와 기준 연료의 성능을 비교, 측정하는 것으로서 일정한 하중 계수를 주기 위하여 발전기가 연결되어 있으며 2개의 밸브, 2개의 연소실, 2개의 기화기가 사용된다. 시험 연료를 사용하여 엔진을 가동시켜 노크 성질을 기록한 후 기준 연료를 사용하여 시험 연료에서와 같은 노크 성질을 가질 때까지 기준 연료 혼합비를 조절하여 수행한다. 이 때 사용된 기준 연료는 이소옥탄과 노말헵탄의 혼합체로서 기준 연료내의 이소옥탄의 퍼센트로서 옥탄가를 알게 된다.

(3) 퍼포먼스 수(Performance Number)

옥탄가 100 이상의 안티노크 성질을 갖는 항공용 연료가 개발되었으며 이러한 연료는 퍼포먼스 수로 표현된다. 이것은 이소옥탄에 4 에틸납(tetraethyl lead)을 섞은 연료로서 4 에틸납의 양에 따른 퍼포먼스 수는 그림 6-4와 같다.

연료의 안티노크 성질은 연료-공기비에 따라 변하기 때문에 퍼포먼스 수는 희박 혼합비(lean mixture)와 농후 혼합비(rich mixture)의 등급으로 표시된다. 퍼포먼스 수가 100/130, 115/145와 같이

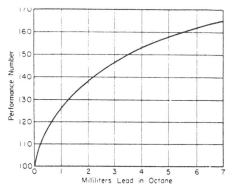

그림 6-4 Chart of performance number

표현되는 것은 첫째 숫자는 희박 혼합비 때의, 둘째 숫자는 농후 혼합비 때의 연료의 안티노크 성질을 뜻한다.

(4) 항공용 연료내의 납 사용(Use of Lead in Aviation Fuel)

4에틸납은 안티노크 성질을 개선하기 위해 항공용 가솔린에 상대적으로 적은 양이 첨가된다. 이 납의 양은 갤론당 밀리리터로서 표현한다. 가솔린에 첨가된 납은 타서 산화납이 되는데 이는 매우 높은 끓는점을 갖는다. 이러한 이유로 납이 실린더 내에 잔여물로서 남게 된다. 이것을 방지하기 위하여 가솔린에 용해되는 브롬 화합물(bromine compound)이 납에 첨가된다. 이 혼합물은 산화납 보다 훨씬 낮은 끓는점을 갖는 브롬 납(lead bromide)을 형성함으로써 실린더 내에서 배기 가스로 배기된다. 다른 화합물인 tricresyl 인산(phosphate)을 납에 첨가하기도 하는데 이 혼합물은 인산 납(lead phosphate)을 형성하여 점화 플러그 전극과 실린더 내에 브롬 납보다도 적게 침전물을 남긴다. 인산납은 부도체이고 브롬 납보다 더 쉽게 배기된다.

(5) 항공용 가솔린 : 등급과 색코드(Aviation Gasoline : Grades and Color Codes)

정비사와 연료를 주입하는 기술자는 엔진에 적절한 연료를 공급하기 위해서 항공용 가솔린 (avgas)의 등급과 색코드에 친숙해져야 한다. 현재 상업용을 위해 생산되는 가솔린의 등급은 세 가지로서 80, 100LL(low lead),100으로 구분된다. 이들 등급은 과거의 80/87, 91/96, 100/130, 115/145 가솔린의 대체품이다. ASTM(American Society for Testing and Materials)에 의한 항공용 가솔린에 대한 specification D910-75에 따르면 등급 80은 빨간 색이며 가솔린 1gal당 4 에틸납(TEL)이 최대 0.5mL가 포함된다. 등급 100LL은 청색이며 TEL이 최대 2.0mL/gal이 포ㅎ

되며 등급 100은 녹색이며 TEL이 최대 3.0mL/gal이 포함된다.

등급 100LL과 100은 안티노크 성질은 동일하나 최대 납 함유량과 색이 다르다. 납이 적게 함유된 연료를 사용하게 설계된 저 압축 엔진에 납이 많이 함유된 연료의 계속적인 사용은 배기 밸브 스템의 침식(erosin) 또는 넥킹(necking)과 점화 플러그 납 오염(lead fouling)의 원인이 될 수 있다.

(6) 엔진 설계와 연료 성능(Engine Design and Fuel Performance)

항공기 엔진은 특정한 옥탄가 또는 퍼포먼스 수를 갖는 연료로 작동하게 설계되어 있다. 너무 높거나 너무 낮은 옥탄가 또는 퍼포먼스 수는 둘 다 엔진 고장의 원인이 되지만 최소 옥탄가 또는 퍼포먼스 수가 최대 값보다 더욱 중요하다. 너무 낮은 옥탄가 또는 퍼포먼스 수를 갖는 연료의 사용은 디토네이션을 초래하여 피스톤과 실린더에 손상을 초래하고 더 나아가서는 엔진 고장의 원인이 된다. 엔진에서 요구되는 연료 등급을 지배하는 주요한 요소는 압축비와 다기관 압력(MAP)이다.

과급되는 엔진은 같은 압축비를 갖는 비과급 엔진보다 더 높은 연료 등급이 요구된다. 압축비와 MAP의 증가는 실린더내의 연료–공기 혼합기의 압력을 증가시키므로 이는 온도를 상승시켜 디토네이션의 가능성을 증가시키게 된다.

고퍼포먼스를 갖는 연료와 저퍼포먼스를 갖는 연료는 같은 에너지를 갖는다. 그러나 고퍼포먼스를 갖는 연료는 엔진이 더 높은 압축비, 더 높은 MAP, 더 높은 온도에서 작동할 수 있게 하므로 더 많은 동력을 낼 수 있다.

고압축비는 경제적인 장거리 작동(economical long range operation)과 실린더 냉각 효과를 준다. 냉각 효과는 연료내의 더 많은 열에너지가 크랭크 축으로의 유용한 일로 변환되어 실린더 벽에 열이 적게 전달되기 때문에 일어난다. 고압축은 또한 주어진 마력을 내기 위해 요구되는 공기의 중량을 줄여 주는 장점을 갖는데 이것은 특히 고고도에서의 장점이다.

압축비의 증가는 이륙과 긴급시 출력의 감소를 감수하며 연료 경제성을 개선시킨다. 고압축비를 채택하여 운용 거리를 증대시키는 시도는 디토네이션의 가능성을 증대시키기 때문에 이륙 출력을 줄임으로써 연료 탱크에 연료를 가득 채우고 항공기가 이륙할 수 없게 되기 때문에 고압축비가 제한된다. 이상적인 상황은 엔진에 설계된 연료와 일치되는 최대 압축비를 사용하는 것이다. 최대 출력 조건하에서 연료가 적절하게 연소되는 압축비보다 높은 압축비로 증대시키면 디토네이션과 출력 손실의 원인이 된다.

(7) 납이 첨가된 연료의 부식 효과(Corrosive Effects of Leaded Fuels)

브롬 납은 실린더 내에서 배기 가스로 대부분 배기되나 일부가 잔여되는 브롬화 수소산(hydrobromic acid)을 형성하여 강철이나 주철의 녹(rusting)의 원인이 된다. 이것은 특히 엔진이 여러 주 동안 작동되지 않을 때 심해지므로 이를 방지하기 위하여 적어도 15분 정도 무연 연료(unleaded fuel)로 작동시킨 후 실린더 내부에 녹 방지 오일을 뿌려야 한다.

(8) 방향족과 알콜 항공용 연료(Aromatic and Alcohol Aviation Fuels)

벤졸(benzol)은 방향족 연료 가운데 가장 잘 알려져 있다. 이것은 농후 혼합비에서 고압축점을 갖는다. 시험에 의하면 엔진의 연소실내에서 노킹 발생 없이 압축 압력 175psi를 견디어 낸다. 그러나 벤졸은 느린 연소율과 고무를 녹이는 바람직하지 않은 특성을 갖는다. 이러한 단점을 극복하기 위해 합성 고무 연료 라인이 개발되기도 하였으나 여러 가지 이유로 현재 항공용 연료 내의 벤졸의 체적은 5%로 제한된다.

톨루엔(toluene)은 낮은 빙점과 휘발성이 좋고 벤졸보다 고무를 녹이는 성질이 덜하기 때문에 항공용 연료 내에 톨루엔의 체적은 15%가 알맞다. 크실렌(xylene)은 또한 항공용 첨가제로 쓰이나 상대적으로 높은 끓는점 때문에 제한된 양이 사용된다.

(9) 항공용 연료의 순도(Purity of Aviation Fuel)

항공용 연료는 물, 먼지, 미생물, 산, 알칼리 같은 불순물이 없어야 한다. 항공용 연료는 적은 양의 황과 고무질(gum)을 갖는다. 황은 연료 계통과 엔진의 여러 금속 부품을 부식시킨다. 고무질은 밸브를 고착시키고 연료 미터링 제트(metering jet)를 막히게 한다.

엔진 연료 계통 내에 과도한 물은 심각한 문제를 야기시킨다. 적은 양의 물은 엔진 성능에 영향을 미치지 않으나 과도한 물은 연료 미터링 제트를 통하는 연료 흐름을 멈추게 하고 그 결과로 엔진 고장을 초래한다. 고고도 항공기인 경우 연료내의 물은 더욱 심각한 위협이 된다. 고고도에서 연료 내의 물은 얼음 결정체가 되어 연료 여과기를 막음으로써 연료 흐름을 차단시킨다.

연료 탱크 내에 물이 응결되는 것을 방지하기 위하여 특히 야간 또는 온도의 급격한 변화 시에는 탱크에 연료를 가득 채워야 한다. 연료 탱크는 가장 낮은 곳에 물이 모이게 하는 섬프(sump)가 있어 비행 전 정비 절차에 따라 이 섬프를 드레인(drainage) 시켜주어야 한다.

(10) 항공용 가솔린 대 자동차용 가솔린(Avgas vs. Automotive Gasoline)

F.A.A에서는 특정한 항공기에 자동차용 가솔린의 사용을 허용하였다. 무연 자동차용 가솔린이 밸브와 점화 플러그 오염을 축소시켜 줄지라도 항공기에 자동차용 연료의 사용은 많은 논쟁의 여지가 있다.

항공기 제작자, 엔진 제작자, 정유 회사에서는 자동차용 가솔린의 사용에 강력히 반대하고 있다. 네 가지 중요 관심사는 연료의 휘발성, 연소 특성(안티노크), 첨가제와 혼합제(blending components), 품질 관리(quality control)이다. 자동차용 가솔린의 휘발성은 Reid 증기압이 보통 9.0~15이고 항공용 가솔린의 휘발성은 5.5~7을 갖는다.

고온도 또는 고고도에서 휘발성의 차이 때문에 자동차용 가솔린은 연료 라인과 펌프에서 증발하며 흐름을 방해하고 나아가서 증기 폐색을 초래하게 된다. 자동차용 가솔린은 항공기 엔진에서9

조기 점화와 디토네이션을 억제시킬 만큼 충분한 안티노크 성질을 갖지 못한다. 자동차용 가솔린에 사용된 세정제(detergent)와 부식 방지제 같은 혼합제는 항공기 연료 계통의 구성품에 좋지 않은 영향을 미치게 된다.

품질 관리는 항공기 제작자와 자동차 가솔린의 분배자 양쪽에 관련이 있다. 자동차용 가솔린의 취급 부주의로 인한 연료 오염 문제가 상존하고 있으며 알콜이 함유된 자동차용 가솔린의 사용은 항공기 연료 계통의 밀폐에 심각한 문제를 야기시킨다. 밀폐에 이상이 생기게 되면 연료가 새어나감으로써 엔진이 정지되는 결과를 초래하게 된다.

미래에는 자동차용 가솔린을 사용할 수 있게 설계된 특수한 엔진과 연료 계통이 개발될 것이다. 여러 가지 관점에서 자동차용 가솔린의 광범위한 사용은 소규모 항공기 산업이 회생하기 위해서는 필요한 것으로 대두된다.

6-2 연료 계통

항공기의 완전한 연료 계통은 2개의 주요 부분(section)인 항공기 연료 계통(Aircraft Fuel System)과 엔진 연료 계통(Engine Fuel System)으로 나눌 수 있다.

항공기 연료 계통은 연료 탱크, 연료 승압 펌프(boost pump), 탱크 여과기(strainer), 연료 탱크 통기구(vent), 연료 라인, 연료 조절 또는 선택 밸브, 주 여과기(main strainer), 연료 흐름 계기와 압력 계기, 연료 드레인 밸브(drain valve)로 구성된다. 엔진 연료 계통은 엔진 구동 펌프, 기화기 또는 다른 연료 미터링 장치로 구성된다.

(1) 필요 조건(Requirement)

항공기의 완전한 연료 계통은 항공기가 어떠한 출력, 고도, 비행 자세에서도 연료 탱크로부터 엔진까지 깨끗한 연료가 정압(positive pressure)으로 계속 공급되어야 한다. 이와 같은 조건을 달성하기 위하여 다음과 같은 필요 조건이 있다.

1) 중력식 장치(gravity system)는 연료 탱크가 이륙에 필요한 연료 흐름의 150%의 연료 흐름을 할 수 있게 연료 압력을 유지하기 위하여 충분한 높이로 기화기 상부에 위치하도록 설계되어야 한다.

2) 압력식 또는 펌프식 장치(pressure or pump system)는 이륙 마력당 0.9lb/h의 연료 흐름을 공급할 수 있게 설계하거나 또는 이륙시의 최대 출력시 연료 흐름의 125%를 공급할 수 있게 설계되어야 한다.

3) 압력식 장치내의 승압 펌프(boost pump)는 연료 탱크의 가장 낮은 곳에 위치하며 엔진 시동시, 이륙, 착륙, 고고도에서 사용할 수 있도록 되어 있다. 이것은 또한 엔진 구동 연료 펌프가

고장났을 때는 언제나 엔진 구동 펌프를 대신할 만큼 충분한 양의 연료를 공급하여야만 한다.

4) 연료 계통은 어떤 엔진으로의 연료를 차단하고 연료의 흐름을 막을 수 있는 밸브가 있어야 한다. 이러한 밸브는 조종사 근처에 있어야만 한다.

5) 출구가 상호 연결된 연료 계통에서 연료 탱크가 가득하게 넘쳐 흐를 수 있는 조건에서 항공기가 작동될 때 연료 탱크 통기구(vent)로부터 연료 탱크 사이로 넘쳐 흐르지 않아야 한다.

6) 다발(multi engine) 항공기 연료 계통은 각 엔진이 자체의 연료 탱크, 라인, 연료 펌프로부터 연료를 공급받을 수 있도록 설계되어야 한다. 그리고 비상시에 한 탱크로부터 다른 탱크로 연료를 옮길 수 있어야 한다. 이것은 상호 흐름 장치(cross-flow system)와 밸브에 의해 수행된다.

7) 중력식 공급 장치는 탱크 공간(air space)이 동일한 연료 공급을 위하여 상호 연결되어 있지 않다면 한 탱크 이상으로부터 한 엔진에 연료가 공급되어서는 안 된다.

8) 연료 라인은 어떠한 작동하에서도 최대로 필요한 양의 연료가 흐를 수 있는 치수이어야 하며 증기의 축적이나 그로 인한 증기 폐색의 원인이 될 수 있는 급격한 만곡이 없어야 하고 가능한 한 엔진의 고온부를 피하여야 한다.

9) 연료 탱크는 탱크 밑바닥에 축적되는 물과 먼지를 제거할 수 있는 드레인(drain)과 섬프(sump)가 있어야 한다. 탱크는 연료의 흐름을 제한하고 나아가서 엔진이 정지되는 원인이 되는 저압력 발생을 방지하기 위한 정압 통기 계통(positive-pressure venting system)을 가진 통기구(vent)가 있어야 한다. 연료 탱크는 작동 중 가해지는 모든 하중을 결함 없이 견디어야 한다.

10) 연료 탱크가 연료의 위치 변동에 따라 항공기 평형에 영향을 미치게 설계되었다면 탱크 내부에 배플(baffle)이 있어야 한다. 이것은 주로 연료의 무게가 갑자기 이동함으로써 항공기 조종에 곤란을 줄 수 있는 날개 탱크(wing tank)에 적용된다. 또한 배플은 증기 폐색의 원인이 될 수 있는 연료 출렁거림을 방지한다.

(2) 중력식 공급 연료 장치(Gravity-feed Fuel System)

중력식 공급 연료 장치는 연료를 중력에 의하여서만 엔진에 공급한다. 연료가 기화기에 항상 정압(positive pressure)으로 걸려 있기 때문에 승압 펌프(boost pump)를 필요로 하지 않는다. 연료량 계기는 언제나 탱크의 연료량을 조종사가 볼 수 있어야만 한다. 이 계통은 연료 탱크, 연료 라인, 여과기, 섬프, 연료 차단 밸브, 프라이밍 장치(선택 사항), 연료량 계기로 구성되어 있다(그림 6-5 참조).

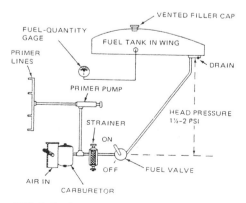

그림 6-5 Gravity-feed fuel system

(3) 압력식 장치((Pressure System)

연료 탱크가 기화기 또는 다른 연료 미터링 장치보다 필요한 상부에 위치할 수 없을 때 중력식 장치보다 더 큰 압력을 줄 수 있는 연료 승압펌프, 엔진 구동 펌프를 필요로 한다. 펌프 압력에 전적으로 의존하는 연료 계통에서 연료 승압 펌프는 연료 탱크의 밑부분에 위치하여야 하며 탱크의 내부와 외부에 설치할 수 있다.

그림 6-6과 같은 계통에서는 중력이 저장 탱크(reservoir tank)로 연료를 공급하고 그 뒤 연료 선택 밸브를 통하여 보조(auxiliary or boost) 연료 펌프까지 공급된다. 이 계통은 연료 분사 미터링 장치를 사용하므로 중력에서만 공급할 수 있는 것보다 더 많은 압력이 요구된다. 압력 장치에 있어서 엔진 구동 펌프는 승압 펌프로 직렬로 연결되어 있으며 연료는 연료 미터링 장치까지 엔진 구동 펌프를 통하여 흐른다. 펌프는 우회 밸브(bypass valve)에 의해서 엔진이 작동하지 않을 때 우회하여 돌아갈 수 있도록 설계되어야만 한다. 펌프는 과도한 연료가 펌프의 입구 쪽으로 되돌아 흘러들어 가게 하는 릴리프 밸브(relief valve)가 있고, 엔진 구동 펌프는 어떠한 작동하에서도 요구량보다 더 많은 연료를 엔진에 공급할 수 있어야 한다. 연료 승압 펌프는 엔진 시동시 연료를 공급하고 정상 작동시에는 엔진 펌프가 연료 압력을 공급한다. 승압 펌프는 고고도 작동시나 이륙 및 착륙시 적당한 연료 압력을 확실히 주기 위하여 작동한다. 이 연료 승압 펌프는 엔진 펌프가 고장난 경우에 이륙과 착륙할 때 특히 중요하다.

(4) 연료 여과기(Fuel Strainer or Filters)

모든 항공기 연료 계통에는 연료로부터 이물질을 제거하기 위하여 여과기가 설치되어 있다. 여과기는 보통 연료 탱크 출구에 설치되거나 또는 연료 승압 펌프 어셈블리에 설치된다. 연료 탱크 여과기는 1인치(inch)당 8망(mesh)을 갖는 비교적 올이 굵은 망(coarse mesh)으로 되어 있다. 연료 섬프 여과기를 주 여과기(master strainers)라고 부르는데 연료 탱크와 엔진 사이의 연료 계통 내의 가장 낮은 곳에 위치하며 1인치당 40 이상의 망(mesh)을 갖는 가는 망 (fine mesh)으로 되어 있다.

기화기와 다른 연료 미터링 장치에 장착된 여과기는 스크린(screen) 또는 금속 여과기로서 40 micrometer 보다 큰 모든 입자를 제거할 수 있게 설계되어 있다. 연료 여과기는 항공기 정비 지침서에 따라 점검하고 세척하여야 한다.

(5) 연료 계통 취급 주의 사항(Fuel System Precaution)

연료 계통 취급에 있어 연료는 항상 화재와 폭발의 위험이 존재하므로 다음과 같은 주의를 기울여야 한다.

1) 연료 계통의 점검이나 수리 시는 적절하게 접지시켜야 한다.

2) 엎질러진 연료는 가능한 한 곧 중화시키거나 제거하여야 한다.

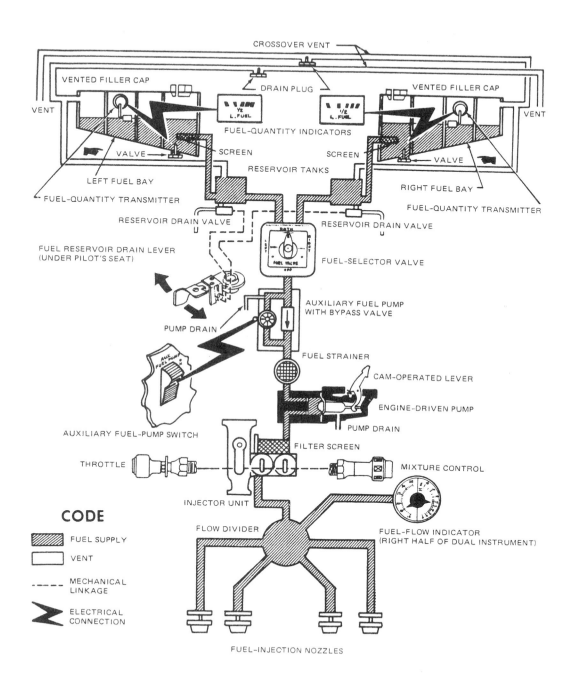

그림 6-6 Pressure fuel system(Cessna Aircraft Company)

3) 열려진 연료 라인은 마개(cap)를 씌어야 한다.

4) 소화 장비는 항상 비치되어야 한다.

5) 금속 연료 탱크는 연료의 증기를 적절하게 배출하지 않은 상태하에서 용접이나 납땜을 하여서는 안 된다. 금속 연료 탱크의 용접은 화염으로 인한 폭발을 방지하기 위하여 탱크 내부에 이산화탄소를 가득 채우고 수행하여야 한다.

(6) 증기 폐색(Vapor Lock)

증기 폐색은 연료 계통의 여러 부분에서 연료 증기와 공기가 모여져 일어난다. 연료 계통은 기체 혼합체가 아닌 액체 연료를 취급할 수 있게 설계되어 있다. 많은 양의 증기가 모이면 펌프, 밸브, 기화기의 연료 미터링 부의 작동을 방해한다. 증기는 고고도에서 대기압의 저하와 과도한 연료 온도와 연료의 교란 운동에 의하여 생긴다.

증기 폐색을 없애기 위한 최선의 해결책은 승압 펌프를 사용하는 것인데 이것은 또한 고고도에서 승압 펌프를 사용하는 이유이다.

승압 펌프는 연료 라인에 정압을 공급하여 연료가 증기화되는 경향을 줄여주고 계통 내의 증기 방울을 밀어내어 통기 장치를 통해 내 보낸다. 승압 펌프는 연료 탱크의 하부에 위치하기 때문에 승압 펌프는 항상 연료에 증기 방울이 섞여 있어도 공급 라인에 연료를 계속 공급하게 한다. 연료 펌프와 기화기는 종종 증기가 축적되었을 때 부자식 밸브 또는 다른 형의 밸브가 열리게 되어 있는 방(chamber)이다. 밸브가 열리면 증기는 라인을 통하여 연료 탱크로 배출된다. 그러므로 증기가 연료 미터링 장치로 들어가서 정상 작동을 방해하는 것을 미연에 방지한다. 연료 라인은 만곡의 최정점에 증기가 모이게 할 수 있는 가파른 커브(sharp curve)로 설계하여서는 안 된다.

(7) 연료 계통 빙결(Fuel System Icing)

항공기 연료 계통 내의 빙결 현상은 연료 계통 내의 물의 존재로 인함이다. 이 물은 연료에 용해되지 않거나 용해되어 있다. 연료에 용해되지 않은 물의 첫 형태는 연료 내에 미세한 물입자가 섞여 있는 "Entrained Water"이다. 이 "Entrained Water"는 정적인 조건하에서 안정시키면 "Free Water"로 연료 탱크 바닥에 모이게 된다. 안정률은 온도와 물입자 크기에 의해 결정된다. 연료에 용해되지 않은 물의 둘째 형태는 "Free Water"로서 재급유시 또는 "Entrained Water"의 안정으로 인해 생기며 연료 탱크 바닥에 모이게 된다.

"Free Water"는 탱크 바닥에서 쉽게 감지되며 연료 계통 내에서 결빙으로 인한 엔진 고장 또는 엔진 정지를 방지하기 위하여 섬프 드레인을 통하여 물을 드레인 시킨다. "Entrained Water"는 차가운 연료 내에서 결빙될 수 있고 얼음의 비중과 항공용 연료의 비중이 거의 같기 때문에 오랫동안 머물 수 있다. 항공용 연료 내에서의 물과 얼음으로 인한 문제를 방지하기 위해 방빙 방지 첨가제(anti-icing additives), EGME(Etylene Glycol Monomethyl Ether)가 사용되기도 한다.

방빙 첨가제가 기화기 가열의 대치 수단이 될 수는 없다. 기화기 가열은 결빙의 우려가 있는 모든 대기 조건하에서 사용하여야 한다.

6-3 기화의 원리

기화기 또는 연료 미터링(fuel metering)의 목적은 엔진 작동을 위해 필요한 연료와 공기의 가연 혼합(combusible mixture)을 주기 위한 것이다. 가솔린과 다른 석유 연료는 탄소(C)와 수소(H)로 구성되어 있으며 탄화수소(CH) 분자가 화학적으로 결합되어 있다. 혼합기가 실린더 내에서 점화되면 연료의 열에너지가 나오며 연료-공기 혼합기는 이산화탄소(CO_2)와 물(H_2O)로 변환된다. 항공기 엔진에 사용되는 기화기는 엔진 성능, 기계적인 수명, 항공기의 일반적인 효율에 극히 중요한 역할을 하기 때문에 비교적 복잡하다. 기화기는 광범위한 엔진 하중과 속도에 걸쳐 정확한 연료-공기 혼합기를 공급하여야 하며 고도와 온도의 변화에 따른 자동 또는 수동 혼합 수정이 가해져야 한다. 기화기는 캘리브레이션과 조절(calibration and adjustment)을 어긋나게 하는 연속적인 진동을 받기 때문에 이를 방지하기 위하여 견고하게 장착되어 있다.

(1) 유체 압력(Fluid pressure)

내연 기관의 기화기 계통에서 액체나 기체를 통틀어 유체라고 부른다. 액체의 체적과 밀도는 거의 일정하게 유지되나 기체는 주위 조건에 따라 수축되고 팽창한다. 지구를 둘러싸도 있는 대기는 지구면을 누르고 있다. 압력은 단위 면적당 작용하는 힘으로 정의한다. 대기압(atmospheric pressure)은 수은주 높이로 29.92inch이며 이는 $29.92 \times 0.491 = 14.69$Psi로서 나타낼 수 있다(그림 6-7 참조). 표준 대기압(Standard Sea-level Pressure)은 NASA와 ICAO(International

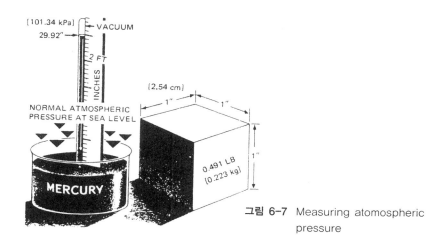

그림 6-7 Measuring atomospheric pressure

Committee for Aeronautical Operation)에 의해 위도 40°N에서 공기가 완전히 건조하고 15℃ (59°F)의 온도인 해면에서 29.92inHg(101.34kPa,14.7Psi or 1013mbar)의 압력으로 정의한다.

대기압은 고도에 따라 다음과 같다.

고 도	대기압
5,000ft(1524m)	24.89inHg
10,000ft(3046m)	20.58inHg
20,000ft(6096m)	13.75inHg
30,000ft(9144m)	8.88inHg
50,000ft(15240m)	3.346inHg

절대 압력(absolute pressure)은 지구 표면에 작용하는 대기의 중량을 나타내며 기압계 (barometer)에 의해 측정되고 Psia(psi absolute)로 표시한다. 상대 압력(relative pressure) 또 는 차등 압력(differential pressure)은 보통 연료 압력 계기, 증기 계기 등에 의해 측정되고 대기 압과의 차로 나타나며 Psig(psi gage)로 표시된다. 대기압의 효과는 항공기 연료, 오일, 물, 유압 작동유 등의 유체에 중요하다.

간단한 예를 들면 물통 내에 한쪽이 열려진 관(tube)을 손가락으로 막고 물통에서 빼어낼 때 물 은 손가락을 떼지 않는 한 쏟아지지 않는다. 이것은 작동을 위하여 대기로의 통기(venting)가 필요 한 탱크, 기화기실(chamber) 등에 외부 대기로 통 기구가 열려 있게 설치하고 유지하는 것이 중요 하다는 것을 보여준다.

(2) 기화기내의 벤투리(Venturi in a Carburetor)

그림 6-8은 정상 흐름 내에서 흐름 경로의 모든 점에서 운동하는 유체의 전 에너지 (total energy)는 일정하다는 베르누이 원리(bernoultis principle)에 근거한 작용을 보여준다. 즉 유체가 목부분(throat)을 통과할 때 속도는 증가하고 압력은 낮아진다. 이것은 주어진 시간 내에 관(tube) 내의 모든 점을 같은 양의 공기가 지나간다는 사실에 의해 설명된다.

그림 6-9는 단순한 기화기에 적용된 벤투리 원리를 보여 준다. 단위 시간당 주어진 통로를 통해

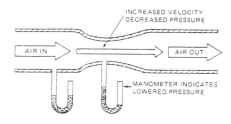

그림 6-8 Operation of a venturi tube

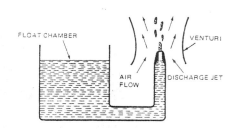

그림 6-9 Venturi principle applied to a carburetor

흐르는 유체의 양은 유체의 움직이는 속도에 직접 비례한다. 즉 연료 방출 노즐이 기화기의 목부분에 위치되어 있다면 연료에 작용되는 힘은 벤투리를 통해 지나가는 공기의 속도에 의해 결정된다. 방출 노즐을 통해 흐르는 연료의 비율(the rate of flow of fuel)은 벤투리를 통해 지나가는 공기의 양에 비례한다.

이것은 엔진에 공급되는 필요한 연료와 공기의 혼합기의 양을 결정한다. 연료와 공기의 비율은 어떤 한계 내에서 변하여야 하므로 벤투리형 기화기에는 혼합 조종 장치가 있어야 한다.

(3) 연료-공기 혼합(Fuel-Air Mixtures)

가솔린과 다른 액체 연료는 액체 상태에서는 연소되지 않으나 산소와 혼합되어 증기화되면 높은 연소성이 있게 된다. 가솔린은 탄소와 수소로 구성되어 있으면 이소옥탄으로 된 가솔린의 화학식은 C8H8이다. 연소 과정에서 이 분자는 산소와 결합하여 이산화탄소(CO_2)와 물(H_2O)을 형성한다.

즉, $2C_8H_{18} + 25O_2 = 16CO_2 + 18H_2O$

위의 식과 같이 연료의 완전 연소가 일어나는 것은 거의 없고 일산화탄소(CO)가 포함된다.

즉, $C_8H_{18} + 12O_2 = 7CO_2 + 9H_2O + CO$

공기는 중량비로 75.3%의 질소, 23.15%의 산소, 나머지는 다른 기체들로 구성된다.

질소는 연소에 화학적인 영향을 미치지 않는 불활성 기체이다. 산소만이 연료의 연소에 관련된다. 가솔린은 연료와 공기의 혼합비가 중량비로 8 : 1(0.125)~18 : 1(0.055) 사이이면 실린더 내에서 연소할 수 있다. 연료-공기(F/A) 혼합비가 체적비를 근거로 한다면 온도와 압력의 변화에 따라 부정확하게 되므로 중량비를 근거로 하여 표현한다.

그림 6-10은 일정 rpm에서 일정한 엔진 작동에 대한 F/A 혼합비의 변화의 효과에 대해 보여준다. A점에서의 혼합비는 희박 최대 출력 혼합비(lean best-power mixture)이고 이 점 이하의 희박 혼합비에서는 엔진 출력이 급속히 줄어든다 즉, 희박 최대 출력 혼합비는 엔진에서 사용할 수 있고 최대 출력을 얻을 수 있는 가장 희박한 혼합비이다. B점에서의 혼합비는 농후 최대 출력 혼합비(rich best power mixture)로서 엔진에서 사용할 수 있고 최대 출력을 얻을 수 있는 가장 농후한 혼합비이다. A점에서 B점까지의 혼합비는 엔진에서 최대 출력 범위(best-power range)이고 C점과 D점은 F/A 혼합비의 연소 한계로서 C점보다 더 농후한 혼합비나 D점보다 더 희박한 혼합비에서는 F/A 혼합기가 연소되지 않는다.

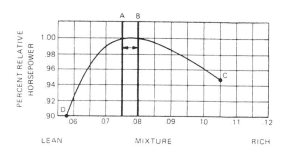

그림 6-10 Effects of F/A ratios on power at constant rpm

그림 6-11은 여러 다른 출력에서 최대 출력 혼합비가 어떻게 변하는가를 보여준다.

예를 들면, 2900rpm에서 0.077, 3000rpm에서 0.082, 3150rpm에서 0.091이다. 이론적인 F/A 혼합비(Stoichiometric mixture)는 약 15 : 1 또는 0.067이다. 이 혼합비는 이상적인 혼합비로서 이론상 완전 연소가 되나 여러 가지 이유로 최상의 혼합비는 아니다.

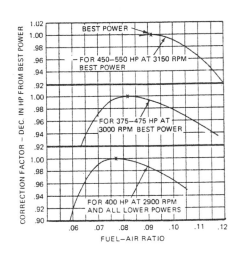

그림 6-11 Chart of best-power mixture for different power settings

비연료 소모율(SFC:Specific Fuel Consumption)은 엔진의 경제적인 운용을 지시하는 데 사용하는 용어이다. 제동 비연료 소모율(bsfc)은 단위 제동 마력(bhp)당 시간당 엔진이 소모하는 연료의 양을 보여주는 비율이다. 예를 들면, 엔진 마력 147hp이고 연료는 10.78gal/h로 연소되고 연료 무게는 6lb/gal이면 sfc는 0.44lb/(hp · h)가 된다.

그림 6-12는 F/A 혼합비, sfc, 출력의 관계를 보여준다. 가장 낮은 sfc는 F/A 혼합비가 약 0.067이고 최대 출력은 F/A 혼합비가 0.074에서 0087에서 낼 수 있다. 이 특정 엔진의 그림에서 희박 최대 출력은 A점(F/A 혼합비 : 0.074)이고 농후 최대 출력은 B점(F/A 혼합비 : 0.087)이다. 가장 낮은 sfc의 점으로부터 혼합비가 희박해지거나 농후해지면 sfc는 증가한다. 따라서 비행시 과도한 희박 혼합비는 최대 경제 혼합비가 아닐 뿐만 아니라 디토네이션의 원인이 되기도 한다. 디토네이션이 계속되면 피스톤 상부나 피스톤 링에 손상이 일어나 엔진에 커다란 손상을 일으키게 된다. 조종사는 이러한 손상이 일어나기 전에 조치를 취하기 위해서 실린더 헤드 온도나 배기 가스 온도(E.G.T)를 주의 깊게 관찰하여야 한다. 출력의 감소와 혼합비를 농후하게 하는 것이 보통 디토네이션을 제거하기 위해 취해진다.

일정한 연료 소모로 가장 많은 출력을 낼 수 있는 F/A 혼합비를 최대 경제 혼합비(best-economy mixture)라고 부르며 희박 최대 출력 혼합비 아래 희박 혼합비에서 나타난다. 혼합비가 희박해짐에 따라 출력과 연료 소모가 감소되나 최대 경제 혼합비에 도달할 때까지는 엔진 출력보다

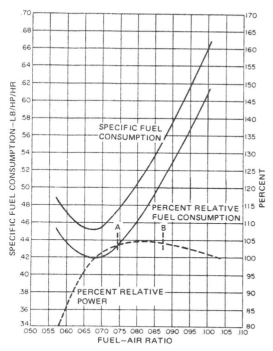

그림 6-12 Effects of F/A ratios and power settings on fuel consumption

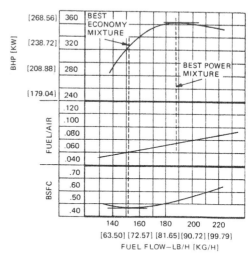

그림 6-13 Best-economy mixture and best-power mixture at constant throttle and constant rpm

더 빨리 연료 소모가 감소된다. 일반적으로 항공기 엔진은 75% 추력보다도 적게 운용되고 있다.

그림 6-13은 최대 경제 혼합비와 최대 출력 혼합비 사이의 차이를 보여준다. 이 그림은 일정 rpm, 일정 드로틀에 근거한 것으로서 F/A 혼합비만이 변한다. 대단히 희박한 F/A 혼합비는 약 0.055이고 140lb/hr의 연료 유량으로 292bhp를 내며 bsfc는 0.48lb/(hp·h)이다. 최대 경제 혼합비는 약 0.062이고 152lb/hr의 연료 유량으로 324bhp를 내며 bsfc는 0.469lb/(hp·h)이다.

F/A 혼합비가 점점 증가하여 엔진 출력이 절정에 도달되는 점이 최대 출력 혼합비이고 그 뒤는 출력이 감소하게 된다. 이 점의 혼합비는 약 0.075이고 187lb/hr의 연료 유량으로 344bhp를 내며 bsfc는 0.514lb/(hp·h)이다.

다른 요소들이 일정할 때 엔진 작동 중 F/A 혼합비는 성능에 커다란 영향을 준다. 만약 엔진이 총 출력(full power)과 최대 출력 혼합비에서 작동한다면 그림 6-11의 곡선에서 보여주는 것과 같이 실린더 헤드 온도가 과도하게 되고 디토네이션을 초래하게 된다. 이러한 이유로 총 출력에서의 혼합비는 최대 출력 혼합비보다 농후하여야 한다. 이것은 기화기나 연료 조종 계통의 이코노마이저(economizer or enrichment valve)의 기능에 의하여 이루어진다. 여분의 연료는 타지 않고 증발하여 연소실에서 발생하는 열을 얼마간 흡수한다. 이 때 수동 혼합 조종(manual mixture control)은 "full rich" 또는 "auto rich" 위치에 놓여 있고 F/A 혼합비는 농후 최대 출력 혼합비이거나 그 이상일 것이다.

rpm과 M.A.P가 순항 조건하에서 작동할 때는 순항 출력을 최대로 유지하고 연료를 절약하기 위하여 희박 최대 출력 혼합비로 맞춘다. 만약 특정 순항 조건에서 최대 경제 연료를 갖기를 바란다면 수동 혼합 조종 장치를 최대 경제 혼합비로 맞춘다. 이것이 연료는 절약되나 출력이 15% 정도 감소된다.

그림 6-14는 항공기 엔진의 F/A 혼합비와 출력과의 관계를 보여준다. 농후 혼합비는 매우 낮은 출력과 고출력에서 요구된다. 60~75% 범위의 출력에서는 F/A 혼합비는 희박 최대 출력 또는 최대 경제 혼합비에 맞출 수 있다.

그림 6-15는 실린더 헤드 온도와 배기 가스 온도에 미치는 F/A 혼합비의 영향을 보여준다. 어느 점까지는 혼합비가 희박해짐에 따라 온도가 상승되나 희박이 계속되면 온도는 떨어진다. 이것은 엔진이 고출력 맞춤(setting)에서 작동하지 않는다는 사실이다.

① 역화(backfire) : 아주 희박한 혼합기는 흡입 계통을 통하여 엔진에 역화 현상을 일으켜 엔진이 완전히 정지하는 수가 있다. 역화는 느린 화염 전파에 기인하는데 이 현상은 연료와 공기의 혼합기가 엔진 사이클이 완전히 끝났을 때도 타고 있기 때문에 흡입 밸브가 열려서 들어오는 새로운 혼합기에 불을 붙여주어 불꽃이 흡입 계통으로 역으로 전파된다. 이것은 혼합비가 희박해짐에 따라 화염 전파 속도가 감소되기 때문에 일어난다. 역화가 일어나는 것은 흡입 밸브가 열렸을 때도 계속 타고 있을 만큼 희박한 혼합기일 때이다. 그림 6-16은 화염 전파에 미

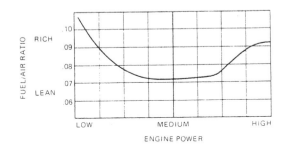

그림 6-14 Fuel-air ratios requirded for different power, settings

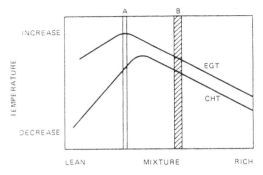

그림 6-15 Effects of F/A mixture on cylinder-head and exhaust gas temperatures

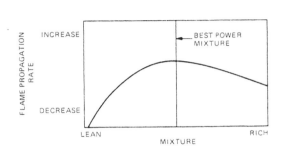

그림 6-16 Effect of F/A ratio on flame propagation

치는 F/A 혼합비의 영향을 보여주는 것으로서 화염 전파는 최대 출력 혼합비에서 최대가 되며 이 점의 전후는 모두 감소된다. 역화는 엔진 시동시 조기 점화되므로써 발생하는 "킥백(kick back)"과는 다르다. 킥백은 연소 압력이 피스톤을 역방향으로 힘을 가해 크랭크 축이 정상 방향이 아니라 역방향으로 회전시키는 것을 말한다.

② 후화(afterfiring) : 후화는 혼합되지 않은 연료가 흡입 밸브를 통하여 실린더 헤드로 흘러 들어와서 배기 밸브로 나가 배기 스택(exhaust stack), 다기관, 소음기(muffler), 히터 머프(heater muff)로 들어와서 연소가 일어나는 것이다. 이 연료는 배기 계통, 객실 히터(cabin heater) 계통에 심각한 손상을 줄 수 있는 화재 또는 폭발의 원인이 될 수 있다.

(4) 공기 밀도의 영향(Effects of Air Density)

밀도는 물체의 단위 체적당 중량으로서 정의한다. 표준 해면 조건하의 건조 공기의 1ft³의 중량은 0.076475lb이다.

공기 밀도는 압력, 온도, 습도의 영향을 받는다. 압력이 증가하면 공기 밀도는 증가하고, 습도가 증가하면 밀도는 감소하고, 온도가 증가하면 공기 밀도는 감소한다. 그러므로 F/A 혼합비는 공기 밀도에 영향을 받는다.

예를 들면, 항공기 엔진이 같은 위치에서 추운 날보다 따뜻한 날이 연료가 연소할 수 있는 산소가 적게 된다. 즉, F/A 혼합비는 온도가 높을 때 더 농후하게 되며 공기가 차가울 때 만한 출력을 낼 수 없다. 공기 압력이 감소하고 밀도도 감소가 되는 고고도에서도 마찬가지이다. 이러한 이유로 조종사는 고고도에서 과도한 농후 혼합비와 연료 낭비를 피해야 한다.

공기 중의 수중기는 물분자의 중량이 산소나 질소 분자의 중량보다 적기 때문에 공기 밀도를 감소시킨다. 그러므로 조종사는 따뜻하고 습기찬 기후에서는 차고 건조한 기후에서만큼 출력을 낼 수 없다. 이것은 밀도가 적은 공기는 엔진에서 연료 연소에 필요한 산소가 적어지기 때문이다.

(5) 단순 기화기 내의 차등 압력(Pressure Differential in a Simple Carburetor)

그림 6-17은 U 자관에 적용된 압력에 따르는 현상을 보여주는 것으로서 오른쪽 그림은 압력 차이에 따른 액체의 움직임을 보여준다. 즉 오른쪽 U 자관에서의 높이 차이만큼의 액체 무게가 양면에 적용되는 힘의 차이가 된다.

그림 6-9는 단순 기화기로서 벤투리를 흐르는 공기가 빨라지면 방출 노즐에서의 압력이 줄어들어 부자실내의 압력은 연료를 더 많이 공급할 수 있게 된다.

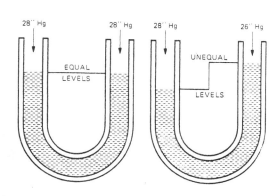

그림 6-17 Pressure effects on fluid in a U-shaped tube

그림 6-18은 벤투리 아래 부자실내의 연료 높이보다 조금 낮은 점에서 공기를 블리드(bleed)시켜 주방출 노즐에서 연료 무화를 돕는 것을 보여준다. 연료실과 주방출 노즐 사이의 미터링 제트(metering jet)는 노즐로 공급되는 연료의 양을 조절한다. 미터링 제트는 일종의 오리피스(orifice)로서 부자실과 방출 노즐 사이의 압력 차이와 정확하게 일치하는 연료 흐름을 주는 치수로 설치되어야 한다.

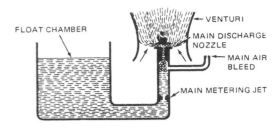

그림 6-18 Basic venturi-type carburetor

(6) 공기 블리드(Air Bleed)

기화기 내의 공기 블리드는 공기와 액체가 섞이게 하여 부자실 내의 연료 높이보다 더 높은 것으로 들어올리는 것이다.

그림 6-19는 유리잔 속의 물을 빨대로 사람의 흡입력(suction)에 의해 빨아올리는 것이고 그림 6-20은 같은 흡입력이 적용될 때 물의 표면보다 위 빨대 측면에 적은 구멍을 뚫은 것으로 빨대 안으로 공기 방울이 들어오게 된다. 그림 6-21은 공기가 물의 높이보다 아래에 적은 관을 통해 빨대로 들어오게 한 것으로서 공기와 물이 미세하게 혼합되어 빨려 나온다.

만약 공기 블리드 구멍이 너무 크면 물을 빨아올리는 흡입력이 감소 될 것이다. 그림 6-21에서 물과 공기의 비율은 공기 블리드 주 튜브(main tube)와 주 튜브 밑의 오리피스의 치수를 변화시켜 공기 속도를 수정시킴으로써 이루어진다. 방출 노즐에서의 공기 볼리드 목적은 엔진의 모든 작동 속도에 걸쳐 연료와 공기의 혼합을 좀더 균일하게 하는 데 도움을 준다.

(7) 연료의 증발(Vaporization of Fuel)

연료의 완전한 증발은 연료의 휘발성, 공기의 온도, 무화 정도(degree of atomization)에 의해 결정된다. 휘발성이 좋은 연료는 더욱 많은 연료를 증발시키고, 고온도는 증발율을 증가시킨다. 그러므로 가끔 기화기 공기 흡입 가열기가 사용된다.

그림 6-19 Suction lifts a liquid

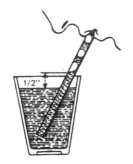

그림 6-20 Effects of air bleed

그림 6-21 Air bleed breaking up a liquid

무화의 정도는 미세한 분무가 발생한 범위이다. 혼합기가 미세한 분무와 증발이 많으면 많을수록 연소 효율이 증대된다. 주방출 노즐 통로내의 공기 블리드는 연료의 무화와 증발을 돕는다. 연료가 완전히 증발되지 않으면 연료의 양이 충분할지라도 혼합기는 희박해진다.

(8) 드로틀 밸브(Throttle Valve)

드로틀 밸브는 나비형 밸브(butterfly valve)로서 연료와 공기의 배출량을 조절하기 위하여 혼합기 덕트(fuel-air duct)에 설치되어 있다. 드로틀 밸브는 드로틀 축에 장착된 타원형의 금속 디스크로서 드로틀 보어(boar)를 완전히 닫을 수 있다.

드로틀 밸브가 완전히 닫혔을 때는 디스크 (disk)면이 드로틀 보어의 축과 약 70°의 각을 이

그림 6-22 Throttle valve

룬다. 드로틀 디스크의 가장자리는 혼합기 통로의 측면에 대하여 꼭 맞게 되어 있다(그림 6-22 참조).

밸브가 닫힐 때는 벤투리 관을 통해 흐르는 공기의 양은 감소한다. 이것은 벤투리 관내의 흡입력을 감소시켜 엔진으로 공급되는 연료를 감소시킨다. 드로틀 밸브가 열릴 때는 엔진에 흐르는 혼합기가 증가한다. 즉 드로틀 밸브의 개폐에 따라 엔진의 출력이 조절된다.

6-4 부자식 기화기

(1) 기화기의 중요 부분

기화기는 엔진에 공기를 공급하는 주 공기 통로, 공기 유량에 따라 연료 배출량을 조절하는 장치, 그리고 엔진 실린더로 운반되는 연료-공기 혼합기의 양을 조절하는 장치로 구성되어 있다.

부자식 기화기(Float-Type Carburetors)의 중요한 부분
① 부자 기구 및 부자실(float mechanism and chamber)
② 여과기(strainer)
③ 주 미터링 장치(main metering system)
④ 저속 장치(idling system)
⑤ 이코노마이저 장치(economizer system)
⑥ 가속 장치(accelerating system)
⑦ 혼합기 조종 장치(mixture control system)

부자식 기화기에서 부자실의 대기압은 벤투리 튜브에서 압력이 감소할 때 방출 노즐로부터 연료를 분사시킨다. 피스톤의 흡입 행정은 엔진 실린더에서 압력을 감소시켜서 공기가 실린더의 흡입 다기관을 통해 흐르게 한다. 공기가 기화기의 벤투리를 통해 흐를 때 벤투리 압력이 감소되어 방출 노즐로부터 연료가 분사된다.

1) 부자 기구(Float Mechanism)

기화기의 부자 기구는 부자실에서 연료의 높이를 조절하게 되어 있다. 연료의 높이는 연료 흐름의 양을 정확하게 하고 엔진이 정지하고 있을 때 연료가 노즐에서 누설되지 않게 하기 위해서 방출 노즐 배출구보다 약간 낮게 유지하여야 한다.

부자 기구와 방출 노즐에 관하여는 그림 6-24에서 보여주고 있다. 부자는 피벗(pivot)으로 된 레버에 붙어 있고 레버의 한쪽 끝은 부자 니들 밸브(float needle valve)에 부착되어 있다. 부자가 위에 떠 있을 때는 니들 밸브가 닫혀서 연료가 부자실로 흐르지 못하게 차단된다. 니들 밸브 시트(needle valve seat)가 정확한 높이에 있다고 한다면 이 지점에서의 연료의 수준(높이)이 기화기 작동에 적당한 높이가 된다.

그림 6-24에서 보여주는 바와 같이, 부자 밸브 기구에는 니들 1개와 시트(seat) 1개가 있다. 니들 밸브는 강철로 만들어지거나 또는 시트를 밀착하게 하는 합성 고무로 되어 있다. 니들 시트는 보통 청동(bronze)으로 되어 있다. 방출 노즐로부터 연료의 누설과 넘쳐흐르는 것을 방지하기 위하여 니들과 시트 사이가 잘 밀착되어야 한다.

기화기 작동 중에는 연료가 방출 노즐을 통해 나오기 때문에 연료 대체 (replacement)를 위해 밸브를 충분히 열어 주도록 부자를 최고 수위보다

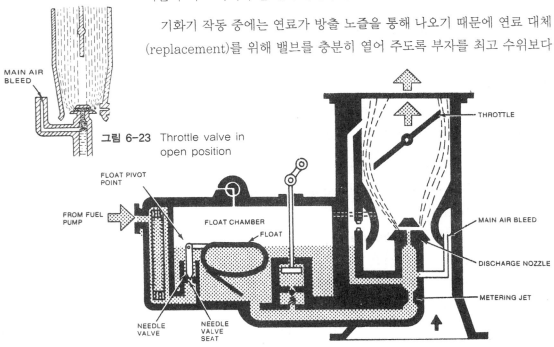

그림 6-23 Throttle valve in open position

그림 6-24 Float and needle valve mechanism in a carburetor

약간 낮게 해야 할 것이다. 만일 부자실의 유면이 너무 높으면 혼합기가 농후해지게 되고, 유면이 너무 낮으면 혼합기가 희박해진다. 기화기의 유면을 조정하기 위하여 부자 니들 시트 아래에 워셔 (washers)를 끼운다(그림 6-24 참조).

유면을 올리려면 시트 아래에서 워셔를 제거하고, 낮추려면 워셔를 더 넣으면 된다. 부자의 높이에 대한 명세는 제작 회사의 오버홀 매뉴얼(overhaul manual)에 있다. 어떤 기화기에서는 부자의 높이를 부자 암(float arm)을 구부려서 조절한다.

그림 6-25는 두 가지 다른 형태의 부자 기구이다. 왼쪽의 그림은 부자와 밸브가 중앙 집중형 (concentric)이고 오른쪽의 그림은 편향형(eccentric)이다.

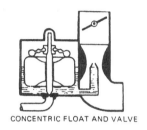
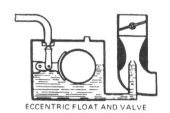

CONCENTRIC FLOAT AND VALVE   ECCENTRIC FLOAT AND VALVE

그림 6-25 Concentric and eccentric float mechanism

2) 연료 여과기(Fuel Strainer)

대부분의 기화기에서 연료는 처음에 여과실(strainer chamber)로 들어가 여과망을 통하여 공급된다. 여과기는 가는 철사망이나 다른 형태의 여과 장치 즉 원추형이나 실린더형으로 되어 있고, 니들 밸브 구멍(opening), 미터링 제트(metering jet)도 막히게 할 수 있는 이물질을 걸러 준다. 여과기의 이물질을 제거하고 깨끗이 세척하기 위해 여과기는 장탈된다. 그림 6-26은 전형적인 여과기이다.

그림 6-26 Carburetor fuel strainer

3) 주 미터링 장치(Main Meterring System)

주 미터링 장치는 순항과 최대 전개(full-throttle) 작동을 하기 위한 엔진 속도 범위 중 상반부 (upper half)에서 연료 공급을 조절하는 것이다. 주 미터링 장치는 세 가지 주요 부분으로 구성되어 있다.

(1) 주 미터링 제트(main metering jet)

(2) 주 방출 노즐(main discharge nozzle)

(3) 저속 장치(idling system)로 통하는 통로

주 미터링 장치의 목적은 엔진 작동 출력 전범위에서 모든 드로틀 개도에 따라 연료와 공기의 혼합기를 일정하게 유지시키는 것이다. 주 미터링 장치는 4부분으로 나누기도 한다,

(1) 벤투리(venturi)

(2) 주 미터링 제트

(3) 주방출 노즐

(4) 저속 장치로 통하는 통로

주 미터링 장치의 세 가지 기능은

① 연료 공기 혼합기의 비율을 맞추고

② 방출 노즐의 압력을 저하시키며

③ 최대 전개(full-throttle)시 공기 흐름을 조종하는 것이다.

일정 크기의 구멍(opening)을 통해 흐르는 공기 흐름과 공기 블리드(air-bleed) 제트 장치를 통하는 연료 흐름은 적절한 비율로 여러 압력에 대응한다. 공기 블리드(air bleed) 장치의 방출 노즐이 벤투리의 중앙에 위치한다면 공기 블리드 노즐과 벤투리 둘 다 같은 정도로 엔진 흡입(suction)에 노출됨으로써 엔진 작동의 모든 출력 범위에서 연료-공기 혼합을 균일하게 유지할 수 있게 할 것이다. 그림 6-27은 공기 블리드의 원리와 기화기에 있는 부자실의 유면을 보여주고 있다.

기화기의 주 공기 블리드가 제한되거나 막히게 되면 연료와 공기의 혼합기는 방출 노즐에서 연료의 흡입(suction)이 더 많이 되고 공기는 더 적게 들어와서 과도하게 농후해진다.

엔진이 최대 출력을 내려면 드로틀 밸브 위에 엔진 최대 속도에서 0.4~0.8psi의 흡입 다기관(manifold suction ; 압력을 낮추거나 부분적인 진공 상태)을 가질 필요가 있다. 그러나 연료를 미

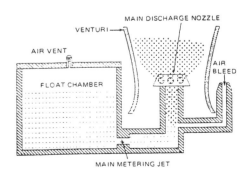

그림 6-27 Location of air-bleed system and main discharge nozzle

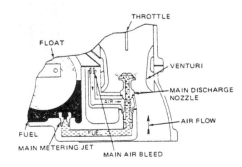

그림 6-28 Main metering system in a carburetor (Energy Controls Div., Bendix Corp.)

터링하고 분사하는 데 더 많은 흡입(suction)이 요구되는데 그것은 벤투리로부터 얻어진다.

방출 노즐이 벤투리의 중앙에 위치하고 있다면 흡입량은 흡입 다기관에서의 흡입량의 수 배가 된다. 그래서 비교적 저 다기관 진공(고 MAP)을 유지할 수 있다. 이는 높은 체적 효율을 초래한다. 반면에 고 다기관 진공(high manifold vacuum)은 낮은 체적 효율(low volumetric efficiency)을 초래한다.

벤투리 튜브는 기화기의 공기 용량에 영향을 미치므로 기화기 설계에 따른 엔진의 요구량에 맞게 선택할 수 있도록 그 크기가 다양해야 한다. 전형적인 기화기의 주 미터링 장치는 그림 6-28에서 보여주고 있다.

4) 저속 장치(Idling System)

저속으로 기화기의 벤투리를 통하여 흐르는 공기는 너무 느려서 방출 노즐로부터 충분한 연료를 끌어내지 못한다. 그러므로 기화기는 엔진을 계속 작동시키기 위한 충분한 연료를 공급할 수 없다. 동시에 드로틀은 거의 닫혀 있어서 드로틀 밸브의 끝과 공기 통로 벽 사이의 공기 속도는 높고 압력은 낮다. 더욱이 드로틀 밸브의 흡입쪽에 매우 높은 흡입력이 생긴가. 이런 이유 때문에 드로틀 밸브에 저속 장치 출구를 위치 시켜야 하는 것이다.

이 저속 장치는 드로틀 밸브가 거의 닫히고 엔진이 천천히 작동될 때만 연료를 공급한다. 저속 차단 밸브(idle cutoff valve)는 기화기에 저속 장치를 통하여 흐르는 연료를 차단하는데 이것을 엔진을 정지시키는데 사용된다. 저속에서는 엔진에 적당한 냉각을 위한 충분한 공기가 실린더 주위에 흐르지 못하기 때문에 저속을 위해서는 농후 혼합비가 사용된다.

그림 6-29는 3가지 주 방출 어셈블리(three-piece main discharge assembly)를 보여주고 있다. 이들은 주 방출 노즐(main discharge nozzle), 주 공기 블리드(main air bleed), 주 방출 노즐

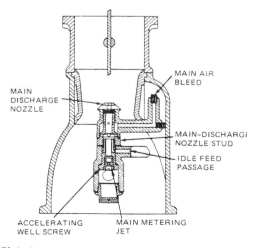

그림 6-29 Three-piece main discharge assemble

스터드(main discharge nozzle stud), 저속 공급 통로(idle feed passage), 주 미터링 제트(main metering jet), 가속 웰 스쿠류(accelerating well screw)로 구성되어 있다.

이것은 상향 부자식 기화기(updraft, float-type carburetor)에 사용되는 주 방출 노즐 어셈블리의 두 형태 중 한 가지이다. 다른 한 가지는 주 방출 노즐과 주 방출 노즐 스터드가 하나로 결합되어 있는데 이는 방출 노즐 보스(boss)에 직접 연결되어 있어서 방출 노즐 나사가 없어도 된다.

그림 6-30은 전형적인 저속 장치로 저속 방출 노즐, 혼합 조절기(mixture adjustment), 저속 공기 블리드, 저속 미터링 제트, 저속 미터링 튜브로 구성되어 있다. 저속 장치를 위한 연료는 주 방출 노즐의 연료 통로에서 취해지고, 저속 공기 블리드의 공기는 벤투리 부분의 외부 챔버에서 취해진다.

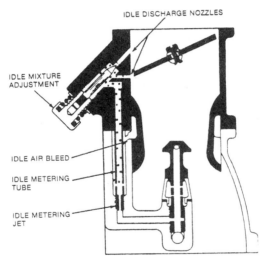

그림 6-30 Conventional idle system

저속 방출 노즐은 둘로 갈라져 있고, 이들 노즐을 통해 흐르는 연료의 양은 드로틀 밸브의 위치에 따라 달라진다. 매우 낮은 저속에서는 모든 연료는 위쪽 구멍을 통과하는데 그 이유는 드로틀 밸브가 아래쪽 구멍을 덮기 때문이다. 이 경우, 아래쪽 구멍은 위쪽 구멍에 추가적인 공기 블리드로서 역할을 한다. 드로틀이 더 열려서 아래쪽 구멍이 열리면 추가 연료가 열린 쪽을 통과한다.

저속 혼합비의 요구는 기후 조건과 고도에 따라 변하기 때문에 혼합 조정의 니들 밸브 형태로서 위쪽 저속 방출구의 오리피스(orifice)를 변화시켜야 한다. 니들을 오리피스의 안쪽 또는 바깥쪽으로 이동시킴에 따라 엔진에 정확한 공기의 비율을 공급하기 위해서 저속 연료 흐름을 변화시킨다. 이러한 저속 장치는 Bendix-Stromberg NA-S3A1 기화기에 사용되고 있지만 다른 기화기에도 반드시 사용되는 것은 아니다. 그러나 그 원리는 모든 기화기에서 유사하다.

그림 6-31A에서 C까지는 전형적인 부자식 기화기로서 A는 저속, B는 중속, C는 고속을 나타내

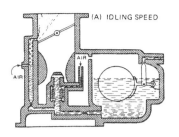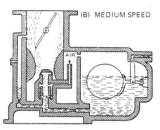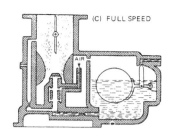

그림 6-31 Float-type carburetor at different engine speeds

고 있다. 드로틀 밸브 위 흡입 다기관에서의 최고 흡입력을 나타낼 때는 최저 속도에서인데, 그 때는 최소량의 공기를 받아들일 때로서 최소량의 연료가 요구된다.

엔진 속도가 증가될 때 연료가 더 많이 필요하지만 다기관에서의 흡인력(suction)은 감소한다. 이러한 이유로 저속 장치의 미터링은 흡입 다기관에 존재하는 흡입력에 의해 이루어지지 않는다. 대신에 저속 방출 노즐과 드로틀 밸브 가장자리의 기화기 벽에 의해 형성된 슬롯(slot)에서의 흡인력에 의해 미터링이 조절된다.

그림 6-30과 6-31에서, 주 공기 블리드 입구 바로 아래에 주 방출 노즐 통로를 둘러싸고 있는 작은 챔버가 있다. 이 챔버는 가속 웰(accelerating well)로서 드로틀이 갑자기 열릴 때 배출되는 여분의 연료를 저장하는 데 쓰인다. 이러한 여분의 연료가 공급되지 않으면 방출 노즐에서 흘러나오는 연료가 순간적으로 감소될 것이며 연소실의 혼합기가 너무 희박하여 엔진이 정지되려고 하거나 실화(misfire)의 원인이 된다.

그림 6-31에서 엔진이 중간 속도로 작동될 때 가속 웰은 여전히 약간의 연료를 저장하고 있다. 그러나 드로틀이 넓게 열리면 웰의 모든 연료가 배출된다. 최대 출력에서는 주 방출 장치와 이코노마이저 장치에서 모든 연료가 공급되고 그 때 저속 장치는 주 미터링 장치에 보조 공기 블리드 역할을 한다.

주 미터링 제트는 저속 이상의 모든 속도에서 거의 일정한 혼합 비율을 유지해 준다. 그러나 저속 중에는 효과가 없다. 가속 웰의 목적은 드로틀이 갑자기 열릴 때 출력의 지연을 방지하기 위한 것이다. 대부분의 기화기에서 가속 펌프(accelerating pump)는 드로틀이 갑자기 열릴 때 방출 노즐로부터 여분의 연료를 강제로 공급하게 한다.

5) 가속 장치(Accelerating System)

엔진을 조절하는 드로틀이 갑자기 열릴 때 공기의 흐름이 증가한다. 그러나 연료의 관성 때문에 연료의 흐름은 공기 흐름에 비례하여 가속되지 않는다. 그러므로 연료 지연은 순간적으로 희박한 혼합기가 되어 엔진이 정지되려고 하거나 역화(backfire)가 일어나 일시적인 출력 감소의 원인이 된다. 이것을 방지하기 위하여 모든 기화기에는 가속 장치가 설치되어 있다. 이 장치는 가속 펌프

(accelerating pump) 혹은 가속 웰(accelerating well)이다.

가속 장치의 기능은 드로틀이 갑자기 열릴 때 기화기 공기 흐름 속으로 더 많은 양의 연료를 방출시켜 순간적으로 혼합기를 농후하게 하여 엔진이 무리 없이 가속되게 한다. 가속 웰은 방출 노즐 주변의 공간으로 방출 노즐에 이르는 연료 통로의 구멍에 의해 연결되어 있다.

저속에서는 드로틀이 거의 열리지 않는다. 드로틀이 갑자기 열릴 때 흡입 다기관으로 많은 공기가 흘러들어 오고 어느 실린더는 흡입 행정 중이다. 이와 같이 공기가 갑자기 많이 들어오면 주 방출 노즐에 순간적으로 고흡입력이 생기고 주 미터링 장치의 작동을 가져와 가속 웰에 있던 여분의 연료가 흘러나오게 된다. 드로틀이 열렸기 때문에 엔진 속도는 증가하고 주 미터링 장치는 계속 작동하게 된다.

가속 펌프(그림 6-32 참조)는 드로틀에 의해 작동되는 슬리브형 피스톤 펌프(sleeve type piston pump)이다. 피스톤은 기화기 본체에 나사로 고정된 속이 빈 스템(hollow stem)에 장착되어 있다. 속이 빈 스템은 방출 노즐에 이르는 주 연료 통로로 열려 있다. 스템과 피스톤 위에 장착되어 있는 것은 움직이는 실린더 또는 슬리브인데 그것은 펌프 축에 의해 드로틀 연결부에 연결되어 있다.

드로틀이 닫히면 실린더가 올라가고 실린더내 공간은 피스톤과 실린더 사이의 간격(clearance)을 통해 연료로 채워진다. 드로틀이 급격히 개방 위치(open location)로 움직이면 실린더는 내려오고(그림 6-33 참조) 증가된 연료 압력도 스템을 따라 피스톤을 내린다. 피스톤이 아래로 움직임에 따라 펌프 밸브가 열리어 연료가 속이 빈 스템(hollow stem)을 통하여 주 연료 통로 속으로 흘러들어가게 한다. 드로틀이 완전히 열리고 가속 펌프 실린더가 완전히 내려오면 스프링이 피스톤을 위로 밀어 올리고 연료 대부분을 실린더 밖으로 나가게 한다. 피스톤의 제일 높은 위치에 도달했을 때 밸브가 닫혀 더 이상 연료가 주 연료 통로로 흐르지 않는다.

가속 펌프에는 몇 가지 형태가 있으나 각각은 갑자기 드로틀이 열리고 엔진이 가속 될 때 여분의

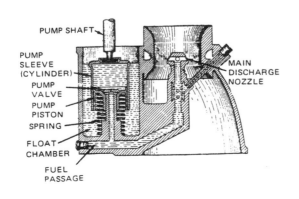

그림 6-32 Movable-piston type of accelerating pump

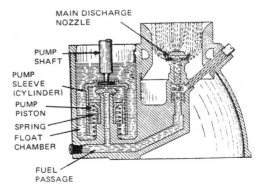

그림 6-33 Accelerating pump in operation

연료를 공급하는 데 이용된다. 드로틀이 서서히 개방 위치(open position)로 움직이면 가속 펌프는 여분의 연료를 방출 장치로 들어가지 못하게 한다. 이것은 연료 압력이 스프링 장력보다 크지 못할 경우 펌프에 있는 스프링이 밸브를 막고 있기 때문이다. 드로틀이 서서히 움직이면 저장된 연료가 피스톤과 실린더 사이의 간격을 통해 새어 나와서 밸브를 열 만큼 충분한 압력이 생기지 않는다.

6) 이코노마이저 장치(Economizer System)

이코노마이저 장치 즉, 출력 증강 장치(power enrichment system)는 밸브로 되어 있는데 저속과 순항 속도에서는 닫히지만 고속에서는 연소 온도를 낮추고 디토네이션을 방지하기 위하여 농혼합비로 되도록 열린다. 바꾸어 말하면, 이 장치는 순항 속도 이상의 모든 속도에서 요구되는 추가 연료를 공급하고 조절한다. 또한 이코노마이저는 증대된 드로틀 맞춤에서도 혼합기를 농후하게 하는 장치이다. 그러나 이코노마이저가 순항 속도에서는 적당히 닫히는 것이 중요하다. 그렇지 않으면 엔진이 완전 전개(full) 드로틀에서 만족스럽게 작동하지만 순항 속도 이하에서는 공급된 추가 연료 때문에 "load up"될 것이다.

거친 작동과 배기구로부터 나오는 검은 연기로 과도한 상태를 알 수 있다. 이코노마이저는 조종사가 순항 속도에서는 희박한 혼합을, 최대 출력시에는 농후한 혼합을 하게 함으로써 연료 소모를 최대로 절약할 수 있도록 했다는 데서 그 명칭을 만들었다. 최근의 대부분의 이코노마이저는 단지 농후하게만 하는 장치이다. 이코노마이저를 갖춘 기화기는 보통 순항 속도에서 가장 희박한 혼합에 맞추고, 고출력에서는 필요한 만큼 농후하게 되도록 되어 있다.

부자식 기화기의 이코노마이저 세 가지 형태는 다음과 같다.

① 니들 밸브형 이코노마이저(Needle Valve Type Economizer)

이 장치는 미리 정해진 드로틀 위치에서 드로틀 연결부에 의해 열려지는 니들 밸브를 이용한다. 이것은 주 미터링 제트로부터의 연료와 더불어 추가 연료가 방출 노즐 통로로 들어가게 해 준다. 이코노마이저 니들 밸브는 연료가 순항 밸브 미터링 제트를 우회하도록 한다(그림 6-34 참조).

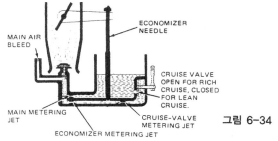

그림 6-34 Needle valve type of economizer

② 피스톤형 이코노마이저(Piston-Type Economizer)

이 장치도 드로틀로 작동된다. 하부 피스톤은 순항 속도에서 연료가 계통을 통과해 흐르지 못하게 막는 연료 밸브 역할을 하며(그림 6-35의 (A)참조) 상부 피스톤은 공기가 별도의 이코노마이저 방출 노즐을 통해 흐르도록 하는 공기 밸브 역할을 한다. 드로틀이 고출력 위치로 열리면 하부 피스톤은 이코노마이저 오리피스인 연료 구멍을 열고, 상부 피스톤은 공기 구멍을 닫는다(그림 6-35의 (B)참조).

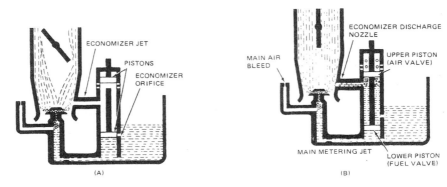

그림 6-35 Piston-type economizer

연료는 이코노마이저 웰(economizer well)에 가득차서 주 방출 노즐로부터 나오는 연료에 더해져 기화기 벤투리로 방출된다. 이코노마이저의 위쪽 피스톤은 소량의 공기를 연료 속에 블리드 되게 해서 이코노마이저 장치로부터 나온 연료의 분무를 돕는다. 하부 피스톤의 아래 공간은 드로틀이 열릴 때 가속 웰 역할을 한다.

③ 흡입 압력 작동형 이코노마이저(MAP Operated Economizer)

흡입 압력 작동형 이코노마이저에는 엔진 과급기(engine blower)로부터 오는 압력 벨로우 챔버(bellow chamber)내의 압축 스프링보다 더 큰 힘을 낼 때 압축되는 벨로우가 있다. 엔진 속도가 증가함에 따라서 과급기 압력도 증가한다. 이 압력은 벨로우를 수축시켜서 이코노마이저 밸브를 열게 한다. 그때 연료는 이코노마이저 미터링 제트를 통하여 주 방출 장치로 흘러간다. 벨로우와 스프링의 작동은 "Dashpot(완충 장치)"에 의하여 안정된다(그림 6-36 참조).

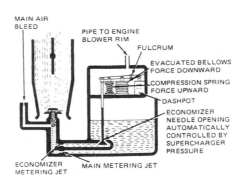

그림 6-36 MAP-operated economizer

7) 혼합 조종 장치(Mixture Control System)

고고도에서 공기는 기압, 밀도, 온도가 감소한다. 공기 밀도가 감소하면 과급되지 않은 엔진의 공기 중량이 감소하고 출력도 대략 같은 비율로 감소한다. 엔진 내의 산소량이 감소하기 때문에, 연료와 공기의 혼합기는 정상 가동하기에는 너무 농후하게 된다. 기화기에 의해 혼합된 혼합 비율은 공기 밀도 증가의 제곱근에 역비례로 농후해 진다. 공기 밀도는 온도와 기압 변화에 따라 변한다. 기압이 일정하면 공기 밀도는 온도에 따라 변화하는데 온도가 떨어짐에 따라 밀도가 증가한다. 이 것은 밀도가 높은 공기일수록 더 많은 산소를 포함하고 있기 때문에 기화기에서 연료와 공기의 혼합기를 희박하게 한다. 고도에 따른 기압의 변화는 온도 변화에 따른 밀도 변화보다도 더 많은 문제가 있다. 18,000ft(5,486.4m) 고도에서의 기압은 대략 해면 압력의 1/2이다. 그러므로 정확한 혼합을 위해 연료의 흐름을 해면에서보다 약 1/2로 감소해야 한다.

기압과 온도 변화를 보상하기 위해 연료의 흐름을 조절하는 것이 혼합기 조종 장치의 주 기능이다. 혼합 조종 장치는 비행 중 엔진에 들어가는 혼합 농도를 적절하게 조종하는 장치로서 모든 정상 고도에서 조종이 가능하다. 혼합 조종 장치의 기능은 첫째, 고고도에서 혼합기가 너무 농후해지는 것을 방지하는 것이며 둘째, 희박한 혼합기 사용으로 실린더 온도가 과열되지 않는 저 출력 범위에서 엔진을 작동하여 연료를 절약하는 것이다.

혼합 조종 장치는 작동원리에 따라 다음 세 가지로 분류된다.
① 후방 흡입형(back-suction type); 미터링 장치에 유효한 흡입력을 줄여준다.
② 니들형(needle type); 미터링 장치를 통하는 연료의 흐름을 제한한다.
③ 공기구형(air-port type); 주 방출 노즐과 드로틀 밸브 사이의 기화기로 추가로 공기를 공급한다.

그림 6-37은 후방 흡입형 혼합 조종 장치에서 밸브가 닫혀진 상태와 열린 상태의 두 가지 그림이다. 왼쪽 그림은 혼합 조종 밸브가 닫힌 그림으로, 부자실의 연료 상부의 공간과 대기압을 차단한다. 부자실이 기화기 벤투리의 저압 영역에 연결되어 있기 때문에 부자실 연료 상부의 압력은 연료가 더 이상 방출 노즐에서 방출되지 않을 때까지 감소한다. 이것은 저속 차단(idle cutoff)과 같이 작용하여 엔진을 정지시킨다.

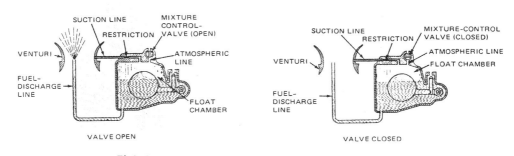

그림 6-37 Back suction type of mixture control

어떤 기화기는 후방 흡입(back suction) 튜브 끝이 노즐에서의 압력보다 다소 높은 압력인 것에 위치하여 혼합 조종 밸브가 연료의 흐름을 차단하지 않고도 완전히 닫히게 해준다. 연료의 흐름은 혼합 조종 밸브의 개폐로 조절되는데 혼합기를 희박하게 하려면 밸브를 닫혀지는 위치 쪽으로 움직이고 농후하게 하려면 밸브를 열리는 위치로 움직이면 된다.

그림 6-37의 오른쪽 그림은 밸브가 완전 농후 위치(full rich position)에 있는 그림이다. 후방 흡입 혼합 조종 장치의 민감도를 줄이기 위하여 때로는 디스크형(disk-type) 밸브가 사용된다. 이 밸브는 밸브 열림 부분이 처음에는 급속히 닫히다가 점차 서서히 닫힐 수 있도록 만들어져 있다(그림 6-38 참조).

이것을 고도 조종 밸브 디스크형(altitude-control valve disk and plate)이라고 한다. NA-S3A1 기화기의 혼합 조종 밸브 판의 그림은 그림 6-39에서 보여준다. 그림 6-40은 니들형 혼합 조종 장치이다. 이 조종에서 니들은 주 미터링 제트를 통과하는 연료 통로를 제한하는 데 사용된다. 혼합 조종이 완전 농후 위치 (full rich)일 때는 니들이 완전히 올라가서 연료는 주 미터링 제트에 의해 적당량이 흐를 것이다. 혼합을 희박하게 하기 위하여는 니들 밸브를 밸브 시트에 앉게 하여 주 방출 노즐로 가는 연료 공급을 감소시킨다. 니들 밸브가 완전히 닫히더라도 부자실로부터 연료 통로로 가는 바이패스 구멍이 있어서 약간의 연료가 흐르므로 이 바이패스 구멍(bypass hole)의 크기가 조종 범위(control range)를 결정한다. 그림 6-41은 공기구형 혼합 조종 장치(air-port type

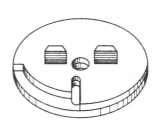

그림 6-38 Disk-type mixture control

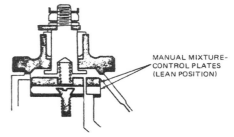

MANUAL MIXTURE-CONTROL PLATES (LEAN POSITION)

그림 6-39 Mixture control for NA-S3A1 carburetor

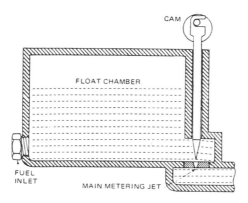

CAM

FLOAT CHAMBER

FUEL INLET

MAIN METERING JET

그림 6-40 Needle type of mixture control

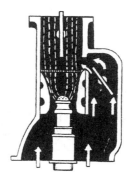

그림 6-41 Air-port type of mixture control

of mixture control)인데 벤투리 튜브와 드로틀 밸브 사이의 영역에서 대기 압력을 인도하는 공기 통로가 있다. 조종석에는 조종사가 수동으로 조종하는 나비형 밸브(butterfly valve)가 공기 통로 내에 있다. 조종사가 공기 통로에 있는 나비형 밸브를 열면 분명히 연료와 혼합되지 않은 공기가 연료와 공기의 혼합기 속으로 주입된다. 동시에 흡입 다기관에서 흡입력이 감소하여 벤투리 튜브를 통해서 들어오는 공기 속도가 감소하게 됨으로써 흡입 다기관으로 들어오는 연료량도 감소된다.

8) 저속 차단(Idle Cutoff)

"idle cutoff"라는 말은 연료가 흡입 공기 속으로 들어가지 못하게 조종하는 혼합 조종의 위치를 말한다. 부자식 기화기와 대부분의 압력식 기화기에는 혼합 조종 장치에 "idle cutoff" 위치를 두고 있다. 저속 차단 계통은 방출 노즐로부터의 연료 흐름을 차단함으로써 엔진을 정지하는 데 이용된다. 이것은 흡입 다기관에 가연 혼합(combustible mixture)을 없애주고 1개 이상의 실린더에서 고열점(hot spot)으로 인한 엔진 점화가 발생하지 않도록 해 주기 때문에 중요한 안전 요인이 된다. 어떤 경우, 엔진을 점화 스위치를 꺼서 정지시키는데 정지 후에도 엔진이 걸려서 프로펠러 근처에 위치한 사람에게는 무척 위험하게 된다. 엔진은 저속 차단에 의해 정지된 후 엔진 점화 스위치를 끄게 되어 있다. 이 절차는 실린더에 타지 않는 연료가 들어가고 실린더 벽에 있는 오일 막을 세척할 가능성을 없애준다.

9) 자동 혼합 조종 장치(Automatic Mixture Control)

좀 복잡한 기화기에는 고도 변화에 따라 자동적으로 혼합비가 조종되는 장치가 되어 있다. 후방 흡입(back-suction) 원리와 니들 밸브 원리로 작동하는 자동 혼합 조종(AMC) 장치는 기계적인 연결 장치를 통하여 압력 수감부의 벨로우의 팽창과 수축에 의하여 직접 작동된다. 이것은 자동 혼합 조종 장치 중 가장 간단한 형태로서 일반적으로 정확하고 믿을 만하여 정비가 용이하다고 알려져 있다.

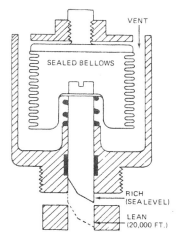

그림 6-42 AMC mechanism

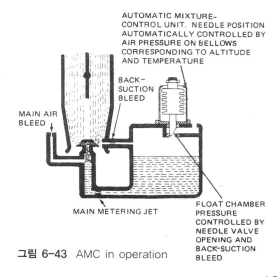

그림 6-43 AMC in operation

그림 6-42와 같은 혼합 조종 밸브는 대기로 통기되어 있는(vented) 벨로우에 의해 작동되므로, 연료의 흐름은 대기 압력에 비례한다.

그림 6-43은 후방 흡입 조종 장치로서 기화기에 벨로우형 혼합 조종 밸브가 장착된 것을 보여주고 있다. 대기압이 감소하면, 벨로우가 팽창하여 연료실의 통기 구멍을 막기 시작한다. 그래서 연료실 압력이 감소하게 되고 방출 노즐로부터의 연료 흐름이 감소한다.

외부 과급기를 갖는 장치에서는 연료 공기의 정확한 혼합비를 얻기 위하여 연료실과 벨로우 모두 기화기 흡입구로 통기되어 있다. 혼합비 변화에 따라 엔진 속도를 변하게 하는 고정 피치 프로펠러(fixed-pitch propeller)가 엔진에 장착되었을 때 수동으로 작동되는 혼합 조종(control)은 조종(control)간의 움직임에 따라 엔진 rpm의 변화를 관찰함으로써 조절할 수 있다. 이것은 정속 프로펠러에는 적용하지 않는다. 정속 프로펠러가 고정 피치 위치로 고정(lock)할 수 없다면, 그리고 최대 피치 위치로 했을 때 정상 비행 작동 범위를 벗어난 엔진 속도를 낸다면, 연료와 공기의 혼합비나 출력을 지시하는 장치가 필요하다. 반대로 프로펠러가 고정 피치 위치로 고정(lock)될 수 있고 정상 비행 작동 범위를 벗어난 엔진 속도도 내지 않는다면, 다음과 같은 혼합 조종을 수동으로 조절할 수 있다.

- 완전 농후(Full rich) : 혼합기 조종을 최대 연료 흐름 위치에 맞추는 것.
- 농후 최대 출력(Rich best power) : 드로틀 고정 위치에서 rpm을 감소 없이 혼합비 조종을 가능한 한 농후하게 함으로써 최대의 엔진 rpm을 낼 수 있도록 혼합 조종을 맞추는 것.
- 희박 최대 출력(Lean best power) : 드로틀을 고정시켜 놓고 rpm을 감소시키지 않고 가능한 한 희박한 쪽으로 혼합비 조종을 하여 최대 엔진 rpm을 낼 수 있도록 혼합 조종을 맞추는 것.

(2) 하향 기화기(Downdraft Carburetor)

지금까지는 주로 상향 기화기(updraft Carburetor)를 취급해 왔다. 상향 기화기는 기화기를 통하는 공기가 위쪽으로 흐르는 것을 의미한다. 하향 기화기는 (그림 6-44 참조) 엔진 위로부터 공기를 받아들여 기화기를 통하여 공기를 아래로 흐르게 한다.

하향 기화기를 선호하는 사람들은 이것이 화재 위험이 적고 직립(upright) 엔진의 실린더에 혼합기 분배가 더 좋으며 지상으로부터 모래와 먼지를 덜 흡입한다고 주장한다. 하향 기화기는 상향 기화기와 기능과 체제가 매우 유사하다. 그림 6-44는 항공기에 사용된 하향 기화기의 몇 가지 형태 중 하나이다. 이 모델에는 부자실이 2개, 드로틀 밸브가 2개이고 1개의 AMC 장치가 있다.

그림 6-45는 부자실에서 나가는 연료 통로와 저속 공기 블리드의 위치에 역점을 두어 하향 기화기의 저속 장치 일부를 보여주고 있다. 엔진이 작동하지 않을 때는 공기 블리드는 연료를 빨아올리는 현상(siphoning)을 방지한다. 혼합 조종 장치의 평균 흡입 압력은 벤투리 입구의 여러 개의 통기구(vent)에서 생긴다.

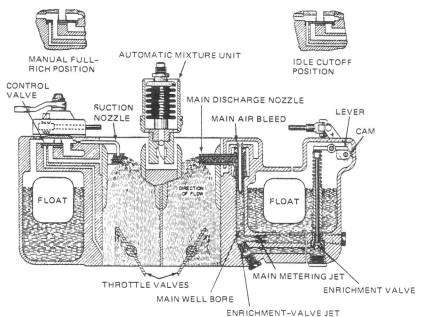

그림 6-44 Downdraft carburetor

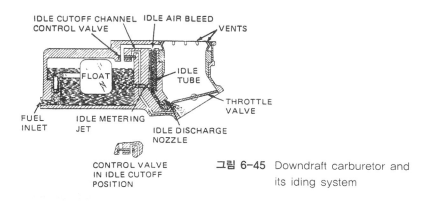

그림 6-45 Downdraft carburetor and its iding system

(3) 모델 명칭(Model Designation)

모든 Bendix-stromberg 부자식 항공기 기화기에는 일반적으로 모델명에 NA가 붙는다. 그리고 뒤따르는 다음 글자는 형(type)을 나타낸다(표 6-1 참조)

표 6-1 BENDIX-STROMBERG 모델 명칭

형태 글자	명 세
S와 R	단일 배럴(singer barrel)
D	이중 배럴, 후방에 부자실이 있음
U	이중 배럴, 배럴 사이에 부자실이 있음
Y	이중 배럴, 배럴 앞, 뒤에 이중 부자실이 있음
T	3중 배럴, 배럴 앞, 뒤에 이중 부자실이 있음
F	4중 배럴, 두 개의 별도 부자실이 있음

숫자는 기화기의 크기를 나타내는데 1in 크기는 No.1이 되고 1/4in 마다 번호가 커진다. 예를 들면 2in짜리 기화기는 No.5가 된다. 기화기 배럴(barrel) 입구의 실제 직경은 SAE(Socety of Automotive Engineers)의 기준에 까라 정해진 크기보다 3/16in가 크다. 맨 끝의 글자는 그 형의 여러 가지 모델을 나타낸다. 이러한 모델 명칭 체계는 도립 또는 하향 기화기뿐 아니라 상향 기화기에도 응용된다. 모델 명칭과 일련 번호(serial number)는 기화기에 알루미늄 표(aluminum tag)로 붙여진다.

(4) 전형적인 부자식 기화기

경비행기 엔진에 사용되는 기화기는 보통 Marvel-Schebler MA-3이다(그림 6-46 참조). MA-3 기화기는 기화기의 윗부분에 고정된 이중 부자 어셈블리를 가지고 있다. 기화기 윗부분에 드로틀 어셈블리를 가지고 있기 때문에 드로틀 본체(throttle body)라고도 부른다.

이 드로틀 본체에는 연료 입구, 부자니들 밸브, 2개의 벤투리로 구성되어 있다. 기화기 본체와 볼(bowl) 어셈블리에는 주 공기 통로를 둘러싸고 있는 초승달 모양의 연료실이 있다. 주 연료 방출 노즐은 공기 통로에 설치되어 있다. 가속 펌프는 본체 볼(bowl) 어셈블리 한쪽에 내장되어 있다. 그 펌프는 연료실에서 연료를 받아 특별 가속 펌프 방출 튜브를 통하여 주 방출 노즐에 인접한 기화기 구멍으로 가속 연료를 방출한다. 또한 기화기에 고도 혼합 조절기 장치(altitude mixture control unit)가 있다.

Facet Aero-space Products Co.에서는 MA 3 기화기뿐 아니라 MA 3-SPA, MA 4-SPA, MA 4-5, MA 4-5AA, MA-5, MA 6-AA, HA 6 기화기를 제작하고 있다. 이러한 모델들은 본질적으로 설계와 작동면에서 MA-3와 같지만 더 큰 엔진용으로 설계되었다.

HA 6 기화기는 부자 및 조종 장치가 똑같지만 공기 흐름이 상향이 아니라 수평형이다. 기화기의 주요 특징은 모두 같지만 크기와 몇 가지가 모델 번호에 따라 다르다. HA 6 기화기는 수평형 공기 흐름으로 되어 있는데 엔진의 오일 섬프 뒤에 장착되도록 설계되어 있다. 연료와 공기의 혼합기가 오일로 가열된 오일 섬프를 통과함으로써 연료가 더 잘 증기화(vaporization)되도록 한다.

MA- 형 기화기의 배열과 작동에 관한 선도는 그림 6-47과 같다. 좀 더 복잡한 기화

그림 6-46 Marvel-Schebler MA-3 carburetor

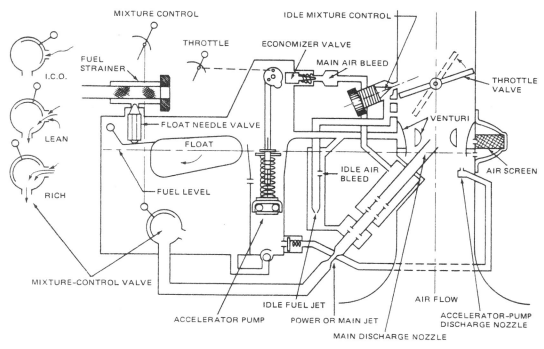

그림 6-47 Simplified drawing of Marvel–Schebler Carburetor

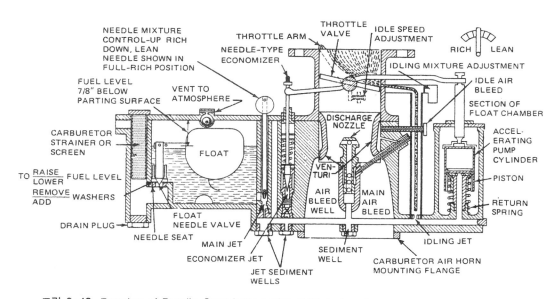

그림 6-48 Drawing of Bendix–Stromberg series NAR carburetor.

기의 선도는 그림 6-48과 같다. 이것은 Bendix–Stromberg NAR-형 기화기로서 이 장치의 작동은 선도를 보면 쉽게 이해할 수 있다. 특히 부자와 니들 밸브, 니들형 혼합 조정기 이코노마이저 장치, 공기 블리드, 저속 장치, 주 미터링 장치를 잘 관찰하라.

(5) 부자식 기화기의 단점(Disadvantages of Float-type Carburetor)

부자식 기화기는 제작업자에 의해 꾸준히 개선되어 왔다. 그러나 아직도 두 가지 중요한 단점을 가지고 있다. 첫째는, 기동(maneuvers) 비행시 연료 흐름의 교란으로 부자의 기능을 방해하기 때문에 연료의 공급이 불규칙하여 때로는 엔진이 정지하기도 한다. 둘째는, 기화기에 빙결 조건이 있을 때 드로틀 앞의 공기 흐름 속으로 연료의 방출은 온도를 떨어뜨려 드로틀 밸브에 빙결이 형성되게 한다.

6-5 기화기 빙결

(1) 증발의 법칙(Laws of Evaporation)

기화기 내의 빙결 형성에 미치는 다음 여섯 가지 증발의 법칙이 있다.

1) 증발율(The rate of evaporation)은 온도 증가에 따라 증가한다.
   열은 분자 운동을 활발하게 한다. 즉 더운물이 차가운 물보다 빨리 증발한다.
2) 증발율은 액체의 표면적의 증가에 따라 증가한다. 즉, 물이 적은 그릇에 있을 때 보다 큰그릇에서 더 빨리 증발한다.
3) 대기압이 감소함에 따라 증발율이 증가한다. 즉 고압하보다 저압하에서 더 빨리 증발한다.
4) 증발율은 액체의 성질에 따라 변한다. 예를 들면, 알콜은 물보다 더 빨리 증발한다.
5) 물의 증발율은 공기의 습도가 증가함에 따라 감소한다.
6) 증발율은 액체의 표면에 접촉되는 공기의 변화율에 따라 증가한다. 즉 젖은 옷은 바람 부는 날이 바람이 없는 날보다 더 빨리 마른다.

(2) 증발의 냉각 효과(Cooling Effect of Evaporation)

물 1g이 0℃에서 100℃로 상승되는 데 100cal가 필요하다. 액체 상태의 100℃ 물 1g이 100℃의 수증기로 변하는 데 필요한 열량은 539cal이다. 예를 들면, 사람의 피부에 물기는 증발시 열을 빼앗고 이 때 바람이 분다면 피부는 더 빨리 차가워진다. 바람이 없고 상대 습도가 크고 더운 날은 증발이 잘 되지 않으므로 사람은 더욱 덥게 느낀다.

(3) 기화기 빙결 형성(Carburetor Ice Formation)

연료가 기화기 벤투리의 저압력부에 방출될 때 연료는 빠르게 증발된다. 이 연료의 증발은 공기, 벽, 수증기를 냉각시킨다. 만일 공기중의 습도가 높고 기화기의 금속이 32℉ 이하로 냉각되어 있다면 얼음이 형성되어 엔진의 작동을 방해한다. 연료-공기 통로가 막히고 혼합기의 흐름은 감소하게 되어 출력은 떨어진다. 이 상태를 수정하지 않으면 결국에는 출력이 떨어져서 엔진이 정지하게 된다. 기화기내의 빙결 형성은 드로틀 위치의 변화 없이 엔진 속도와 MAP가 점화로 떨어지는 것을 감지할 수 있다.

조종사가 기화기 빙결의 징후와 빙결이 일어날 수 있는 날씨 상태를 인식하는 것은 대단히 중요하다. 빙결의 주요한 영향은 출력감소(MAP 감소), 엔진 진동, 역화이다. 역화는 방출 노즐이 부분적으로 막힐 때 희박 혼합비가 되게 함으로써 일어난다.

기화기 빙결에 대한 안전 처리는

① 이륙 전에 기화기 히터(heater)작동을 점검한다.

② 활동이나 착륙하기 위하여 출력을 감소시킬 때 기화기 히터를 사용한다.

③ 빙결이 일어날 것이라고 판단될 때는 언제나 기화기 히터를 사용한다.

혼합기 온도가 어는점보다 약간 높다면 기화기 빙결의 위험은 거의 없다. 이러한 이유로 혼합기 온도계(mixture thermometer)가 간혹 기화기와 흡입 밸브 사이에 설치된다. 이 계기는 결빙 조건을 나타내는 기화기 벤투리 내의 온도뿐만 아니라 디토네이션, 조기 점화, 출력 손실의 원인이 되는 과도한 온도를 피하기 위하여 기화기 온도 흡입 히터의 온도도 감지하는 데 사용된다. 기화기 계통 내의 빙결은 다음과 같은 세 가지 과정 중 한 가지에 의해 형성된다.

1) 드로틀 빙결(Throttle Ice)

드로틀 빙결은 착륙시와 같이 부분적으로 닫혔을 때 대부분 발생한다. 공기가 드로틀을 지나갈 때 압력은 감소하고 속도는 증가한다. 드로틀 빙결은 공기중의 수증기가 드로틀 또는 드로틀 근처에서 결빙되는 것이다. 이 현상은 고정 피치 프로펠러에서 드로틀 고정시 엔진 rpm 감소, 고도 손실, 비행 속도(airspeed) 감소에 의해 감지할 수 있고 정속 프로펠러에서는 rpm의 변화는 없으나 엔진과 항공기 성능의 뚜렷한 저하가 있기 전에 MAP 또는 EGT가 감소된다.

만일 조종사가 이러한 징후를 알지 못하고 어떠한 조치도 취하지 않는다면 엔진 출력은 계속 감소하게 되고 엔진 진동이 발생하게 되며 역화가 뒤따르게 된다. 이러한 단계를 지나면 비행을 유지하기에 불충분한 동력으로 인하여 결국 엔진은 정지하게 된다.

2) 연료 증발 빙결(Fuel Vaporization Ice)

연료 증발의 냉각 효과로 인하여 발생하며 보통 드로틀 빙결과 함께 발생한다. 각 실린더 흡입구에 직접 연료를 분사하거나 과급기에 의해 가열된 공기는 연료 증발 빙결이 일어나지 않는다. 연료 증발 빙결은 상대 습도 50% 이상으로 온도 32°F(0℃)에서부터 100°F(37.8℃) 사이에서 발생한다.

3) 임팩트 빙결(Impact Ice)

공기중의 습기가 32°F 이하의 흡입 계통의 부품과 접촉하여 발생한다. 임팩트 빙결은 공기 스쿠프(scoop), 가열 공기 밸브(heat air valves), 흡입 망(intakes screen), 기화기내의 돌출부에 발생한다. 공기중의 습기가 반액체 상태이며 대기 온도가 약 25°F(-3.9℃)에서 임팩트 빙결은 가장 빨리 형성된다. 이러한 형태의 빙결은 기화기를 갖는 엔진뿐만 아니라 연료 분사식 엔진에도 영향을 미친다.

이러한 빙결을 방지하기 위하여 기화기 가열을 사용하는 것이 좋다. 극히 추운 조건하에서는 상대 습도가 낮고 습기가 얼음 결정체로 되어 공기 계통을 통해 지나가므로 임팩트 빙결은 잘 발생하지 않는다.

(4) 기화기 흡입 공기 가열기(Carburetor Air Intake Hearers)

기화기 흡입 공기, 가열기의 배기형(exhaust type)은 공기가 기화기 계통으로 들어가기 전에 뜨거운 배기 가스와 열교환 장치에 의해 흡입 공기를 따뜻하게 한다. 기화기 공기 가열의 주요한 목적은 기화기 빙결을 소거하거나 또는 방지하는 것이다.

교체 흡입 공기 가열 계통(alternate air inlet heating system)은 공기 스쿠프와 두 위치 밸브(two position valve)를 갖는다. 스쿠프 통로가 닫히면 엔진실로부터 따뜻한 공기가 기화기 계통으로 들어오고, 스쿠프 통로가 열리면 차가운 공기가 스쿠프로부터 들어온다. 기화기 흡입 공기 가열기의 세번째 형태는 외부 과급기에서 생기는 압축에 의한 공기 가열이며, 공기의 온도가 너무 높기 때문에 중간 냉각기(intercooler)를 통과시켜 기화기로 공기가 들어가기 전에 공기의 온도를 떨어뜨린다. 왜냐하면 엔진으로 들어가는 공기의 온도가 너무 높으면 디토네이션을 유발시키기 때문이다.

(5) 저속 속도와 저속 혼합비 조절(Adjusting Idle Speed and Idle Mixture)

정확한 저속과 저속 혼합비는 엔진이 가장 좋은 효율로서 작동하게 한다. 저속 속도는 엔진이 부드럽고, 과열을 줄이며, 점화 플러그 오염(fouling)이 안 되도록 제작자에 의해서 정해진다. 전형적인 저속 속도는 600±24rpm이다.

그러나 엔진 형식에 따라 조금씩 다르므로 정비 지침서에 따라 조절하면 된다. 부자식 기화기가 장착된 엔진의 저속 속도는 드로틀의 개도를 조절하는 나사(screw)를 돌려서 조절한다. 보통 나사를 오른쪽으로 돌리면 저속 속도는 증가한다.

저속 혼합비의 조절은 다음과 같이 수행한다.

1. 정상 작동 온도까지 엔진을 작동시킨다.
2. 정확한 저속 rpm을 조절한다.
3. 저속 혼합비 조절을 엔진의 진동이 올 때까지 희박(lean)쪽으로 돌린다.
4. 저속 혼합비 조절을 엔진의 진동이 없을 때까지 농후(rich)쪽으로 돌린다.
   이때 rpm이 최고값으로부터 약간 떨어진다.
5. 조종석 내의 수동 혼합비 조종(manual mixture control)을 희박(lean)쪽으로 약간 이동시키면 rpm이 약 25rpm 정도 증가했다가 뚝 떨어져 엔진이 실화(misfire)된다. 이때가 정상이다.

(6) 고장 탐구(Troubleshooting)

1. 엔진이 정지하고 있을 때 기화기가 샌다.

　원인 : ① 부자 니들 밸브(float needle valve)가 먼지나 오물로 인하여 자리에 잘못 앉았다.

　　　　② 부자 니들 밸브가 닳았다.

　수정 : ① 엔진이 작동할 동안 부드러운 나무 망치로 기화기 몸체를 탁탁 쳐라.

　　　　② 장탈하여 기화기를 세척하라. 부자의 유면을 점검하라.

　　　　③ 부자 니들 밸브를 교환하라

2. 혼합기가 저속에서 너무 희박하다.

　원인 : ① 연료압(fuel pressure)이 너무 낮다.

　　　　② 저속 혼합 조종이 잘못 조절되었다.

　　　　③ 저속 미터링 제트가 막혔다.

　　　　④ 흡입 다기관에서 공기가 샌다.

　수정 : ① 연료 압력을 정확한 수준까지 조절하라.

　　　　② 저속 혼합 조종을 조절하라.

　　　　③ 기화기를 분해하여 세척하라.

　　　　④ 흡입 다기관의 모든 연결부가 단단히 조여졌나 점검하라.

3. 혼합기가 순항 속도에서 너무 희박하다.

　원인 : ① 흡입 다기관에서 공기가 샌다.

　　　　② 자동 혼합 조종이 잘못 조절되었다.

　　　　③ 부자의 유면이 너무 낮다.

　　　　④ 수동 혼합 조종이 정확하게 맞지 않다.

　　　　⑤ 연료 여과기가 막혔다.

　　　　⑥ 연료 압력이 너무 낮다.

　　　　⑦ 연료 라인이 막혔다.

　수정 : ① 흡입 다기관의 모든 연결부가 단단히 조여졌나 점검하라.

　　　　② 자동 혼합 조종을 조절하라.

　　　　③ 부자의 유면을 점검하여 정확하게 하라.

　　　　④ 수동 혼합 조종의 맞춤을 점검하라. 만일 필요하다면 링키지(linkage)를 조절하라.

　　　　⑤ 연료 여과기를 세척하라.

　　　　⑥ 연료 펌프 릴리프 밸브를 조절하라.

　　　　⑦ 연료 흐름을 점검하고 막힌 곳을 깨끗이 하라.

4. 혼합기가 최대 출력 맞춤에서 너무 희박하다.

원인 : ① 순항 때 희박한 것과 같은 원인이다.

② 이코노마이저의 부적당한 작동.

수정 : ① 순항 때 희박한 혼합비와 같이 수정하라.

② 이코노마이저의 작동을 점검하라. 필요하면 조절이나 수리를 해라.

5. 저속에서 혼합기가 너무 농후하다.

원인 : ① 연료압이 너무 높다.

② 저속 혼합 조종이 잘못 조절되었다.

③ 프라이머(primer) 라인이 개방되어 있다.

수정 : ① 연료 압력을 적절한 수준으로 조절하라

② 저속 혼합 조절을 하라.

③ 프라이머 장치가 엔진까지 연료를 공급하지 않는가를 보라.

6. 혼합기가 순항 속도에서 너무 농후하다.

원인 : ① 자동 혼합 조종이 잘못 조절되었다.

② 부자 유면이 너무 높다.

③ 수동 혼합 조정이 잘못 맞춰졌다.

④ 연료 압력이 너무 높다.

⑤ 이코노마이저 밸브가 열려 있다.

⑥ 가속 펌프가 열려서 고착되었다.

⑦ 주공기 블리드가 막혔다.

수정 : ① 자동 혼합 조종을 조절하라.

② 부자 유면을 조절하라.

③ 수동 혼합 조종의 맞춤을 점검하라. 필요하면 링키지를 조절하라.

④ 연료 펌프 릴리프 압력을 정확한 압력으로 조절하라.

⑤ 이코노마이저의 정확한 작동 점검을 하라. 급격한 가속으로 작동 점검하라.

⑥ 엔진의 급격한 가속으로 시트로부터 외부 물질을 제거시켜라.

⑦ 기화기를 분해해서 공기 블리드를 세척하라.

7. 가속이 잘 안 된다. 드로틀을 전개할 때 엔진이 역화나 혹은 실화가 된다.

원인 : ① 가속 펌프가 적절하게 작동되지 않는다.

수정 : ① 가속 펌프 링키지(linkage)를 점검하라. 기화기를 장탈, 분해하여 가속 펌프를 수리하라.

6-6 압력 분사식 기화기

압력 분사식 기화기(Pressure Injection Carburetor)는 기본적으로 부자식 기화기 설계에서 출발했지만 항공기 엔진 연료 미터링은 전혀 다른 방법이다. 이것을 펌프 정 압력(positive pressure)으로 연료를 분사하는 새로운 기능과 함께 공기 벤투리 흡입력과 공기 임팩트 압력에 따라 고정된 오리피스를 통해서 연료를 미터링하는 간단한 방법을 쓰고 있다. 압력식 기화기가 최신 항공기에는 사용되지 않고 있지만 작동 원리를 이해하는 것이 필요하다.

대부분 구현 항공기에는 여러 가지 형태의 압력 기화기를 사용하고 있다. 압력식 기화기는 부자식 기화기보다 몇 가지 장점이 있다.

(1) 장점

1. 기화기의 드로틀 몸통에서 연료의 증발에 의해 결빙되지 않는다.
2. 계통이 완전히 닫혀 있기 때문에 어떤 형태의 비행에서도 정상적으로 작동하고, 중력이나 관성에도 거의 영향을 받지 않는다.
3. 고도, 프로펠러 피치, 드로틀 위치의 변화에 관계없이 어떠한 엔진 속도와 하중에서도 연료가 정확하게 자동적으로 공급된다.
4. 압력하에서 연료를 분무하므로 엔진 작동에 유연성, 신축성, 경제성이 있다.
5. 출력 맞춤(setting)이 간단하고 균일하다.
6. 연료의 비등(boiling)과 증기 폐색(vopor lock)을 방지하는 장치가 되어 있다.

(2) 작동 원리(Principle of Operation)

압력 분사식 기화기의 기본 원리는 압력에 따라 연료의 흐름을 조절하는 미터링 장치에 연료 압력을 조절하기 위해 공기 질량 유량(mass airflow)이 사용되는 것이다. 그러므로 기화기는 공기 질량 유량에 비례하여 연료 흐름이 증가하고 기화기의 드로틀과 혼합기 맞춤에 따라 정확한 F/A 혼합비를 유지한다.

그림 6-49에서는 압력 분사식 기화기의 기본적인 작동을 보여주고 있다. 압력식 기화기 계통의 네 가지 주요 부분은 다음과 같다.

① 드로틀 장치(throttle unit)
② 조정기 장치(regulator unit)
③ 연료 조종 장치(fuel-control unit)

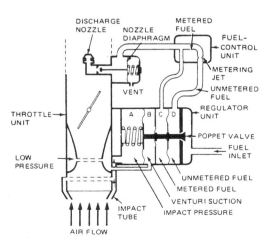

그림 6-49 Simplified diagram of a pressure injection carburetor

④ 방출 노즐(discharge nozzle)

기화기가 작동할 때 공기는 드로틀 개도에 의하여 결정되는 양으로 드로틀 장치로 흐른다. 공기 통로 입구에는 유입 공기 속도에 비례하여 압력이 발생하는 임팩트 튜브(impact tube)가 있다. 이 임팩트 튜브의 압력은 조정기 장치에 있는 A실에 작용한다. 공기가 벤투리를 통과할 때 공기 흐름의 속도에 따라서 압력이 감소된다. 이 감소된 압력은 조정기 장치에 있는 B실에 작용한다. A실의 비교적 높은 압력과 B실의 낮은 압력으로 인해 두 실 사이의 막(diaphragm)에 압력 차가 생긴다. 이러한 압력의 차이로 생기는 힘을 공기 미터링 힘(air metering force)이라고 하는데 이 힘이 증가함에 따라 포핏 밸브(poppet valve)가 열려 연료 펌프에 의해 압력이 걸려 있는 연료가 D실로 흘러 들어오게 된다.

미터 되지 않은 연료(unmetered fuel) D실과 C실 사이의 막에 힘을 가하여 포핏 밸브를 닫으려고 한다. 연료는 조종 계통에 있는 1개 이상의 미터링 제트를 통하여 방출 노즐로 흐른다. 조정기 계통에 있는 C실은 연료 조정기 계통에 연결되어 있어서 C실과 D실 사이의 막에 미터된 연료 압력(metered fuel pressure)을 작용한다. 이렇게 하여 미터되지 않은 연료압은 막의 D면에 작용하고 미터된 연료압은 C면에 작용한다. 이 때 연료 압력 차이에 의해 생기는 힘을 연료 미터링 힘(fuel metering force)이라고 한다.

드로틀의 개도가 증가할 때는 기화기로 들어오는 공기 흐름이 증가하고 벤투리의 압력이 감소하여 B실의 압력이 낮아지고 A실의 임팩트 압력이 증가하여 A와 B실 사이의 막이 압력 차이(공기 미터링 힘)에 의해 오른쪽으로 움직인다. 이 막의 움직임은 포핏 밸브를 열어 D실로 더 많은 연료가 들어오게 한다. 이것은 D실의 압력을 증가시켜 공기 미터링 힘에 대항하여 왼쪽으로 막과 포핏 밸브를 움직이게 한다. 그러나 이 움직임은 C실의 미터된 연료 압력에 의하여 수정된다.

C실과 D실의 압력 차이(연료 미터링 힘)는 엔진이 일정한 맞춤(given setting)에서 작용할 때는 언제나 공기 미터링 힘에 대해 균형을 이룬다. C실의 압력은 스프링 하중과 막에 의하여 작동되는 주 방출 노즐에 의해 약 5psi의 압력이 생긴다. 이 밸브는 엔진이 작동하지 않을 때 노즐에서 연료가 새는 것을 방지해 준다.

드로틀 개도가 감소할 때는 공기 미터링 힘이 감소하여 연료 미터링 힘이 포핏 밸브를 닫힌다. 이는 공기 미터링 힘에 의하여 다시 평형을 이룰 때까지 연료 미터링 힘을 감소시킨다. 기화기를 통하여 흐르는 공기의 양이 증가하면 연료 조종부(fuel-control section)의 미터링 제트를 지나는 연료 미터링 압력이 증가하여 더 많은 연료가 방출 노즐을 통하여 흐르게 된다. 공기 흐름이 감소하면 이와 반대 효과를 가진다.

압력 분사식 기화기의 조정기 부(regulator section)는 저속에서는 연료 압력을 정확하게 조종할 수 없다. 왜냐하면 벤투리 흡입과 공기 임팩트 압력이 낮을 때는 영향을 받지 않기 때문이다. 그러므로 저속 범위에서 연료를 미터하기 위해서 드로틀 연결부(linkage)에 의해 작동되고 포핏 밸브가 완전히 닫히지 않도록 압력 조정기에 스프링을 갖는 저속 밸브(idle valve)가 필요하다. 압력 분사식 기화기의 조정기 부에서 조정기의 각 공기, 연료실의 기능을 요약하면 다음과 같다.

- A실(chamber) : 기화기 형태에 따라 대기압 도는 임팩트 공기압을 받는다. 이 압력은 주 연료 포핏 밸브를 열어서 조정기 부에 연료를 흘러 들어오게 한다.
- B실(chamber) : 기화기의 주 벤투리 또는 부스트 벤투리(boost venturi)에서 벤투리 흡입력을 받는다. 이 흡입력은 A실과 B실 사이의 막을 주 연료 포핏 밸브가 열리는 방향으로 움직이게 돕는다. A실에서 생긴 힘과 B실에서 생긴 힘이 함께 작용하여 포핏 밸브를 열리게 한다. 두 실 사이의 막이 파열되면 포핏 밸브는 엔진이 정지될 정도로 충분히 닫히거나 또는 엔진 출력이 크게 감소한다.
- C실(chamber) : 미터된 연료는 D실 압력보다 약간 낮은 압력(약 1/4psi)으로 C실로 들어온다. 이것은 D실의 훨씬 높은 압력 때문에 포핏 밸브가 닫히는 것을 방지하고 C실과 D실 사이의 막에 작은 압력 차이를 유지하게 한다.
- D실(chamber) : 연료 펌프로부터 미터되지 않은 연료가 D실로 들어온다. 이 연료 압력이 연료 막에 작용하여 포핏 밸브를 닫히게 한다.

(3) 압력 분사식 기화기의 형식(Types of pressure-injection Carburetor)

압력 분사식 기화기는 여러 가지 형태로 제작되며 대부분은 Bendix-Corporation의 Energy Control Division에서 거의 모든 왕복 엔진에 알맞은 모델의 기화기들을 제작하였다.

소형 엔진용 기화기는 단일 배럴(single-barrel)내의 단일 벤투리(single-venturi)이며, PS란 문자로 명명되는데 P자는 압력식(pressure-type), S는 단일 배럴(single-barrel) 기화기란 뜻이다. 중형 엔진용 압력식 기화기에는 부스트 벤투리(boost venturi)를 갖는 복식 배럴(Double barrel)이며, PD란 문자로 명명되는데 P자는 압력식, D는 복식 배럴을 의미한다. 3중식 배럴 기화기(triple barrel carburetor)는 PT로, 사각형 배럴 기화기(rectangular-barrel carburetor)는 PR로 표시한다. 문자 다음에 오는 숫자는 기화기 또는 분사 장치의 내경의 크기(bore size)를 나타낸다. 내경 크기가 1인치인 것이 NO.1로 시작하는데 1/4인치씩 증가할 때마다 내경 크기 번호가 올라간다. 실제 내경은 기재 내경보다 3/16인치 더 크다. 예로, NO.10이라고 기재된 내경은 3.25인치이며 실제 내경은 3.4375인치이다.

(4) 작동 장치(Operating Unit)

1) 드로틀 장치(throttle unit)

기화기를 통해 엔진으로 유입되는 공기 질유량(mass airflow)을 조절하고 측정한다. 드로틀과 벤투리에서 공기의 임팩트 힘(impact force)과 속도를 감지하여 연료 압력과 F/A혼합 비율을 조정하는 조정력(regulating force)을 제한한다.

2) 조정기 장치(regulator unit)

연료 조종 장치의 미터링 요소에 작용하는 연료 압력을 자동으로 조정한다. 이 조정은 공기 질유량과 연료 흐름에 따라 반응하는 막에 의해 이루어진다.

3) 연료 조종 장치(fuel control unit)

조정 장치로부터 다양한 압력을 가진 연료를 받아 방출 노즐로 공급한다. 여기에는 1개 이상의 미터링 제트(metering jet)와 수동 혼합 조정기가 포함되어 있다.

수동 혼합 조정기에는 "AUTO LEAN(자동 희박)", "AUTO RICH(자동 농후)" 및 "FUEL RICH(완전 농후)"의 작동 상태를 위한 제트(미터링 오리피스)가 있다. 또한 "IDLE CUTOFF(저속 차단)"으로 모든 연료의 흐름을 차단시켜 엔진을 정지시킬 수 있다. 연료 조종부에는 저속 밸브(idle valve)가 있어서 엔진을 저속 범위에서 조종할 수 있다.

4) 방출 노즐(discharge nozzle)

드로틀 개구를 통하여 흐르는 공기 속으로 연료를 분사시킨다. 방출 노즐에는 밸브가 있어서 매우 낮은 저압에서는 연료가 흐르지 못하게 한다.

5) 가속 펌프(accelerating pump)

압력 분사식 기화기는 막형(diaplragm-type) 가속 펌프이고 다른 기화기는 드로틀에 의해 작동되는 피스톤 펌프(throttle operated piston pump)이다. 전형적인 막형 펌프에는 연료실과 공기실을 분리하는 막이 있다. 공기실은 드로틀의 엔진쪽 드로틀 보어(bore)에 연결되어 있다. 저 출력으로 작동하는 동안에는 드로틀이 거의 닫혀져 제한된 공기 유량만이 통과하기 때문에 펌프의 공기실은 저압이다.

막의 한쪽은 이러한 저압이고 다른 쪽의 연료압이 합쳐져서 연료실에 연료를 완전히 채우는 방

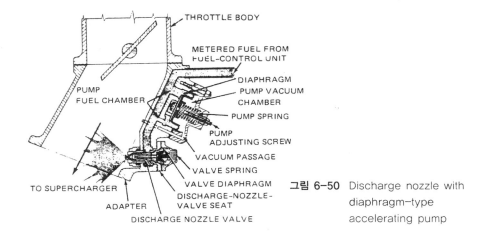

그림 6-50 Discharge nozzle with diaphragm-type accelerating pump

향으로 막을 움직인다. 드로틀이 갑자기 걸리면 드로틀의 엔진쪽 압력이 증가한다. 증가된 압력이 펌프의 공기실로 가는 진공 통로를 통하여 전달되어 펌프 스프링 힘과 합쳐져서 연료실 반대쪽으로 막을 움직여 가속시 여분의 연료를 공급하여 방출 노즐을 통해 방출하게 된다. 그림 6-50에서는 막형 가속 펌프가 있는 전형적인 압력 방출 노즐을 보여주고 있다.

6) 농후 밸브(enrichment valve)

고출력 맞춤(setting)에서 여분의 냉각이 필요하므로 F/A 혼합비가 증대되어야 한다. 압력 분사식 기화기는 드로틀이 고출력 맞춤에서는 자동으로 농후 밸브가 열리도록 설계되어 있다.

7) 자동 혼합 조종 장치(automatic mixture control systems)

대부분의 압력 분사식 기화기에는 자동 혼합 조종 장치가 있어 고도 변화를 보상하도록 F/A 혼합비를 조절한다. 이미 언급한 바와 같이, 공기 압력은 고도가 높아짐에 따라 감소하며 따라서 일정 체적의 공기에는 산소가 감소하게 된다.

따라서 연료 흐름이 공기 압력 감소에 비례하여 감소하지 않는 한 혼합비는 고도 증가에 따라 농후해진다. 그림 6-51은 자동 혼합 조종 장치를 보여주고 있다. 벨로(bellow)에는 온도와 압력 변화에 민감하게 하기 위하여 일정량의 질소와 오일로 채워져 있다. 벨로우가 팽창, 수축함에 따라 밸브가 임팩트 튜브로부터 조종 장치의 A실과 B실 사이의 막에 작은 공기 블리드가 있기 때문에 이와 같은 흐름이 있다. 만일 자동 혼합 조종 밸브의 움직임으로 공기 흐름이 감소된다면, A실의 압력은 감소되고 공기막은 연료 포핏 밸브를 닫는 쪽으로 움직이게 될 것이다. AMC 벨로우가 팽창할 때는 A실로의 공기 흐름과 공기 압력은 감소하고 공기막은 연료 포핏 밸브의 개도를 줄이는 쪽으로 움직여서 미터링 제트에 적용되는 연료의 압력을 감소시키고 방출 노즐로부터 흐르는 연료를 감소시켜 F/A 혼합비를 희박하게 한다.

A실과 B실 사이에 위치한 AMC 공기 블리드(air bleed)가 없다면 A실의 압력을 효과적으로 조

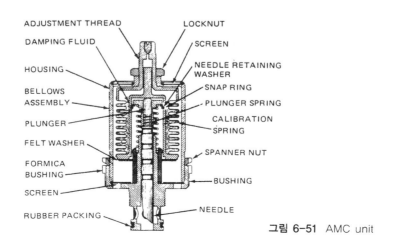

그림 6-51 AMC unit

절하지 못한다. 이 블리드는 A실과 B실의 압력을 중립으로 하려는 경향이 있지만 A실로 자동 조종된 공기를 연속적으로 흐르게 하여 정확한 압력 차이를 유지시켜 준다.

(5) 압력식 기화기의 결함(Malfunction of pressure-Type Carburetors)

1) 엔진이 시동되어 저속에서는 정상이나, 고회전에서는 꺼진다. 그 원인은 무엇인가?

: 공기막(air diaphragm)이 찢어져서 포핏 밸브를 열리게 할 힘이 없는 것을 나타낸다.

2) 혼합 조종이 "auto-lean" 위치에 있을 때도 모든 작동 속도에서 과도하게 농후하다. 그 원인은 무엇인가?

: 연료막(fuel diaphragm)이 파열되었을 것이다. 압력식 기화기의 연료막이 세거나 파열되면 포핏 밸브가 과도하게 열리게 된다. 이것에 더하여 연료가 막을 통하여 기화기의 챔버 B에 흘러들어 기화기 벤투리부를 통해 나가게 된다. 이것은 결과적으로 무척 농후한 혼합비를 만든다.

3) 저 고도에서는 정상이나 고고도에서 농후하게 된다. 그 원인은 무엇인가?

: AMC의 기능이 나쁘다. 또는 AMC 챔버 A와 B사이의 AMC 공기 블리드가 막혔다.

4) 드로틀을 갑자기 전개할 때 엔진이 꺼지거나 꺼지려고 할 때 그 원인은 무엇인가?

: 가속 펌프의 고장이다. 만일 막형 가속 펌프이면 막이 파열되었을 것이다.

5) 연료 승압 펌프(fuel boost pump)-ON 혼합비 조정-auto rich일 때 기화기에 연료가 흐르지 않는다. 원인은 무엇인가?

: ① 포핏 밸브가 열리지 않는다.

② 기화기 여과망이 완전히 막혔다.

③ 만일 여과망이 깨끗하면 연료 조정 장치(fuel regulator unit)의 저속 스프링(idle spring)이 부러졌을 것이다.

6-7 소형 엔진의 압력식 기화기

Bendix Products Division(현재, Energy Control Division)에서 소형 항공기 엔진용 PS 계열 압력 분사식 기화기를 개발하였다. 그림 6-52는 Continental O-470 엔진에 사용된 PS-5C 기화기를 보여주고 있다.

PS-5C 기화기는 드로틀 장치, 조정기 장치, 연료 조종 장치, 방출 노즐, 수동 혼합 장치, 가속 펌프 그리고 저속 장치로 되어 있다. PS-5C 분사식 기화기는 엔진 연료 펌프로부터 기화기 방출 노즐까지 연료를 공급하는 밀폐(closed) 연료 계통으로써 단일 배럴의 상향식 기화기이다. 그 기능은 공기 질유량에 비례하여 연료를 고정 제트를 통하여 엔진으로 보내는 것이다. 방출 노즐은 기화기내에서 결빙을 방지하기 위하여 드로틀 밸브 아래쪽에 위치한다. 항공기 고도와 자세에 상관없이

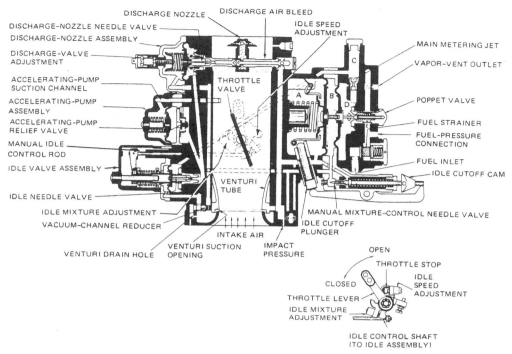

그림 6-52 Drawing of the PS-5C carburetor.(Energy Control Div., Bendix Corp.)

연료 공급을 하고 엔진 속도, 프로펠러 하중 또는 드로틀 레버 위치에 상관없이 F/A 혼합비를 적당하게 유지해 준다.

6-8 대형 엔진의 압력식 기화기

대형 엔진용으로 여러 가지 모델의 압력 분사식 기화기가 설계되었다. 이들은 크기, 혼합 조종 형태, 농후 밸브 형태, 드로틀 몸체의 모양, 방출 노즐의 형태면에서 다양하다. DC-3, DC-6, DC-7 등과 같은 구형 항공기를 다루는 기술자들은 압력식 기화기의 원리를 이해하는 것이 중요하다.

그림 6-53은 Bendix-Stromberg PR-58 기화기를 보여준다. 기화기에는 다음과 같은 네 가지 기본 장치가 있다.

① 드로틀 장치
② 압력 조정기 장치
③ 연료 조정 장치
④ AMC 장치

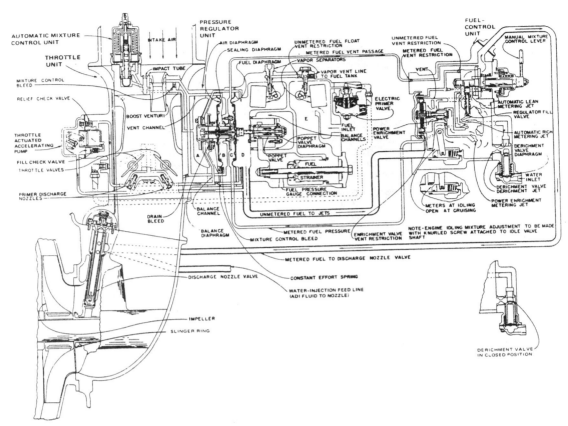

그림 6-53 Drawing of a Bendix PR-58 type of carburetor system(Energy Controls Div,. Bendix Corp.)

또한 PR-58 기화기에는 연료 조정 장치에 희석 밸브(derichment valve)와 별도의 물-알코올 (W/A) 조정기가 있는 W/A ADI(antidetonant injection : 디토네이션 방지 분사) 장치가 되어 있다.

6-9 물 분사

물 분사(water injection)는 일명 디토네이션 방지 분사(ADI)라고도 하는데 엔진에서 디토네이션의 위험 없이 추가 출력을 낼 수 있도록 혼합기와 실린더 냉각을 위해 F/A 혼합기에 물을 사용하는 것이다.

ADI 장치에는 순수한 물 대신에 소량의 수용성 오일이 첨가된 물-알코올(메탄올) 혼합체를 사용한다. 알코올은 추운 날씨와 고고도에서 결빙을 막아주며 수용성 오일은 계통내 부품의 부식을 방지해 준다. 물-알코올-오일을 혼합한 것을 디토네이션 방지유(antidetonant injection fluid) 혹은 ADI 유라고 한다. ADI 장치에는 정확한 성분의 혼합유를 사용해야 한다.

(1) 장점

물 분사는 짧은 활주로에서 이륙할 때, 착륙을 시도한 후 복행할 필요가 있을 때(go round) 엔진이 낼 수 있는 최대 출력을 사용하는 데 필요하다. 물 분사가 없는 "dry" 엔진의 경우는 작동 허용 범위를 넘었을 때 일어나는 디토네이션 때문에 출력에 제한을 받는다. F/A 혼합기에 물 분사를 하면 디토네이션의 위험 없이 엔진이 더 큰 추력을 낼 수 있게 하는 노크 방지(antiknock) 성분을 첨가한 것과 같은 효과를 가진다. 물 분사 없이 작동하는 보통의 엔진은 대략 10 : 1의 공기 : 연료 중량비로 농후 혼합해야 한다. 이렇게 혼합하면, 연료의 일부가 연소되지 않아 냉각제로 이용되고 엔진 출력을 내는 데는 쓰이지 못한다. 그러나 F/A 혼합기에 적당량 물이 혼합되면 엔진 출력이 증가될 수 있다. 물은 F/A 혼합기를 냉각시켜서 더 높은 다기관 압력을 사용하게 하고 또한 F/A 혼합비는 농후 최대 출력 혼합비(rich best-power mixture)로 감소되어 더 큰 출력을 내게 한다.

물 분사를 사용하면 F/A 혼합비를 약 0.08로 감소할 수 있는데 이는 물 분사를 사용하지 않는 경우 요구되는 0.10 혼합비보다 훨씬 더 효율적인 혼합비이다. 물 분사의 사용으로 이륙 마력을 8%~15% 증가시킬 수 있다. 물 분사에 필요한 장치는 저장 탱크, 물 조정기, 희박 밸브 등이다.

(2) 작동 원리

물-알코올 조정기(water-alcohol regulator)는 정확한 양의 W/A 혼합체인 ADI 유를 연료에 분사시키는 장치이다. ADI 유가 너무 많이 분사되면 냉각 효과로 인해 엔진 출력이 감소된다. ADI 유가 불충분하게 분사되면 엔진이 과열되어 디토네이션이 발생한다.

그림 6-54는 P&W R2800 엔진의 PR-58형 기화기에 사용된 것과 유사한 W/A 조정기이다. 이 W/A 조정기에는 막에 의해 작용되는 밸브가 3개 있는데 그것은 미터링 압력 조종 밸브(metering pressure control valve), 체크 밸브(check valve), W/A 농후 밸브(W/A enrichment valve)이다.

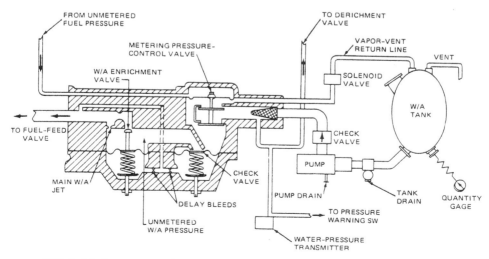

그림 6-54 Schematic diagram of water-alcohol(ADI) regulator

미터링 압력 조종 밸브는 막의 한쪽에 작용되는 기화기의 D실(미터되지 않은) 연료 압력과 막의 다른 쪽에 작용되는 W/A 펌프 압력에 의해 작동된다. 조종사가 조종석에서 ADI 스위치를 켜면, ADI 유는 펌프에서 조정기로 흐른다. 밸브 막에 작용되는 미터되지 않은 연료 압력 때문에 미터링 압력 조종 밸브가 열린다. 펌프 압력이 미터되지 않은 연료 압력 수준까지 도달되면 밸브는 닫히기 시작한다. 체크 밸브는 보통 그 장치가 작동하지 않을 때는 닫혀 있지만 펌프 압력이 막에 작용하면 서서히 열린다.

밸브는 지연 블리드(delay bleed) 때문에 즉각적으로 열리지 않는다. 지연 블리드는 ADI 유가 연료 공급 밸브(fuel feel valve)로 방출되기 전에 희박 밸브가 닫히는 시간을 갖게 한다.

계통이 작동하지 않을 때는 연료가 W/A 공급선으로 들어오게 된다. 그러므로 계통을 켜면 처음에 연료가 연료 공급 밸브로 분사된다.

기화기가 이륙을 위해 "FULL RICH" 또는 "EMERGENCY RICH"로 맞추고 W/A선으로부터 추가 연료가 분사되면, 과농후 혼합(overrich mixture)으로 인해 엔진 출력이 떨어지고 엔진 작동에 명확한 헤지테이션(hesitation)이 있게 된다. 체크 밸브와 함께 지연 블리드의 사용은 희박 밸브가 닫혀서 추가 연료가 W/A 공급선으로부터 분사되기 전에 그 혼합비가 희박해지기 때문에 위와 같은 상황을 방지할 수 있다. 희박 밸브로 희박해진 혼합기 때문에 W/A 선으로부터 추가 연료가 분사되어도 엔진 헤지테이션(엔진이 꺼지려고 하는 현상)을 일으킬 만큼 F/A 혼합이 농후하게 되지 않는다.

W/A 농후 밸브(enrichment valve)는 주 W/A 제트에 관한 ADI 유의 흐름을 수정한다. 이 밸브는 계통이 작동하지 않을 때는 닫힌다. ADI 장치는 조종사가 조종석에서 ADI 조종 스위치를 켜면 작동되는데 이 스위치는 엔진 오일 압력 또는 MAP에 의해 작동되는 압력 스위치이므로 전기 출력이 ADI 펌프로 전해지기 전에 비교적 고 출력으로 엔진은 작동되어야 한다.

계통이 작동 중에 조정기에 연결된 물압력 송신기(water pressure transmitter)는 조종실의 수압 지시기(water pressure indicator)에 전기 신호를 보낸다. 조정기의 수압은 조종석내의 수압 경고 스위치를 조종하는 압력 경고 스위치로 향한다. 계통이 작동 중에는 수압 경고등은 켜져 있다.

만일 계통이 작동하는 동안 ADI 유 공급이 부족한 상태가 되면 압력 스위치가 열려 조종석의 경고등이 꺼진다. 동시에 희박 밸브가 열리고 연료가 연료 조종 장치를 통해 흘러 들어와 농후해져서 디토네이션을 방지하도록 냉각된다.

어떤 계통에는 작동유 공급이 부족하기 전에 부자로 작동하는 스위치를 이용하여 작동유 펌프를 끄게 되어 있다. 이는 베인형 펌프를 사용하는 경우에 특히 중요하다. 베인형 펌프는 작동유 공급이 부족할지라도 희박 밸브에 압력을 유지할 수 있다. 그런 경우, 농후 연료가 흐르게 하는 밸브가 열리지 않아 엔진은 최량 출력 혼합으로 계속 작동하게 된다. 이는 디토네이션 원인이 될 수 있다.

ADI 계통은 고습(high humidity)한 상황에서 특히 장점이 있다. 습한 공기 중 수증기가 산소를 대체하므로 어떤 특정 F/A 혼합비에서는 습도 증가에 따라 농후해진다. 그러므로 항공기 이륙시 비상 농후 혼합(emergency rich)을 사용할 때 고습도는 혼합비를 더 농후하게 하여 출력을 상당히 감소시키는 요인이 된다.

ADI를 갖춘 항공기가 이륙할 때, F/A 혼합비가 최대 출력을 내도록 맞춰져서 고습도로 인한 농후도가 출력에 상당한 손실을 일으킬 만큼 크지 않다. 물이 공기 중 산소를 대신하지 못하기 때문에 연료에 분사된 물이 F/A 혼합비에 상당한 영향을 미치지는 못한다.

6-10 연료 분사 계통

(1) 정 의

연료 분사(Fuel Injection)란 기화기의 벤투리를 통한 공기 흐름에 의해 생긴 압력 차이가 아닌 압력원(pressure source)에 의하여 각 실린더 연소실이나 엔진의 흡입 계통으로 연료 또는 연료 공기 혼합기를 주입시키는 것이다.

압력원은 보통 분사 펌프(injection pump)로서 여러 형태로 되어 있다. 연료 분사 기화기(fuel injection carburetor)는 기화기 또는 기화기 근처 공기 흐름 속에 연료를 방출하는 것이다. 연료 분사 계통은 연료를 흡입 밸브 바로 앞에 있는 각 실린더의 흡입구 또는 각 실린더의 연소실로 직접 방출한다. 연료 분사 계통은 다음과 같은 장점이 있다.

1) 증발 빙결이 생기지 않으므로 최악의 대기 조건을 제외하고는 기화기가 열을 사용할 필요가 없다.
2) F/A 혼합기를 각 실린더로 균일하게 공급한다.
3) F/A 혼합비 조종이 개선되었다.
4) 정비 문제가 감소되었다.
5) 저속 후 실속(stall)없이 엔진이 즉시 가속된다.
6) 엔진 효율이 증가되었다.

연료 분사 계통은 모든 형태의 왕복 엔진에 맞게 설계되었다. 현재 경비행기, 대형 상업용 항공기, 헬리콥터 및 군용 항공기에 광범위하게 사용되고 있다.

(2) 컨티넨탈 연속 흐름 분사 계통

컨티넨탈 연료 분사 계통(fuel injection system)은 엔진의 공기 흐름에 맞추어 연료 흐름을 조종하는 다노즐(multinozzle), 연속 흐름(continuous-flow)형이다.

연료는 각 실린더의 흡입구(intake port)로 분사된다. 공기 드로틀의 위치를 변화시키거나, 엔진 속도의 변화 또는 이 두 가지를 변화시키며 엔진의 공기 흐름에 따라 연료 흐름이 변한다. 연료 흐름 계통에는 복잡하고 비싼 플런저형(plunger-type) 펌프 대신에 전형적인 회전 베인형(rotary-vane type) 연료 펌프를 사용할 수 있다. 각 실린더 흡입 밸브가 열림에 따라서 각 실린더는 흡입구에 있는 방출 노즐로부터 연료를 끌어들이기 때문에 타이밍 장치가 필요 없다.

컨티넨탈 연료 분사 계통은 4가지 장치로 되어 있다. 즉, 연료 분사 펌프, 연료-공기 혼합 조종기, 연료 다기관 밸브 그리고 연료 방출 노즐이다(그림 6-55 참조).

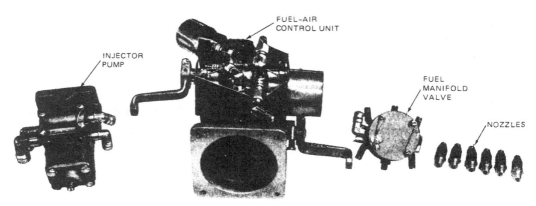

그림 6-55 Units of the Continental fuel injection system(Teledyne Continental)

1) 연료 분사 펌프(Fuel Injection Pump)

연료 분사 펌프는 정배수 로터리 베인형(positive-displacement rotary-vane type)으로서 스플라인(splined) 축으로 엔진의 보기 구동 장치와 연결되어 있다. 압력 조정기 역할을 하는 막형 릴리프 밸브는 펌프의 몸체(body)에 있다. 펌프 출구 연료 압력은 릴리프 밸브실로 들어가기 전에 조절된 오리피스를 통과하여서 엔진 속도에 비례하는 펌프 공급 압력을 만든다.

연료는 증기 분리기(vapor separator)의 회전 웰(swirl well)로 들어와 연료 속의 증기는 위쪽으로 모이게 하고 증기 이젝트(vapor ejector)에 의해 분리된다. 증기 이젝트는 증기를 연료 탱크로 되돌려 보내는 증기 반환 라인(vapor return line)에 증기를 보내는 연료의 압력 제트(pressure jet)이다. 증기 분리기에는 이동 부분이 없고 증기 제거에 제한 통로만이 사용되므로 주 연료 흐름에는 아무런 제한이 없다.

고도나 대기 조건의 영향을 고려하지 않고 정배수 엔진 구동(positive-displacement engine driven pump)을 사용한다는 것은 엔진 속도 변화에 비례하여 전체 펌프 흐름이 영향을 받는다는 것을 의미한다. 엔진 요구 용량보다 펌프 용량이 더 크므로 재순환 통로가 필요하다.

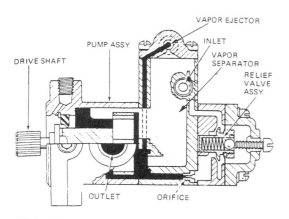

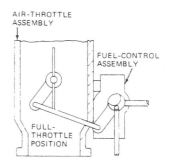

그림 6-56 Fuel injection pump(Teledyne Continental)　**그림 6-57** Fuel-air control unit(Teledyne Continental)

릴리프 밸브와 오리피스가 이 통로에 있을 때 연료 압력은 엔진 속도에 비례하게 된다. 이것은 모든 엔진 작동 속도에 맞게 펌프 압력과 공급을 적당하게 해주는 것이다. 체크 밸브는 보조 펌프 (auxiliary pump)로부터의 압력이 시동 중에 엔진 구동 펌프를 우회(bypass)할 수 있도록 한다. 또한 보조 펌프는 대기 온도가 높을 때 연료의 증기 형성을 억제시킬 수 있다. 더욱이 엔진 구동 펌프가 고장 시에 연료 압력원으로 보조 펌프가 사용된다.

2) 연료-공기 조종기(Fuel-Air control Unit)

연료-공기 조종기(그림 6-57 참조)는 흡입 다기관 입구에서 기화기를 위해 통상 사용되는 곳에 위치하며 이 조종기는 세 가지 조종부로 되어 있는데 공기 드로틀 어셈블리 내에 공기를 조종하는 것이 하나 있고 연료 조종 어셈블리 내에 연료를 조종하는 것이 두 개 있다.

공기 드로틀 어셈블리는 축과 나비형 밸브가 포함된 알루미늄 주물로 되어 있다. 주물의 내경 크기는 엔진 크기에 맞게 되어 있고 벤투리가 없다. 저속 조절 나사는 공기 드로틀 축 레버에 장착되어 있다,

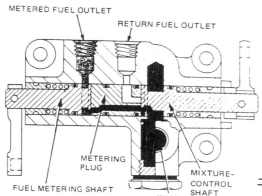

그림 6-58 Fuel control unit
(Teledyne Continental)

그림 6-57, 6-58과 같은 연료 조종기는 스테인리스 강 밸브와 최적으로 베어링 작용을 할 수 있도록 청동으로 만들어 졌다. 중심 보어(bore)의 한쪽 끝은 미터링 밸브가 있고 다른 쪽 끝에는 혼합 조종 밸브가 있다. 이러한 회전 밸브(rotary valve)는 누설 방지를 위해 O-링(ring)으로 밀폐되어 있다.

스테인리스강으로 된 각각의 회전 밸브에는 연료실을 형성하는 홈(groove)이 있다. 혼합 조종 밸브의 한쪽 끝 면은 연료실로부터 미터링 밸브 또는 연료 방출구(return fuel outlet)로 연료 흐름을 조종하기 위하여 미터링 플러그에 있는 통로에 연결되어 있다. 조종 레버(control lever)는 조종석의 혼합 조종기에 연결하기 위하여 혼합 조종 밸브 축에 장착된다.

혼합비 조종이 희박(LEAN) 위치에 이동하면 연료 조종기의 혼합 조종 밸브에서는 추가 연료를 반출 라인(return line)을 통해 연료 펌프로 흐르도록 한다. 이것은 미터링 플러그를 통해 미터링 밸브로 흐르는 연료를 감소시킨다. 연료 조종 밸브의 위치를 농후(RICH) 쪽으로 놓으면 미터링 밸브에는 더 많은 연료가 공급되고 연료 반출구에는 적게 공급된다.

미터링 밸브는 미터링 플러그 반대쪽의 바깥 부분에 캠 모양의 절단면(cam-shaped cut)으로 되어 있다. 밸브가 회전할 때 미터링 플러그 통로가 드로틀 레버의 움직임에 따라서 열리기도 하고 닫히기도 한다. 드로틀이 열리면 연료 출구로 흐르는 연료는 증가한다. 그럼으로써 적절한 F/A 혼합비가 되도록 정확한 양의 연료가 공급된다. 그림 6-59는 드로틀에서 연료 미터링 밸브까지의 연결을 보여주고 있다.

3) 연료 다기관 밸브(Fuel Manifold Valve)

연료 다기관 밸브는 그림 6-60에서 보여주고 있는데 연료 입구(fuel inlet), 막 챔버(diaphragm chamber), 밸브 어셈블리(valve assembly), 연료 출구로 되어 있다.

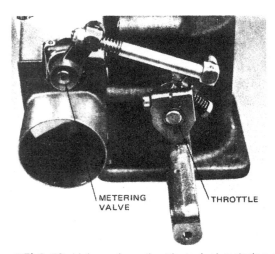

그림 6-59 Linkage from throttle to fuel metering valve

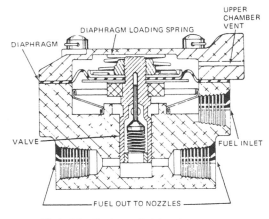

그림 6-60 Fuel manifold valve

엔진이 작동하지 않을 때는 스프링 압력을 저지할 만한 압력이 막에 생기지 않으므로 밸브가 닫혀서 출구를 봉쇄하게 된다. 연료 압력이 연료 입구에 작용하여 막 아래에 있는 챔버로 들어가면 막이 힘을 받아 비끼게 되어 플런저 시트로부터 플런저가 들려진다. 또한 연료 압력은 플런저 안쪽의 밸브를 열게 하며 연료가 출구를 통하게 한다. 막 챔버에는 미세한 망이 설치되어 있어서 이곳에 들어오는 모든 연료는 이물질이 걸러지도록 망을 통과하도록 되어 있다. 그러므로 점검할 때에는 이 망을 깨끗이 세척하여야 한다.

4) 연료 방출 노즐(Fuel Discharge Nozzle)

흡입구로 향한 출구를 갖는 연료 방출 노즐(그림 6-61 참조)은 엔진 실린더 헤드에 장착되어 있다. 노즐 아랫부분은 연료가 노즐에서 분무되기 전에 연료-공기 혼합실로 이용된다. 노즐 윗부분에는 노즐을 수정하기 위하여 교환할 수 있는 오리피스로 되어 있다.

노즐 맨 윗부분 근처에는 방사상(radial) 구멍이 있어서 공기 블리드를 할 수 있도록 되어 있다. 노즐 몸체에 설치된 망은 먼지나 외부 이물질이 노즐 내부에 들어오지 못하게 걸러 준다. 노즐은 여러 범위(range)로 수정될 수 있다. 한 엔진에 장착되는 모든 노즐은 같은 범위이다. 그 범위는 노즐 몸체 육각진 곳에 문자로 새겨져 있다.

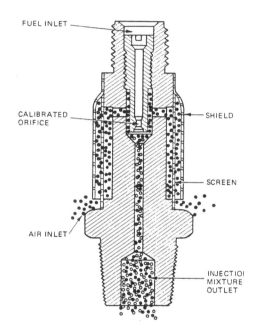

그림 6-61 Fuel discharge nozzle

5) 전형적인 컨티넨탈 연료 분사 계통

엔진에 장착된 컨티넨탈 연료 분사 계통을 그림 6-62에서 보여주고 있다. 이 선도는 기화기가 통상적으로 장착되는 곳에 위치한 연료- 공기 조종기, 보기부에 장착된 펌프, 엔진 윗부분에 장착된 연료 다기관 밸브, 실린더 흡입구에 장착된 노즐을 보여주고 있다. 이 계통은 단순하여 정비가 용이하고 작동의 경제성이 있다. 전체 계통의 선도는 그림 6-63에서 보여주고 있다.

컨티넨탈 연료 분사 계통은 엔진 rpm과 릴리프 밸브에 의해 생성되는 연료 압력을 이용하고, 모든 출력 맞춤(setting)에 대해 정확한 연료량과 연료 압력을 공급하기 위하여 드로틀 위치에 따라 조종되는 가변 오리피스(variable orifice)를 사용한다. 혼합비는 펌프 입구로 반환된 연료량을 조절하여 조종한다.

터보 차저가 장착된 엔진의 컨티넨탈 연료 분사 계통에는 가압 공기를 공기 블리드로 향하게 하는 덮개(shroud)가 연료 노즐에 사용된다. 고고도에서의 낮은 공기 압력은 공기가 블리드로 들어오

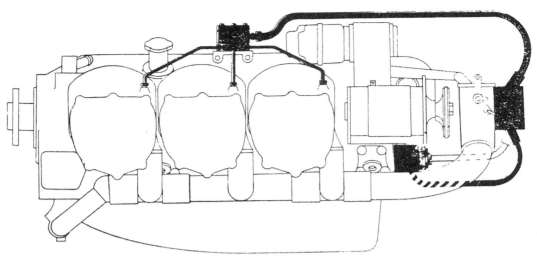

그림 6-62 Continental fuel injection system installed on an engine(Teledyne Continental)

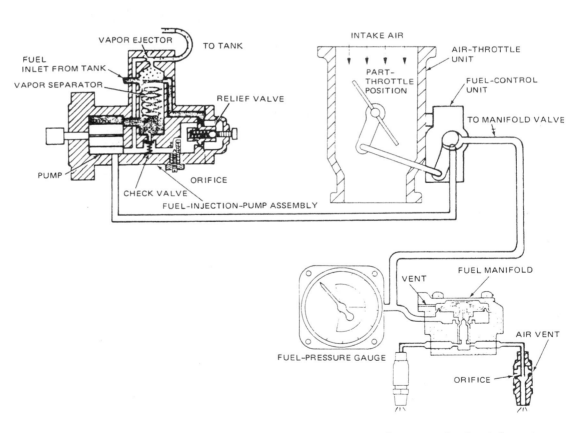

그림 6-63 Schematic diagram of Continental fuel injection system(Teledyne Continental)

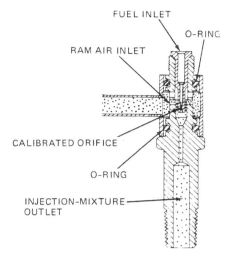

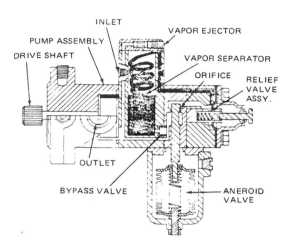

그림 6-64 Shrouded fuel nozzle

그림 6-65 Fuel pump incorporating the aneroid valve

기에 충분치 않고 분사 전에 연료와 혼합하기에도 충분치 않다. 그러므로 램 공기를 공기 블리드로 향하게 하는 노즐 덮개가 사용된다. 덮개가 있는 연료 노즐은 그림 6-64에서 보여주고 있다.

고고도 작동을 위해서는 연료 펌프에 고도 보상 밸브(altitude compensating valve)가 필요하다. 이 밸브는 오리피스 내의 테이퍼된 플랜저(tapered plunger)를 움직이는 아네로이드 벨로우(aneroid bellow)에 의해 작동된다. 플랜저의 움직임에 따라 릴리프 밸브를 통하여 우회하는 연료량을 변하게 하여서 고고도에서 낮은 압력으로 인하여 생기는 결과들을 보상해 준다. 아네로이드 드로틀 밸브를 내장하고 있는 펌프는 그림 6-65와 같다.

6) 조절(adjustment)

컨티넨탈 연료 분사 장치의 저속 조절(idle speed adjustment)은 연료 조종기의 드로틀 레버에 있는 스프링 가압 나사(spring-loaded screw)로 조절되는데(그림 6-66 참조) 이 나사를 오른쪽으로 돌리면 저속이 증가하고 왼쪽으로 돌리면 감소된다.

저속 혼합 조절(그림 6-66 참조)은 미터링 밸브와 드로틀 레버 사이에 있는 연결부의 미터링 밸브 끝 잠금 너트(locknut)에 의하여 조절된다. 연결부(linkage)를 짧게 너트를 죄면 농후 혼합이 되고 반대로 너트를 풀면 혼합이 희박해진다. 혼합비는 다른 모든 계통에서와 같이 최대 출력

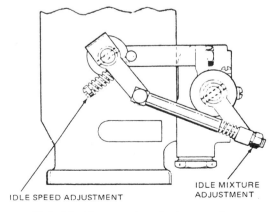

그림 6-66 Idle speed and mixture adjustment

보다 약간 더 농후하게 조절되어야 한다. 이것은 엔진을 저속 가동하여 혼합 조정을 서서히 저속차단(idle cutoff)쪽으로 움직이면 엔진이 정지하기 바로 전에 저속이 약간 증가하는 것으로써 점검한다. 다기관 압력 계기가 점검을 위해 사용될 때는 수동 혼합 조정으로 희박 혼합이 될 때 MAP가 약간 감소하는 것을 볼 수 있다.

7) 분사 계통의 펌프 압력(Pump Pressure for the Injection System

압력 증가에 따라 일정 오리피스를 통해 흐르는 유체의 흐름이 증가하기 때문에 엔진 구동 연료 펌프에 의해 전달되는 연료 압력은 정확해야 한다.

연료 펌프 압력은 저속과 최대 압력 rpm에서 조정된다. 압력 계기는 연료 펌프 출구선 또는 미터링부 입구 라인에 연결되어 있다. 정비사는 지침서에 따라 연료 조정을 해야 한다.

Teledyne Continental Service Bulletin에 따른 연료 압력 요구량은 다음과 같다.

엔진 모델(Engine Model)-IO-346-A,B

600rpm
펌프 압력(Pump pressure)- 7~9psi   48~62 kPa
노즐 압력(Nozzle pressure)- 2.0~2.5psi   13.8~17.25kPa

2700rpm
펌프 압력(Pump pressure)- 19~21psi   131~145kPa
노즐 압력(Nozzle pressure)- 12.5~14.0psi   86~96.5kPa
연료 흐름(fuel flow)- 78~85lb/h   13~14gal/h
       35.4~38.5kg/h

엔진 모델(Engine Model)- GTSIO-520-C

450rpm
펌프 압력(Pump pressure)- 5.5~6.5psi   38~45 kPa
노즐 압력(Nozzle pressure)- 3.5~4.0psi   24~28 kPa

2400 rpm
펌프 압력(Pump pressure)- 30~33psi   207~228kPa
노즐 압력(Nozzle pressure)- 16.5~17.5psi   114~121kPa
연료 흐름(Fuel flow)- 215~225lb/h   36~38 gal/h
       98~102 kg/h

---

8) 검사(Inspection)

연료 분사 계통의 고장을 피하기 위하여 작동에 이상이 없을지라도 검사와 점검을 하는 것이 좋다. 검사 내용은 다음과 같은 것이 추천된다.

1. 모든 부품의 조임 상태와 모든 안전 장치를 점검한다.
2. 모든 연료 라인의 누설 미 손상 흔적 예를 들면, 급굴곡부, 편평한 튜브, 또는 금속과 금속의 접속부를 점검한다.
3. 조정 연결부, 레버, 꽉 죄어진 부품의 연결 상태를 점검한다.
4. 노즐 특히 공기 필터망과 오리피스의 청결 장치를 검사한다.
   노즐 장탈시 표준형 1/2인치 스파크 플러그 렌치를 사용한다.
   노즐의 공기 여과망을 세척할 때 실드(shield)를 제거하지 말아야 한다.
   오리피스를 세척할 때 철사 또는 다른 물질을 사용하지 말아야 한다.
   노즐을 세척할 때는 엔진에서 장탈하여 깨끗한 솔벤트(solvent)에 담가둔다.
   건조시킬 때는 압축 공기를 사용한다.
5. 연료 분사 조종 밸브에서 스트레이어 플러그(strainer plug)를 풀러내어 깨끗한 솔벤트로 망을 청소하고 재장착하여 안전, 누설 점검을 한다.
6. 윤활을 위하여 공기 드로틀 축의 각 끝 그리고 공기 드로틀과 연료 미터링 밸브 사이의 연결부 각 끝에 엔진 오일 한 방울을 떨어뜨린다. 다른 윤활은 요구되지 않는다.
7. 연료 분사 계통의 어떤 부분에 라인을 교체해야 할 경우 피팅 나사(fitting thread)에는 연료에 용해되는 윤활유(예, 엔진 오일)만을 사용하도록 인정하고 있다.
8. 노즐이 손상되어 교체해야 할 경우 전체를 갈아 끼울 필요는 없다. 교체할 노즐은 규격이 제거된 것과 일치해야 한다.

9) 작동(Operation)

컨티넨탈 연료 분사 장치가 장착된 항공 엔진 작동은 다음과 같다.

1. 엔진 시동시 시동 시기가 정확하지 않으면 과도한 연료(flood)라 되기 쉽다.
   혼합 조종이 저속 차단 이외의 위치에 있을 때, 드로틀이 약간이라도 열려 있을 때, 보조 연료 펌프가 작동할 때는 연료가 실린더 흡입구로 흘러 들어가게 된다. 그러므로 엔진은 보조 연료 펌프가 작동된 후 수 초 이내에 시동되어야 한다.
2. 엔진 구동 펌프는 엔진이 작동해야만 적당한 압력을 생성시키므로 보조 연료 펌프 없이는 엔진이 시동될 수 없다.
3. 보조 연료 펌프는 비행 중에는 꺼야 한다. 이륙하는 동안에는 안전 수단이므로 그대로 두어도 좋다.
4. 이륙 시에는 드로틀을 완전히 전개하고 혼합 조종은 최대 농후(full rich)로 한다.

5. 순항 시에 엔진 rpm은 작동 지침서의 지시에 따라 맞추어야 한다.

혼합 조종은 작동자의 요구에 따라 최량 출력이나 경제 순항 조건으로 맞출 수가 있다. 혼합 조종이 너무 희박하게 되지 않게 주의해야 한다.

6. 하강하기 위하여 출력을 줄이기 전에 혼합 조종을 최대 출력으로 맞춘다. 일단 관제 영역 (traffic pattern)에 들어가면 혼합 조종은 최대 농후(full rich)에 맞추어야 하고, 착륙 후에도 계속 이 위치를 유지하여야 한다.

7. 엔진을 잠시 동안 저속 작동 후에 혼합 조종을 저속 차단(idle cutoff)으로 놓으면 엔진이 정지한다. 엔진이 정지한 후에는 즉시 모든 스위치를 끈다.

10) 고장 탐구(Troubleshooting)

1. 엔진이 시동되지 않는다.

   원인 : ① 엔진에 연료가 없다.

   　　　 ② 너무 과도한 연료

   수정 : ① 혼합 조종(mixture control)이 적절한 위치에 있는가 점검하라. 보조 펌프 ON, 공급 밸브(feed valve) open, 연료 여과기 open, 연료 탱크 수준(level)

   　　　 ② 드로틀을 리셋 하여 엔진 내의 과도한 연료를 없앤 후 재시동하라.

   　　　 ③ 노즐의 한 라인을 풀러 계기를 연결하여 미터드 연료 압력이 계기에 지시되지 않는다면 연료 다기관 밸브를 교환하라.

2. 거친 속도(rough idle)

   원인 : ① 노즐 공기망이 제한적으로 막혔다.

   　　　 ② 부적절한 저속 혼합조절.

   수정 : ① 노즐을 장탈하여 세척하라.

   　　　 ② 저속 혼합 조절을 재조절하라.

3. 가속이 잘되지 않는다(Poor acceleration).

   원인 : ① 저속 혼합비가 너무 희박하다.

   　　　 ② 연결부(linkage)가 마모되었다.

   수정 : ① 저속 혼합 조절을 재조절하라.

   　　　 ② 연결부를 교환하라.

4. 엔진이 거칠게 작동된다.

   원인 : ① 노즐이 제한적으로 막혔다.

   　　　 ② 부적절한 혼합.

   수정 : ① 모든 노즐을 장탈하여 세척하라.

   　　　 ② 혼합 조종 맞춤(mixture-control setting)을 점검하라.

③ 부적절한 펌프 압력을 조절하거나 펌프를 교환하라.

5. 낮은 계기 압력

원인 : ① 미터링 밸브로의 흐름이 제한적으로 막혔다.

② 펌프로부터의 부적절한 흐름.

③ 혼합 조종 수중(level) 이상

수정 : ① 혼합 조종의 전체 이동(full travel)을 점검하라.

② 연료 여과기의 막힘 여부를 점검하라.

③ 연료 펌프의 마모 또는 릴리프 밸브의 고착 여부를 점검하라. 이상 발견 시에는 연료 펌프 어셈블리를 교환하라.

④ 냉각 덮개(cooling shroud) 접촉 가능성을 점검하라.

6. 높은 계기 압력

원인 : ① 미터링 밸브 위쪽에서의 제한적 흐름(restricted flow)

② 펌프 내의 제한된 재순환 통로

수정 : ① 노즐 또는 연료 다기관 밸브가 제한적으로 막혔는지 여부를 점검하라.

② 펌프 어셈블리를 교환하라.

7. 계기 압력의 진동

원인 : ① 계통내의 증기 : 과도한 연료 온도

② 계기 라인 내의 연료

③ 계기 연결부에서의 누설

수정 : ① 보조 펌프로 수정되지 않는다면 증기 분리기 덮개내의 이젝터 제트(ejector jet) 막힘 여부를 점검하라. 막혔다면 솔벤트로 세척하라.

② 계기 라인을 드레인(drain)하고 누설을 점검하라.

8. 저속 차단이 잘 안 된다.

원인 : ① 엔진 내로 연료가 유입된다.

수정 : ① 혼합 조종의 완전 저속 차단 여부를 점검하라.

보조 펌프 OFF 여부를 점검하라.

노즐 어셈블리(망)를 세척하거나 또는 교환하라.

② 다기관 밸브를 교환하라.

(3) 벤딕스 RSA 연료 분사 계통

1) 작동원리

벤딕스 RSA 연료 분사 계통(Bendix RSA Fuel Injection System)은 연속 흐름형이며 압력식 기화기의 원리와 같다. RSA 분사기는 그림 6-67과 같다. 이 계통은 일정 시간에 엔진이 소모하는 공기량에 직접 비례하는 연료를 공급하도록 설계되어 있으며, 이는 드로틀 몸체에 있는 벤투리의 흡입력과 임팩트 공기 압력을 감지함으로써 이루어진다.

드로틀 밸브를 개폐함에 따라 임팩트 튜브와 벤투리를 지나는 공기 속도가 변하게 된다(그림 6-68 참조). 공기 속도 증가시 임팩트 튜브의 압력은 흡입 덕트 형상과 공기 여과기 등에 의해 결정되나 상대적으로 일정하다. 벤투리 목에서 압력이 감소하는데 이 압력 감소로 인해 차압(임팩트-흡입력)이 생기고 이는 벤딕스 연료 분사 계통의 전 범위 작동에 걸쳐 소모되는 공기량을 측정하는 데 이용된다. 모든 왕복 엔진은 F/A 혼합비의 매우 좁은 범위 내에서 가장 효율적으로 작동된다.

벤딕스 분사 계통은 공기 소모량에 비례하여 엔진에 주입하는 연료를 조정하는 데 사용되며 힘을 내기 위하여 공기량 흐름의 측정을 사용한다. 이는 그림 6-69에서 보는 것과 같이 임팩트 압력과 벤투리 흡입 압력이 막에 작용함으로써 이루어진다. 이 때 막의 면적과 두 압력 차이를 곱한 것이 사용할 수 있는 힘이 된다.

연료는 항공기 연료 계통으로부터 엔진에 공급되는데 이 계통에는 보통 연료 탱크 또는 탱크와 엔진 사이의 연료 라인에 위치한 부스트 펌프(boost pump)가 있다. 엔진 구동 연료 펌프는 항공기

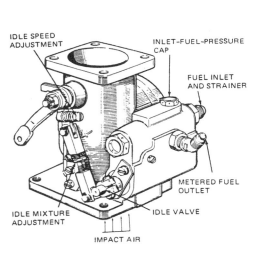

그림 6-67 Bendix RSA injector unit
(Energy Controls Div., Bendix Corp.)

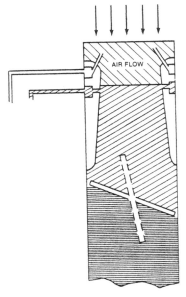

그림 6-68 Airflow through the venturi
(Energy Controls Div., Bendix Corp.)

계통(부스트 펌프 포함)에서 연료를 받아서 비교적 일정한 압력으로 연료 분사 흡입구로 공급한다.

엔진 제작업자는 특정 연료 분사기 장착에 적용되는 연료 펌프 압력 맞춤에 대해 상술하고 있다. 연료 분사기는 입구 압력에 맞게 조정되어 있다. 부스트 펌프의 정상적인 ON/OFF 작동에 기인하여 입구 연료 압력이 변함으로써 미터 되는 연료 압력이 영향을 받지 않도록 맞춤(setting)을 점검해야 한다.

벤딕스 연료 분사 계통이 잘 조립되고 조정되면 입구 연료 압력의 매우 넓은 범위에 걸쳐 모든 성능 요구 조건에 알맞게 된다. 연료 분사 계통의 핵심은 서보 압력 조정기(servo pressure regulator)이다. 이 조정기 작동법과 주 미터링 제트와의 관계를 설명하기 위해서는 연료 흐름 변화를 일으키는 출력 변화를 알아야 한다.

우선 드로틀 몸체를 통한 공기 속도가 임팩트 압력과 흡입 압력과의 차이를 유발하게 되는 순항 조건부터 알아본다. 이 공기 압력 차이 2는 그림 6-70과 같이 오른쪽으로 힘을 작용한다.

미터링 제트를 통과하여 엔진에 흐르는 연료 흐름은 연료 압력 차이를 유발한다(unmetered-metered fuel pressure). 이 압력 차이는 두 번째(연료) 막에 적용되고 2의 힘을 낸다. 이 값 '2'는 그림 6-70과 왼쪽으로 힘을 작용한다. 이 두 가지 상반되는 힘(연료와 공기 압력 차이)은 동일

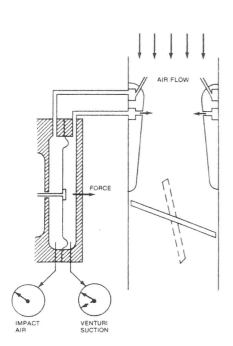

그림 6-69 Impact and venturi suction pressures(Energy Controls Div., Bendix Corp.)

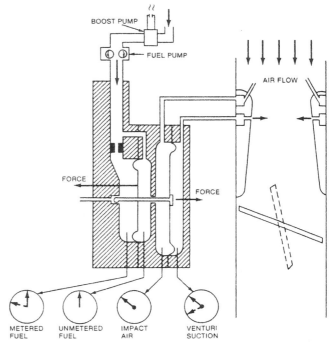

그림 6-70 Servo pressure regulator(Energy Controls Div., Bendix Corp.)

하며, 조정기 서보 밸브는(한 스템에 의해 양쪽 막에 연결됨) 압력 균형을 유지할 만큼의 미터드 연료를 방출하게 하는 고정 위치에 있게 된다.

드로틀이 만일 출력을 증가시키기 위하여 열린다면 즉시 공기 흐름도 증가할 것이다. 이는 '3'이라도 공기막의 압력 차이 증가를 초래한다. 이러한 즉각적인 결과로 인하여 조정기 서보 밸브가 오른쪽으로 이동하게 된다. 이와 같은 서보 밸브가 많이 열림으로 인하여 미터드(metered) 연료실의 압력이 감소하고 주 미터링 제트를 지나는 연료 압력의 차이가 증대된다. 이러한 연료 압력의 차이가 수치 '3'에 다다르면(공기막의 힘과 동일) 조정기가 움직임을 멈추고 서보 밸브도 압력 차이의 균형을 유지하는 위치, 즉 연료와 압력이 각각 3으로 같아지는 위치에서 안정된다. 엔진으로의 연료 흐름은 고출력의 수준을 유지하기 위하여 증가된다. 주 미터링 제트에서의 압력 강하에 의해 생긴 연료 막힘은 벤투리에서 생긴 공기막 힘과 동일하다. 이러한 작동 순서는 모든 출력 작동과 모든 출력 변화 시에 적용된다.

미터링 제트를 통해서 엔진으로 흐르는 연료는 미터링 제트의 크기와 미터링 제트에서의 압력 차이의 함수이다. 서보 밸브는 연료를 미터(meter)하지는 않고 단지 미터링 제트를 지나는 압력 차이를 조절한다. 저속 밸브는 드로틀 연결부(linkage)에 연결되어 있어서 저속 범위에서 정확한 연료 공급을 위하여 주 미터링 제트의 면적을 효과적으로 줄여준다. 그림 6-71에서는 저속 밸브의 기능과 작동을 보여주고 있다. 저속 밸브는 외부에서 조절하게 되어 있어서 적절한 저속 혼합에 맞게 연료 분사기를 정비사가 조절할 수 있다. 저속 혼합비는 혼합비 조정이 저속 차단으로(IDLE CUTOFF) 위치시킴에 따라 저속 맞춤으로부터 엔진 속도가 약 20~50rpm이 증가될 때 정확하다. 저속 범위에서 벤투리를 통한 매우 낮은 공기 흐름으로 인한 공기 미터링의 힘으로는 연료 흐름을 정확하게 조종하지 못하기 때문에 저속 혼합을 수동으로 조정해 주는 것이 필요하다.

어떤 엔진에서는 특정 설치 요구에 따라 농후 제트(enrichment jet)가 주 미터링 제트와 나란히 붙여지는데 회전 저속 밸브(sliding 또는 rotation idle valve)는 미리 맞추어진(preset) 드로틀 위치에서 농후 제트를 드러내기 시작한다(그림 6-71 참조). 이러한 평행 흐름 통로는 고출력 범위에서 엔진에 연료 냉각(fuel cooling)을 주기 위해 F/A 혼합력을 증강시킨다. 간단히 말해서 연료 소모가 증가하면 엔진 수명도 길어진다. 회전 밸브(sliding valve)와 같은 수동 혼합 조종은 조종사가 미터링 제트의 크기를 효과적으로 줄임으로써 사용할 수 있다

공기 흐름 양에 비례하여 미터링 제트에서 압력 차이를 유지하는 기능을 하는 서보 압력 조종기는 미터링 제트 유효 크기를 변화시킴으로써 제트를 통하는 흐름을 변화시킬 수 있다. 이는 조종사가 최대 순항 출력 또는 최대 SFC를 위한 혼합비를 수동으로 희박하게 할 수 있도록 선택권을 주는 것이다. 또한 엔진 정지시 엔진으로서 연료 흐름을 차단하는 수단이 되기도 한다.

일정 헤드 저속 스프링(constant head idle spring)은 공기 압력 차이가 서보 밸브를 열기에 충분하지 않은 저속 범위에서는 공기막의 힘을 증가시킨다. 그림 6-72의 저속 스프링은 조종기 서보

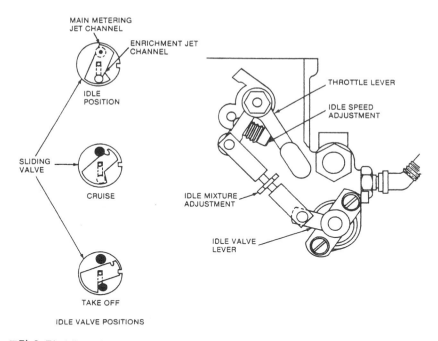

그림 6-71 Idle valve and manual mixture control(Energy Controls Div., Bendix Corp.)

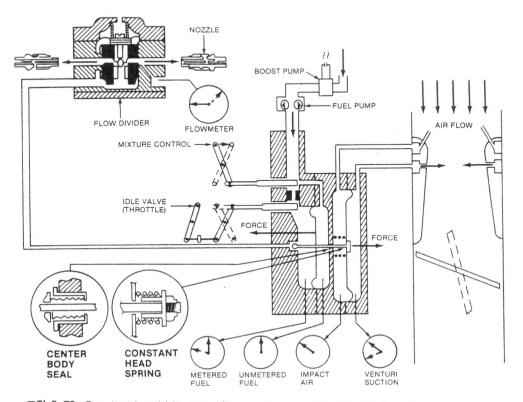

그림 6-72 Constant head idle spring(Energy Controls Div., Bendix Corp.)

밸브를 저속 밸브에 의해 미터된 연료를 흐름 분할기(flow divider)로 흐를 수 있도록 열어 준다. 공기 흐름이 저속 이상으로 증가함에 따라 공기막은 공기 압력 차이 증가에 반응하여 오른쪽으로 이동하기 시작한다. 이것은 스프링 리네이터(renaiter)와 가이드(guide)가 막판(diaphragm plate)에 접촉할 때까지 일정 헤드 저속 스프링을 압축하게 된다. 이 지점에서 위쪽으로의 공기 흐름, 연료 흐름 또는 출력에 관련하여 일정 헤드 저속 스프링 어셈블리는 공기막과 함께 움직이는 것으로 그 자체의 힘은 없다.

저속 연료 흐름과 서보 조정기로 조정되는 연료 흐름은 분사기의 일정 헤드 스프링의 강도를 조정함으로써 조절된다. 저속으로부터 서보 조정기로 조정되는 연료 흐름으로 변화시키려면 대부분 일전 작용 스프링(constant-effect spring)으로 보완되어야 한다(그림 6-73). 이 스프링도 공기막을 보조하여 저속 공기 흐름에서 고출력 작동 범위로 부드럽게 움직이게 해 준다. 또한 정비사들이 스프링 강도를 선택하여 조정할 수 있도록 되어 있다.

서보 압력 조정기의 연료 부분은 중심 몸체 밀폐제 어셈블리(center body seal assembly)에 의해 공기 부분과 분리되어 있다. 1979년에 고무막에 벨로우형으로 설계를 바꾸면서 밀폐제의 개량이 이루어졌다. 이 벨로우 밀폐제는(그림 6-73 참조) 현재 모든 연료 분사기 생산품에 사용되고 있다. 중심 몸체 밀폐제에서 누설이 있게 되면 과도한 농후 혼합비가 되고 차단이 어렵게 된다. 임팩트 튜브에서 누설된 연료가 나오면 밀폐제가 샌다는 것을 나타낸다. 이것은 오버홀 공장에서 수리해야 한다.

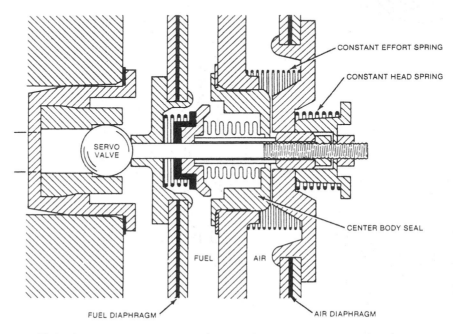

그림 6-73 Constant-effect spring(Energy Controls Div., Bendix Corp.)

2) 자동 혼합 조종(Automatic Mixture Control; AMC)

AMC는 항공기가 고고도로 상승함에 따라 희박해진 공기 밀도를 보상하기 위해 F/A 비율을 조절한다. 그림 6-74에서는 AMC의 기능과 작동을 보여주고 있으며 수동 혼합 조종과 저속 밸브도 보여준다. 혼합 조종이 순항 출력 혹은 그 이상일 때는 "FULL RICH" 위치에 있고 저속 밸브는 완전히 열린 것을 볼 수 있다.

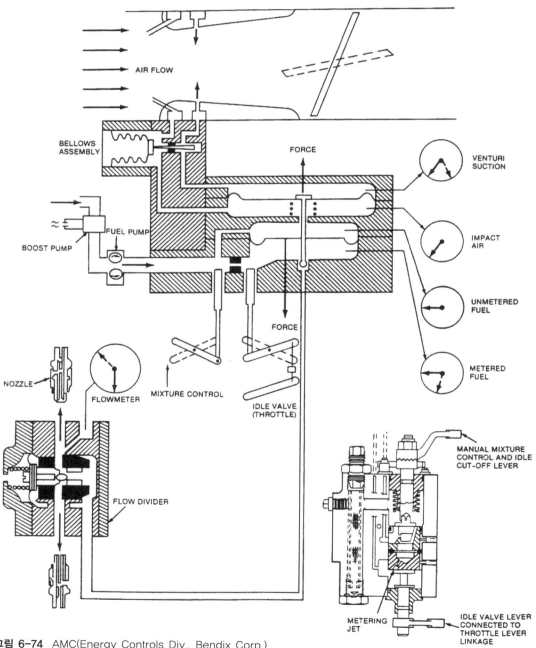

그림 6-74 AMC(Energy Controls Div., Bendix Corp.)

연료는 혼합 조종 밸브를 통하고 저속 밸브를 통하여 조정기 서보 밸브로 들어간다. 입구 여과기 (Inlet strainer)는 연료 입구 피팅(fitting) 바로 아래에 위치하며 스프링이 끝쪽에 설치되어 있다. 여과망이 이물질로 막히게 되면 입구 압력으로 이물질을 피팅에서 제거시킬 것이며 필요시에는 스프링을 압축하게 되어 연료가 망을 우회하게 된다. 이 여과망은 오버홀시 교체되어야 하고 세척하여 재사용할 수는 없다.

F/A 혼합비는 시간당 1bs로 표시된다. 연료 분사기는 공기 흐름이 벤투리를 통하여 속도로 전환시의 공기 미터링 신호에 의해 연료를 공급한다. 엔진은 공기를 중량이 아닌 체적을 기준으로 펌프한다. 이 체적은 엔진 배기량에 의해 결정된다.

IO-540 엔진이 2500rpm에서 작동할 때 소모량(펌핑양)은

$$540 \times \frac{2500}{2} = 675,000\text{in}^3/\text{min (11m}^3/\text{min)}$$

$$\frac{675,000}{1728} = 390\text{ft}^3/\text{min (11m}^3/\text{min)}$$

$$390 \times 0.0765 = 30\text{lb/min (13.6kg/min)}$$

$$30\text{lb/min} \times 60\text{min} = 1800\text{lb/h 공기흐름(airflow) (816kg/h)}$$

이것은 해면에서의 순항 출력과 같으며 0.08이라는 F/A 혼합비는 다음의 결과를 낳는다.

$$180 \times 0.08 = 150\text{lb/h 연료흐름(fuel flow) (68kg/h)}$$

항공기가 고고도로 상승함에 따라 공기 비중량이 0.0765lb/ft³(1.22kg/m³)에서 15,000ft의 고도에서는 0.0432lb/ft³(0.0692kg/m³)으로 감소한다. 2500rpm으로 엔진을 작동하면 여전히 연료가 390ft³/min 소모되므로

$$390 \times 0.0432 \times 60 = 1020\text{lb/h (462kg/h)}$$

의 공기 흐름이 된다. 1020lb/h의 공기 흐름은 해면에서 1800lb/h가 내는 벤투리에 대한 공기 미터링 신호(signal)와 똑같다.

이 신호는 150lb/h 연료 흐름을 유지시킴으로써

$$\frac{150}{1020} = 0.147 \text{ F/A 비가 되게 한다.}$$

AMC가 없다면 조종사는 요구되는 F/A 혼합비 0.08을 유지하기 위하여 수동으로 계속적으로 혼합비를 희박하게 하여야 한다. AMC는 두 공기 압력(충격력과 흡입력) 사이에 공기 미터링 힘을 수정하기 위하여 가변 오리피스(variable orifice)를 제공함으로써 수동 혼합 조종과는 독자적으로 혹은 병행하여 작동한다.

AMC 어셈블리는 벨로우 어셈블리에 의해 오리피스 안팎으로 움 직여지는 경사진(contoured) 니들로 되어 있다. 이 벨로우는 공기 압력과 온도의 변화에 반응한다. 지상에서는 공기막의 임팩트 압력 면에 최대 임팩트 압력을 낼 수 있도록 오리피스 내의 니들은 오리 피스를 닫히게 하거나 거의 닫히게 한다. 항공기가 고도를 높여 비 행할 때 AMC 벨로우는 공이 압력 감소에 따라 늘어나서 니들은 오 리피스 속으로 들어간다. 이는 임팩트 공기와 벤투리 흡입 사이의 오리피스 구멍을 넓혀서 임팩트 공기가 벤투리 흡입 통로로 블리드 되게 함으로써 공기막에 미치는 공기 미터링 힘을 감소시킨다.

고도나 공기 밀도에 관계없이 고도에 따른 공기 밀도 변화에 따 라 비교적 일정한 F/A 비율을 유지하기 위한 공기막에 정확한 공기 미터링 신호를 주기 위하여 니들은 경사져(contoured)있다. 현재 생산되고 있는 연료 분사기는 블릿형(bullet-type) AMC인데(그림 6-75 참조) 드로틀 몸체의 보어(bore)에 장착되어 있다. 이 장치는 외경은 벤투리의 기능을 수행하도록 경사져 있다.

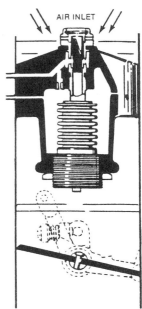

그림 6-75 Bullet-type AMC (Energy Controls Div., Bendix Corp.)

수행 능력과 작동 원리는 외부에 장착된 장치와 정확히 같으나 두 가지 차이점이 있다.

1) 벨로우 어셈블 리가 임팩트 압력이 아니고 벤투리 흡입에 의해 작동된다.
2) 니들이 오리피스 속으로 들어갈 때, 서보 조정기에 미치는 임팩트 공기 압력이 제한되어서 공 기막에 미치는 공기 미터링이 감소된다.

3) 흐름 분할기(Flow Divider)

미터드(metered) 연료 흐름은 연료 분사기 서보 장치로부터 흐름 분할기와 방출 노즐(실린더 당 1개 노즐이 있음)이 포함된 계통을 통하여 엔진으로 공급된다. 어떤 엔진에는 흐름 분할기를 사용하 지 않는다. 이런 엔진에서는 연료 흐름이 하나의 4-way fitting(4기통 엔진)에 의하거나 두 개의 통로로 연료 흐름이 분리되는 tee에 의해 분할된다.

그림 6-76에서 보여주고 있는 흐름 분할기는 밸브, 슬리브 (sleeve), 막, 스프링으로 구성된다. 밸브는 슬리브 내에서 닫 히는 위치로 스프링 하중(spring-loaded)을 받는다. 이는 연 료 분사 서보에서 노즐로 통하는 연료 흐름 통로를 효과적으로 차단하는 동시에 각 노즐을 엔진 정지(shut down)시 모든 다 른 것들과 분리시킨다.

흐름 분할기의 두 가지 기능은 다음과 같다.

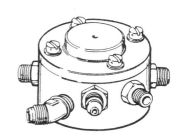

그림 6-76 External view of flow divider

1) 미터드 연료를 저속에서와 저속 이상에서 노즐에 균등하게 배분하는 일

2) 엔진 정지를 확실하게 하기 위해 모든 다른 것들과 각 노즐을 분리시키는 일

연료 노즐 내의 연료 방출 제트 면적은 서보 압력 조정기의 규정된 연료 압력 범위를 벗어나지 않는 정격 마력에서 요구되는 최대 연료 흐름을 줄 수 있도록 되어 있다. 노즐 내의 제트 면적은 노즐에서의 미터드 연료 압력이 저속에서 요구되는 낮은 연료 압력에서는 적용되지 않는다.

분사기 서보에서 나온 미터드 연료는 흐름 분할기로 들어가서 막 아래의 챔버로 통한다. 저속에서는, 그림 6-77과 같이 출구에 있는 V slot 바닥을 노출시킬 정도로 흐름 분할기 밸브를 약간 열수 있는 연료 압력이다. 이 위치는 부드러운 저속에 필요한 연료 분배를 정확하게 해준다.

엔진이 가속됨에 따라 흐름 분할기 입구와 노즐 라인에서 미터드 연료 압력이 증가한다. 이 압력은 각 노즐의 V slot 부분의 열림이 노즐의 연료 제한(fuel restrictor) 면적보다 더 커질 때까지 흐름 분할기 밸브를 점차 열게 한다. 이 점에서 미터드 연료 흐름을 노즐이 균등하게 배분하는지를 생각해 보아야 한다.

미터드 연료 압력(노즐 압력)은 미터드 연료 흐름에 정비례로 증가하기 때문에 유량계 (flowmeter)와 같은 단순한 압력 계기를 사용해도 된다. 한 개 또는 그 이상의 노즐에 있는 연료 제한 장치가 부분적으로 막히게 된다면 미터드 연료 흐름의 전체 출구가 줄어든다. 연료 분사기 서보는 계속해서 전체적으로 같은 양의 흐름을 공급할 것이므로 노즐 압력이 증가하여 유량계에 연료 흐름의 증가가 표시될 것이다. 그림 6-78에서 유량 계기를 보여주고 있다.

제한적으로 막힌 노즐을 갖는 실린더는 희박해지고 나머지 실린더는 농후해진다. 그 결과로 엔진 작동이 거칠고 고 연료 흐름(high-fuel-flow)이 표시된다.

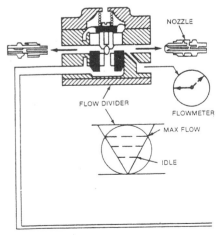

그림 6-77 Fuel flow divider(Energy Controls Div., Bendix Corp.)

그림 6-78 Fuel pressure gage (flow indicator)

혼합 조종을 "CUT OFF"에 놓으면, 흐름 분할기의 연료 압력은 '0'으로 떨어진다. 스프링 힘으로 흐름 분할기 밸브가 'closed' 위치로 가게 되어 각 노즐로 가는 연료의 흐름을 즉시 차단한다. 흐름 분할기가 없다면, 1개 또는 그 이상의 실린더에 연료가 흐르게 되어 엔진이 1분 이상 계속될 것이다.

4) 연료 노즐(Fuel Nozzle)

벤딕스 노즐은 다양한 부품 번호를 갖는다(그림 6-79 참조). 일반적으로 부품 번호는 엔진에서 요구되는 특정 설치와 일치되는데 즉, 공기 블리드 망과 덮개(shroud)가 있는 단순한 노즐 어셈블리도 있고, 또한 노즐에 과급기 공기 압력 신호를 보내게 되는 덮개 어셈블리(shroud assembly) 형상도 있다.

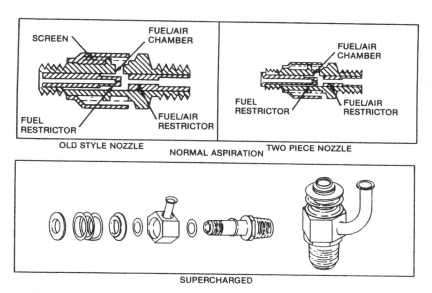

그림 6-79 Bendix fuel nozzle (Energy Controls Div., Bendix Corp.

모든 노즐은 그림 6-27과 같이 공기 블리드형이다. 즉, 연료가 대기 압력이나 과급기 공기 압력으로 통기되는(vented) 노즐 몸체 내부 챔버로 방출되는 것을 의미한다. 노즐은 실린더 헤드의 흡입 밸브 구(port)에 장착되어 있고 노즐 출구는 정상적으로 흡입되는 엔진에서 항상 대기 압력보다 MAP에 노출되어 있다.

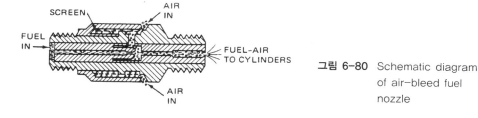

그림 6-80 Schematic diagram of air-bleed fuel nozzle

공기 블리드를 통해 나온 공기와 연료가 연료 공기 챔버에서 혼합된다. 이것은 MAP가 최저이고 공기 블리드 흡입이 최대인 저속과 저 출력 범위에서 특히 중요하다. 이 범위에서 공기 블리드의 막힘은 연료 제한 장치(fuel restrictor) 출구가 다기관 흡입력에 노출되게 하므로 다기관 흡입력은 연료 제한 장치에 압력 차이를 효과적으로 증가시키고 노즐을 통한 연료 흐름을 증가시키게 된다. 이 노즐은 다른 노즐(분사기 서보 출력 흐름이 같다고 할 때)로부터 연료를 더 갖다 쓰기 때문에 이 실린더는 농후하게 되고 다른 실린더는 그에 상응하여 희박하게 된다.

미터드 연료 압력이 감소되면 유량계에 저 연료 흐름이 표시된다. 이것은 거친 저속(rough idle)을 초래하고 정상 rpm 상승(rise)보다 더 큰 rpm 상승에서는 cutoff 될 것이다.

 다음과 같은 시험(test)은 단지 고장 탐구로서 행해져야지 노즐 어셈블리의 조정 점검으로 행해서는 안 된다. 노즐 어셈블리의 실용성(service ability)에 관해 의문이 제기되면, 공인된 오버홀 수리 공장으로 보내져야 한다.

실린더 헤드에 장착된 대부분의 노즐은 똑같이 조정되어 있다. 예를 들면, 정확히 12psig의 입구 압력에서는 흐름이 32lb/h±2%이어야 한다. 엔진에 장착된 노즐로부터 나오는 연료 흐름의 비교 점검은 다음과 같다.

- 실린더 헤드에서 노즐을 장탈하고 공급 라인에 재연결한다.
- 각 노즐의 출력(output)을 알아내기 위해서 같은 크기의 용기(container)에 놓는다.
- 부스트 펌프를 작동시키고 혼합 조종과 드로틀을 열어라.
- 기준량의 연료가 각 용기에 모아지면 혼합 조종과 드로틀을 닫고 부스트 펌프를 끈다. 용기들을 평평한 곳에 나란히 놓고 모아진 연료 높이를 비교해 본다(그림 6-81 참조).

한 개 또는 그 이상의 용기에 눈에 띄게 적은 양의 연료가 모아졌다면 노즐 연료 제한 장치, 흐름 분할기 또는 라인이 제한적으로 막혔음을 나타낸다. 현재 생산되는 모든 노즐은 두 조각(piece)으로 되어 있다.

연료 제한 장치는 세척시 쉽게 장탈할 수 있도록 테가 있는 삽입물(flanged insert)로 되어 있다. 또한 취급시 분실 염려가 있다. 분실되거나 손상되면 흐름 조화(flow-matched) 어셈블리이기 때문에 새로운 노즐 어셈블리가 요구된다. 과거에 생산된 노즐은 제한 장치가 노즐 몸체에 압착되어 있어서 장탈할 수가 없었다. 노즐 어셈블리를 장착하기 전에 항상 노즐과 라인에 적절한 토크 값을 주기 위해 엔진 제작자의 지침서를 참조해야 한다.

연료 라인과 노즐을 연결하는 너트를 과 토크(over torque)하면 삽입물(insert)을 몸체에 더 깊게 압착시킬 수도 있어서 구식 노즐의 공기 블리드를 폐쇄시킬 수 있다. 또 신형 노즐의 삽입물에서 과 토크하면 노즐 베이스(base)가 비틀리고 노즐의 조정(claibration)과 분무 패턴이 달라진다. 한

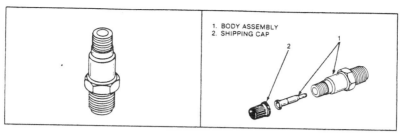

CHECKING FUEL NOZZLES

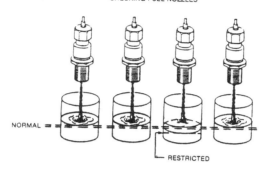

그림 6-81 Testing fuel nozzle output(Energy Controls Div., Bendix Corp.)

형태의 노즐만을 엔진에 사용하는 것이 바람직한 것이지만 구형 노즐이 장착되어 있는 엔진에 신형 노즐을 1개 이상 장착하는 것은 문제가 되지 않는다.

육각 렌치의 한 면에 새겨진 'A' 자는 노즐 몸체의 공기 블리드 구멍으로부터 180° 위치에 있다. 최종 토크를 한 후 라인에 남아 있는 연료가 엔진 정지 후에 떨어지지 않도록 하기 위해 공기 블리드는 위로 향해 있어야 한다. 노즐을 계속 좋은 상태로 작동시키려면 주기적으로 철저히 세척하는 것이 좋다.

5) 고장 탐구(Troubleshotting)

1. 시동이 어렵다.

원인 : ① 기술 부족

② 너무 많은 연료

③ 드로틀 밸브가 너무 많이 열렸다.

④ 불충분한 프라임(prime) : 보통 역화가 동반된다.

수정 : ① 항공기 제작자의 시동 절차에 따르라.

② 드로틀을 연 채로 크랭킹(cranking)시켜 엔진을 깨끗이 하고 혼합 조종을 ICO로 하라.

③ 드로틀을 약 800rpm 위치로 열어라.

④ 프라임 양을 증가시켜라.

2. 거친 저속

원인 : ① 혼합비가 너무 농후하거나 너무 희박하다.

② 노즐의 막힘(보통 높은 이륙 연료 유량을 지시함)

③ 다기관 드레인 체크 밸브를 통해서 흡입 계통으로 소량의 공기 누설

④ 느슨한 흡입 파이프 또는 손상된 O링을 통해서 흡입 계통으로 소량의 공기 누설

⑤ 흡입 계통으로 대량의 공기 누설 ; 1/8inch 파이프 마개(plug)가 떨어져 나간 경우

⑥ 분사기 내의 내부 누설

⑦ 저속을 맞추고 유지할 수 없다.

⑧ 연료 라인 또는 분배기 내의 연료 증기(높은 대기 온도 조건에 직면하거나 또는 낮은 저속 rpm에서 장시간 작동 후)

수정 : ① 혼합 조종을 조절하라.

② 노즐을 세척하라.

③ 일시적으로 드레인 라인을 막음으로 수정된다. 필요에 따라 체크 밸브를 교환하라.

④,⑤ 필요에 따라 수리하라.

⑥,⑦ 분사기를 교환하라.

⑧ 정지시키기 전에 가능한 한 충분히 엔진을 냉각하라.

유도(taxiing) 또는 엔진 저속시 카울 플랩(cowl flap)을 열어라.

냉각을 돕기 위하여 저속을 빠르게(fast) 사용하라.

3. 낮은 이륙 연료 흐름(low takeoff fuel flow)

원인 : ① 여과기 막힘

② 분사기 조절 고장

③ 계기 고장

④ 흐름 분할 밸브의 고착

수정 : ① 여과기를 장탈하고 알맞은 솔벤트로 세척하라.

② 분사기를 교환하라.

③ 쌍발 엔진 : 계기를 교차시켜라(crisscross). 필요에 따라 교환하라.

단발 엔진 : 계기를 교환하라.

④ 흐름 분할 밸브를 세척하라.

4. 고연료 흐름 지시

원인 : ① 출력 손실과 거친 작동이 동반된다면 노즐이 막힌 것이다.

② 계기 고장

③ 분사기 조절 고장

수정 : ① 장탈하고 세척하라.

② 계기를 교차시키고 필요하다면 교환하라.

③ 분사기를 교환하라.

5. 혼합 조종 레버의 흔들거림.

원인 : ① 이륙시 만족스럽다면 쌍발 엔진에서는 약간의 불일치(misalignment)가 정상이기 때문에 너무 걱정하지 말라.

수정 : ① 리깅(rigging)을 점검하라.

6. 차단이 잘 안 된다(Poor cutoff).

원인 : ① 혼합 조종으로 항공기 연결부(linkage)의 부적절한 리깅

② 혼합 조종 밸브가 흠집(scored)이 있거나 또는 적절하게 안착(seat)되지 못한다.

③ 라인 내의 증기

수정 : ① 조절하라.

② 흠집의 원인을 제거하라(보통 깔쭉깔쭉(burr) 하거나 또는 먼지).

③ 정지시키기 전에 엔진을 충분히 냉각하라.

7. 거친 엔진(터보 차저 되는)과 차단이 잘 안 된다.

원인 : ① 공기 블리드 구멍이 막혔다.

수정 : ① 노즐을 세척하거나 또는 교환하라.

6) 작동(Operation)

RSA 연료 분사 계통이 장치된 엔진의 지상 작동에서 주요한 관심사는 엔진 나셀 내의 온도이다. 비행시 엔진과 나셀은 램 효과와 프로펠러에 의한 공기로 인하여 적절하게 냉각된다. 그러나 지상에서는 램(ram) 효과가 거의 또는 전혀 없고, 더운 날씨에서 저속 중에는 프로펠러에 의한 공기량으로 냉각하는 데 부적절하다. 엔진 나셀 내의 고온은 연료 증기화의 원인이 되므로 시동, 저속 및 정지하는 데 영향을 미치게 된다.

엔진을 작동하는 시간은 고온일 때 엔진에 미치는 영향을 주지하여 이에 따른 작동 절차를 조정하여야 한다. 무더운 날씨에서 엔진이 정지(shut down)된 후 엔진 나셀 내의 고온은 노즐 공급 라인 내에 있는 연료를 증기화시켜 노즐을 통해 흡입 다기관으로 나가게 한다. 이러한 이유로 정지 후 20~30분 이내에 재시동한다면 엔진을 프라임(prime)할 필요가 없다.

엔진은 혼합 조종을 "IDLE CUTOFF" 위치에 놓고 시동된다. 엔진이 점화되자마자 혼합 조종은 "FULL RICH" 위치로 옮긴다. 엔진이 정지하기 전에 연료 공급 라인을 가득 채워 노즐에 연료를 공급한다. 엔진이 30분 이상 정지해 있으면 다기관의 연료 증기가 없어지므로 엔진 시동을 하기 위하여 프라임이 요구된다.

지상에서 특히 무더운 날씨에서 작동할 때는 엔진과 나셀 온도를 가능한 한 낮게 위치하는 데 모

든 노력을 기울여야 한다. 이렇게 하기 위하여 지상 작동을 최소로 하고, 엔진 rpm을 높이며, 카울 플랩(cowl flap)을 열어 놓는다. 뜨거운 엔진을 재시동할 때는 잔여 열을 내리기 위하여 수분간 1200~1500rpm으로 작동한다. rpm을 높게 하는 것은 연료 압력과 흐름을 높임으로써 연료 라인 냉각에 도움을 준다.

저속 속도와 혼합비는 추운 날씨와 더운 날씨에 따라 효과적으로 대응하도록 조절되어야 한다. 비교적 높은 저속 속도(700~750rpm)는 더운 날씨에서는 이상적이나 너무 높은 속도는 항공기가 지상에서 작동을 어렵게 한다.

더운 날씨에서의 저속 혼합비는 저속 차단(idle cutoff)으로 혼합 조종을 움직일 때 50rpm 상승을 가져오게 맞추어야 한다. 뜨거운 엔진을 멈추기 전에 가능한 한 많은 열을 제거하기 위하여 수분 동안 증대된 rpm으로 작동시킨 후 천천히 혼합 조종을 저속 차단으로 움직여라. 엔진이 정지했을 때 점화 스위치를 꺼라. 간혹 열점(hot spot)이 한 실린더 또는 그 이상의 실린더에 존재하고 연료 노즐에 남아 있던 연료가 연료 증기가 되어 실린더로 들어와 연소가 되어 엔진을 정지시킨 후에도 프로펠러가 계속 움직일 수 있으므로 주의하라. 엔진이 냉각된 후 프로펠러 근처에 접근하는 것이 최선이다.

7) 조절(Field Adjustment)

1. 지침서에 따라 마그네토 점검을 수행하라.

   각 마그네토의 rpm 강하(drop)가 만족스럽다면 저속 혼합 조절(idle mixture adjustment)을 수행하라.

2. 드로틀을 저속(Idle) 위치로 놓아라.

   저속 속도(Idle Speed)가 규정 범위 내에 있지 않다면 저속 속도 조절 나사(screw)를 사용하여 rpm을 조절하라.

3. 엔진이 저속에서 만족스러울 때 조종석 내의 혼합 조절 레버를 저속 차단(Idle Cutoff)쪽으로 천천히 움직여라. 타코미터(tachometer) 또는 MAP 계기를 관찰하라. 엔진 rpm이 약간 증가하거나 또는 MAP가 약간 감소하면 혼합비는 농후 최대 출력에 맞추어져 있는 것이다. rpm이 즉각적으로 떨어지고 또는 MAP가 즉각적으로 증가하면 혼합비는 희박 최대 출력에 맞추어져 있는 것이다.

   25~50rpm 증가 또는 1/4inHg MAP 감소는 모든 조건하에서 만족할 만한 가속을 주기에 충분한 농후 혼합비를 주고 점화 플러그 오염(fouling) 또는 거친 작동을 방지하기에 충분한 희박 혼합비를 준다.

4. 저속 혼합이 맞지 않는다면 저속 혼합 조절을 돌려 수정하라(그림 6-67 참조).

5. 조절 사이에 혼합비 점검을 하기 전에 엔진을 2,000rpm까지 돌려 엔진 내의 연소실을 깨끗이 하라.

6. 드로틀 레버와 저속 밸브 사이의 연결부(linkage) 길이를 늘리면 농후 혼합비가 되고, 짧게 하면 희박 혼합비가 된다.

7. 드로틀이 닫힌 상태에서 원하는 저속 rpm을 얻기 위해 최종적으로 저속 속도 조절을 수행하라.

8. 맞춤(setting)이 인정되지 않는다면 저속 연결부가 헐거운지 여부를 점검하라.

　저속 혼합비와 rpm 점검시 바람의 영향을 피하기 위하여 항공기를 횡바람(crosswind)에 위치시켜야 한다.

연 습 문 제

1 1kg의 연료를 연소시키는 데 필요한 공기량이 15kg일 때 이 혼합비를 무엇이라 하나?

① 이론 혼합비　　　　　　　　　　② 가연 혼합비

③ 최대 혼합비　　　　　　　　　　④ 절대 혼합비

2 공기 1kg에 연료는 얼마나 필요한가?

① 0.067 kg　　　② 0.111 kg　　　③ 0.231 kg　　　④ 0.123 kg

3 연료가 공기 중의 산소와 급격한 산화 반응을 일으켜 열과 이산화탄소 및 수증기를 발생하는 것을 무엇이라 하는가?

① 폭발　　　　　　　　　　　　　② 연소

③ 산화　　　　　　　　　　　　　④ 원자분열

4 연소에 필요한 공기와 연료의 비를 무엇이라 하는가?

① 연공비　　　　　　　　　　　　② 연소 공기비

③ 공연비　　　　　　　　　　　　④ 공기 연소비

5 연료와 공기의 연소 화학 반응식으로부터 구해지는 공기 연료비를 무엇이라 하나?

① 물리학적 공기 연료비　　　　　② 이화학적 공기 연료비

③ 이온화적 공기 연료비　　　　　④ 화학적 공기 연료비

6 연료가 산소와 연소 후 원래의 온도로 냉각될 때 외부로 방출된 열을 무엇이라 하나?

① 기화열　　　　　　　　　　　　② 잠열

③ 냉각열량　　　　　　　　　　　④ 발열량

7 연소 생성물 중 물이 기체로 존재하는 경우의 발열량을 무엇이라 하나?

① 저발열량　　　　　　　　　　　② 중발열량

③ 고발열량　　　　　　　　　　　④ 초발열량

정답　1. ①　2. ①　3. ②　4. ③　5. ④　6. ④　7. ①

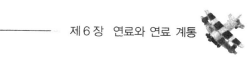

8 다음 중 연소 형태의 종류에 속하지 않는 것은 ?

① 예혼합 화염   ② 자연 발화   ③ 확산 화염   ④ 후혼합 화염

9 다음 화염의 종류 중 가솔린 기관의 연소 형태는 ?

① 예혼합 화염   ② 자연 발화   ③ 확산 화염   ④ 후혼합 화염

10 다음 화염의 종류 중 디젤 및 가스 터빈 기관의 연소 형태는 ?

① 예혼합 화염   ② 자연 발화   ③ 확산 화염   ④ 후혼합 화염

11 1Kg의 연료를 완전 연소하는 데 이론적으로 요구되는 공기량은?

① 15g   ② 15kg   ③ 30kg   ④ 30g

12 공기와 연료의 혼합비를 소수점 이하 값으로 바꾼다면 어떤 것이 맞는가?

① 15:1 (0.091)   ② 11:1 (0.066)

③ 15:1 (0.067)   ④ 11:1 (0.125)

13 연료의 발열량이란?

① 연료량에 의한 열량   ② 연소실을 시동하는 데 필요한 열량

③ 주어진 연료 무게가 가지는 열 에너지   ④ 연료를 태우는 온도

14 다음 석유계 연료 중 증류 온도가 가장 낮은 것은?

① 가솔린   ② 등유

③ 경유   ④ 중유

15 연료의 제폭성을 측정하는 기준으로서 옥탄가를 표시하는 것 중 올바른 것은 ?

(단, 이소옥탄: C_8H_{19}, 정헵탄: C_7H_{16})

① $\dfrac{\text{이소옥탄(체적)}}{\text{이소옥탄(체적)+정헵탄(체적)}} \times 100$

② $\dfrac{\text{정헵탄(체적)}}{\text{이소옥탄(체적)+정헵탄(체적)}} \times 100$

③ $\dfrac{\text{이소옥탄(중량)}}{\text{이소옥탄(중량)+정헵탄(중량)}} \times 100$

④ $\dfrac{\text{정헵탄(중량)}}{\text{이소옥탄(중량)+정헵탄(중량)}} \times 100$

정답   8. ④   9. ①   10. ③   11. ②   12. ③   13. ③   14. ①   15. ③

16 다음 중 가솔린 기관의 연료의 구비 조건이 아닌 것은?

① 발열량이 클 것　　　　　　　　② 휘발성이 낮을 것

③ 부식성이 작을 것　　　　　　　④ 내한성이 클 것

17 항공용 가솔린이 가지고 있는 특징이 아닌 것은?

① 발열량이 크다　　　　　　　　② 내한성이 작다(응고점이 높다)

③ 안전성이 크다　　　　　　　　④ 기화성이 좋다

18 연료의 휘발성 능력은?

① 속히 연소하는 것을 말한다

② 액체 상태로 유지하는 것을 말한다

③ 액체에서 기체로 속히 기화하는 것을 말한다

④ 서서히 연소하는 것을 말한다

19 기화 현상이 가장 잘 일어나는 연료는?

① 높은 기화성의 연료　　　　　　② Flash point가 높은 연료

③ 점성이 높은 연료　　　　　　　④ 케로신형 연료

20 비등과 증발에 의한 연료 손실은 특히 어떤 연료에서 발생하는가 ?

① 높은 휘발성 연료 사용　　　　② 높은 인화점을 가진 연료 사용

③ 높은 점성 연료 사용　　　　　④ 케로신형 연료

21 항공 휘발유의 규격 중에서 10% 유출점이라는 것은 어느 것과 관계가 있는가?

① 가속성　　　　　　　　　　　② 시동성

③ 윤활유 희석　　　　　　　　　④ 제폭성

22 증기 폐쇄의 원인은 다음 중 어느 것인가?

① 불량한 기화기 사용　　　　　② 부적당한 연료 공기 혼합비

③ 높은 휘발성 연료　　　　　　④ 증기 제거 장치의 작동 불능

23 노킹 방지제는 다음 중 어느 것인가?

① 4 에틸납   ② 메틸 알콜
③ 노말 헵탄   ④ 이소 옥탄

24 항공기용 연료에 포함된 Lead는?

① 옥탄가를 표시한다   ② 점성을 적게 한다
③ 부식성을 적게 한다   ④ 이상 폭발을 방지한다

25 항공용 가솔린에 에칠렌 디브로마이드를 첨가하는 이유는?

① 연소 속도를 증대시키기 위해
② 제폭성 비율을 증가시키기 위해
③ 연소 속도를 느리게 하기 위해
④ 4 에틸납에 의한 부식물이 실린더 내에 형성되는 것을 방지

26 TCP라는 것은 다음의 어느 목적으로 연료 중에 첨가하는가?

① 제폭성의 향상   ② 베이퍼 록크의 방지
③ 혼합 가스의 연소 촉진   ④ 4 에틸렌을 포함하는 연소 생성물을 제거

27 CFR 기관이란?

① 시계 비행용의 소형 항공기에 장비하는 기관
② 활공기 기관
③ 연료의 제폭성을 측정하는 단기통 기관이다
④ 대형 항공기의 실내 과급기 구동용 기관이다

28 옥탄가가 규정보다 높은 연료를 사용하면?

① 디토네이션의 위험이 크다
② 폭발력이 강하여 실린더에 무리가 간다
③ 기관 내부에 부식을 촉진시킨다
④ 마력이 크게 상승한다

29 옥탄가 100 이상의 표준 연료는 다음 어느 것인가?

① 이소 옥탄과 정 헵탄의 혼합액이다   ② 이소옥탄과 4 에틸납의 혼합액이다
③ 정 헵탄과 4 에틸납의 혼합액이다   ④ 이소 옥탄과 알콜의 혼합액이다

정답 24. ④ 25. ④ 26. ④ 27. ③ 28. ③ 29. ②

30 80/87 옥탄의 연료를 사용하는 것으로 지정된 기관에 100/130 연료를 사용하면?

① 칼로리 수가 크기 때문에 마력이 낮게 되어 좋다
② 옥탄가가 높을 뿐 발동기의 성능엔 관계가 없다
③ 납이 많아서 좋지 않다
④ 증기압이 낮아서 고공 비행을 행할 경우에는 좋다

31 퍼포먼스 수 100/130이란?

① 100과 130은 PN의 동시 만족치이다
② 100은 희박 가스의 PN 이고 130은 농후 가스의 PN 이다
③ 100은 농후 가스의 PN 이고 130은 희박 가스의 PN 이다
④ 100은 옥탄가를 뜻하고 130은 PN 을 뜻한다

32 가솔린의 발열량은 약간의 차이가 있으나 대체로 얼마인가?

① 80,000 Kcal/kg   ② 100,000 Kcal/kg
③ 10,500 Kcal/kg   ④ 10,300 Kcal/kg

33 시동하기 위해 사용되는 전기로 작동되는 프라이머의 연료 압력은 어디서 오는가?

① 기관 구동 펌프   ② 보조 펌프
③ 연료 탱크   ④ 기화기

34 왕복 기관에서 연료의 압력은 보통 어디에서 측정되는가?

① 부스터 펌프   ② 기화기 흡입구
③ 기관 구동 연료 펌프의 입구   ④ 연료 노즐

35 기관의 연료 소비를 가장 정확히 측정할 수 있는 장치는?

① Fuel flow meter   ② Fuel quantity indicator
③ BEMP gage   ④ Fuel flow divider

36 왕복 기관에서 가장 많이 사용되는 연료 펌프의 형태는?

① 기어형   ② 베인형
③ 제로터형   ④ 피스톤형

정답 30. ③ 31. ② 32. ③ 33. ② 34. ② 35. ① 36. ①

37 연료 펌프의 Vane은 무엇에 의해 윤활되는가?

① 윤활유 펌프에서 압송되는 윤활유　　② 펌프 회전축의 중공부에 있는 그리이스

③ 펌프를 통과하는 가솔린 자체　　④ Vane에 흘러 들어가는 윤활유

38 기관 구동 연료 펌프의 바이패스 밸브가 완전히 열릴 때는?

① 연료 펌프의 출력이 기화기의 요구량보다 클 때

② 승압 펌프 압력이 기관 구동 펌프 압력보다 클 때

③ 기관 펌프 압력이 과도할 때

④ 기관이 작동할 때는 언제나

39 기관 구동 연료 펌프의 릴리프·밸브가 열리면 연료는 어디로 흐르는가?

① 탱크로 되돌아 간다　　② 펌프 입구로 간다

③ 기화기로 간다　　④ 흡기 다기관으로 간다

40 연료 펌프로부터 기화기에 압송되는 연료 압력은 다음 중 어느 곳에 의하여 조절되는가?

① 기화기 연료 입구의 크기

② 기화기의 Float arm의 장력

③ 바이패스 밸브와 릴리프 밸브의 공동 작동

④ 탱크로부터 연료펌프까지의 파이프의 크기

41 다음 항공기의 왕복 기관 연료 계통 구성품 중에서 기관을 시동할 때 실린더 안에 직접 연료를 분사시켜 농후한 혼합가스를 만들어 줌으로써 시동을 쉽게 하는 장치는?

① 기화기　　② 프라이머

③ 연료 펌프　　④ 연료 기화기

42 연료 펌프는 무엇으로 윤활시키는가 ?

① 윤활유　　② 연료

③ 그리스　　④ 별도로 장착된 윤활유

43 다음 연료 계통 구성품 중에서 기관을 시동할 때 실린더 안에 직접 연료를 분사시켜 농후한 혼합비를 만들어 줌으로써 시동을 쉽게 하는 장치는 ?

① 기화기   ② 프라이머
③ 연료 펌프   ④ 릴리프 밸브

44 연료 탱크의 벤트 구멍이 막혔다면 엔진의 상태는 어떻게 되는가 ?

① 엔진의 높은 rpm 이상에서 정상 작동한다
② 탱크 내의 높아진 압력으로 시동시 진동
③ 엔진은 연료가 공급되지 않아 정지한다
④ 탱크 내의 압력 저하로 희박 혼합비로 된다

45 경항공기가 고공에 있을 때 연료 탱크 벤트 라인에 얼음이 얼었다. 이때 예상되는 현상은 ?

① 농후 혼합기가 된다   ② 희박 혼합기가 된다
③ 엔진이 정지한다   ④ 엔진과는 관계없다

46 부스터 펌프의 사용에 대해 옳은 것은 ?

① 탱크에서 연료를 뺄 때   ② 이륙할 때만 사용한다
③ 고공에서 연료를 공급할 때   ④ 착륙할 때만 사용한다

47 연료 부스터 펌프에 대한 주된 사용 목적은?

① 연료의 전달을 위해
② 기관을 시동하기 위해
③ 연료 압력을 기관 구동 연료 펌프에 전달하기 위하여
④ 연료의 제하(Jettisoning)를 위하여

48 기관 구동 펌프를 장비한 비행기에 있어서 연료 여과기는?

① 연료 펌프 속에 내장
② 연료 펌프와 기화기 중간에
③ 탱크 출구와 기화기 중간에
④ 탱크 출구에 눈이 가는 필터를 장치하면 그것으로 만족하다

49 연료 탱크 내에 서지 박스의 역할은 ?

① 비상 연료 공급   ② 연료 공급시 부압 방지
③ 곡기 비행 또는 배면 비행시 연료 공급   ④ 이상 모두 정답이다

50 왕복 엔진 항공기에서 연료 승압 펌프(booster pump)는 다음 어떤 기능을 수행하는가 ?

① 항공기의 평형을 돕기 위하여 연료를 타 탱크에 옮긴다

② 어떤 탱크에서나 엔진에 연료를 선택한다

③ 연료의 압력을 조절한다

④ 연료 탱크로부터 엔진 구동 펌프까지 연료를 정압으로 공급한다

51 항공기 왕복 기관의 부자식 기화기에서 드로틀 밸브의 열림이 커졌을 때 벤투리 목 부분을 통과하는 유속과 공기량의 관계를 설명한 것은 ?

① 유속이 증가하고 공기량이 적어진다　　② 유속이 증가하고 공기량이 많아진다

③ 유속이 감소하고 공기량이 적어진다　　④ 유속이 감소하고 공기량이 많아진다

52 왕복 엔진에서 엔진의 역화가 일어나는 원인은 ?

① 피스톤링의 절손된 원인으로　　② 농후 혼합비의 원인으로

③ 희박 혼합비의 원인으로　　④ 푸시 로드의 절손 때문에

53 부자식 기화기가 장착된 기관의 시동에서 혼합기는 어떻게 조절해야 하는가?

① 매우 짙게　　② 짙게하다가 연료를 차단한다

③ 연료를 차단한다　　④ 옅게

54 기관이 작동 중에 역화가 발생하는 원인은?

① 농후 혼합기　　② 푸시 로드 절손

③ 피스톤링의 절손　　④ 희박 혼합비

55 연료와 공기의 혼합비가 희박한 상태일 때 일어나는 현상은?

① 킥백 현상　　② 애프터 버너

③ 시동 불능　　④ 백 파이어

56 낮은 회전수에서 역화를 야기하는 것은?

① 과농후 혼합비　　② 과희박 혼합비

③ 프라이머의 누설　　④ 완속 회전수가 높다

57 벤투리를 흐르는 공기 흐름에 의해 압력은 낮아지는데 그 중 주 원인은?

① 밀도　　　　　　② 속도　　　　　　③ 온도　　　　　　④ 드로틀 위치

58 기화기의 벤투리에서 압력과 속도와의 관계는?

① 압력은 속도의 제곱에 반비례한다　　　② 압력은 속도에 정비례한다
③ 압력은 속도와 관계없다　　　　　　　④ 압력은 속도의 제곱에 비례한다

59 플로트식(부자식) 기화기에 있는 나비꼴 드로틀 밸브는 어디에 위치해 있는가 ?

① 연료 공기 혼합 가스 흡입 통로에　　　② 공기 입구 분사 노즐 바로 전에
③ 벤투리관 주분사 노즐 사이에　　　　　④ 가속기 바로 전 흡입 통로에

60 부자식 기화기에서 연료가 넘쳐 흐르는 원인은 ?

① 방출 노즐이 막혔다　　　　　　　　　② 주공기 블리드가 막혔다
③ 부자면이 너무 낮다　　　　　　　　　④ 니들과 시트가 새고 있다

61 부자식 기화기에서 이코노마이저의 목적은 ?

① 고출력 연료 절감　　　　　　　　　　② 드로틀이 갑자기 열릴 때 추가 연료 공급
③ 완속 운전시 혼합 가스 형성　　　　　④ 순항 출력 이상에서 농후 혼합비

62 부자식 기화기에서 가속 펌프의 목적은?

① 고출력 고정시 부가적인 연료를 공급하기 위해
② 이륙시 기관 구동 펌프를 가속시키기 위해
③ 높은 고도에서 혼합 가스를 농후하게 하기 위해서
④ 스로틀이 갑자기 열릴 때 부가적인 연료를 공급시키기 위해

63 부자식 기화기의 완속 조절을 하기 위해 통상 사용하는 방법은 ?

① 완속 장치의 연료 공급을 막히게 한다
② 구멍과 조절할 수 있는 경사진 니들 밸브
③ 부자실과 기화기 벤투리 통로를 막는다
④ 드로틀 스톱이나 혹은 링케이지를 조절한다

　정답　57. ④　58. ①　59. ①　60. ④　61. ④　62. ④　63. ④

64 왕복 기관의 연료 계통 중 부자식 기화기의 특징은 어느 것인가?

① 분출되는 연료의 기화열에 의한 온도 강하에 의하여 결빙되기 쉽다

② 비행 자세의 영향을 받지 않는다

③ 구조가 복잡하다

④ 대형 항공기나 곡예용 항공기에 적합하다

65 기화기의 동결은 일반적으로 다음 어느 온도일 때 가장 쉬운가?

① −3 ～ 15 ℃   ② 0 ℃ 이상   ③ −7 ～ 30 ℃   ④ 0 ～ 5 ℃

66 부자식 기화기의 유면 높이의 조종은?

① 부자에 무게를 첨가한다

② 나사를 조종하는 부자로

③ 니들 밸브 시트 아래 와셔를 제거 또는 추가하여 조절한다

④ 공장에서 하며 더 이상 조절이 필요하지 않다

67 부자식 기화기의 연료 메터링 힘은?

① 연료 펌프 압력과 벤투리 압력 사이의 차

② 순항 범위로 부터 고 회전 범위에 걸쳐 일정

③ 부자실과 방출 노즐 사이의 차압

④ 가속 펌프에 의한 압력

68 부자식 기화기에서 연료의 증대된 기화는 다음 어느 것에 의하여 이루어지는가?

① 드로틀 밸브를 지나는 연료

② 벤투리의 저압 부분에서 방출되는 연료

③ 주공기 블리이드

④ Parallel로 메터링되는 제트

69 부자식 기화기에서 주공기 블리이드가 막히면?

① 완속 혼합 가스는 농후하다

② 완속 혼합 가스는 희박하다

③ 완속 혼합 가스는 정상이 될 것이다

④ 혼합 가스는 모든 속도에서 농후하게 된다

정답   64. ①   65. ④   66. ③   67. ③   68. ③   69. ③

70 부자식 기화기에서 이코노마이저는?

① 고출력 고정시에 농후 혼합 가스와 연료 냉각을 마련한다
② 이코노마이저 작동 상태에서 언제나 최대 출력을 내는 희박 혼합가스를 마련한다
③ 공기 메터링 힘에 의해 작동되며 순항시 최대 경제성을 마련한다
④ 2개의 다이아프램 기구를 사용하는 기관 흡입에 의해 작동

71 기화기는 급가속시킬 때 혼합비가 희박해지는 것을 방지하기 위하여 어느 것이 작동되는가?

① 혼합비 조종장치   ② Gascolator
③ Ploat chamber의 차압에 의하여   ④ 가속 펌프

72 부자식 기화기에서 가속 펌프의 목적은?

① 고출력 고정시 부가적인 연료를 공급하기 위해
② 이륙시 기관 구동 펌프를 가속시키기 위해
③ 높은 고도에서 혼합 가스를 농후하게 하기 위해서
④ 드로틀이 갑자기 열릴 때 부가적인 연료를 공급시키기 위해

73 항공기용 부자식 기화기에 넓게 사용되는 혼합비 조정 장치의 형식은?

① 피스톤식과 자동식   ② 니들식, 부압식, 에어포트식
③ 포핏식, 가변 벤츄리식   ④ 자동식, 다이아프램식

74 부자식 기화기의 혼합비 조정 장치의 종류가 아닌 것은?

① 부압식   ② 니들식
③ 에어포트식   ④ 압송식

75 부자식 기화기를 가진 기화기를 시동할 때는?

① 혼합비 조절 레버는 Full lean 위치, 드로틀은 Idle setting
② 혼합비 조절 레버는 Full rich 위치, 드로틀은 순항 위치
③ 혼합비 조절 레버는 Full rich 위치, 드로틀은 Idle 위치
④ 혼합비 조절 레버는 Auto rich 위치, 드로틀은 1200 rpm위치

76 자동 혼합비 조정 장치의 사용 목적은 무엇인가?

① 고도가 증가할 때 혼합기를 짙게 하기 위해

② 고도가 증가할 때 혼합기를 옅게 하기 위해

③ 모든 고도에서 최고의 경제적 혼합비를 얻기 위해

④ 변하는 대기 조건에 따라 선택된 연료 공기 혼합비를 유지시키기 위해

77 고도와 온도의 변화에 대한 보정이 되지 않는 기화기에서 연료 공기의 혼합비는?

① 고도 혹은 온도의 증가에 따라 더 농후하게 한다

② 고도 혹은 온도의 증가에 따라 더 희박하게 한다

③ 고도의 증가 혹은 온도의 감소에 따라 더 희박하게 한다

④ 고도의 증가 혹은 온도의 감소에 따라 더 농후하게 한다

78 압력 분사식 기화기에 대해 잘못 설명한 것은 ?

① 기화기 결빙이 없다

② 어떤 비행 자세에서도 중력과 관성에 의한 영향이 작다

③ 구조가 간단하여 널리 이용된다

④ 연료의 분사가 양호하다

79 기화기를 운전 중에 완속 위치로 드로틀을 당기면 A Chamber와 B chamber의 압력은?

① 모두 증가한다　　　　　　　　② 모두 감소한다

③ A는 증가, B는 감소　　　　　　④ A는 감소, B는 증가

80 압력식 기화기에서 완속 때 연료는 어떻게 보충되는가?

① 아이들 스프링에 의해

② 아이들 제트와 아이들 공기 블리드에 의해

③ 벤투리의 흡기 현상

④ 드로틀의 유출 현상

81 압력식 기화기의 증기 분리기의 기능은 연료가 기화기의 연료 메터링부를 통과하기 전에 증기를 배출시킨다. 만약 증기 분리기가 닫혀진 상태에서 고착되었다면 어떤 일이 일어나겠는가?

① 연료의 흐름이 계속적으로 주 탱크로 되돌아간다

② 과도한 연료 메터링 압력에 의한 연료의 흐름

③ 연료가 기관 구동 펌프 입구 쪽으로 계속 되돌아간다

④ 기관 작동이 불규칙적이거나 역화가 일어난다

정답 77. ① 78. ③ 79. ④ 80. ① 81. ④

82 압력식 기화기에서 가속 펌프와 이코노마이저의 관계는?

① 관계가 없다
② 벤츄리 흡입에 의해 둘 다 작동된다
③ 연료 압력에 의해 둘 다 작동된다
④ 스로틀 링키지에 의해 둘 다 작동된다

83 압력식 기화기에서 인리치먼트 밸브를 여는 것은?

① 공기 압력
② 연료 압력
③ 물의 압력
④ 벤투리 흡입

84 압력식 기화기의 자동 혼합 가스 조절 장치의 Bellow가 파열된다면 결과는 어떻게 되겠는가?

① 보다 희박한 혼합비
② 낮은 고도에서 농후 혼합비
③ 높은 고도에서 보다 농후한 혼합비
④ 낮은 고도에서 희박한 혼합비

85 Pressure injection type carbulator를 장비한 기관의 항공기가 상승 비행중 후화 현상을 일으켜서 착륙 후 지상에서 작동시킨 결과 정상이었다. 고장의 원인을 기화기에 국한시킨다면?

① A, B chamber 사이의 다이어프램이 찢어졌다
② 완속 스프링이 부러졌다
③ AMC의 고장이다
④ 수동 혼합기 조절기의 고장이다

86 하향식 기화기가 상향식 기화기보다 뚜렷하게 나타나는 이점은?

① 연료의 높은 휘발성
② 장착의 용이함
③ 연료의 높은 휘발성
④ 적은 화재 위험

87 직접 연료 분사 장치의 구성품이 아닌 것은 ?

① 주공기 브리이드
② 연료 분사 펌프
③ 주조종 장치
④ 분사 노즐

88 다음 중 직접 연료 분사 장치의 구성 요소가 아닌 것은 ?

① 연료 분사 펌프
② 프라이머
③ 주조정 장치
④ 분사 노즐

89 다음 중 왕복 기관의 연료 계통 중 직접 연료 분사 방식의 이점이 아닌 것은 ?

① 역화의 우려가 있다　　　　　　　② 시동성이 좋다

③ 비행 자세에 영향을 받지 않는다　④ 가속성이 좋다

90 직접 연료 분사 기관에서 연료가 어느 때 실린더로 분사되는가?

① 흡입 행정에서　　　　　　　　　② 압축 행정에서

③ 계속적으로　　　　　　　　　　④ 흡입 행정과 압축 행정 동안에

7 왕복 엔진의 점화와 시동 계통

7-1 점화의 원리

(1) 축전지 점화 계통(Battery Ignition System)

소수의 항공기와 대부분의 자동차는 그 에너지원(source)으로 마그네토보다 축전지 또는 발전기를 갖는 축전지 점화 계통을 사용한다. 이 계통에서 엔진에 의해 구동되는 캠(cam)은 접점을 열게 하여 1차 회로(primary circuit)내의 전류 흐름을 중단시킨다. 이것은 자장(magnetic field)을 붕괴시켜 점화 코일(ignition coil)내의 2차 코일에 고전압을 유기시킨다. 이 고전압은 배전기(distributor)에 의해 적절한 실린더로 공급한다(그림 7-1 참조).

(2) 마그네토 점화(Magneto Ignition)

마그네토 점화는 그 엔진 속도에서 더 강한 불꽃(hotter spark)을 발생시키고 외부 전기 에너지원에 의존하지 않는 독립된 장치이기 때문에 축전기 점화보다 우수하다. 마그네토는 점화 목적을 위하여 고전압의 맥동류(electric pulsation)를 만드는 특별한 교류 발전기(alternating-current generator)이다.

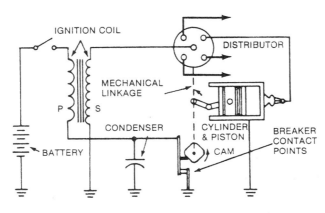

그림 7-1 Battery ignition system

⠿ 7-2 마그네토의 형식

마그네토는 다음과 같이 분류한다.

(1) 저압과 고압 마그네토(Low and High-Tension Magneto)

저압 마그네토는 영구 자석의 자장 내에서 단지 하나의 코일로 감겨진 전기자의 회전에 의해 저전압의 전류를 공급한다. 저전압 전류는 변압기(transformer)에 의해서 고전압으로 바뀐다. 고압 마그네토 1차 권선과 2차 권선을 가지며 고전압을 공급한다. 1차 권선에서 발생된 저전압은 1차 회로가 끊어질 때 2차 권선에 고전압 전류를 유기시킨다.

(2) 회전 자석과 유도자 로터 마그네토(Rotating-Magnet and Inductor-Rotor Magnetos)

회전 자석 마그네토는 1차와 2차 권선이 같은 철심(iron core)에 감겨 있다. 회전 자석은 보통 4극으로 만들어져 있으며 N, S극이 교대로 배열되어 있다. 유도자 로터 마그네토는 회전 자석에서와 같은 고정 코일(armature)을 갖는다. 위 방법과의 차이점은 코일의 철심 내로 저속을 유기시키는 것이다. 유도자 로터 마그네토는 고정 자석을 갖는다.

마그네토의 로터가 회전함에 따라 자석에서 나온 자속이 로터의 세그먼트(segment)를 통해 극슈(pole shoe)로 전달된다.

(3) 단식과 복식 마그네토(Single and double-Type Magneto)

두 개의 단식 마그네토가 왕복 엔진에 보편적으로 사용된다. 복식 마그네토는 하나의 회전 자석을 갖는 두 개의 마그네토와 같다. 즉, 두 개의 접점(breaker point), 두 개의 배전기에 의해 고전압을 배분한다.

(4) 베이스 또는 플랜지 장착 마그네토(Base and Flange-Mounted Magneto)

베이스 장착 마그네토는 캡 나사(cap screw)에 의해 엔진의 장착 브래킷(mounting bracket)에 부착된다. 플랜지 장착 마그네토는 마그네토 끝의 플랜지에 의해 엔진에 부착된다. 플랜지 내의 장착 구멍은 원형이 아니라 홈(slot)으로 되어 있어 엔진에 마그네토 타이밍을 맞출 때 마그네토를 회전시켜 가벼운 조절을 할 수 있게 한다.

단식 마그네토는 베이스 장착 또는 플랜지 장착 형식으로 되어 있으나 복식 마그네토는 항상 플랜지 장착 형식으로 되어 있다.

(5) 마그네토를 표시하는데 사용되는 기호

마그네토는 표 7-1에서 보여주는 것과 같이 제작 회사, 모델, 형식 등을 문자로 표시한다. 예를 들면, DF18RN은 벤딕스제이며 시계 방향으로 회전하게 설계된 18실린더 엔진에 사용을 위한 복식

표 7-1 Magneto Code Designation Table

Order of Designation	Symbol	Meaning
1	S	0Single type
	D	Double type
2	B	Base-mounted
	F	Flange-mounted
4, 6, 7, 9 etc.		Number ofdistributor electrodes
4	R	Clockwise rotationas viewed from drive-shaft end
	L	Counterclockwise rotation as viewed from drive-shaft end
5	G	General Electric
	N	Bendix
	A	Delco Appliance
	U	Bosch
	C	Delco-Remy(Boschdesign)
	D	Edison-Splitdorf

플랜지 장착 마그네토이다. SF14LU-7은 Bosch제이며 반시계 방향으로 회전하게 설계된 14 실린더 엔진에 사용을 위한 단식 플랜지를 장착한 마그네토로서 7번 수정(modification)된 것이다.

7-3 마그네토 작동 이론

마그네토는 자기(magnetic), 1차(primary), 2차(secondary) 회로로 구성된다(그림 7-2 참조). 자기 회로는 영구 자석, 코일 코어(coil core), 극 슈(pole shoe), 극 슈 연장선(pole shoe extension)을 포함한다.

1차 회로는 코일의 1차 권선(primary winding), 접점(breaker point or contact), 축전기(condenser or capacitor)로 구성된다. 2차 회로는 2차 권선(secondary winging), 배전기와 로터, 고압 점화선(high tension ignition lead), 점화 플러그(spark plug)를 포함한다.

(1) 자기 회로(Magnetic Circuit)

마그네토의 자기 회로는 여러 형태로 설계되어 있다. 이 중 회전 자석 마그네토는 2극, 4극, 8극을 갖는 영구 자석을 사용한다. 이 자석은 알루미늄(AL), 니켈(Ni), 코발트(Co), 철(Iron)의 합금인 alnico로 만든다.

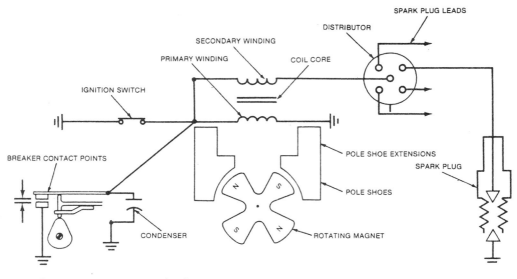

그림 7-2 Basic magneto circuits

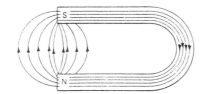

그림 7-3 Permanent magneto and field

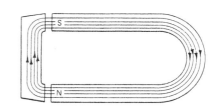

그림 7-4 Permanent magneto with flux passing through an iron bar

유도자 로터 마그네토는 고정 영구 자석과 회전 유도자(rotating inductor)를 사용한다. 회전 자석 마그네토가 항공기 점화에 훨씬 광범위하게 사용한다.

그림 7-3은 말굽 자석으로서 극 사이의 공간에서는 자력선끼리 반발하기 때문에 자력선은 퍼지게 된다. 얇은 판이 겹쳐진 연철 막대(laminated soft-iron bar)를 극 사이에 놓으면 자력선이 퍼지지 않고 모이게 된다(그림 7-4 참조). 연강은 alnico와 달리 자장이 오래 지속되지 않기 때문에 자석이 회전에 따른 자력선의 변화를 가능하게 한다.

그림 7-5는 자속(flux linkage)이 변할 때에는 언제나 그 회로에 기전력(electromotive force or voltage)이 유도되는 것을 보여준다. 회로에 유도되는 기전력은 유속의 변화율에 비례한다. 이 유도 기전력은 렌츠의 법칙(Lenz' Low)에 의해서도 설명된다. 렌츠의 법칙에 의하면 자기 유도 또는 상호 유도에 원인이 되는 유도 기전력은 언제나 기전력을 발생시키는 원인이 되는 자속의 변화에 대항하는 방향으로 생긴다. 코일의 감겨진 방향과 전류의 방향을 알면 자장의 극을 알 수 있다.

도선을 왼손 손가락으로 전류 흐름 방향으로 쥐었을 때 엄지손가락은 자속의 방향 즉 N극을 가

리킨다. 이것을 왼손 법칙(left-hand rule)이라 한다.

그림 7-6은 4극 회전 자석을 보여준다. 마그네토에 장착하지 않았을 때 자속은 N극에서 S극으로 공간을 통해 지나간다.

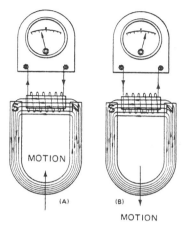

그림 7-5 Inducing current with a magnetic field

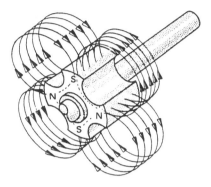

그림 7-6 Four-pole rotating magnet

그림 7-7은 마그네토에 장착되었을 때 4극 회전 자석을 보여준다. 이 때 자속은 극 슈 D, 극 슈 연장선 E, 코일 코어 C로 통하게 된다. 자석의 위치가 그림 7-7과 같을 때 코일의 코어로 자속이 집중된다. 회전 자석이 그림 7-7의 위치에서 그림 7-8과 같이 회전했을 때를 중립 위치(neutral position)에 있다고 하며 코일 코어로 자속의 흐름이 없게 된다.

그림 7-9의 곡선은 코어에 1차 권선과 2차 권선 없이 자석이 회전할 때 코일 코어내의 자속 변화를 보여준다. 이 곡선을 정 자속 곡선(static-flux curve)이라고 부른다.

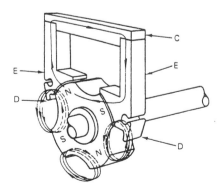

그림 7-7 Arrangement of rotating magnet, pole shoes, and core of the coil in a magneto

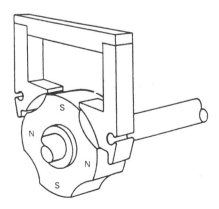

그림 7-8 Rotating magnet in neutral position

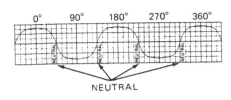

그림 7-9 Static-flux curve

HIGH-VOLTAGE
TERMINAL

그림 7-10 Magneto coil assemble

자석이 중립 위치를 지날 때마다 자속은 영으로 떨어지며 자속의 방향은 바뀌게 된다. 그러므로 자석이 중립 위치를 지날 때 자속의 변화율이 가장 크게 된다.

(2) 1차 회로와 2차 회로(Primary-Circuit and Secondary Circuit)

1)코일 어셈블리(Coil Assembly)

전형적인 코일 어셈블리는 얇은 판이 겹쳐진 연철 코어(laminated soft-iron core)에 1차 권선과 2차 권선으로 구성되어 있다. 1차 권선은 절연된 구리선으로 비교적 적은 횟수가 감겨져 있고 2차 권선은 매우 가는 선으로 수천 회 감겨져 있다. 이 코일은 제작자의 설계 요구에 따라 단단한 고무, 베이클라이트(bakelite) 또는 플라스틱의 케이스(case)로 덮여 있다.

1차 축전기(primary condenser)는 1차 권선과 2차 권선 사이의 코일에 설치되거나 또는 외부 회로에 연결된다. 1차 권선의 한쪽 끝은 보통 코어에 접지 되고 다른 한쪽 끝은 접점과 연결되며 점화 스위치 도선(ignition switch lead)에도 연결된다. 접점이 닫혔을 때 전류는 코일로부터 접지로 흐르고, 접지에서 코일로 돌아옴으로써 완전한 회로를 이룬다. 이 흐름 방향은 자석의 회전과 함께 바뀐다.

2차 권선의 한쪽 끈은 코일 송에 접지 되고 다른 한쪽 끝은 코일의 외부로 나와 배전기에 고전압이 흐를 수 있도록 접촉되어 있다(그림 7-10 참조).

2) 접점 어셈블리(Breaker Assembly)

접점 어셈블리는 회전 캠(rotating cam)에 의해 작동하는 접촉점으로 구성되는 접촉 접점(contact breaker)이다. 이것의 기능은 1차 권선의 회로를 열고 닫음으로써 자장을 형성시키거나 붕괴시킨다. 초기 마그네토는 레버형(lever type) 또는 피벗형(pivot-type) 접점이었다. 근래 모델은 스프링형 레버(spring type lever)에 장착된 움직일 수 있는 접촉점(contact point)을 갖는 피벗이 없는(pivotless) 접점 어셈블리이다(그림 7-11 참조). 팜 스프링(left spring)은 부가적인 힘을 주기 위해 자주 사용한다.

피벗이 없는 접점 어셈블리는 피벗 베어링에서 발생하는 마모의 영향을 받지 않는다. 그러므로 피벗형보다 훨씬 오랫동안 정확하게 조절된 상태를 유지하게 된다.

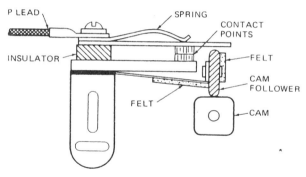

그림 7-11 One type of pivotless breaker assemble

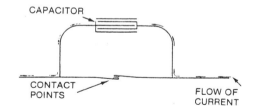

그림 7-12 Operation of the primary condenser

접촉점은 백금-이리듐 합금(Platinum-Iridium alloy) 또는 열과 마모에 강한 물질로 제작된다. 캠과 캠 플로어(cam follower)는 펠트 패드(felt pad)에 의해 윤활 된다. 이 패드는 정기 점검시 윤활유로 적신다. 접촉점은 1차 코일과 전기적으로 연결되어 있어 이 점이 닫히면 완전한 회로가 이루어지고 이 점이 열리면 회로는 형성되지 않는다. 마그네토는 접점이 닫힐 때 코일 코어를 통하는 자속이 최대가 되게끔 맞추어져 있다.

3) 1차 축전기(Primary Capacitor)

마그네토 작동시 1차 권선과 2차 권선에는 전압과 전류가 모두 유기 된다. 접점이 열릴 때 1차 전류는 접점에서 아크(arc)를 일으키려는 경향이 있다. 이것은 접점을 타게 하고 자장 붕괴를 축소시켜 결과적으로 2차 권선의 출력을 약화시킨다. 이러한 문제를 해결하기 위해 접점과 병렬로 1차 축전기를 연결한다(그림 7-12 참조). 이 축전기는 접점이 열리기 시작될 때 1차 코일 내에 갑작스런 전압의 상승을 흡수하는 저장실로 작용한다.

1차 축전지는 접점이 열릴 때 1차 전류에 의해 생긴 전자장의 붕괴로 인한 1차 코일에 유도되는 자기 유도(self-inductance) 전류를 흡수함으로써 아크를 방지한다. 1차 축전지는 코일 하우징(housing)이나 접점 하우징 또는 코일의 위쪽에 위치한다. 1차 축전지는 정확한 용량이어야 한다. 너무 적은 용량은 아크를 발생시켜 접점을 태우고 2차 코일의 출력을 약화시킨다. 용량이 너무 크면 전압이 감소되어 불꽃(spark)이 약해진다.

4) 마그네토 작동 요소(Element of Magneto Operation)

그림 7-13은 작동 마그네토의 전기와 자기 요소의 강도와 방향을 보여준다. 선도에서 보여주는 요소들은 정자속, 접점 시기(timing), 1차 전류, 합성 자속(resultant flux), 1차 전압과 2차 전압이다. 1차 전류는 정자속이 최대점에서 줄어들 때 유도된다. 이 전류는 접점이 닫혀 있는 동안 흐른다.

렌츠의 법칙에 따라 회전 자석에 의해 생기는 자속의 방향과 반대로 1차 코일에 자장이 형성되며 전류의 방향도 이에 따른다. 1차 전류의 이러한 효과는 그림에서 보여주는 것과 같이 합성 자속을 만든다. 접점이 열려 1차 전류 흐름이 중단될 때까지 합성 자속은 강하게 지속된다. 접점이 열리자마자 마그네토 코일의 코어를 통하는 자속은 급격히 변화되어 2차 권선에 고전압을 유기 시켜 점화를 위한 불꽃을 만든다. 마그네토에서 중립 위치와 접촉점이 열리는 위치 사이의 회전 각도를 E-gap 각도 또는 간단히 E-gap이라 한다.

마그네토 제작자는 각 모델의 회전 자석의 극이 중립 위치를 지나 어느 각도에서 접점이 떨어지는 순간에 가장 강한 불꽃을 내게 할 것인가를 결정한다. E-gap 각도는 제작자와 모델에 따라 5°

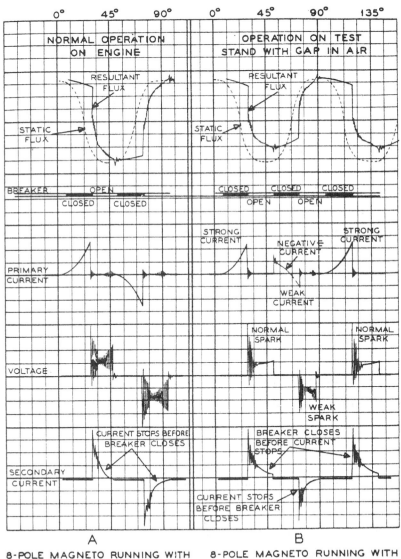

그림 7-13 Graphic representation of the electrical and magnetic factors involves in the operation of a magneto, with the secondary circuit open. (Bendix Corporation)

에서 17° 까지 변한다. 4극 마그네토인 경우 E-gap은 보통 11° 이다

2차 권선은 가는 선으로 10,000회 이상 1차 권선 위에 감겨져 있다. 2차 권선의 감긴 횟수와 자속의 급격한 변화는 2차 권선에 고전압을 유도시킨다. 그림 7-13에서보면 2차 전압은 1차 전압보다 100배가 더 크다. 이것은 2차 코일의 권수가 1차 코일의 권수보다 100배가 되기 때문이다.

그림 7-14는 정상 작동하는 항공기 엔진 내의 마그네토와 시험 장치(test stand)에서 작동하는 마그네토 작동 요소들의 방향과 수치를 보여준다. 이 마그네토는 8극 마그네토로서 접점의 열림 각과 닫힘 각은 22½° 이다.

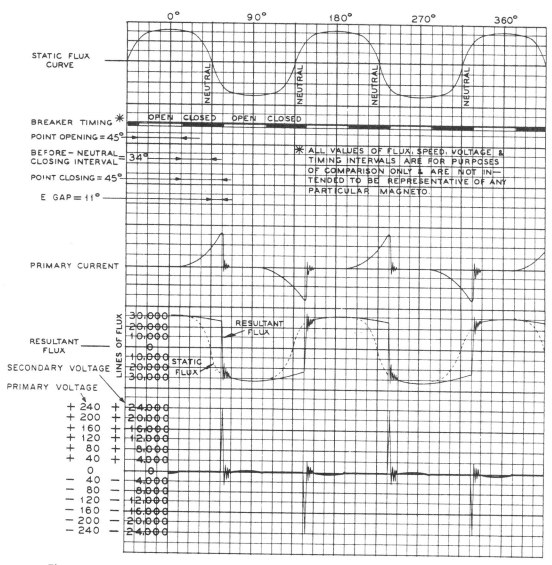

그림 7-14 Graphic representation of the electrical and magnetic factors in a magneto operating with a spark gap in the secondary circuit. (Bendix Corporation)

항공기 엔진에서 정상 작동하는 마그네토는 실린더 내의 압력이 2차 전압의 높이(level)에 영향을 준다. 즉, 2차 전압은 점화 플러그에서 불꽃을 내기 전에 5000V에 도달한 후 진동하여 소멸된다. 이 때 최초의 진동은 2차 전류가 흐르기 시작할 때 코일 내의 급작스런 전류 하중에 기인하며 두 번째 진동은 점화 플러그 간극(gap)에 흐르는 전류에 미치는 난류(turbulence)와 압력의 영향에 기인된다.

5) 배전기(Distributor)

그림 7-15의 배전기 핑거(finger)는 회전 자석의 구동 축에 위치한 작은 기어에 의해 구동되는 큰 배전기 기어에 연결되어 있다. 이 기어의 비율은 항상 배전기 핑거가 엔진 크랭크 축 속도의 1/2로 구동된다. 이 기어비는 엔진의 점화 순서에 따라 점화 플러그에 고전압 전류를 적절하게 분배시킨다.

일반적으로 전형적인 항공기 마그네토의 배전기 로터(rotor)는 고전압, 전류를 분배하는 장치이다. 이 로터는 마그네토 제작자의 설계에 따라 손가락 모양(finger), 디스크(disk), 드럼(drum) 모양으로 되어 있다.

배전기 로터는 하나 또는 두 개의 전극으로 설계된다. 두 개의 전극은 정상 점화시 사용되는 전극과 시동시 사용되는 지연 전극(trailing electrode)이다. 이 지연 전극은 최근 모델의 마그네토에는 사용되지 않는다.

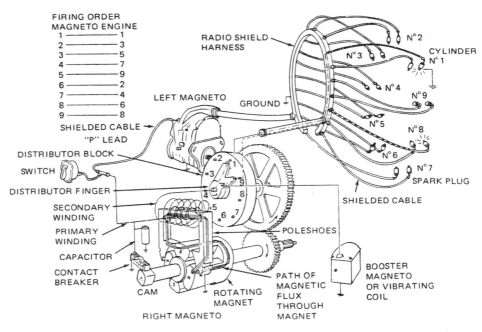

그림 7-15 High-tension magneto ignition system(Bendix Corporation)

(3) 마그네토의 구조(Construction of Magneto)

마그네토의 구성품의 구조에 사용된 재료는 주로 자력(magnetic force)의 조절에 미치는 영향을 고려하여 선택된다. 또는 기계적인 응력에 관한 강도와 내구성(durability)도 고려된다. 모든 작동 조건하에서 고전압에 견딜 수 있고 적절한 절연을 줄 수 있는 절연체도 필요하다.

마그네토의 케이스(case)는 알루미늄 합금과 같은 비자성체로 되어 있다. 케이스는 물, 오일, 기타 오염물질의 유입을 방지한다. 망이 쳐진 통기구(screened vents)는 환기와 냉각을 준다. 어떤 마그네토는 케이스 내부의 열을 제거시키기 위하여 강제 대류 냉각을 한다.

극 슈와 코일 코어는 와전류(eddy current)의 효과를 축소시키기 위하여 절연체로 쌓인 얇은 판으로 되어 있다. 와전류는 자력의 적절한 변화를 간섭하고 열을 발생시킨다. 자석은 매우 강한 합금이 ALNICO 또는 퍼멀로이(permalloy)로 만든다. 배전기는 내구성 있는 유전체 재료(dielectric material)로 만든 로터로 구성된다. 배전기 로터와 블록(block or cap)에는 습기 흡수와 고전압 누설의 가능성을 방지하기 위하여 고온도 왁스(high temperature wax)가 입혀져 있다.

(4) 마그네토 속도(Magneto Speed)

그림 7-15는 회전 자속 마그네토를 사용하는 항공기 점화 계통의 설명도이다. 자석 축의 끝에 있는 캠은 보상된 캠이 아니므로 극수만큼 로브(lobe)를 가지며 여기서는 4개의 로브를 가지고 있다. 자석의 회전당 발생하는 고전압의 수는 극수와 동일하다. 엔진의 완전 회전당 점화되는 실린더 수는 엔진 실린더 수의 $\frac{1}{2}$이다. 그러므로 엔진 크랭크 축 속도에 대한 마그네토 축 속도의 비는 엔진 실린더 수를 회전 자석 극수의 두 배로 나눈 수와 동일하다.

이것을 다음 공식과 같다.

$$\frac{\text{실린더 수}}{2 \times \text{극수}} = \frac{\text{마그네토 축 속도}}{\text{엔진 그랭크 축 속도}}$$

예를 들면, 보상되지 않은 캠이 4개 로브를 가졌고 엔진이 12실린더이면

$$\frac{12 \text{ 실린더}}{2 \times 4 \text{ 극}} = \frac{12}{8} = 1\frac{1}{2}$$

그러므로 마그네토 속도는 엔진 크랭크 축 속도의 $1\frac{1}{2}$배이다.

4행정 사이클 엔진에서 각 실린더는 크랭크 축 2회전당 한번 점화된다는 것을 기억하라. 그러므로 12실린더 엔진은 크랭크 축 대 회전마다 6번 점화할 것이라는 것을 알 수 있다. 4개 로브를 가진 마그네토는 캠의 각 회전당 4번 점화를 발생시킬 것이다. 크랭크 축 매 회전마다 6번 점화를 발생시키기 위해서 마그네토는 $1\frac{1}{2}$로 회전하여야 한다.

9실린더 성형 엔진은 매 회전당 $4\frac{1}{2}$번 점화가 요구된다. 이 때 4극 자석은 매 회전당 4번 점화를 발생시키므로 엔진 속도 대 마그네토 속도비는 8/9이 되어야 한다.

(5) 복식 마그네토 점화(Dual Magneto Ignition)

두 마그네토가 두 점화 플러그를 통하여 동시에 또는 거의 동시에 점화시킬 때 이를 복식 마그네토 점화라 한다.

(1) 한 마그네토 또는 한 마그네토 계통의 어떤 부품이 작동되지 않을지라도 다른 한 마그네토 계통이 점화를 공급할 수 있다.

(2) 한 개의 점화 플러그를 사용할 때보다 더 완전하고 더 빠른 연소를 줌으로써 엔진 출력이 증대된다.

모든 왕복 엔진은 복식 점화 장치가 설치되어야 한다. 복식 점화 플러그는 동시에(synchronized) 또는 약간의 간격(staggered)을 두고 점화된다. 엇갈린(staggered) 점화가 사용될 때 실린더의 배기쪽이 F/A 혼합비가 희박하고 연소 팽창률이 느리기 때문에 배기쪽에 있는 점화 플러그가 좀더 일찍 점화된다.

(6) 마그네토 점화 순서(Magneto Sparking Order)

엔진의 1회전시 요구되는 점화의 수는 엔진 실린더 수의 $\frac{1}{2}$과 동일하다. 회전 자석의 매 회전에 의하여 발생되는 점화의 수는 회전 자석의 극수와 동일하다. 그러므로 엔진 크랭크 축에 의하여 구동되는 회전 자석의 속도비는 항상 엔진 실린더 수의 $\frac{1}{2}$을 회전 자석의 극수로 나눈 것이 된다.

배전기 블록(block)에 있는 숫자는 마그네토 점화 순서이지 엔진의 점화 순서는 아니다. 배전기 블록에 1로 표시된 것은 No.1 실린더에 연결되고, 2로 표시된 것은 2번째로 점화되어야 할 실린더에 연결되고, 3으로 표시된 것은 3번째로 점화되는 식으로 계속 연결되는 것이다. 어떤 배전기 블록 또는 하우징에는 모든 숫자가 적혀져 있지 않은 것이 있는데 이런 경우에는 No.1 실린더 표시를 기준으로 회전 방향에 따라 순서를 정하게 된다.

(7) 마그네토의 "Coming-in Speed"

불꽃(spark)을 발생시키기 위하여 회전 자석은 자속 변화율을 필요한 1차 전류와 고전압 출력을 유도시키기에 충분한 속도인 특정 rpm 이상으로 회전하여야만 한다. 이 속도를 마그네토의 "Coming-in-speed"라고 한다. 이 속도는 마그네토의 형식에 따라 평균 약 100~200rpm의 변화가 있다.

⠿ 7-4 점화 실딩(Ignition Shielding)

마그네토는 고주파 발전기의 특별한 형태이므로 작동시 무선 송신기와 같이 작동한다. 마그네토의 진동은 넓은 범위에 걸친 주파수이기 때문에 조절할 수 없는 진동(uncontrolled oscillations)이라 부른다. 통상적인 무선 송신소의 진동은 조절할 수 있는 주파수이다. 이러한 이유로 점화 계통은 실드되어야 한다. 항공기 무선 실딩은 모든 전기 도선과 점화 장치의 금속 덮개(shield or sheath)이다. 마그네토의 고압 케이블이나 스위치 도선이 실드되지 않았다면 항공기내의 무선 간섭에 원인이 된다.

(1) 점화 스위치와 1차 회로(Ignition Switch and Primary Circuit)

항공기 점화 계통내의 모든 장비는 조종석내의 점화 스위치에 의해 조절된다. 사용되는 스위치의 형태는 항공기 엔진의 수와 마그네토 형식에 따라 달라진다. 그러나 모든 스위치를 켜고, 끄는 방법은 유사하다. 보통 전기 스위치는 켰을 때(on) 닫힌다. 마그네토 점화 스위치는 껐을 때(off) 닫힌다. 이것은 스위치의 목적이 접점을 단락 회로(short-circuit)로 만들어 불꽃을 발생시키는데 필요한 1차 회로의 붕괴를 방지하고자 하는 것이기 때문이다. 점화 스위치에서 한 터미널은 코일과 접점 사이의 1차 회로에 연결되어 있고 다른 터미널은 항공기 접지(structure)에 연결되어 있다.

그림 7-16에서와 같이 1차 회로는 닫힌 접점을 통해 접지외거나 또는 닫힌 점화 스위치를 통해서 접지된다. 그림 7-16A에서 1차 전류는 접점이 열렸을 때(open), 닫힌(off) 점화 스위치를 통해서 접지됨으로써 1차 코일에 자속의 변화가 없기 때문에 2차 코일에 고전압을 유도시키지 못한다.

그림 7-16B에서 보여주는 것과 같이 점화 스위치가 ON 위치(스위치 열림)에 있을 때 접점의 열림에 의해서 1차 전류가 중단되어 자속의 급격한 붕괴를 가져와 2차 코일에 고전압을 유기시킨다. 점화 스위치가 ON 위치에 있을 때 스위치는 1차 회로에 어떠한 영향도 미치지 않는다

복식 마그네토 계통에서 왼쪽 마그네토는 각 실린더의 위쪽(TOP) 점화 플러그를 점화시키고 오른쪽 마그네토는 아래쪽(BOTTOM) 점화 플러그를 점화시킨다. 하나의 점화 스위치가 두 마그네토를 조종하는 데 사용된다.

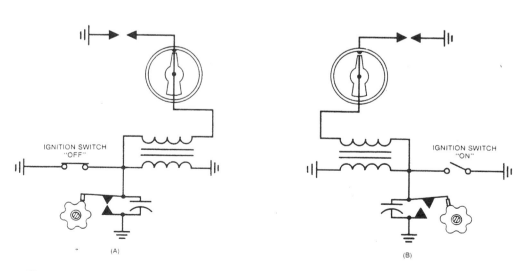

그림 7-16 Typical ignition switch circuit   (A) circuit in OFF position (B) circuit in ON position

그림 7-17 Ignition-starter switches(Teledyne Continental Motors Ignition Systems)

그림 7-17에서 보여주는 스위치는 OFF, LEFT, RIGHT, BOTH의 위치로 되어 있다. OFF 위치는 두 마그네토가 접지되어 작동되지 않게 하는 것이고, LEFT 위치는 왼쪽 마그네토를 작동시키며, RIGHT 위치는 오른쪽 마그네토를 작동시키고, BOTH 위치는 두 마그네토를 모두 작동시킨다. RIGHT와 LEFT 위치는 복식 점화 계통을 점검하기 위하여 사용된다.

점화 스위치를 장착한 후 또는 스위치의 배선을 바꾼 후 회로의 작동을 전기 저항계(ohmmeter) 또는 시험등(test light)으로 시험하여야만 한다. 마그네토로부터 P-리드(lead)를 분리하여 시험 장비의 한쪽 터미널에 연결하고 다른쪽 터미널은 엔진에 접지시킨다. 점화 스위치를 OFF 위치로 하였을 때 켜지거나 또는 저항이 거의 없어야 한다. 점화 스위치가 ON 위치일 때는 시험등은 꺼지고 또는 무한대의 저항을 보여야 한다(open circuit).

정비사는 마그네토 계통을 작업시 P 리드가 분리되거나 또는 점화 스위치로 연결되는 회로가 끊어졌다면 마그네토가 가열(hot)될 수 있다는 것을 염두에 두어야 한다. 스위치 회로를 수리한다면 마그네토의 1차 터미널을 접지시키거나 또는 점화 플러그 리드를 분리시켜라.

7-5 점화 부스터와 보조 점화 장치

어떤 조건하에서 엔진 크랭크 축이 마그네토의 'coming-in-speed'를 발생시킬 만큼 빨리 회전할 수 없다면 외부 고전류가 시동을 위해 필요하게 된다. 이러한 목적에 사용된 여러 장치들을 점화 부스터 또는 보조 점화 장치(Ignition Booster and Auxiliary Ignition Units)라고 부른다.

점화 부스터는 축전지로부터 1차 전류가 공급되는 고압 코일을 갖는 부스터 마그네토(booster magneto) 또는 축전지로부터 직접 마그네토의 1차 코일로 단속(intermittent) 직류를 공급받는 바이브레이터(vibrator)가 있다.

시동을 위하여 마그네토에 고전압을 증가시키는 데 사용되는 또 다른 장치는 임펄스 커플링(impulse coupling)이 있다.

(1) 임펄스 커플링(Impulse Coupling)

항공기 엔진이 시동되었을 때 엔진이 너무 천천히 회전하면 마그네토가 작동하지 않는다. 마그네토의 구동축에 설치된 임펄스 커플링은 엔진 시동을 위하여 마그네토에게 순간적으로 고회전 속도를 주고 지연 점화

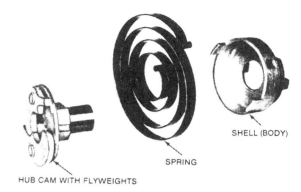

그림 7-18 Components of an impulse coupling

(retard spark)를 한다. 이 커플링은 엔진과 마그네토 축 사이의 스프링 기계 연결 장치로서 적절한 순간에 미그네토 축을 고회전시키기 위하여 감기게 되어 있다. 커플링은 셸(shell), 스프링, 허브(hub)로 구성된다. 허브에는 플라이 웨이트(fly weight)가 장착되어 있다(그림 7-18 참조).

임펄스 커플링이 마그네토의 구동축에 장착되었을 때 엔진 구동에 의해 커플링의 셸이 1회전 하는 동안 회전 자석은 고정된다(그림 7-19 참조). 이 때 커플링내의 스프링은 감긴다. 마그네토가 점화되어야 하는 점에서 플라이 웨이트는 트리거 램프(trigger ramp)에 접촉되어 있는 셸의 작용에 의해서 풀린다. 이 작용은 플라이 웨이트를 피벗점(pivot point)에서 회전하게 하여 멈춤 핀(stop pin)으로부터 해제시키고 스프링이 정상 방향으로 회전 자석을 빠르게 회전 시킬 수 있도록 스프링을 풀리게 한다. 물론 이것은 점화 플러그에서 강한 불꽃을 발생시킨다.

엔진이 돌기 시작하자마나 플라이 웨이트는 원심력에 의해서 해제 위치(released position)에

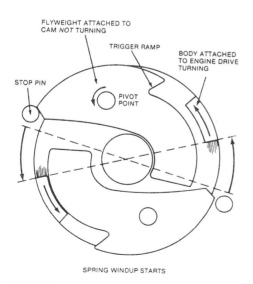

그림 7-19 Impulse coupling in START position

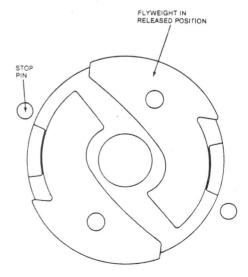

그림 7-20 Impulse coupling in running position

있게 되어 마그네토는 정상 점화가 된다(그림 7-20 참조). 엔진 시동시에는 임펄스 커플링에 의하여 마그네토 회전을 지연시킴으로써 지연 점화가 된다. 만약 스프링이 부러졌다면 마그네토는 지연 점화가 될 것이다.

(2) 부스터 코일(Booster Coil)

부스터 코일은 작은 유도 코일이다. 이것의 기능은 마그네토가 적절하게 점화될 때까지 점화 플러그에 점화를 하게 한다. 부스터 코일은 시동 스위치에 연결된다. 엔진이 시동되었을 때에는 부스터 코일과 시동기(starter)가 더 이상 필요 없게 되므로 둘 다 꺼지게(off) 된다.

축전지로부터 전압이 부스터 코일에 공급되었을 때 바이브레이터에 설치된 연간 전기가(soft-iron armature)의 자력이 스프링 장력을 극복할 때까지 코어 내에 자장이 형성되어 전기자를 코어 쪽으로 잡아당긴다. 이 때 접점(contact point)과 1차 회로는 열리게 되어 코어를 비자화시켜 스프링에 의해 접점이 다시 닫히게 하고 회로를 형성시킨다. 전기자가 빠르게 앞·뒤로 진동하면 1차 회로는 맥류를 발생시킨다. 부스터 코일은 구형 항공기에 사용되었으며 현재 항공기의 대부분은 유도 바이브레이터 또는 임펄스 커플링을 주로 사용하고 있다.

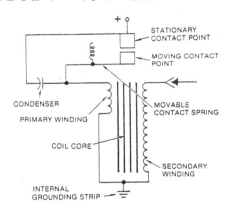

그림 7-21 Booster coil schematic

(3) 유도 바이브레이터(Indication Vibrator)

유도 바이브레이터의 기능은 마그네토의 1차 코일에 맥류(pulsating DC)를 공급하는 것이다. 그림 7-22에서는 경항공기 엔진 마그네토에 사용하는 유도 바이브레이터의 회로를 보여주고 있다. 시동 스위치(starter switch)가 닫혔을 때 축전지 전압은 바이브레이터 접점을 통해서 바이브레이터 코일을 거쳐 왼쪽 마그네토의 지연 접점(retard contact point)으로 공급된다.

코일이 자화됨에 따라 접점은 열리고 전류는 중단되어 코일은 비자화된다. 스프링은 접점을 다시 닫히게 하여 코일이 자화가 된다. 이와 같은 작용이 초당 상당수 반복됨에 따라 발생되는 맥류는 마그네토의 주(main) 접점과 지연 접점을 통해 흐른다. 마그네토의 두 접점이 동시에 열려 있을 동안에 바이브레이터는 맥류를 마그네토의 1차 코일로 보낸다. 이 때 마그네토 코일은 축전지 점화 코

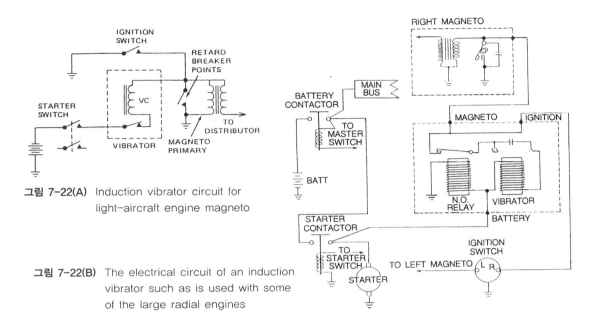

그림 7-22(A) Induction vibrator circuit for
light-aircraft engine magneto

그림 7-22(B) The electrical circuit of an induction
vibrator such as is used with some
of the large radial engines

일과 같이 작용하여 고전압을 유기 시키고 배전기를 통해 스파크 플러그로 공급된다. 접점이 닫혀 있을 때는 바이브레이터가 마그네토 접점으로 맥류를 계속 보낼지라도 맥류는 전류에 대해 저항이 가장 적은 통로인 접점을 통해 접지 되기 때문에 점화가 발생되지 않는다.

그림 7-23은 컨티넨탈제 'shower of spark' 유도 바이브레이터 회로를 보여주고 있다. 이 회로는 한 엔진에만 적용되나 다발 항공기의 각 엔진에 유사한 회로가 사용되기도 한다. 유도 바이브레이터는 시동 솔레노이드(starting solenoid)를 작동시키는 같은 회로에 의하여 작동된다. 이것은 엔진이 시동되는 동안만 작동된다. 점화 스위치가 'start(시동)' 위치에 있을 때 엔진 시동기는 작동하고 축전기로부터의 전류는 접점이 열려 있는(normally open) 릴레이의 코일을 회로를 형성시켜 맥류를 발생시킨다(그림 7-23 참조). 그림 7-23C는 엔진이 회전하여 정상 접점(advanced contact point)을 열게 하였으나 지연 접점(retard contact point)은 닫혀 있는 상태로서 맥류가 1차 회로로 공급되어 2차 코일에 고전압이 유기 되어 배전기를 통해 스파크 플러그로 공급된다. 이러한 작용은 정상 점화가 될 때까지 계속된다.

그림 7-23B에서 볼 수 있는 것과 같이 오른쪽(R) 마그네토의 점화 스위치는 시동시 오른 쪽 마그네토가 점화되지 않도록 닫혀 있게 된다. 이것은 오른쪽 마그네토가 앞선 위치(advanced position)에서 점화가 되어 킥백(kickback)되는 것을 방지하기 위함이다. 그림 7-23E는 점화 스위치가 'BOTH' 위치로서 시동기는 해제되고, 바이브레이터 작동을 멈추고, 엔진은 정상 작동 상태에 있는 것을 보여준다.

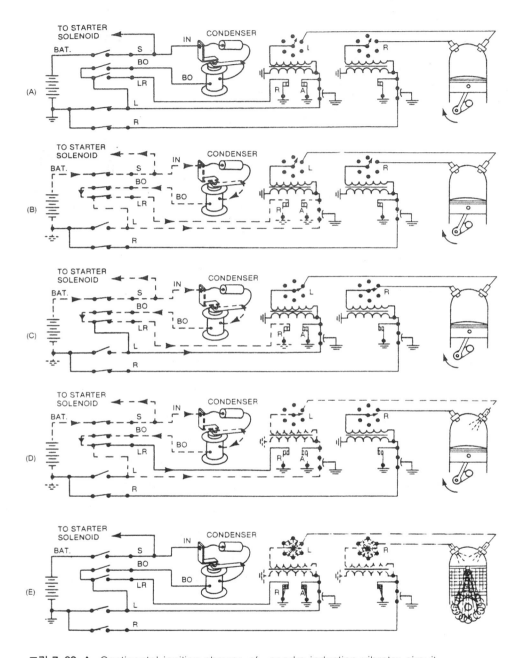

그림 7-23-A Continental ignition shower-of- sparks induction vibrator circuit
(A) All switches off ; circuit not energized (B) Switch in START position
(C) Advance breaker points open (D) Retard breaker points open
(E) Switches released to BOTH positio.   (Teledyne Continental)

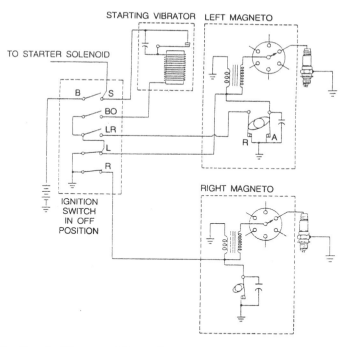

그림 7-23-B The Bendix "Shower of Sparks" system with the ignition switch in the OFF position

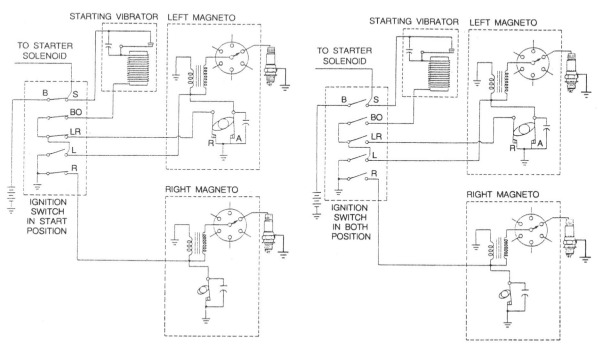

그림 7-23-C The Bendix "Shower of Sparks" system with the ignition switch in the START position

그림 7-23-D The Bendix "Shower of Sparks" system with the ignition switch in the BOTH position

7-6 경항공기 엔진의 컨티넨탈제 고압 마그네토 계통

(1) 개 요

그림 7-24는 경항공기 엔진의 전형적인 점화 계통으로서 두 개의 마그네토, 시동 바이브레이터, 점화와 시동 스위치, 하니스 어셈블리(harness assembly)로 구성되어 있다. 이것은 컨티넨탈제 S-200 계열 마그네토로서 다른 컨티넨탈제 마그네토도 유사하며 원리도 같다.

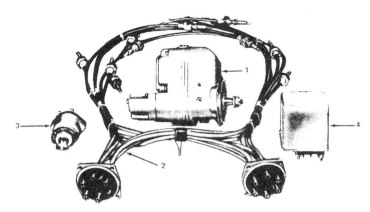

그림 7-24 Components of a high-tension ignition system for a light aircraft engine : (1) magneto, (2) harness assembly, (3) combination switch, (4) vibrator (Teledyne Continental)

(2) 마그네토

S-200 마그네토는 2극 회전 자석, 1차 권선과 2차 권선을 포함하는 코일, 배전기 어셈블리, 주 접점(main breaker point), 지연 접점, 2로브 캠(lobe cam), 축전기, 하우징 부(housing section), 어셈블리에 필요한 기타 구성품으로 구성된다.

회전 자석은 두 볼 베어링 위에서 회전하는데 하나는 접점 끝에 위치하고 다른 하나는 구동축 끝에 위치한다. 2 로브 캠은 회전 자석의 접점 끝에 위치한다. 6 실린더 마그네토에서 회전 자석은 엔진 속도의 $1\frac{1}{2}$ 속도를 회전하여 엔진이 $720°$ 회전하는 동안, 즉 크랭크 축이 2회전시 6번 점화가 발생하게 한다. 4실린더 마그네토에서는 회전 자석이 엔진 속도로 회전하여 크랭크 축 2회전만 4번 점화가 발생하게 한다. 지연 접점은 시동시 킥백을 방지하기 위한 지연 점화를 하게 한다.

(3) 계통의 작동(Operation of the System)

그림 7-25에서는 S-200 마그네토 계통의 회로도를 보여주고 있다. 바이브레이터에 의해 발생하는 맥류는 왼쪽 마그네토의 지연 접점에 의해 조종된다. 시동 스위치(starter switch)가 켜져 있는 동안 오른쪽 마그네토는 접지된다.

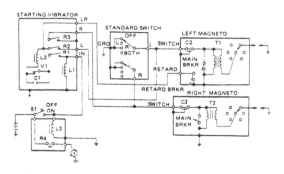

그림 7-25 Circuit diagram for Continental ignition S-200 magneto system(Teledyne Continental)

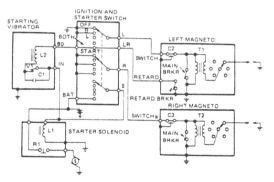

그림 7-26 Ignition system with a combination starter-ignition switch

그림 7-25에서는 모든 스위치와 접점이 OFF 위치에 있는 것을 보여주고 있다. 표준 점화 스위치(Standard ignition switch)가 BOTH 위치이고 시공 스위치가 켜지면 시동 솔레노이드 L3과 릴레이 코일 L1이 자화되어 릴레이 접점(relay contact point) R4, R1, R2, R3을 닫게 한다. 릴레이 접점 R3은 오른쪽 마그네토를 접지로 연결하여 작동하지 못하게 한다.

축전지 전류는 릴레이 접점 R1, 바이브레이터 접점 V1, 코일L2, 릴레이 접점 R2를 통해서 왼쪽 마그네토의 주 접점과 지연 접점으로 접지 된다. 코일 L2를 통한 전류의 흐름은 자장을 형성시켜 바이브레이터 접점 V1을 열게 하고 곧이어 자장이 붕괴되어 다시 닫히는 진동 사이클이 시작되어 맥류를 발생시킨다.

엔진이 정상 점화 위치일 때 주 접점이 열리나 지연 접점을 통해 접지된다. 엔진이 지연 위치에 도달했을 때 지연 접점도 열리게 되어 바이브레이터 전류가 변압기 T1의 1차 코일로 흐르게 됨으로써 2차 코일에 고전압을 유지시켜 배전기를 통해 점화 플러그에서 점화되게 한다. 엔진이 점화되고 속도가 올라가기 시작하면 시동 스위치는 해제되고 릴레이 코일 L2와 시동 릴레이 L3은 비자화된다. 이것은 바이브레이터 회로와 지연 접점 회로를 열게 하여(open) 작동하지 못하게 한다. 그러므로 이 때부터 두 마그네토가 정상 작동하게 된다.

그림 7-26은 하나로 결합된 시동-점화 스위치(Combination starter-ignition switch)를 시동하는 점화 계통을 보여주고 있다. 결합 스위치가 START 위치일 때 오른쪽 마그네토는 접지되고 시공 솔레노이드 L1은 자화되며 전류는 바이브레이터 L2를 통하여 두 마그네토 접점으로 흐른다. 그림 7-26에서 보여주는 위치는 START 위치가 아니다. START 위치에서는 모든 스위치 접점이 START 위치로 이동된다.

마그네토 계통에 사용되는 결합 스위치는 다섯 위치를 가지며 스위치 또는 키(key)에 의해 작동된다. 다섯 위치는 다음과 같다.

(1) OFF : 두 마그네토가 접지 되고 작동되지 않는다.

(2) R : 오른쪽 마그네토는 작동되고 왼쪽 마그네토는 작동되지 않는다.

(3) L : 왼쪽 마그네토는 작동되고 오른쪽 마그네토는 작동되지 않는다.

(4) BOTH : 두 마그네토가 모두 작동한다.

(5) START : 시동 솔레노이드가 작동하고 바이브레이터가 자화되어 맥류가 왼쪽 마그네토의 지
연 접점을 통해 흐른다.

START 위치는 순간적인 접촉이며 시동되면 스위치는 자동적으로 BOTH 위치로 돌아간다.

그림 7-26에서 축전기 C1, C2, C3은 접점에서 아킹(arcing) 발생을 줄여주고, 무선 간섭을 제
거시켜 주며, 정상 작동시 접점이 열릴 때 자장의 붕괴를 더 급속하게 해준다.

(4) 내부 마그네토 타이밍(Internal Magneto Timing)

모든 마그네토는 정확한 순간에 점화를 위한 불꽃을 발생시키기 위하여 내부 점화 시기가 맞추
어져야만 한다. 마그네토 접점은 자기 회로(magnetic circuit)의 자장 강도가 가장 클 때 열리도록
맞추어져야 한다. 이 점을 E갭(gap) 또는 "efficiency gap" 이라고 부르며 이것은 중립 위치를 지난
각도로 측정한다. 마그네토 배전기는 배전기 블록의 적절한 출구 터미널에 고압 전류를 공급하기
위하여 시기가 맞추어져야만 한다. 내부 타이밍 절차는 마그네토의 형식에 따라 약간씩 다르나 원
리는 어느 경우든 같다. 배전기 타이밍은 보통 마그네토를 조립하는 동안 수행된다.

그림 7-27은 배전기 구동 기어(drive gear)의 모서리가 깎인 치차(chamfered tooth)와 수동
기어(driven gear)의 표시된 치차(marked tooth)가 일치시키는 것을 보여준다. 이것은 마그네토
가 오른쪽(시계 방향)으로 회전하게 조립되는 것이다.

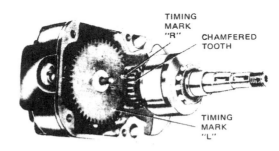

그림 7-27 Matching marks on gears for distributor timing

회전 방향은 구동축 끝에서 보았을 때 자석 축이 회전하는 방향을 말한다. 그림과 같이 기어의
치차가 결합되었을 때 배전기는 회전 자석과 접점에 관하여 정확한 위치가 될 것이다. 또한 큰 배전
기 기어는 배전기가 No.1 실린더를 점화하는 위치에 있을 때를 지시하기 위하여 케이스의 위쪽에
타이밍 창(timing window)을 통하여 관찰할 수 있게 표시된 치차를 갖고 있다.

이 표시는 접점이 열리는 시기에 대해서는 충분하게 정확하지 않으나 No.1 실린더 점화에 대한 배전기와 회전 자석의 정확한 위치를 보여준다. 다음은 접점부에 타이밍 표시(mark)가 없는 S-200 마그네토 접점의 타이밍을 점검하고 조절하는 절차이다.

1) 마그네토의 상부로부터 타이밍 검사 플러그(timing inspection plug)를 장탈하라. 회전 자석을 정상 회전 방향으로 배전기 기어에서 모서리가 깎이고 페인트칠이 된 치차가 점검 창(inspection window)의 중앙에 올 때까지 회전시킨 후 자석이 중립 위치에 올 때까지 몇도 반대로 돌린다. 이 때 회전 자석은 자체의 자성(magnetism)으로 인하여 중립 위치를 유지한다.

2) 그림 7-28에서와 같이 타이밍 키트(timing kit)를 장착하고 포인터(pointer)를 0 위치에 위치시켜라. 만약 타이밍 키트가 없다면 정확하게 각을 측정할 수 있는 각도기(protracter)로 대치하라.

그림 7-28 Installation and use of timing kit

3) 주 접점에 알맞은 타이밍 라이트(timing light)를 연결하고 자석이 정상 회전 방향으로 포인터가 10°를 가리킬 때까지 회전시킨다. 이 위치가 E-gap 위치이다. 주 접점을 이 점에서 열리도록 조절하라.

4) 캠 플로어(cam follower)가 캠 로브의 가장 높은 점에 있을 때까지 회전 자석을 돌리고 접점의 간격(clearance)을 측정하라. 이 간격은 0.018 ± 0.006in(0.46 ± 0.15mm)가 되어야 한다. 만약 이 간격이 한계 내에 있지 않으면 접점을 조절하여야 한다. 그 후 접점 열림의 타이밍을 재점검하고 재조절하라. 접점이 정확한 시기에 열리게 조절할 수 없다면 접점을 교환하여야

한다.

지연 접점이 있는 마그네토는 위와 유사한 방법으로 조절하여야 한다. 예를 들어, 요구되는 지연이 30°이고, 주 접점이 타이밍 포인터가 10°일 때 열린다면 타이밍 포인터가 40°를 가리킬 때까지 회전 자석을 회전시켜야 한다. 이 때 지연 접점의 열림을 조절하여야 한다.

엔진이 정상 작동시 20°BTC에서 점화가 되게 설계되었다면 지연 점화는 정상 점화보다 적어도 20°후에 점화가 되게 맞추어져야 한다. 이 때 피스톤이 TDC에 위치함으로써 점화가 일어날 때 킥백이 되지 않는다.

(5) 타이밍 표시가 "Cast-in"된 마그네토에 대한 타이밍

S-1200과 같은 컨티넨탈제 마그네토는 접점부(breaker compartment)내에 타이밍 표시가 주조되어 있다(그림 7-29 참조). 접점부 타이밍 표시는 E-gap 위치와 지연 접점 타이밍의 여러 각도가 표시되어 있다. 접점부의 왼쪽 면의 표시는 시계방향으로 회전하는 마그네토에 사용되고 오른쪽 면의 표시는 반시계 방향 마그네토에 사용된다. 마그네토의 회전은 구동축 끝(drive end)에서 마그네토를 보는 관점에 의해 결정된다.

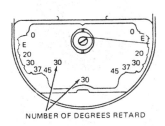

그림 7-29 Timing marks in breaker compartment

마그네토의 점검은 다음과 같다

1) 마그네토로부터 하니스 어셈블리(harness assembly)를 떼어내고 타이밍 창 플러그(timing window plug)를 장탈하라.

2) 배전기 기어의 페인트 칠 되고 모서리가 깎인 치차가 타이밍 창에서 보일 때까지 엔진 크랭크 축을 정상 회전 방향으로 돌려라. 캠 끝의 라인(line)이 접점 하우징(breaker housing)과 일직선이 될 때까지 크랭크 축을 계속 돌려라.

3) 캠 나사(screw) 위에 알맞게 장착된 포인터가 E-gap 표시의 중심을 가리킬 때가 자석이 E-gap 위치에 있는 것이다. 캠과 포인터의 위치를 그림 7-29에서 보여주고 있다.

4) 주 접점에 타이밍 라이트를 연결하고 이 점에서 접점이 열리게 조절하라.

캠 플로어사 캠 로브의 가장 높은점에 있을 때까지 회전 자석을 돌리고 접점의 간격을 측정하라. 이 간격은 0.018±0.006in가 되어야 한다. 만약 이 간격이 한계 내에 있지 않다면 접점을 조절하여야 한다.

5) 지연 접점 타이밍을 맞추기 위해 첫째로 지연 각도를 알아야 한다. 이 각도는 접점부에 표시되어 있다. 포인터를 0°표시에 맞춘 후 엔진을 요구되는 지연 각도 표시까지 정상 회전 방향으로 돌려라. 타이밍 라이트를 사용하여 이 점에서 지연 접점이 열리게 조절하라.

캠 플로어가 캠 로브의 가장 높은 접에 있을 때까지 돌리고 지연 접점의 간격을 측정하라. 이 간격은 0.018±0.006in가 되어야 한다.

(6) 엔진 타이밍 기준 표시(Engine Timing Reference Marks)

대부분의 왕복 엔진은 엔진 내에 타이밍 기준 표시를 갖고 있다. 감축 기어를 갖지 않는 엔진의 타이밍 표시는 보통 그림 7-30과 같이 프로펠러 플랜지 가장자리(flange edge)에 있다. No.1 피스톤이 TDC에 있을 때 TC 표시는 크랭크 케이스의 분리선(split line)과 일치된다. 다른 표시는 BTC 각도를 나타내는 것이다.

또한 그림 7-31과 같이 시동기 링 기어(starter ring gear) 위에 표시된 타이밍 표시를 시동기 하우징의 윗면에 조그만 구멍과 일치시키는 것도 있다. 어떤 엔진에는 그림 7-32와 같이 프로펠러 감축 기어 위에 각도 표시가 되어 있다. 이 엔진의 타이밍 표시는 감축 기어 하우징의 외부에 있는 플러그(plug)를 장탈함으로써 볼 수 있다.

어떤 엔진에는 타이밍 표시가 크랭크 축 플랜지 위에 표시되어 있어 크랭크 케이스로부터 플러그를 장탈함으로써 볼 수 있다. 모든 경우에 있어서 타이밍 기준 표시의 위치는 제작자의 지침서에

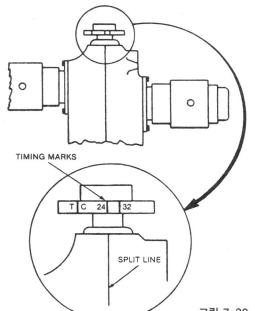

그림 7-30 Propeller-flange timing marks

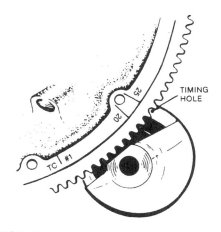

그림 7-31 Engine timing marks on starter ring

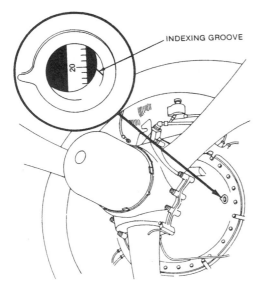

그림 7-32 Typical built-in timing mark on
propeller reduction gear

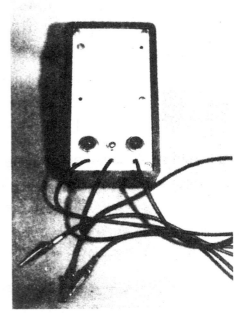

그림 7-33 Timing light

주어져 있다. 어떤 구형 엔진은 타이밍 표시가 되어 있지 않은 것도 있다. 엔진에서 피스톤의 정확한 위치는 여러 형식의 피스톤 형식의 피스톤 위치 지시계 중 하나를 사용함으로써 알아낼 수 있다.

(7) 타이밍 라이트(Timing Lights)

타이밍 라이트는 마그네토 접점이 열리는 정확한 순간을 결정하는 것을 돕는 데 사용된다. 오늘날 타이밍 라이트는 여러 형식이 사용되고 있다. 어떤 타이밍 라이트는 접점이 열렸을 때 라이트가 꺼지고, 다른 어떤 것은 반대로 접점이 열렸을 때 라이트가 켜진다. 또한 청각 신호(audible single)를 주는 타이밍 라이트도 있다.

그림 7-33에서 보여주는 타이밍 라이트는 세 도선이 타이밍 라이트 박스의 위쪽에서 나와 있다. 또한 장치의 전면에 두 개의 라이트가 있고 장치를 켜고 끌 수(on & off) 있는 스위치가 있다.

타이밍 라이트를 사용하기 위해서는 접지선(ground lead)이라고 표시된 가운데 도선을 점검하는 마그네토의 케이스에 연결하고 다른 도선들은 마그네토의 접점 어셈블리의 1차 선(primary lead)에 연결하여야 한다. 이런 방식의 연결은 스위치를 켜고 두 라이트를 관찰함으로써 접점이 열리는지 또는 닫히는지를 쉽게 알 수 있게 한다.

마그네토를 엔진에 장착하기 전에 마그네토의 회전 방향이 올바른가를 점검하여야 한다.

(8) 컨티넨탈제 S-200 마그네토의 엔진 타이밍

1) 마그네토의 위쪽에 있는 타이밍 점검 플러그(plug)를 장탈하고 배전기 기어의 페인트 칠 되고 모서리가 깎인 치차가 타이밍 창의 중심에 올 때까지 마그네토를 정상 회전 방향으로 돌려라 (그림 7-34 참조). 이 때 마그네토는 No.1 실린더를 점화하는 정확한 E-gap 위치가 된다.

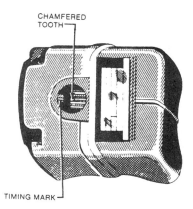

그림 **7-34** Magneto timing marks

2) 알맞은 피스톤 위치 지시계 또는 타이밍 디스크(disk)와 TC 지시계(indicator)를 사용하여 No.1 실린더의 점화 위치로 엔진을 돌려라.

3) 엔진에 마그네토를 장착하고 마그네토가 위치를 유지할 수 있게 장착 볼트를 조여라. 그러나 마그네토를 회전시킬 수 있을 정도로 조여야 한다.

4) 마그네토 스위치 터미널에 타이밍 라이트를 연결하라.

   직류 연속등(DC continuity light)이 접점 열림 시간 점검을 위해 사용될 때는 코일로부터의 1차 선(primary lead)을 접점에서 분리시켜야 한다. 이것을 전류가 타이밍 라이트의 축전지 로부터 1차 권선으로 흐르는 것을 방지하기 위함이다.

5) 타이밍 라이트가 꺼졌다면 마그네토 하우징을 라이트가 켜질 때까지 마그네토 회전 방향으로 조금 돌려라. 그 후 라이트가 막 켜지기 시작할 때까지 마그네토를 반대 방향으로 천천히 돌려라. 이 위치에서 장착 볼트를 단단히 조임으로서 마그네토를 엔진에 고정시켜라.

   엔진을 역으로 회전시킨 후 라이트가 꺼질 때까지 엔진을 정상 방향으로 회전시켜 접점의 타이밍을 재점검하라. 엔진이 정상 점화 위치에 도달했을 때 라이트가 꺼져야 한다.

6) 타이밍 라이트 연결부(connection)를 장탈하고 스위치 도선 연결부(switch wire connection)를 마그네토의 스위치 터미널에 장착시켜라.

 스위치 도선이 분리되었을 때는 언제나 마그네토가 작동할 수 있는 조건이므로 마그네토를 엔진으로 타이밍 시킬 때 점화 플러그 도선을 분리시켜야 한다. 그렇지 않으면, 엔진은 점화가 되고 사람이 다치게 한다.

(9) 고압 하니스의 장착(Installation of High-Tension Harness)

고압 점화 플러그 도선(lead)은 고압 출구판(outlet plate)과 고무 그로밋(grommet) 또는 터미널 블록(terminal block)에 의해 마그네토의 출구에 안전하게 연결된다(그림 7-35 참조).

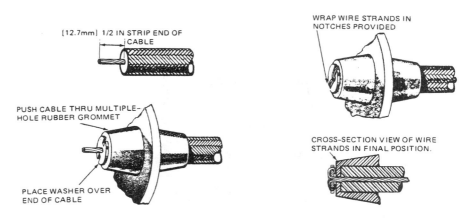

그림 7-35 Connecting high-tension leads to the magneto

그림 7-36은 위와 다른 연결 방법으로서 구리 고압 케이블에 나사를 부착시키는 것을 보여준다. 고압 하니스의 조립시 고압 도선은 엔진 점화 순서대로 출구판에 장착된다. 그림 7-37은 여러 마그네토에 대한 마그네토 점화 순서를 보여주고 있다. 점화 플러그 도선은 같은 순서로 연결되지 않는다. 전형적인 6-실린더 대향형 엔진의 점화 순서는 1-4-5-2-3-6이기 때문에 마그네토 출구(outlets)는 표 7-2에서 보여주는 것과 같은 점화 플러그 도선에 연결되어야 한다.

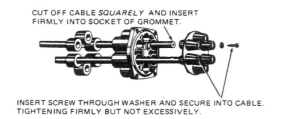

그림 7-36 Use of screws for attaching copper high-tension cable

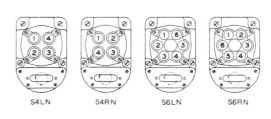

그림 7-37 Magneto firing order

복식 마그네토 계통에서 오른쪽 마그네토는 오른쪽 엔진의 상부 점화 플러그와 왼쪽 엔진의 하부 점화 플러그를 점화시키게 연결되고 왼쪽 마그네토는 왼쪽 엔진의 상부 점화 플러그와 오른쪽 엔진의 하부 점화 플러그를 점화시키게 연결된다. 이러한 배열을 위한 회로 선도는 그림 7-38에서 보여준다.

표 7-2 Magneto outlets with corresponding spark-plug leads for a six-cylinder engine

Magneto Outlet	Spark-Plug Lead
1	1
2	4
3	5
4	2
5	3
6	6

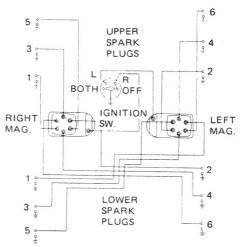

그림 7-38 Wiring diagram for a high-tension magneto system on a six-cylinder opposed engine

(10) 컨티넨탈제 S-200 마그네토의 정비

S-200 마그네토는 첫 작동시에는 25h 후에, 그 이후부터는 50h 작동 주기로 점검할 것을 권고하고 있다. 전형적인 검사와 점검은 다음과 같다.

1) 접점 덮개를 고정시키는 나사를 풀어 덮개를 장탈하고 축전기와 지연 도선 터미널(retard lead terminal)을 장탈하라.

2) 접점(breaker contact point)이 과도한 마모 또는 소손(burning)되었는지 여부를 검사하라. 깊이 패였거나(deep pit) 또는 과도하게 소손된 접점은 폐기하여야 한다. 캠 플로어 펠트(felt)의 윤활 상태를 검사하라. 만약 펠트가 건조하다면 Scintilla 10-86527 윤활유 또는 유사한 윤활유 2~3 방울을 적셔라. 과도한 오일은 제거시켜라. 접점부는 깨끗하고 마른 천으로 청결하게 하라.

3) 스위치와 지연 터미널 내의 스프링 접촉(contact)의 깊이를 점검하라. 출구면(output face)으로부터 스프링 길이가 1/2in 이상 되어서는 안 된다.

4) 캠 플로어가 스프링에 확실히 고정되어 있는지 육안 점검하라.
   접점 부품을 고정시키는 나사를 점검하라.

5) 축전기 장착 받침대(bracket)의 균열 또는 풀어짐 여부를 점검하라.
   알맞은 축전기 시험 장치로서 축정기 용량이 최소 $0.3\mu F$이 나오는지 시험하라.

6) 마그네토로부터 하니스 출구판을 장탈하고 고무 그로밋과 배전기 블록을 검사하라. 습기가 있다면 부드럽고, 깨끗하고, 린트가 없는(lint-free) 마른 천으로 블록을 건조시켜라. 블록을 청결하게 하기 위하여 가솔린 또는 솔벤트를 사용하지 마라. 솔벤트는 왁스 칠(wax coating)을 제거시켜 전기 누설의 원인이 된다.

7) 모두 부품을 주의하여 재조립하라.

7-7 컨티넨탈제 복식 마그네토 점화 방식

컨티넨탈제 D-2000과 3-3000 마그네토 점화 계통은 단지 하나의 마그네토로서 항공기 엔진에 복식 점화를 주게 설계되어 있다. 이 계통은 4, 6, 8 실린더에 쓰이고 복식 마그네토, 하니스 어셈블리, 시동 바이브레이터, 점화 스위치로 구성된다. 계량된 모델인 D-3000 마그네토는 약간의 구조적인 변경을 제외하고는 D-2000 계열 마그네토와 동일하다(그림 7-39 참조).

그림 7-39 Continental ignition D-3000 magneto(Teledyne Continental Motors Ignition Systems)

7-8 슬릭 계열 4200과 6200 마그네토

4, 6기통 대향형 엔진에 사용을 위해 제작된 슬릭 계열 마그네토는 전술한 컨티넨탈제 마그네토의 작동과 유사하다. 4200 모델은 4기통 엔진용이고 6200 모델은 6기통 엔진용이다. 그림 7-40은 4200 계열 마그네토의 부품을 보여주고 그림 7-41은 4200과 6200 마그네토의 사진이다.

이들 마그네토는 회전 자석의 양끝에 위치한 2극 자석 로터(2 pole magnetic rotor)를 사용한다. 엔진 시동시 지연 점화를 하기 위하여 4200과 6200 계열 마그네토는 임펄스 커플링 또는 지연 접점이 사용된다.

(1) 슬릭 4200 계열의 장착과 타이밍 절차

마그네토는 다음 절차에 따라서 장착되고 타이밍 된다.

1) No.1 실린더의 상부(top) 점화 플러그를 장탈하라. 점화 플러그 구멍을 엄지손가락으로 막고 압축 행정에 도달할 때까지 엔진 크랭크 축을 정상 회전 방향으로 회전시켜라. 이 때 압축 행정은 엄지손가락을 들어올리게 하는 정압력에 의해 감지된다. 이 위치에서 N0.1 실린더의 두 밸브 모두 닫힌다.

   No.1 실린더의 압축 행정 약 35° BTC가 되도록 정상 회전 방향으로 크랭크 축을 회전시켜라. 시동기 링 기어(starter ring gear)의 20° 표시(mark)와 시동기 하우징 내의 구멍(hole)이 일치할 때까지 크랭크 축을 정상 회전 방향으로 회전시켜라.

2) 그림 7-42와 같이 배전기 블록 내의 L 또는 R 구멍(마그네토의 회전 방향에 따라 결정)내에 타이밍 핀(timing pin)을 삽입시켜라. 핀이 기어에 맞물릴 때까지 로터(rotor)를 마그네토 회

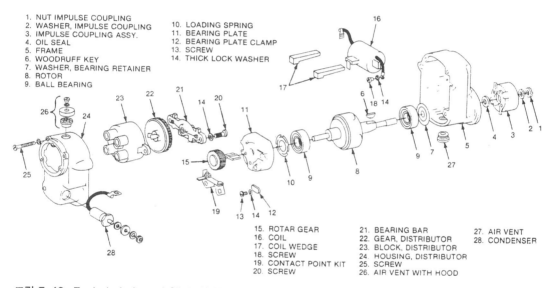

1. NUT IMPULSE COUPLING
2. WASHER, IMPULSE COUPLING
3. IMPULSE COUPLING ASSY.
4. OIL SEAL
5. FRAME
6. WOODRUFF KEY
7. WASHER, BEARING RETAINER
8. ROTOR
9. BALL BEARING
10. LOADING SPRING
11. BEARING PLATE
12. BEARING PLATE CLAMP
13. SCREW
14. THICK LOCK WASHER

15. ROTAR GEAR
16. COIL
17. COIL WEDGE
18. SCREW
19. CONTACT POINT KIT
20. SCREW
21. BEARING BAR
22. GEAR, DISTRIBUTOR
23. BLOCK, DISTRIBUTOR
24. HOUSING, DISTRIBUTOR
25. SCREW
26. AIR VENT WITH HOOD
27. AIR VENT
28. CONDENSER

그림 7-40 Exploded view of Slick 4200 series magneto(Slick Electro)

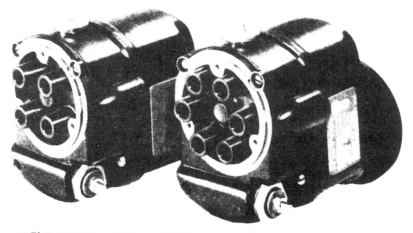

그림 7-41 Slick 4200 and 6200 magnetos (Slick Electro)

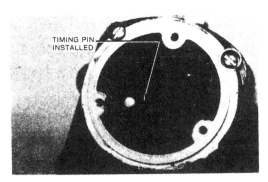

그림 7-42 Timing pin installed in Slick 4200 series magneto(Slick Electro)

전 방향의 반대 방향으로 회전시켜라. 보기 하우징(accessory housing)의 장착 패드(pad)에 마그네토와 가스켓을 장착하고 타이밍 핀을 제거하라.

장착 너트를 손가락으로 단단히 조여라.

3) 엔진 접지와 왼쪽 마그네토 축전기 터미널(capacitor terminal) 사이에 타이밍 라이트를 연결하라. 스위치는 ON 위치에 있어야 한다.

4) 타이밍 라이트가 접점이 막 열리는 것을 지시할 때까지 엔진에 장착된 마그네토를 마그네토 회전 방향의 반대 방향으로 회전시켜라. 이 위치에서 마그네토를 고정시켜라. 스위치를 꺼라.

5) 타이밍 라이트의 스위치를 켜라. 시동기 링 기어의 앞면에 있는 타이밍 표시와 시동기 하우징 내의 드릴 구멍이 일치할 때까지 크랭크 축을 정상 회전 방향으로 매우 천천히 회전시켜라. 또한 이 지점에서 라이트가 켜져야 한다(축전지 작동 모델인 경우). 만약 라이트가 켜지지 않는다면 장착 플랜지 홈(mouting flange slots) 내에서 마그네토를 회전시키고 라이트가 BTDC 20°에서 라이트가 켜질 때까지 이 절차를 반복하라. 두 장착 볼트를 단단히 조여라.

6) 오른쪽 마그네토 축전기 터미널에 타이밍 라이트의 +도선을 연결하고 왼쪽 마그네토와 같은 방법으로 마그네토를 타이밍하라.

7) 두 마그네토가 타이밍 된 후 연결된 타이밍 라이트 도선을 그대로 두고 두 마그네토가 동시에 점화되게 맞추어졌는가를 재점검하라. 만약 타이밍이 정확하다면 두 타이밍 라이트가 20° 표시에서 동시에 켜질 것이다. 만약 접점이 일찍 열린다면 장착 볼트를 느슨하게 하여 마그네토를 반시계 방향으로 회전시켜라. 타이밍이 완료된 후 볼트를 고정시키고 타이밍 라이트를 제거하라.

(2) 슬릭 4200 계열의 정비 절차

100시간(h) 작동 주기마다 마그네토의 엔진 타이밍이 점검되어야 한다. 500시간 주기에서는 접점의 소손 또는 마모를 점검하여야 한다. 접점이 변색이 안되고 가장자리 둘레가 하얀 서리(frosty)색이라면 접점은 적절하게 기능 하는 것이다. 재조립하기 전에 각 캠 로브에 약간의 캠 그리스(cam grease)를 발라라.

접점이 청색(과도한 아킹의 원인)이거나 또는 구멍이 패이거나(pitted) 하였다면 접점은 폐기되어야 한다. 500시간 주기 점검에서 배전기 기어의 탄소 브러시(carbon brush)의 마모, 균열 또는 깨진 조각(chip) 여부를 점검하고 교환하라. 또한 배전기 블록의 균열 또는 탄소 흔적(carbon tracking) 여부를 점검하고 필요하다면 교환하라.

재조립하기 전에 배전기 블록과 베어링 바(bar)내에 각 베어링 내에 SAE No.20 비 세척 기계 오일(nondetergent machine oil)을 한 방울 떨어뜨려라. 고압 도선(lead)이 배전기 기어 축의 탄소 브러시와 접촉이 확실히 되는지 여부를 점검하라.

500시간 주기 점검에서 임펄스 커플링 셸(shell)과 허브(hub)의 균열, 리벳의 풀림 또는 멈춤 핀을 재조립하기 전에 고압 도선의 이물질을 흠집이 나지 않도록 주의하며 닦아내라. 스톱 핀(stop pin)에 걸릴 때 미끄러지는 둥글게 된 플라이 웨이트(rounded flyweight) 여부를 육안 점검하라. 이러한 징후 중 하나라도 나타나면 커플링은 교체되어야 한다.

(3) 여압 마그네토(Pressurized Magneto)

고고도에서 작동하는 대다수의 마그네토는 항공기 엔진으로부터 조절된 공기원(regulated air source)에 의해 가압 된다. 항공기가 고고도에 운용될 때 배전기 내에서 고전압이 튀는데(jumping) 이를 플래시 오버(flash over)라고도 한다. 고고도에서는 공기의 밀도가 적어지므로 고전압 불꽃이 더 쉽게 접지로 튀게 된다.

이것을 방지하기 위하여 조절된 블리드 공기가 마그네토의 하우징 내로 펌핑된다. 마그네토를 통하는 환기 공기는 마그네토내의 배전기와 로터 사이의 아킹에 의해 발생하는 열과 가스를 환기시키기 위해 필요하다. 대부분의 가압 마그네토는 회색 또는 진한 청색(dark blue)이고 터보 차저 엔진(turbocharged engine)에 사용된다.

7-9 저압 점화

고압 점화 계통을 사용함으로써 심각한 여러 가지 문제에 직면하게 된다. 고전압 전기는 금속의 부식과 절연 물질의 손상 원인이 된다. 또한 전기 통로에서 전기 누설이 생긴다.

고전압 점화 계통을 사용함으로써 경험한 고장에 대한 주요한 원인은 다음과 같은 네 가지이다.

1) 플래시 오버(flash over)
2) 커패시턴스(capacitance)
3) 습기(moisture)
4) 고전압 코로나(high voltage corona)

플래시 오버는 항공기가 고고도로 상승할 때 배전기 내에서 고전압이 튀는 것이다. 고고도에서는 공기의 밀도가 적어지기 때문에 절연이 잘 안 되어 이러한 현상이 일어난다.

커패시턴스는 전자(electrons)를 저장하는 도체의 능력이다. 고압 점화 계통에서 마그네토로부터 점화 플러그까지의 고압 도선의 커패시턴스는 스파크 플러그의 간격을 뛰어넘는 불꽃을 내기에 충분한 전압이 될 때까지 도선에 전하가 저장되게 한다. 불꽃이 튀어 간격에 통로가 형성될 때 전압이 상승하는 동안 도선에 저장된 에너지가 점화 플러그 전극에서 열로써 발산된다. 이 에너지 방전은 비교적 낮은 전압과 높은 전류의 형태이기 때문에 전극이 소손되고 점화 플러그의 수면이 단축된다.

습기가 존재하는 것에는 전도율이 증가되어 고압 전기가 누설되는 예견되지 않은 새로운 통로가 생긴다.

고전압 코로나는 고전압에 노출된 절연체에 작용하는 응력의 한 상태를 말한다. 고전압이 절연된 도선의 전도체와 도선 근처 금속 물체 사이에 가해질 때 전기 응력(electrical stress)이 절연체에 미치게 된다. 절연체에 이 응력이 반복해서 작용하면 결국은 절연체 손상의 원인이 된다.

저압 점화 계통은 점화에 필요한 고전압이 전체 회로 중 극히 일부에만 한정되게 설계된다. 대부분의 회로에는 저전압이 사용되므로 이 계통을 저압 점화(low-tension ignition) 계통이라고 한다. 과거에 고전압 계통과 관련된 대다수의 문제점들은 고압 도선에 새로운 절연 물질을 사용함으로써 극복되었다. 오늘날 대다수 엔진 점화 계통에는 가격이 높고 무게가 증대되는 저압 계통보다는 고압 계통을 사용하고 있다.

(1) 저압 점화 계통의 작동(Operation of Low-Tension Ignition System)

저압 점화 계통은 1) 저압 마그네토 2) 탄소 브러시(carbon brush) 배전기 3) 각 점화 플러그당 하나의 변압기(transformer)로 구성되어 있다. 그림 7-43은 저압 점화 계통의 주요 부품을 보여주고 있다. 이 그림에서는 한 점화 플러그만을 대상으로 하였기 때문에 배전기가 생략되었다.

그림 7-44는 탄소 브러시 배전기의 위치를 보여주는 저압 점화 계통이다. 저압 계통의 작동시

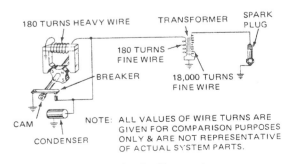

그림 7-43 Low-tension ignition system

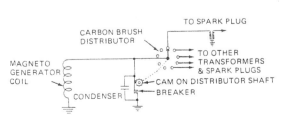

그림 7-44 Schematic diagram of a low-tension ignition system with a distributor

전기는 마그네토 발전 코일에서 만들어지고 350V 이상 넘지 않으며 대부분 200V 가까이 된다. 비교적 낮은 이 전압은 배전기를 통하여 점화 플러그 변압기의 1차 코일로 공급됨으로써 2차 코일에 고전압을 유기 시켜 점화 플러그에서 점화가 되게 한다.

변압기 1차 권선의 비교적 높은 저항(5Ω 이상)은 점화가 발생된 후 1차 전류가 멈추게 도와준다. 만약 이것이 되지 않는다면 1차 전류가 계속 회로를 통해 흘러 배전기 세그먼트(segment)의 소손을 초래하고 구멍이 패이게(pitting) 할 것이다.

통상적인 점화 코일과 같이 자장의 붕괴에 의한 것이 아니고 변압기 코어에서 자장의 성장(growth)에 의해 점화 전압이 발생된다. 이것은 변압기내의 자장 붕괴율이 1차 전류의 붕괴율에 의해 결정되기 때문이다.

(2) 변압기 코일(Transformer Coil)

그림 7-45는 전형적인 저압 변압기 코일을 보여준다. 코일은 둥근 철판(iron sheet) 위에 감긴 1차 권선과 2차 권선으로 구성된다. 변압기 어셈블리는 점화 플러그 근처 실린더 헤드에 장착을 위하여 소형, 경량으로 되어 있다. 이것은 변압기로부터 점화 플러그까지의 고압 도선을 짧게 하여 고압 전류의 누설 기회를 대폭 줄여준다.

저압 계통의 장점은 한 변압기의 1차 코일 또는 2차 코일의 고장시 단지 한 점화 플러그에만 영향을 미치는 것이다. 예를 들면, 1차 권선이 단락 되었다면 한 점화 플러그만 점화가 되지 않을 뿐 엔진은 무난하게 작동을 계속할 것이다.

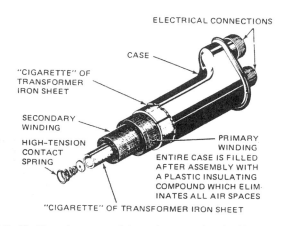

그림 7-45 Transformer coil for a low-tension ignition system

::: 7-10 경항공기 엔진의 저압 계통

경항공기 엔진에 보통 사용되는 저압 점화 장치는 컨티넨탈 회사에서 개발한 S-600 계열이다. 모델 S6RN-600은 이중 접점 마그네토(dual-breaker magneto)이고 모델 S6RN-604는 단식 접점 마그네토(single-breaker magneto)이며 이들 마그네토는 왼쪽으로 회전하게 설계되었다.

그림 7-46은 s-600 저압 계통의 구성품을 보여준다. 이 계통은 6기통 대향형 엔진의 사용을 위해 설계되었다. 이 점화 계통은 저압 케이블을 통하여 엔진 크랭크 케이스에 장착되어 있는 개개의 고전압 변압기 코일까지 저전압 전류를 만들어 분배하게 설계되어 있다. 저전압은 변압기 코일에 의하여 고전압으로 승압되어지고 그 뒤 짧은 고압 케이블에 의하여 점화 플러그에 공급된다. 저압 케이블과 고압 케이블 둘 다 무선 간섭을 방지하기 위하여 실드(shield)되어져 있다.

::: 7-11 보상 캠

성형 엔진에서 마스터 로드(master rod)의 플랜지(flange)에 장착된 링크 로드(link rods)에 연결된 피스톤의 이동은 일정하지 않다. 9기통 성형 엔진 내의 피스톤은 크랭크 축이 40° 돌 때마다 피스톤 중 하나의 피스톤은 TDC에 도달되어야 하나 링크 로드가 타원형을 그리며 움직이기 때문에 어떤 피스톤은 크랭크 축이 40° 보다 적게 돌 때, 또 다른 피스톤은 크랭크 축이 40° 보다 많이 돌 때 TDC에 도달된다. 그러므로 점화가 정확하게 25° BTC에서 일어나게 하기 위해서 마그네토 내의 캠을 보상할 필요가 있다.

그림 7-47은 9기통 성형 엔진의 보상 캠이다. No.1 실린더에 대한 캠 로브는 점(dot)으로 표시

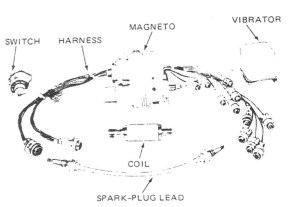

그림 7-46 Components of Bendix S-600 low-tension ignition system(Teledyne Continental)

그림 7-47 Compensated cam

되어 있으며 회전 방향은 화살표 표시에 의해 보여준다. 캠을 자세히 검사하면 여러 로브 사이의 거리가 조금씩 다르다는 것을 알 수 있다. 이것은 피스톤의 일정하지 않은 움직임을 보상하기 위해 설계된 것으로서 9기통 성형 엔진에서는 40°보다 많거나 적을 것이다.

보상 캠은 완전 1회전하는 동안 각 실린더에 한 번씩의 점화를 발생시켜야 하기 때문에 1/2 크랭크 축 속도로 회전한다. 크랭크 축은 모든 피스톤을 점화하기 위하여 2회전하여야 하기 때문에 캠은 1/2 크랭크 축 속도로 회전한다. 보상 캠은 배전기도 1/2 크랭크 축 속도로 회전하기 때문에 배전기를 구동하는 동일 축에 보통 장착된다.

7-12 점화 플러그

(1) 기 능

점화 플러그(Spark Plugs)는 마그네토나 또는 다른 고압 장치(high-tension device)에 의해 발생되는 고전압, 전류의 전기 에너지를 엔진 실린더 내의 공기와 연료의(F/A) 혼합기를 점화시키는데 필요한 열 에너지로 변환시키는 점화 계통의 한 부품이다.

점화 플러그의 공기 간격(air gap)은 점화 계통의 고전압이 혼합기를 점화시키는 불꽃을 발생하게 한다.

(2) 구 조

항공기 점화 플러그는 다음과 같은 세 가지 주요 부품으로 구성된다.

1) 전극(electrodes)
2) 세라믹 절연체(ceramic insulator)
3) 금속 셸(metal shell)

그림 7-48은 챔피언 점화 플러그 회사(champion spark plug company)에서 제작한 전형적인 항공기 점화 플러그의 구조적인 특징을 보여준다.

점화 플러그의 중심에서 보여주는 어셈블리는 터미널 접촉부(terminal contact), 스프링, 저항, 황동 캡과 전도체(brass cap and conductor), 니켈 도금된 구리 전극으로 구성된 내부 전극 어셈블리이다. 전극 어셈블리와 셸 사이의 절연체는 두 부분(section)으로 되어 있다. 주 부분(main section)은 터미널 접촉부로부터 전극 팁

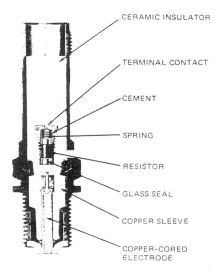

그림 7-48 Shielded spark plug(Champion Spark Plug Co.)

(tip) 가까운 점까지 걸쳐있고 배럴 절연 부분(barrel-insulating section)은 실딩 배럴(shielding barrel)의 위쪽 근처로부터 주 절연 부분을 덮어씌울 수(overlap) 있는 곳까지 확장되어 있다.

점화 플러그의 외부는 기계 가공된 강철 셸이다. 셸은 부식을 방지하고 나사산 고착(thread seizure)의 가능성을 줄이기 위하여 도금된다. 엔진 실린더로부터 점화 플러그 어셈블리를 통해서 고압 가스가 빠져나가는 것을 방지하기 위해서 외부 셸과 절연체 사이, 절연체와 중심 전극 어셈블리 사이에 시멘트 밀폐제(cement seal)나 유리 밀폐제(glass seal)와 같은 내부 밀폐제(internal seal)가 사용된다. 점화 플러그의 셸에는 무선-실딩 배럴(ratio-shielding barrel)이 포함된다.

어떤 점화 플러그에는 셸과 실딩 배럴이 두 부분으로(section) 제작되었으며 나사로 조여져 있다. 이 두 부분은 제작사에서 가스 밀폐를 위한 적절한 압력이 적용되었기 때문에 정비사는 결코 분해하여서는 안 된다. 셸과 무선-실딩 배럴은 점화 하니스의 무선 실딩을 위한 접지 회로를 준다. 셸은 양끝 외부에 나사가 있으며 위쪽 나사는 점화 하니스의 무선 실딩과 연결할 수 있게 하고 아래쪽 나사는 실린더 헤드에 장착되게 한다.

저항기 형식 점화 플러그(resistor-type spark plug)는 실드된 하니스(shielded harness)를 갖는 엔진에서의 전극의 소손과 침식(erosion)을 줄이기 위한 것이다. 고압 케이블과 실딩 사이의 커패시턴스(capacitance)는 점화 플러그 전극에서 비교적 고전류를 방전시킬 만한 양의 전기 에너지를 저장하기에 충분하다. 이 에너지는 F/A혼합기를 점화시키는 데 필요한 것보다 크다. 그러므로 저항기에 의해 이러한 현상을 줄여줌으로써 점화 플러그 수명이 연장된다.

또한 이리듐 합금 점화 팁(Iridium-alloy firing tips)을 사용함으로써 신뢰성을 더 좋게 하고 수명을 연장시키기도 한다. 이러한 구조 형식을 갖는 점화 플러그를 그림 7-49에서 보여주고 있

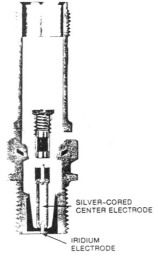

SILVER-CORED
CENTER ELECTRODE

IRIDIUM
ELECTRODE

그림 7-49 Spark plug with iridium electrodes
Champion Spark Plug Co.)

CHAMPION

그림 7-50 Unshielded spark plug(Champion Spark Plug Co.)

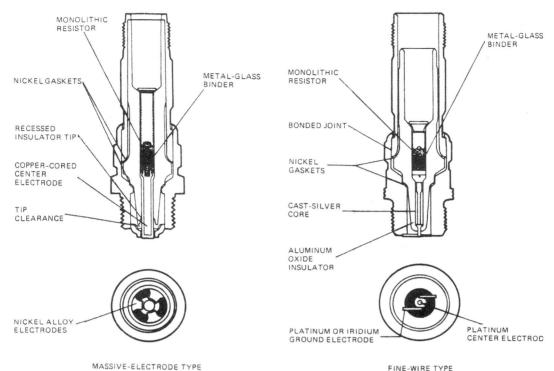

그림 7-51 Massive-electrode and fine-wire spark plug(SGL Aubum Spark plug Co.)

다. 실드되지 않은(unshielded)점화 플러그가 아직도 소수의 경항공기에 사용되고 있다(그림 7-50 참조). 그림 7-51에서는 항공기 엔진용 점화 플러그의 또 다른 구조를 보여준다. 왼쪽에 있는 점화 플러그는 중심과 접기 전극의 크기 때문에 거대 전극 형식(massive-electrode type)이라고 부른다. 이 점화 플러그는 전극 침식을 줄이기 위하여 저항기 형식으로 되어 있다.

니켈 밀폐제(Nickel seals)는 가스 누설을 효과적으로 막기 위하여 절연체와 셀 사이에 설치된다. 중심 전극은 니켈 합금으로 도금된 구리로 되어 있고 세 개의 접지 전극은 니켈 합금으로 되어 있다. 절연체 팁(insulator tip)은 파울링(fouling)을 방지하고 납이 쌓이는 것을 방지하기 위하여 적절한 온도를 유지하게끔 오목하게(recessed)되어 있다. 중심 전극은 금속 유리 바인더(metal-glass binder)에 의해서 가스 누설이 되지 않도록 밀폐된다.

그림 7-51의 오른쪽 점화 플러그는 가는 도선 형식(fine-wire type)으로서 전극을 제외하고는 거대 전극 형식의 구조와 유사하다. 중심 전극은 백금으로 되어 있고 두 개의 접지 전극은 백금이나 또는 이리듐으로 되어 있다. 백금 또는 이리듐의 사용은 최대 전도율과 최소 마모를 보증한다. 그림 7-51에서 보여주는 점화 플러그는 SGL Aubum 점화 플러그 회사에서 제작된다.

(3) 점화 플러그 리치(Spark Plug Reach)

리치는 셸 가스켓 시트(shell gasket seat)로부터 보통 셸 스커트(skirt)라고 부르는 직선 거리에 의해 결정된다(그림 7-52 참조). 엔진에서 요구되는 리치는 실린더 헤드 설계에 의해 결정된다. 적절한 리치는 연소실에서 연료를 가장 만족스럽게 점화시킨다.

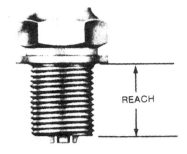

그림 7-52 Spark plug reach

(4) 셸 나사산의 분류

점화 플러그의 셸 나사산(Shell Threads)은 직경 14mm 또는 18mm, 긴 리치(long reach) 또는 짧은 리치(short reach)로 분류된다.

직경(diameter)	긴 리치(long reach)	짧은 리치(short reach)
14mm	1/2in(12mm)	3/8in(9.53mm)
18mm	13/16in(20.67mm)	1/2in(12mm)

무선 실딩 점화 플러그 상부의 터미널 나사산(terminal threads)은 5/8in 24 나사산 또는 3/4in 20 나사산으로 되어 있다. 후자는 특히 고고도 비행시나 슬리브(sleeve) 내에서 플래시 오버라 우려될 때 알맞다.

챔피언 점화 플러그 회사에서는 다음과 같은 표식으로 점화 플러그를 구분한다.

1) 문자 R : 저항기 형식 플러그(resistor-type plug)를 표시한다.

2) 문자가 없거나 E 또는 H : 문자가 없는 것(no letter)은 실드되지 않은 것이고(unshield), E 는 실드되었고 5/8in, 24 나사산을 가지며, H는 실드되었고 3/4in, 20 나사산을 갖는다.

3) 장착 나사산(mounting thread), 리치, 육각 머리 크기(hexagon size)

   a : 18mm, 13/16in 리치, 7/8in 밀드 육각 머리(milled hexagon)

   b : 18mm, 13/16in 리치, 7/8in 스톡 육각 머리(stock hexagon)

   d : 18mm, 1/2in 리치, 13/16in 스톡 육각 머리

   j : 14mm, 3/8in 리치, 13/16in 스톡 육각 머리

   l : 14mm, 1/2in 리치, 13/16in 스톡 육각 머리

   m : 18mm, 1/2in 리치, 7/8in 밀드 육각 머리

4) 열 정격 범위(heat rating range) : 숫자 26에서 50까지는 가장 차가운 또는 가장 뜨거운 범위이고 숫자 76에서 99까지는 특수한 항공용 플러그 표시이다.

5) 간격(gap)과 전극 형식

   e : 두 갈래 (two prong)

   n : 네 갈래 (four prong)

   p : 백금 세선(fine wire)

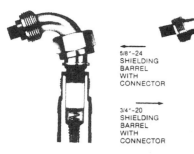

그림 7-53 Shielded terminal thread designs
(A) ⅝-in [15.88-min], 24-thread star lard design
(B) ¾-in [19.05-min], 20-thread all-weather
design which incorporates an improved sel to
prevent entry of moisture

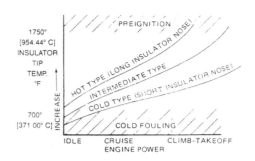

그림 7-54 Chart of spark plug temperature ranges

(5) 점화 플러그의 열 범위(Heat Range of the Spark Plug)

점화 플러그의 열 범위는 항공기 성능에 영향을 크게 미친다. 열 범위는 점화 플러그의 끝에서 실린더 헤드로 열을 전달하는 능력에 따라 점화 플러그를 분류하는 데 사용된다. 점화 플러그는 "hot(열)", "normal(표준)", "cold(냉)"로 분류된다. 그러나 이 용어는 열 범위가 매우 높은 온도에서 매우 낮은 온도까지에 걸쳐 다양하게 변하기 때문에 잘못 오해할 소지가 있다.

절연체는 점화 플러그에서 가장 열을 많이 받게 설계되었기 때문에 절연체의 온도는 그림 7-54에서 보여주는 바와 같이 조기 점화와 파울링(fouling) 영역에 관계된다. 조기 점화는 연소실의 표면이 임계 한도를 초과하였거나 또는 점화 플러그 중심(core) 온도가 1630°F(888℃) 초과시 일어난다. 그러나 탄소 침전물에 의한 점화 플러그의 파울링 또는 단락 회로(short circuiting)는 절연체 팁(tip) 온도가 약 800°F(427℃)이하로 떨어질 때 일어난다. 그러므로 점화 플러그는 엔진에서 요구되는 열 범위를 갖는 올바른 온도 한계 내에서 작동하여야 한다.

공학적인 관점에서 보면 점화 플러그는 가능한 한 가장 넓은 작동 범위를 갖게끔 설계되어야 한다. 이것은 점화 플러그가 저속, 저 하중(low load)에서는 가능한 한 hot하게 작동하여야하고 순항과 이륙 출력시에는 가능한 한 cold하게 작동하여야 한다는 것을 의미한다. 그러므로 점화 플러그 성능은 절연체 끝(nose)의 작동 온도에 의해 결정되며 가장 바람직한 온도 범위는 1000°F(538℃)와 1250°F(677℃) 사이이다.

기본적으로 고온으로 작동하는 엔진은 상대적으로 "cold" 점화 플러그가 요구되고, 반면에 저온도로 작동하는 엔진에는 "hot" 점화 플러그가 요구된다. 만약 고온으로 작동하는 엔진에 "hot" 점화 플러그가 장착되었다면 점화 플러그 팁(tip)이 과열되어 조기 점화를 초래하게 된다. 만약 저온으로 작동하는 엔진에 "cold" 점화 플러그가 장착되었다면 점화 플러그의 팁에 연소되지 않은 탄소가 모여 점화 플러그의 파울링을 초래하게 된다. 그림 7-55는 "hot"과 "cold" 점화 플러그 구조를 보여준다.

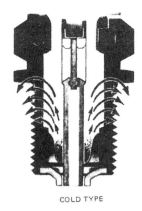 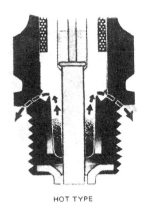

COLD TYPE HOT TYPE

그림 7-55 Construction of hot and cold spark plugs

자동차 점화 플러그와는 달리 항공기 점화 플러그는 열 범위가 서로 다른 경우 임의대로 교체하여서는 안 된다. 항공기 점화 플러그의 선택은 항공기 제작자와 F.A.A의 승인에 따라야 하기 때문이다. 항공기 점화 플러그의 열 범위를 지배하는 주요한 요소들은 다음과 같다.

1) 절연체와 절연체 팁 둘레 구리 슬리브(sleeve) 사이의 거리
2) 절연 물질의 열 전도율
3) 전극의 열 전도율
4) 전극과 절연체 사이의 열 전달률
5) 절연체 팁의 모양
6) 절연체 팁과 셸 사이의 거리
7) 사용된 외부 가스켓의 형식

7-13 항공기 왕복 엔진의 시동기

직접식 시동기(direct-type starter)는 전기가 공급되었을 때 즉각적이고 연속적인 크랭킹(cranking)을 준다. 시동기는 기본적으로 전기 모터, 감축기어, 토크 과부하 해제 조정 클러치를 통해 작동되는 자동 연동/연동 해제(automatic engaging/disengaging) 장치로 구성되어 있다. 그러므로 엔진은 시동기에 의해 직접 크랭크된다.

모터 토크(motor torque)는 감축 기어를 통해서 토크 과부하 해제 조정 클러치(adjustable-torque overload release clutch)로 전달되어 나선형으로 홈이 파져 있는(splined) 축을 작동시킨다. 그리고 이것은 축을 따라 시동기 턱(jaw)을 외부로 이동시켜 엔진-크랭킹 턱(engine-cranking jaw)에 연동된다. 시동기 턱이 연동될 때 크랭킹이 시작된다.

엔진에 점화가 되면 시동기는 자동으로 해제된다. 엔진이 정지하였을 때 전류가 모터에 계속 흐르면 시동기는 자동적으로 다시 연동된다. 자동 연동/연동 해제 장치는 조정할 수 있는 스프링 압력 하의 다 디스크 클러치(multi-disk clutch)인 토크 과부하 해제 조정 클러치를 통하여 작동된다. 장치가 조립될 때 클러치는 미리 설정된 토크 값으로 맞추어진다. 클러치 내의 디스크들은 시동기 고리(dogs)의 연동에 의해 원인이 되는 충격을 완화시키고(slip) 흡수한다. 또한 엔진이 킥백될 때도 디스크에서 완화시킨다. 시동기 고리의 연동이 자동이기 때문에 엔진 속도가 시동기 속도를 초과시 시동기는 연동 해제된다. 소형과 중형 엔진에 사용되는 시동기의 대부분은 벤딕스 드라이브(bendix drive)와 같은 연동 장치를 갖는 직렬 전기 모터이다.

모든 경우에 있어 시동기 모터와 엔진 사이의 기어비는 고 기어비(high gear ratio)이다. 즉, 시동기 모터는 엔진 rpm의 여러 배로 회전한다.

(1) 시동기 모터(Starter Motor)

그림 7-56는 전형적인 직접-크래킹 모터(direct-cranking motor)를 보여준다. 전기자 권선(armature winding)은 고전류를 견딜 수 있는 굵은 구리로 만든다. 권선은 열저항 에나멜로 절연된 후 조립시 특별한 절연 바니스(vanish)로 한번 더 발라진다. 전기자 코일로부터의 도선은 정류자 막대(commutator bar)에 적절히 경납땜된다. 필드 골격(field frame) 어셈블리는 4필드 극(four field poles)을 갖는 주강(cast steel) 구조로 되어 있다. 이 형식의 모터는 직렬 권선이기 때문에 필드 코일(field coil)은 높은 시동 전류를 전달하기 위하여 굵은 구리선으로 감겨져야 한다.

끝 골격(end frame)은 알루미늄 주물로 되어 있고 필드 골격에 부착된다. 볼 베어링은 끝 골격 내의 오목한 곳에 밀폐되고 압착되어 있다. 오일 밀폐제(seal)는 엔진 오일이 모터로 유입되는 것을 방지하기 위하여 구동 끝 골격(drive end frame)에 설치된다. 브러시 어셈블리는 정류자 끝 골격에 부착된다. 브러시는 브러시 홀더(holder)내에 고정되어 있는 것이 아니라 피벗된 브러시 암(pivoted brush arm)에 나사로 조여져 있다. 이 암(arm)은 정류자에 대해 브러시를 견고하게 유지시키는 코일 스프링(coil spring)이 갖추어져 있다.

필드 골격은 브러시를 정비하고 교체할 수 있게 정류자 끝쪽에 공간이 주어져 있다. 먼지와 습기로부터 이 공간을 보호하기 위해 덮개가 설치되어 있다. 양극(positive) 터미널은 필드 골격을 통해 뻗쳐있고 음극은 필드 골격이 된다.

(2) 오버러닝 클러치(Overrunning Clutch)

시동기를 엔진에 연동시키고 해제시키는 연동 장치가 필요하다. 소형 엔진에 맞게 설계된 여러 연동 장

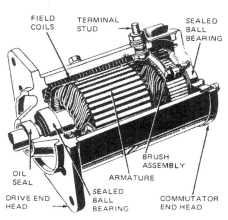

그림 7-56 direct-cranking starter motor

치 중 오버러닝 클러치가 있다. 그림 7-57은 전형적인 오버러닝 클러치를 보여주고 있다.

클러치는 내부 칼라(inner coller)로 구성된다. 일련의 롤러(rollers), 플런저(plunger), 스프링과 축(shaft), 경화된 강철 롤러는 셀 내의 홈(notch)에 조립된다. 홈은 안쪽으로 테이퍼(taper)져 있어 롤러가 홈이 좁아지는 쪽으로 움직이는 방향으로 셀이 회전할 때 롤러는 칼라를 꽉 붙잡게 된다. 그러므로 셀이 어느 한 방향으로 회전할 때 칼라도 셀과 함께 회전한다. 그러나 반대 방향으로 회전하면 칼라는 움직이지 않게 된다.

(3) 시동기 어셈블리(Starter Assembly)

그림 7-58에서는 수동으로 작동되는 스위치와 변환 레버(shift lever)가 있는 시동기 어셈블리를 보여주고 있다. 이 시동기 어셈블리는 위에서 언급한 것과 유사한 오버러닝 클러치를 사용하고 모터 전기자와 구동 톱니바퀴(drive pinion) 사이에 감축기어가 있는 한 쌍의 기어로 되어 있다.

이 감축 기어는 구동 톱니바퀴에서 크랭킹 토크를 증가시킨다. 변환 레버는 항공기 조종석으로부터의 케이블(cable)에 의해 작동한다. 이 조종이 해체될 때는 복귀 스프링(return spring)에 의해 원위치로 돌아가게 된다.

그림 7-59에서는 6기통 대향형 엔진에 사용되는 90° 어댑터 구동 장치(adapter drive)를 갖는 시동기 어셈블러를 보여주고 있다. 시동기는 크랭크 케이스의 후방 끝에 부착된 90° 각도 구동 장치 어댑터에 장착된다.

그림 7-60은 현재 다수의 경항공기 엔진에 사용되는 전형적인 프레스토 라이트(prestolite) 시동기 모터(또는 벤딕스 드라이브를 갖는 시동기 : starter with bendix driver)를 보여주고 있다.

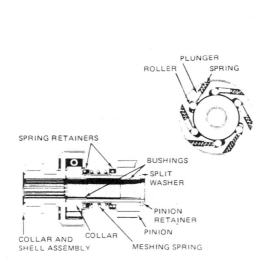

그림 7-57 Overrunning clutch

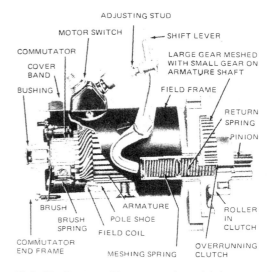

그림 7-58 Starter with overrunning clutch, manually operated switch, and clutch lever

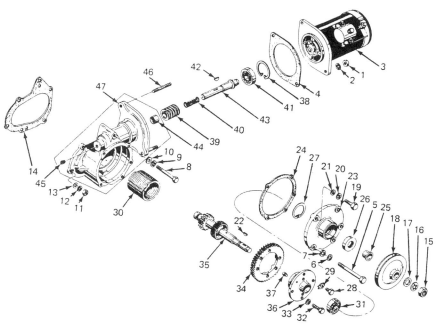

1. Plain nut (2)	**12.** Lock washer	**24.** Gasket	**36.** Starter clutch drum
2. Lock washer (2)	**13.** Plain washer (2)	**25.** Sleeve	**37.** Stepped dowel
3. Starter	**14.** Gasket	**26.** Oil seal	**38.** Retaining ring
4. Gasket	**15.** Plain nut (1)	**27.** Retaining ring	**39.** Starter worm
5. Cover and adapter	**16.** Lock washer (1)	**28.** Spring retaining	gear
attaching bolt (3)	**17.** Plain washer (1)	bolt (1)	**40.** Spring
6. Lock washer (3)	**18.** Generator drive	**29.** Tab washer	**41.** Bearing
7. Plain washer (3)	sheave	**30.** Clutch spring	**42.** Woodruff key
8. Adapter attaching	**19.** Cover bolt	**31.** Bearing	**43.** Worm drive shaft
bolt (1)	**20.** Lock washer	**32.** Bolt (4)	**44.** Bearing
9. Lock washer (1)	**21.** Plain washer	**33.** Lock washer	**45.** Plug (1)
10. Plain washer	**22.** Woodruff key	**34.** Starter worm wheel	**46.** Stud (2)
11. Plain nut (2)	**23.** Cover	**35.** Starter shaftgear	**47.** Adapter

그림 7-59 Direct-cranking starter with spring-type clutch and 90° drive (Teledyne Continental)

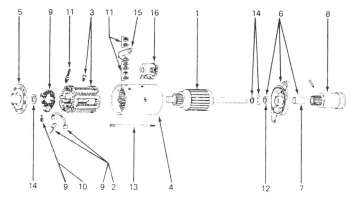

1. Armature	**7.** Drive end bearing	**13.** Through bolt
2. Brush set	**8.** Bendix drive	**14.** Thrust washers
3. Field coils	**9.** Brush plate assembly	**15.** Connector
4. Field frame	**10.** Brush spring	**16.** Starter relay
5. Commutator end head	**11.** Terminal stud	
6. Drive end head	**12.** Oil seal	

그림 7-60 Explode view of a Prestolite starter

7-14 고장 탐구와 정비

항공기의 시동기 스위치(starter switch)가 시동(start) 위치에 있을 때 시동기가 작동하지 않는다면 고장은 다음 중 하나가 될 것이다.

(1) 전기 동력원(electric power source)
(2) 시동기 조종 스위치(starter control switch)
(3) 시동기 솔레노이드(starter solenoid)
(4) 전기 도선(electric wiring)
(5) 시동기 모터(starter motor)

경항공기의 전기 동력원은 축전지이다. 시동기가 작동하지 않거나 또는 딸깍하는 소리가 들리면 축전지 충전이 낮아서일 것이다. 이것은 액체 비중계(hydrometer)를 사용하여 점검할 수 있다. 완전히 충전된 축전지는 액체 비중계에서 1.275~1.300을 지시한다.

항공기의 축전지가 완전히 충전되었다면 조종 스위치가 고장일 것이다. 이것은 스위치 터미널을 가로질러 점퍼(jumper)를 연결함으로써 점검할 수 있다. 이 점퍼가 연결 됐을 때 시동기가 작동한다면 스위치에 결함이 있는 것이며 교체하여야 한다.

시동기 조종 스위치가 정상 기능을 한다면 고장은 시동기 솔레노이드일 것이다. 솔레노이드는 시동기 조종 스위치에서와 같은 방법으로 점검할 수 있다. 이 경우에 솔레노이드의 전류 흐름이 크기 때문에 굵은 점퍼를 사용하여야만 한다. 주 솔레노이드 터미널(main solenoid terminal)을 가로질러 점퍼를 연결하였을 때 시동기가 작동한다면 솔레노이드에 결함이 있다는 표시이다.

그러나 솔레노이드를 교체하기 전에 솔레노이드 조종 회로(control circuit)를 철저하게 점검하여야 한다. 조종 회로의 회로 차단기(circuit breaker) 또는 퓨즈(fuse)가 잘못되었거나 또는 도선(wiring)이 결함일 수도 있다.

동력원, 도선, 조종스위치, 시동기 솔레노이드가 모두 정상적으로 가능하다면 고장은 시동기 모터일 것이다. 이 경우에 모터의 브러시 덮개를 장탈하여 브러시와 정류자의 상태를 점검하라. 브러시가 과도하게 마모되었거나 또는 스프링 장력이 너무 약하다면 브러시는 정류자에 만족할 만한 접촉을 주지 못한다. 이 고장은 적절한 브러시 또는 브러시 스프링을 교환함으로써 수정된다. 정류자가 검게 되고(black), 더럽고(dirty), 마모되었다면 No.000 사포(sandpaper)로 닦아 내거나 또는 시동기를 장탈하여 오버홀 하여야 한다.

시동기 모터가 회전하거나 엔진은 회전하지 않는다면 오버런닝 클러치, 디스크 클러치 또는 연동 장치가 고장일 것이다. 이 때 시동기를 장탈하여 고장을 수정하여야 한다.

연습문제

1 왕복기관 시동기의 종류가 아닌 것은?

① 수동식   ② 관성식

③ 직접 구동식   ④ 공기식

2 조종석에 2 개의 스위치가 있고 회전비가 큰 플라이휠이 내장된 시동기의 종류는?

① 직접 구동식   ② 관성식

③ 회전식   ④ 원심력식

3 점화 회로에 전류를 공급시켜 주기 위하여 기관의 구동에 따라 회전하는 영구자석을 가진 특수한 형태의 교류 발전기를 무엇이라 하나 ?

① 프라이머   ② 기화기

③ 마그네토   ④ 과급기

4 왕복기관의 점화장치가 아닌 것은 ?

① 고압 점화계통   ② 저압 점화계통

③ 중압 점화계통   ④ 회전식 점화계통

5 수평 대향형 엔진에서 우측 마그네토는 실린더의 어느 쪽 점화전에 불꽃을 튀기게 하는가 ?

① 우측 실린더의 상부쪽, 좌측 실린더의 하부쪽 점화전

② 우측 실린더의 상부쪽, 좌측 실린더의 상부쪽 점화전

③ 우측 실린더의 하부쪽, 좌측 실린더의 상부쪽 점화전

④ 우측 실린더의 하부쪽, 좌측 실린더의 하부쪽 점화전

6 MAGNETO SWITCH를 "L" 위치에 놓으면 그 발동기의 점화 회로는 어떤 상태가 되는가?

① 좌 MAGNETO의 1차 회로는 끊기고 우는 형성된다

② 좌 MAGNETO의 1차 회로는 형성되고 좌는 끊긴다

③ 좌우 MAGNETO의 1차 회로는 공히 끊긴다

④ 좌우 MAGNETO의 1차 회로는 공히 형성된다

정답   1. ④   2. ②   3. ③   4. ③   5. ①   6. ①

7 점화 스위치를 좌측 마그네토(L)에 놓으니 서서히 RPM 낙차가 생겼다. 다음 우측 마그네토(R) 위치에 놓으니 전혀 RPM 낙차가 없었다. 그 이유는?

① 스파아크 플러그의 오물이 끼어서

② 디토네이션

③ PREIGNITON

④ 좌측 마그네토에 있는 1차 "P" LEAD 선이 접지되어 있지 않다

8 마그네토의 브레이커 포인트는 보통 어떤 재료로 만드는가 ?

① silver의 재료로 만든다　　　　　② copper의 재료로 만든다

③ cobate의 재료로 만든다　　　　　④ platinum과 iritium 의 재료로 만든다

9 점화 장치에서 브레이커 포인트에 아크를 방지하고 철심에 잔류 자기를 빨리 소멸시켜 주는 부품은 ?

① 단속기　　　　　　　　　　　　② 배전기

③ 콘덴서　　　　　　　　　　　　④ 마그네토

10 마그네토에서 발생하는 전류는 ?

① 맥류　　　　　　　　　　　　　② 직류

③ 교류　　　　　　　　　　　　　④ 역류

11 마그네토와 제너레이터간에 기본적인 유사성은 ?

① 마그네토는 밧데리를 충전시키고 제너레이터는 점화계통에 고압의 전류를 발생시켜준다

② 전자기 유도의 원리

③ 작동시키기 위한 전기력의 요구 정도

④ 양쪽 모두 회전자석 막대와 양극을 이용한다

12 MAGNETIC ZERO라는 것은 무엇을 말하는 것이냐 ?

① BREAKER POINTS가 완전히 닫혀지는 것

② SHORT CIRCUITS가 2차 회로에 생기는 것

③ BREAKER POINTS에서 스파크가 생기는 것

④ 마그네토의 막대자석이 돌 때, 양극 사이의 중심 위치에 있는 것

13 고압 자석발전기의 4극이 회전하는 자석의 각각에 대해 N극의 위치는 ?

① 45°　　　　　　② 90°　　　　　　③ 180°　　　　　　④ 270°

14 마그네토의 POLE SHOE의 재료는 ?

① "ALNICO"의 층판　　　　　　② 고급 연철의 층판
③ 고급 탄소강　　　　　　④ 스테인레스강

15 ROTATING MAGNET는 무엇으로 만들어 지는가 ?

① 연철　　　　　　② 강철
③ 알미늄　　　　　　④ 마그네슘

16 다음 중 1차 회로에 속하지 않는 것은 ?

① 고압 계통에서의 배전기 로타　　　　　　② 고압 계통에서의 점화 스위치
③ 저압 계통에서의 브레이커 포인트　　　　　　④ 저압 계통에서의 축전지

17 일반적으로 고압 마그네토 브레이커 포인트에 사용하는 금속은 ?

① NICKEL-CHROMIUM STEEL　　　　　　② PURE TUNGSTEN
③ PLATINUM-IRIDIUM ALLOY　　　　　　④ SILVER-NICKEL ALLOY

18 HIGH TENSION MAGNETO에서 1차 콘덴서는 어떻게 MAGNETO 회로와 연결되어 있는가?

① 2차 코일과 직렬로　　② 1차 코일과 병렬로
③ 1차 코일과 직렬로　　④ POINT와 직렬로

19 점화장치에서 마그네토의 2차 코일 전압은 어디에서 얻는가 ?

① 1차 코일　　　　　　② 축전지　　　　　　③ 승압 코일　　　　　　④ 배전기

20 마그네토의 브레이커 접점이 검게 되었다. 가능한 원인은 ?

① 콘덴서가 나쁘다
② 브레이커부(BREAKER COMPARTMENT)의 과도한 윤활
③ 마그네토가 너무 느리게 맞추어졌다
④ 1차 코일이 접지되었다

21 BREAKER POINT가 과도하게 소손되어 교환하였다. 이때 결함이 있다고 생각되는 부품은 ?

① 1차 코일   ② 2차 코일

③ 콘덴서   ④ DISTRIBUTOR BLOCK

22 콘덴서는 포인트의 소손을 방지하는 것 외에 어떤 목적을 가지고 있느냐 ?

① 항상 일정한 자력선을 유도하는 것

② 마그네토에서 자장 발생의 고장을 방지

③ 1차 코일에서의 잔류 자기의 소멸을 돕는다

④ 1차 코일에서 과전류가 흐르는 것을 방지

23 왕복 엔진의 점화 장치에서 일차 콘덴서가 약하면 잘 일어나는 현상은 ?

① 마그네토의 2차 코일이 과도한 전압이 된다   ② 브레이커 포인트가 탄다

③ 점화전 전극이 탄다   ④ 일차 코일의 자속이 약화된다

24 1차 콘덴서의 고장은 자석 발전기의 접점에 어떤 효과를 미치는가 ?

① 천정 형성   ② 거친 돌기 형성

③ 기름 투성이가 된다   ④ 매끈한 돌기 형성

25 MAGNETO BREAKER POINTS는 ROTATING MAGNET가 어느 위치에 있을 때 열려져야 하는가 ?

① 중립 위치에서   ② POLE SHOES와 일직선으로 되었을 때

③ 중립 위치 몇 도 전   ④ 중립 위치 몇 도 후

26 마그네토에서 TIMMING MARK를 한줄로 정렬시켰다는 것은 무엇을 지시하는가 ?

① E-GAP 위치   ② 중립 위치

③ BREAKER POINT의 가장 넓은 위치   ④ 완전 기록 위치

27 배전기와 마그네토 HOUSING TIMING MARKS가 일치되었다면 이는 다음을 나타낸다. 해당 되는 것은 ?

① 마그네토가 OVER-TIMING 되었다

② BREAKER POINTS 가 막 닫혔다

③ 마그네토가 UNDER-TIMED 되었다

④ 배전기의 FINGER가 No.1 SEGMENT에 연결되고 POINTS가 막 열리는 위치에 있다

28 자석 발전기에서 자석의 세기를 아는 방법은 ?

① 브레이커 포인트에서의 교류 전압 측정

② 자석 발전기가 규정 속도로 회전시에 교류 전류계로 2차 코일의 출력을 측정

③ 자석 발전기가 어느 속도로 회전하든 불꽃이 튈 때의 틈새 측정

④ 자석 발전기가 규정 속도로 돌고 있을 때 접점을 열고 교류 전류계로 1차 코일의 출력을 측정

29 왕복기관에서 마그네토의 브레이커 포인트의 작용이 맞는 것은 ?

① 브레이커 포인트가 닫힐 때 2차선에 전류가 흐른다

② 브레이커 포인트가 열릴 때 2차선에 전류가 흐른다

③ 브레이커 포인트가 열릴 때 1차선에 전류가 흐른다

④ 브레이커 포인트가 열릴 때 1,2차선에 전류가 흐른다

30 마그네토에서 BREAKER POINT가 닫혀진 채로 고착되면 그 결과는 ?

① 점화되지 않는다   ② 1차 코일에 과대 전압이 발생

③ 플러그에 과선 전압이 발생   ④ 고압선의 누전

31 브레이커 포인트의 윤활 상태를 검사하는 방법은 ?

① 포인트면에 윤활유가 묻어 있는가 검사한다

② Felt Pad 를 손으로 눌러 보아 오일이 묻는가 본다

③ 브레이커 포인트의 스프링 장력을 시험해 본다

④ 콘덴서의 용량을 측정한다

32 마그네토 점화 장치에서 점화 스위치는 어떻게 장착되는가 ?

① 브레이커 포인트와 직렬로   ② 브레이커 포인트와 병렬로

③ 브레이커 포인트와 콘덴서   ④ 브레이커 포인트와 상관이 없다

33 엔진을 장착시키는 동안, 마그네토에 접지선을 접지시켜 놓는다. 이렇게 접지시키는 이유는 ?

① 엔진 시동시 BACK FIRE를 방지하기 위해

② 엔진을 MOUNT에 완전히 장착시킨 후 마그네토에 접지선을 점검치 않기 위해

정답   28. ④   29. ②   30. ①   31. ②   32. ①   33. ④

③ 점화 스위치가 잘못 놓일 수 있는 가능성 때문에

④ 엔진 장착 도중 프로펠러를 돌림으로서 엔진이 시동될 가능성이 있기 때문

34 점화를 중단하려면 1차 회로는 ?

① 단락시킨다   ② 접지시킨다

③ 축전지로 회로를 잇는다   ④ 회로를 개방한다

35 점화 플러그가 200번 점화하기 위하여 4극 자석은 얼마의 RPM으로 회전하여야 하는가 ?

① 400 RPM   ② 200 RPM   ③ 100 RPM   ④ 50 RPM

36 14Cyl Radial ENG에 있어서 각각의 MAGNETO는 8개의 POLE을 가지고 있다. MAGNETO 축의 CRANK SHAFT에 대한 회전비는 ?

① 7/8   ② 5/8   ③ 11/8   ④ 13/4

37 엔진에서 마그네토 타이밍을 맞출 때 다음의 어느 것이 크랭크 축 회전을 각도로 측정하는데 사용되는가 ?

① TIME-RITE INDICATOR   ② TIMING LIGHT

③ DIAL INDICATOR   ④ MICROMETER

38 보상캠이 사용되는 엔진의 형은 ?

① 대향형   ② 성형

③ 열형   ④ V 형

39 마그네토가 저 및 중속도에서 원활이 기능을 발휘하나 고속에서 MISS FIRE한다. 고장은 ?

① 콘덴서의 결함   ② 약화된 breaker spring

③ 아마츄어에 낀 먼지   ④ 소손된 breaker points

40 마그네토 타이밍을 완전히 실시한 후 브레이크 포인트를 완전히 넓혀주면 어떤 현상이 일어나는가 ?

① 전압이 증가한다   ② 전압이 감소한다

③ 점화가 빨라진다   ④ 점화가 늦어진다

41 전기 누설의 가능성이 많은 고공에서 비행하는 항공기에 적합한 점화 계통은 ?

① 고압 점화 계통　　② 저압 점화 계통　　③ 변압 코일 계통　　④ 전압 코일 계통

42 마그네토 접지선이 끊어졌다면 ?

① 후화 현상 발생　　　　　　　　② 역화 현상 발생

③ 기관이 꺼지지 않는다　　　　　④ 시동이 걸리지 않는다

43 저압 마그네토 계통에서 점화 플러그가 점화에 필요한 전압은 어디에서 공급되는가 ?

① 마그네토 1차 코일　　　　　　② 마그네토 2차 코일

③ 각 실린더 근처에서 설치된 변압 코일　　④ 배전기

44 항공기 왕복기관에서 마그네토를 장착할 때는 어느 실린더를 기준으로 하여 장착하는가 ?

① 제일 전방 실린더　　　　　　② 마스터 실린더

③ 1번 실린더　　　　　　　　　④ 제일 후방 실린더

45 HIGH TENSION MAGNETO에서 영구자석의 대략적인 강도는 마그네토를 분해하지 않고 다음과 같이 알 수 있다. 어떤 방법인가 ?

① COLD PLUGS에 공급되는 점화 현상을 점검함으로써

② 마그네토를 회전시키는데 요하는 토오크를 점검함으로써

③ 마그네토에 TENSION METER를 연결함으로써

④ 아마츄어에 흐르는 전류를 점검함으로써

46 왕복 엔진의 고압 점화 장치에 관해서 틀린 것은 ?

① 2차선이 끊어지면 엔진이 정지한다

② 콘덴서가 나쁘면 브레이커 점점이 탄다

③ 피-리이드(P-LEAD)가 끊어지면 엔진이 꺼지지 않는다

④ 고공 비행에 적합한 점화 장치이다

47 마그네토의 스위치를 ON하면 스위치 회로상으로는 ?

① 일차 회로가 접지된다　　　　② 2차 회로가 접지된다

③ 1차 회로가 열린다　　　　　④ 2차 회로가 열린다

정답　41. ②　42. ③　43. ③　44. ③　45. ④　46. ④　47. ③

48 IGNITION HARNESS가 저공에서 양호하나 고공에서 불량하다. 그 이유는?

① 고공에서 결빙 상태 때문
② 고공에서 ION화된 전기 때문에
③ 고공에서 CORONA 현상을 촉진시키기 때문
④ 고공에서 공기밀도가 높아지기 때문

49 고공 비행을 할 수 있는 항공기의 왕복기관에 일반적으로 사용되는 점화 계통은?

① HIGH TENSION　　② LOW TENSION
③ 방전 축전기　　④ BATTERY 점화

50 LOW TENSION 점화 계통은 다음 어느 것에 의하여 판별할 수 있는가?

① 절연체의 크기　　② 제작 회사명
③ 항공기 형식　　④ 각 점화 플러그에 연결되는 코일

51 마그네토 배전기 회전자의 회전수는?

① 실린더수 / 캠로부수　　② 실린더수 × 캠로부수
③ 실린더수 / (2×캠로부수)　　④ 크랭크축의 회전수 / 2

52 배전기 회전자의 리타드 핑거의 역할은?

① 자동 점화를 방지한다　　② 마그네토의 손상을 방지한다
③ 킥백 현상을 방지한다　　④ 축전지 손상을 방지한다

53 4행정 기관에서 배전기 회전자의 회전속도는 크랭크축이 2회전하는 동안 몇 번 회전하는가?

① 1회전　　② 2회전　　③ 3회전　　④ 4회전

54 DISTRIBUTOR FINGER가 금이 가면 다음 어느 고장을 야기할 것인가?

① 순항 속도에서 마력의 증가　　② 라디오 수신이 잘 됨
③ 전혀 고장이 없다　　④ 간헐적인 실화 현상

55 9기통 성형엔진에서 좌측 마그네토 배전판(magneto distributor)의 5번 elect-rod는 다음 중 어느 것과 연결되는가?

정답 48. ③ 49. ② 50. ④ 51. ④ 52. ③ 53. ① 54. ④ 55. ①

① 9번 실린더의 후방 플러그   ② 5번 실린더의 전방 플러그

③ 5번 실린더의 후방 플러그   ④ 9번 실린더의 전방 플러그

56 14실린더 방사형 발동기의 DISTRIBUTOR BLOCK에서의 14번은 어느 것을 점화시키는가 ?

① 9번 실린더   ② 14번 실린더   ③ 6번 실린더   ④ 8번 실린더

57 14기통 성형 엔진에서 좌측 마그네토의 NO.8 배전기 와이어는 어느 점화 전에 연결되는가 ?

① 8번 실린더의 후방 플러그   ② 8번 실린더의 전방 플러그

③ 6번 실린더의 후방 플러그   ④ 6번 실린더의 전방 플러그

58 7기통 엔진에서 배전기 로우터 핑거가 배전기 블록의 제6번 전극에 향할 때 어느 실린더가 점화되는가 ?

① 4번 실린더   ② 6번 실린더   ③ 7번 실린더   ④ 5번 실린더

59 복식 자석 발전기를 장착한 9기통 성형 엔진에서 오른쪽 배전기의 5번 배전선을 제거하면 몇 번째 실린더에 영향을 미치느냐 ?

① 5번 실린더의 앞쪽 플러그   ② 5번 실린더의 뒷쪽 플러그

③ 9번 실린더의 앞쪽 플러그   ④ 9번 실린더의 뒷쪽 플러그

60 BOOSTER를 장비하고 있는 엔진을 시동할 때 KICK-BACK을 방지하기 위하여 무엇을 사용하는가?

① BOOSTER에 의한 점화는 배전기에서 자동적으로 RETARD시켜 정상 배전기 FINGER를 뒤따르도록 되어 있다

② 마그네토를 RETARD 시켜야 한다

③ BOOSTER는 피스톤이 흡입 행정의 중간을 지난 후에 점화를 이루도록 TIMING해야 한다

④ BOOSTER는 기화기에 연료가 들어가기 전에 작동시켜서는 안됨

61 항공기 왕복기관의 점화 시기 및 밸브 개폐 시기에 관한 설명이다. 맞는 것은 ?

① 실린더 안의 최고 압력은 BTC 10° 근처에서 나타나므로 점화시기를 정한다

② 전기적 에너지에 의해 점화되는 기관의 점화시기는 기관의 압축 상사점 후에 이루어져야 한다

③ 내부 점화시기 조절은 마그네토 E-Gap 위치와 브레이커 포인터가 떨어지는 순간을 맞추는 것이다

④ 외부 점화시기 조절은 기관의 점화 진각에서 크랭크축의 각도를 일치시키는 것이다

정답   56. ③   57. ①   58. ①   59. ③   60. ①   61. ③

62 2열 14기통 성형기관의 점화 순서는?

① 1-10-5-14-9-4-13…
② 1-9-5-14-4-13…
③ 1-10-14-5-4-13…
④ 1-2-3-4-5-6-7…

63 9개 실린더를 가진 방사형 발동기에서 배전기 점화 순서는?

① 1-3-5-7-9-2-4-6-8
② 1-2-3-4-5-6-7-8-9
③ 1-5-9-4-8-3-7-2-6
④ 1-4-7-2-6-9-3-8-5

64 IGNITION ADVANCE ANGLE이란?

① 이론적 점화시기보다 앞선각을 말한다
② 이론적 점화시기의 각을 말한다
③ 점화점 각을 말한다
④ 점화를 요하는 각을 말한다

65 다음은 항공기용 왕복기관의 점화시기에 대한 설명이다. 이 중 맞는 것은?

① 실린더 안의 최고 압력은 상사점 전 10도 근처에서 나타나도록 점화시기를 정했다
② 전기적 에너지에 의하여 점화되는 기관의 점화는 압축 상사점 후에서 이루어져야 한다
③ 내부 점화 시기 조정은 마그네토의 캠의 위치와 브레이커 포인트가 떨어지는 순간을 맞추는 것이다
④ 정답이 없다

66 배전기 기어의 타이밍 표시는 몇 번 기통의 E-GAP인가?

① 마스터 실린더 로드
② 2번 실린더
③ 1번 실린더
④ 전방 실린더

67 2열 18기통 성형기관의 점화 순서로 옳은 것은?

① 1-6-3-2-5-4
② 1-10-5-14-9-4-13-8-3…
③ 1-12-5-16-9-2-13-6-17-10…
④ 1-12-5-16-9-2-14-7-18-11…

68 9기통 성형기관의 실린더 페이즈각은 몇 도인가?

① 30°
② 40°
③ 45°
④ 50°

69 마그네토의 타이밍을 완전히 실시한 후 브레이커 포인트를 완전히 좁혀 주면 어떤 현상이 일어나는가?

① 전압이 증가한다   ② 점화가 빨라진다
③ 전압이 감소한다   ④ 점화가 늦어진다

70 고압축비의 기관에 고온 스파크 플러그를 사용하였을 때 나타나는 현상은?

① 기관이 시동 후 즉시 꺼진다
② 조기 점화 현상이 발생한다
③ 디토네이션 현상이 발생한다
④ 스파크 플러그에 탄소 찌꺼기가 부착된다

71 점화 플러그의 설명 중 잘못된 것은?

① 점화 플러그는 전극, 세라믹 절연체, 금속 쉘로 구성되었다
② 핫 플러그와 콜드 플러그로 분류된다
③ 고온으로 작동하는 기관에서 핫 플러그를 사용한다
④ 고온으로 작동하는 기관에서 콜드 플러그를 사용한다

72 점화 플러그의 간격이 크면 어떤 결과를 초래하는가?

① 엔진 작동이 정지된다   ② 시동이 용이하여진다
③ 시동이 곤란해진다   ④ 연료와 오일 소모가 보다 많아진다

73 HOT SPARK PLUG를 저출력 엔진에 사용하면?

① 정상 작동   ② 고속에서 실화   ③ 점화 플러그 소손   ④ 과열

74 엔진 작동시 점화 플러그의 온도는 무엇에 의해서 좌우되는가?

① 불꽃에 노출된 플러그의 면적   ② 플러그의 열전도율
③ 공기 중에 노출된 플러그 면적   ④ 위의 모든 것이 해당된다

75 저온 플러그를 장착한 기관을 오랫동안 난기운전을 시킬 때 나타날 수 있는 현상은?

① 조기 점화의 원인이 된다   ② 점화 플러그가 과열된다
③ 점화 플러그 전극에 탄소 찌꺼기가 낀다   ④ 실화의 원인이 된다

76 과도한 점화 플러그 갭의 결과는 ?

① 플러그의 점화를 방해한다　　　② 순항시에만 거친 운전이 된다
③ 시동이 어렵다　　　　　　　　　④ 정상 작동된다

77 항공기 엔진은 대개 hot spark plug 를 사용하는데 그 이유는 ?

① 상대적으로 높은 압축과 작동 온도를 가지고 있다
② 상대적으로 낮은 압축과 작동 온도를 가지고 있다
③ 배플이 느슨하게 된다
④ 실린더 당 높은 파워를 낸다

8

프로펠러 이론, 명칭과 작동

8-1 프로펠러 기본 원리

항공기 프로펠러는 2개 또는 2개 이상의 블레이드(blade)와 블레이드가 부착되는 중심 허브(central hub)로 구성된다. 항공기 프로펠러의 각 블레이드는 본질적으로 회전 날개이다. 프로펠러 블레이드는 항공기가 공기를 통하여 밀거나 당기는 추력을 내는 힘을 발생시킨다. 프로펠러 블레이드의 회전 동력은 엔진에서 공급된다. 저마력 엔진에서 프로펠러는 보통 크랭크 축의 연장 축에 장착되어 있고 고마력 엔진에서는 엔진 크랭크 축에 기어로 맞물린 프로펠러 축에 장착되어 있다. 어떠한 경우든 엔진은 고속으로 공기를 통하여 블레이드의 에어포일(airfoil)을 회전시키고 프로펠러는 엔진의 회전 동력을 추력으로 전환시킨다.

8-2 프로펠러 명칭

그림 8-1은 경항공기용으로 설계된 고정 피치의 한 조각 목재 프로펠러(one piece wood propeller)로서 허브(hub), 허브 보어(hub bore), 볼트 구멍(bolt holes), 네크(neck), 블레이드(blade), 팁(tip), 금속 티핑(metal tipping)이다.

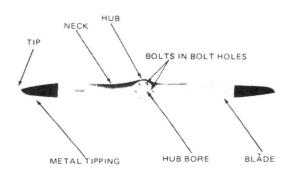

그림 8-1 Fixed-pitch one-piece wood propeller

프로펠러 블레이드의 단면은 그림 8-2에서 보여주는 것과 같이 날개의 전연(leading edge), 후연(trailing edge), 캠버 면(camber side) 또는 뒷면(back) 그리고 평평한 면(flat side) 또는 정면(face)으로 되어 있다. 그림에서 보는 바와 같이 프로펠러 블레이드는 항공기 날개와 비슷한 에어포일 형상(airfoil shape)이다. 프로펠러 블레이드와 항공기 날개가 유사한 형상이므로 항공기 프로펠러의 각 블레이드는 회전 날개(rotating wing)로 간주된다. 프로펠러 블레이드는 길이, 폭, 두께를 축소시킨 소형 날개라고 할 수 있다. 이 소형 날개의 한쪽 끝은 샹크(shank) 형태를 이루고 있다. 블레이드가 회전하기 시작하면 항공기 날개 주변에 공기가 흐르는 것과 똑같이 블레이드가 주변에 공기가 흐르게 된다. 단 거의 수평인 날개는 위쪽으로 양력을 받지만 블레이드는 앞쪽으로 양력을 받게 된다.

조정 프로펠러(adjustable propeller) 또는 지상 조정 프로펠러의 각 부 명칭은 그림 8-3과 같다. 이것은 강철 허브 어셈블리에 블레이드 2개가 조여져 있는 금속 프로펠러이다. 허브 어셈블리는 블레이드를 지지해 주는 장치이고 프로펠러를 엔진 프로펠러 축에 부착할 수 있도록 해 준다. 블레이드 루트(blade root)는 허브 내부 홈에 맞게 가공된 이랑(ridges)으로 되어 있다.

프로펠러가 조립될 때 허브 부분은 클램핑 링(clamping ring)으로 적절하게 고정된다. 클램핑 링 볼트(clamping-ring bolts)가 적절하게 조여지면,, 블레이드가 회전하거나 블레이드 각(blade angle)이 변할 수 없게 블레이드 루트가 단단히 고정된다. 그림 8-4에서는 프로펠러 블레이드의 단면을 보여주고 있다.

블레이드 샹크(shank)는 블레이드 버트(butt) 부근으로 강도를 주기 위해 두껍게 되어 있고 허

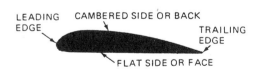

그림 8-2 Cross section of a propeller blade

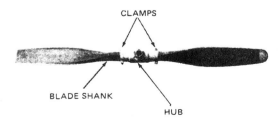

그림 8-3 Nomenclature for a ground-adjustable propeller

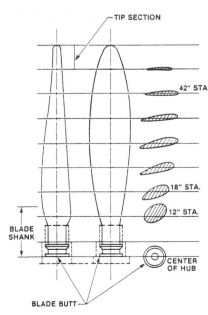

그림 8-4 Propeller blades, showing blade construction and blade sections

브 배럴(hub barrel)에 꼭 맞게 되어 있다. 그러나 이 부분은 추력을 거의 내지 못한다. 더 많은 추력을 내기 위하여 어떤 프로펠러 블레이드는 팁(tip)에서 허브(hub)까지 에어포일 형상으로 되어 있다. 또 어떤 설계에 있어서는 그림 8-5와 같이 허브까지 에어포일 형상으로 되어 있는 카울링(cowling)처럼 기능하는 금속의 얇은 판으로 된 블레이드 커프(blade cuffs) 방법으로 되어 있다.

그림 8-4에서는 팁 부분, 허브의 중앙, 블레이드 버트를 보여주고 있다. 블레이드 버트 또는 베이스(base)는 단지 허브 속에 꼭 맞게 하는 단순한 블레이드 끝이다.

그림 8-5 Propeller with blade cuffs

8-3 프로펠러 이론

(1) 블레이드 요소 이론(The Blade-Element Theory)

항공기 프로펠러의 설계에 가장 만족스러운 이론은 블레이드 요소 이론으로 알려져 있다. 이 이론은 Dryewiecki라는 폴란드 과학자가 1909년에 전개한 것으로 Dryewiecki이론이라고도 한다. 이 이론은 허브 배럴 끝에서부터 프로펠러 블레이드 팁까지의 프로펠러 블레이드가 여러 가지 작은 에어포일 단면(airfoil section)으로 나누어진다고 가정하고 있다.

예를 들면, 직경 10ft(3m)인 프로펠러가 직경 12in(30.48cm)인 허브를 가지고 있고, 각 블레이드의 길이가 54in(137.16cm)이고, 1in(2.54cm)짜리 54개의 에어포일 단면으로 나누어질 수 있다. 그림 8-6은 프로펠러 회전 축으로부터 반경 r거리에 위치한 이러한 에어포일 단면들 중의 하나이다. 이 에어포일은 1인치 스팬(span)과 시위(chord) C를 갖는다. 어떤 반경 r에서 시위 C는 블레이드의 형상에 따라 좌우된다.

블레이드 요소 이론에 따르면 에어포일 단면들(또는, 요소들)은 옆으로 나란히 연결되어 있고 중심 축 둘레로 회전할 때 추력을 낼 수 있는 단일 에어포일(블레이드)을 형성하기 위하여 일체화된다. 각 요소는 최적 설계 속도에서 회전할 때 추력을 발생시키기 위하여 최적 받음각에서 작동하는 블레이드의 부분으로 설계되어야만 한다.

프로펠러에 의해 발생되는 추력은 뉴턴의 운동 제3법칙

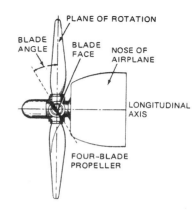

그림 8-6 The blade element of a propeller

(모든 작용에는 같은 힘의 반작용이 있으며 두 힘은 일직선상에서 일어난다.)에 따른다. 프로펠러의 경우, 작용은 항공기 후방으로의 공기 질량의 가속이다. 이것은 만약 한 프로펠러가 주어진 공기 질량을 가속하기 위하여 200lb(889.N)의 힘을 내고 있다면, 동시에 그것은 공기가 가속되는 반대 방향으로 항공기를 끌어당기는 200lb의 힘을 낸다는 것을 의미한다. 즉, 공기가 후방으로 가속될 때 항공기는 전진하게 된다. 질량, 가속, 힘 사이의 양적인 관계도 뉴턴의 운동 제 2 법칙을 사용하여 결정할 수 있다.

$$F = m \times a$$

힘은 질량 곱하기 가속도와 같다.

진 피치(true pitch) 프로펠러는 블레이드 요소 이론을 이용한다. 블레이드의 각 요소마다 다양한 속도로 움직인다. 즉 팁 부분은 허브 근처 부분보다 더 빨리 움직인다. 각 요소들은 각기 상대적인 공기 흐름에 알맞은 각도로 맞추어지도록 배열될 때 그들 모두가 프로펠러가 한 회전하는 동안 똑같은 거리를 전진하게 된다.

(2) 블레이드 스테이션(Blade Station)

블레이드 스테이션은 허브 중심으로부터 블레이드를 따라 인치로 측정되는 거리를 말한다. 그림 8-4는 블레이드의 42inch 스테이션 위치를 보여주는 한 예이다. 블레이드를 스테이션으로 분할하는 것은 프로펠러 블레이드의 성능, 블레이드 위치 표시(marking)와 손상의 위치, 블레이드 각을 측정하기 위한 적절한 지점을 알기 쉽게 한다.

(3) 블레이드 각(Blade Angle)

블레이드 각은 특정 블레이드 단면의 정면 또는 시위(face or chord)와 프로펠러 블레이드의 회전면(plane of rotation) 사이의 각도로 정의한다. 그림 8-7은 4블레이드 프로펠러이지만 단순화하기 위해 두 블레이드만 보여주고 있다. 그림에서 블레이드각, 회전면, 블레이드 정면(face), 세로축, 항공기 앞부분을 보여주고 있다. 회전면은 크랭크 축에 수직이다. 추력을 얻기 위하여 프로펠러 블레이드는 회전면에서 어떤 각도로 맞추어져야 한다. 이것은 항공기 날개가 진행 방향에 대해 어

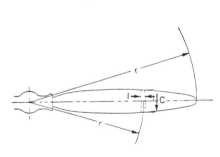

그림 8-7 Four-blade propeller

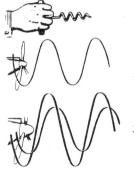

그림 8-8 Path of the propeller through the air

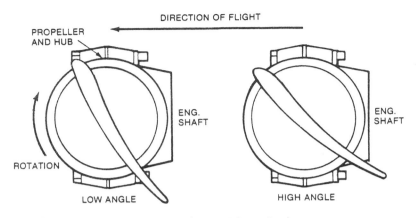

그림 8-9 Propeller blade angle(Hartzell Propellers)

떤 각을 이뤄야 하는 것과 같다.

비행시 프로펠러가 회전하는 동안 블레이드의 각 단면은 프로펠러의 회전 움직임과 함께 항공기의 전진 움직임이 결합된 운동을 한다. 그러므로 블레이드의 어떤 단면도 그림 8-8처럼 나사 또는 코르크 마개따개(corkscrew)와 같은 모양의 공기 진행로를 갖는다. 각 블레이드에 의해 취해진 공기의 양(The amount of bite)은 그림 8-9처럼 블레이드 각에 의해 결정된다.

블레이드의 팁 근처 단면의 한 가상점은 가장 큰 나선형을 그리며, 중간 단면의 한 점은 그보다 좀 작은 나선형을 그린다. 블레이드 생크 근처 단면의 한 점은 가장 작은 나선형을 그리게 된다. 블레이드의 1회전에서 모든 단면은 한 점은 같은 거리로 앞으로 움직이지만 팁 근처의 단면은 허브 근처 단면보다 더 큰 회전 거리를 움직이게 된다.

블레이드의 가장 효과적인 각도를 가진 단면의 여러 점에서 만들어진 나선형 통로(spiral paths)가 그려진다면 각각의 단면은 블레이드 각이 블레이드 팁쪽으로는 점점 작게, 생크쪽으로는 점점 크게 되도록 설계되어야 한다. 이와 같은 블레이드 단면 각의 변화를 피치 분배(pitch distribution)라고 하며 프로펠러 블레이드의 뒤틀림(twist)으로 설명된다(그림 8-10 참조).

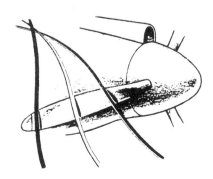

그림 8-10 Pitch distribution

블레이드가 실제로 뒤틀린 에어포일이기 때문에, 특정 블레이드의 특정 단면의 블레이드 각은 같은 블레이드의 다른 단면의 블레이드 각과는 다르다. 블레이드 각은 프로펠러 직경에 따라 다르지만 블레이드가 허브에 고정될 때 한 선택된 스테이션에서 측정된다. 이 스테이션에서의 블레이드 각이 정확하면 모든 블레이드 각이 정확하다고 볼 수 있다. 블레이드 각은 대단히 중요하기 때문에 단 1° 라도 블레이드 각 변화로 직접 구동 엔진은 60~90rpm의 영향을 받는다.

감축 기어를 갖는 프로펠러에 미치는 영향은 기어비에 달려 있다. 어떤 경우 블레이드 각 맞춤(setting)에 1° 미만의 오차가 허용된다 해도 이것이 보편적인 것은 아니다.

그림 8-11에서는 블레이드의 허브에서 팁(tip)까지 프로펠러 블레이드 각이 변하는 이유를 보여주고 있다. 세 개의 삼각형은 2000rpm으로 회전하는 프로펠러를 가지고 150mph(241.40km/h)의 속도로 비행할 동안 회전하는 프로펠러의 특정한 단면과 항공기의 상대적인 움직임을 보여준다. A에서의 삼각형은 프로펠러의 허브로부터(36in. 블레이드 단면의 움직임을 나타낸다. 이 단면이 만드는 원은 3×2πft, 즉 18.95ft(5.75m)이다. 프로펠러가 2000rpm으로 회전하면 블레이드 단면은 37,700ft/min(11,490.96m/min) 또는 628ft/sec(191.41m/s)로 움직이게 된다. 항공기가 150mph(241.40km/h) TAS(True Air Speed)로 비행하게 되면, 항공기는 220ft/s(67.06m/s)로 공기 속을 통하여 움직이는 것이 된다. 이것은 블레이드 단면이 628ft를 움직이는 동안 항공기는 220ft를 비행하는 것을 의미한다.

이들 자료로부터 우리는 항공기가 1ft(0.30m) 움직이는 동안 허브로부터 36in. 지점의 프로펠러 블레이드 단면은 약 2.9ft(0.88m)정도 움직인다는 것을 알 수 있다. 이는 삼각형 A에서 설명되어 있는데, 즉 회전면(plane of rotation)의 블레이드 단면 거리를 BC로 나타내고, 항공기 거리를 CA로 나타내고 있다. 프로펠러 블레이드 단면의 실제항적(actual track)은 BA이고 상대풍 방향(relative wind direction)은 AB 선을 따라간다. 프로펠러 블레이드의 받음각(angle of attack)은 회전면에 관한 AB 각과 프로펠러 블레이드 각 사이의 차이이다.

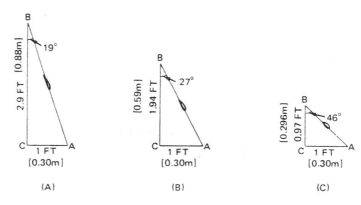

그림 8-11 Demonstrating the reason for a variation of propeller blade angle from root to tip

그림 A에서 각 ABC는 19°보다 조금 크다는 것을 알 수 있다. 블레이드 각이 22°에 맞추어 졌다면 블레이드의 받음각은 3°정도가 된다. 그림 8-11의 삼각형 B는 비행기가 150mph TAS(True Air Speed)로 비행하고 프로펠러가 2000rpm으로 회전할 때 허브에서 24in. 지점의 블레이드 단면의 움직임을 나타내고 있다. 위와 같은 계산법을 사용하면 B에서의 각은 약 27°이고, 받음각이 3°이면 블레이드 각은 30°에 맞추어져야 한다는 것을 알 수 있다. 같은 조건하에서, 허브로부터 12in(30.48m)지점의 블레이드 단면은 삼각형 C에서 보여주는 바와 같이 회전면으로부터 46°각으로 움직인다는 것을 알 수 있다. 이것은 결국, 고정 피치 프로펠러는 좁은 범위의 작동 조건에서만 효율적이라는 것이 명백하므로 순항 속도에서 가장 효율적으로 작동할 수 있도록 설계되고 있다.

프로펠러 블레이드 단면의 받음각은 블레이드 단면의 전면과 상대 공기 흐름(relative airstream)의 방향 사이의 각을 말한다(그림 8-12참조). 상대 공기 흐름의 방향은 에어포일이 공기 속을 이동하는 방향과 전진 이동의 속도에 따라 좌우된다.

그림 8-12에서, 회전하는 프로펠러 블레이드의 에어포일 단면 M은 항공기가 지상에 있을 때 A에서 B로 움직인다. 프로펠러의 후연(trailing edge)은 선 AB로 나타나는 회전면을 결정한다.

상대풍(Relative wind)이란 그림 8-13과 같이 에어포일의 움직임에 대한 공기의 방향이다. 항공기가 비행 중에 있을 때 상대풍은 비행기의 전진 움직임과 프로펠러 블레이드 단면의 회전 움직임으로부터 생기게 된다.

엔진이 지상에서 가동될 때, 비행기의 전진 움직임은 없으나(비행기가 정지하고 있다고 가정) 프로펠러를 통한 공기 흐름에 원인이 되는 상대풍이 생긴다. 또한 블레이드 단면에 어떤 피치각이 생긴다. 그러므로 받음각은 그림 8-12에서 각 C로 나타내고 있는데 이는 프로펠러 단면이 상대 공기 흐름과 만나는 각이다. 또한 그림 8-12에서, 항공기가 전진 비행하여 N에서 O로 전진 이동할 때

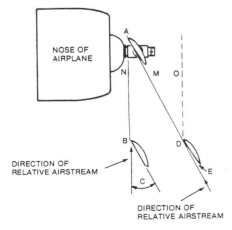

그림 8-12 Blade angle with aircraft at rest and in flight

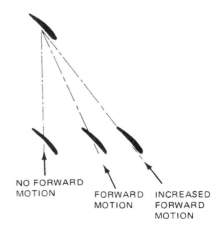

그림 8-13 Relative wind with respect to propeller blade

에어포일 단면 M은 A에서 D로 움직인다. 후연(trailing edge)은 선 AD를 따라온다. 그 때 받음각은 더 작아지며 그림에서 E로 표시된다.

비행시 대부분의 항공기 프로펠러 블레이드의 정상 받음각은 0°에서부터 15°까지 변한다. 그림 8-14를 참조하여 보면, 급강하 시에 중력에 의한 가속 때문에 항공기는 프로펠러로 내는 속도보다 더 빠른 속도를 내게 된다. 이 때 받음각 E는 부(negative)가 되며 항공기를 후진시키려는 힘을 갖게 된다. 급상승으로 전진속도가 감소될 때, 받음각은 그림 8-15에서와 같이 증가한다. 항공기가 급강하 혹은 급상승시 어느 경우이든지 프로펠러의 공기 역학적 효율은 떨어진다.

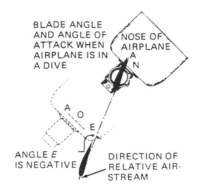

그림 8-14 High speed results in a negative angle of attack

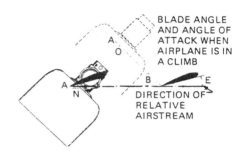

그림 8-15 Increased angle of attack as airplane climbs

(4) 피 치(Pitch)

유효 피치(effective pitch)란 비행중 프로펠러가 1회전(360°)하는 동안에 항공기가 전진한 실제 거리를 말한다. '피치'와 '블레이드 각'은 같은 동의어는 아니지만 서로 밀접한 관계가 있기 때문에 보통 교체하여 사용할 수 있다. 그림 8-16에서는 두 가지 다른 피치 위치를 보여준다. 블레이드 각이 작으면 피치가 작아 항공기는 프로펠러의 1회전으로 얼마 전진하지 않으며, 블레이드 각이 크면 피치가 커서 항공기는 프로펠러 1회전으로 훨씬 더 멀리 전진한다. 고정 피치 프로펠러(Fixed-pitch propeller)란 블레이드 각을 변경할 수 없도록 단단히 고정시킨 프로펠러를 말한다. 조정 피치 프로펠러(Controllable-pitch propeller)란 비행중 블레이드 각을 조정하기 위한 조종 장치가 있는 것을 말한다. 항공기에 고정 피치 프로펠러만 사용된다면 항공기의 주목적에 맞게 블레이드 각이 선정되어야 한다.

고정 피치 프로펠러에서 엔진 출력이 증가하면 회전 속도가 증가하여 더 많은 추력을 내지만 에어포일로부터 항력이 더 많이 발생되어 프로펠러가 추가 엔진 출력을 흡수하게 한다. 반대로 엔진 출력이 감소하면 회전 속도가 감소하여서 프로펠러부터 추력과 항력 둘 다 감소하게 된다.

고정 피치 프로펠러 항공기가 하강(dive)할 때는 항공기의 전진 속도가 증가한다. 이 때 상대풍

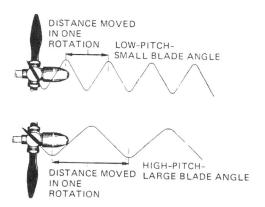

그림 8-16 Low pitch and high pitch

방향의 변화로 인하여 받음각이 적어져서 양력과 항력 모두 감소되고 프로펠러 회전 속도는 증가한다. 반면에 항공기가 상승할 때는 프로펠러 회전속도가 감소되고, 상대풍 방향의 변화는 받음각을 증가시켜 양력과 항력을 증가시킴으로써 항공기 전진속도가 감소된다.

프로펠러는 프로펠러 회전 속도의 증가 또는 감소에 의한 과다 출력의 제한된 양만을 흡수할 수 있다. 이것이 커지면 엔진이 손상된다. 이러한 이유로 항공기 엔진 출력과 항공기 속도가 둘 다 증가할 때, 전진속도가 변함에 따른 상대풍의 변화를 보상하도록 블레이드 각 맞춤(setting)을 바꿀 수 있도록 프로펠러를 설계하여야 한다. 이것은 프로펠러가 엔진 손상 없이 엔진출력을 다소 흡수할 수 있게 한다. 이러한 프로펠러 개발의 첫 단계로 두 가지는 다른 블레이드 각 맞춤을 할 수 있는 프로펠러를 생산했다. 하나는 이륙과 상승을 위하여 낮은 각을 주고, 다른 하나는 순항과 하강을 위하여 높은 각을 준다.

기하학적 피치(geometrical pitch)란 프로펠러의 요소(element)가 프로펠러 블레이드각과 같은 각으로 나선(helix)을 따라 움직일 때 1회전동안 항공기가 전진하는 거리를 말한다. 기하학적 피치는 블레이드 각의 탄젠트(tangent) × 2πr (여기서, r은 계산할 블레이드 위치의 반경이다)로 계산할 수 있다. 예를 들면, 프로펠러 블레이드 각이 30″(76.2cm)스테이션에서 20°라면

$$GP = 2\pi \times 30 \times 0.364 = 68.58 \text{ pitch in.}(174.27cm)$$

여기서 tan20°는 0.364이므로 프로펠러의 기하학적 피치는 68.58″가 된다.

영 추력 피치(zero thrust pitch)란, 프로펠러가 추력 없이 1회전동안 항공기가 전진하는 거리를 말한다. 프로펠러의 피치 비(pitch ratio)는 직경에 대한 피치의 비이다. 프로펠러 피치 변화를 나타내는 용어는 다음과 같다.

(1) 두 지점(two-position) : 단 2지점 피치 맞춤만 할 수 있는 것
(2) 다 지점(multi-position) : 가능한 한 한도 내에서는 어떤 피치 맞춤도 가능한 것

(3) 자동(automatic) : 자동 장치로 피치 맞춤이 자동 조정되는 것

(4) 정속(constant speed) : 조종사가 비행 중 프로펠러 작동 조건에 맞게 피치를 선택, 조정할 수 있는 것. 고도에 관계없이 속도를 유지하는 데 조속기를 사용한다.

(5) 슬립(Slip)

슬립이란 프로펠러의 기하학적 피치와 유효 피치의 차이로 정의한다(그림 8-7 참조). 평균 기하학적 피치(mean geometrical pitch)의 퍼센티지(%)로 표현된다. 슬립 함수(slip function)란 프로펠러 직경과 단위 시간당 회전수의 곱에 대한 공기 속을 통한 전진 속도의 비로 나타내어진다. 즉, 공식 V(nD)로서 여기서 V는 공기 속을 통한 속도이고 D는 프로펠러 직경이며 n은 단위 시간당 회전수이다. 만약 어떤 형태의 슬립도 없다면 그리고 프로펠러가 가상의 고체 물질을 통하여 움직인다면 기하학적 피치는 블레이드 반경 $\frac{3}{4}$지점에 있는 블레이드 요소가 프로펠러의 1회전(360°)으로 전진하는 거리를 계산한 것이다.

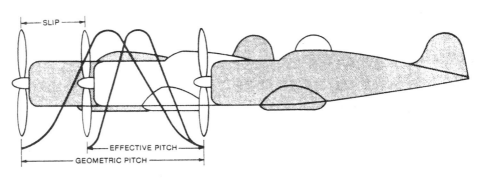

그림 8-17 Effective and geometric pitch

(6) 비행시 프로펠러에 작용하는 힘

비행시 프로펠러에 작용하는 힘은 다음과 같다.

(1) 추력(thrust) : 프로펠러에 미치는 전체 공기 힘의 분력(component)으로서 전진 방향에 평행이며 프로펠러에 굽힘 응력(bending stress)을 유발한다.

(2) 원심력(centrifugal) : 프로펠러 회전에 의하여 생기며 블레이드를 허브 중앙으로부터 밖으로 던지는 경향이 있어서 인장 응력(tensile stresses)을 유발한다.

(3) 비틀림 또는 비트는 힘(torsion, or twisting force) : 블레이드 자체에서 공기 합성력이 프로펠러 중심 축을 통하여 가지 않기 때문에 비틀림 응력(torsional stress)이 생긴다.

(4) 고속에서 프로펠러가 받는 힘 : 그림 8-18에서는 고속 회전하는 프로펠러가 받는 5가지 힘의 형태를 보여준다.

　① 원심력(Centrifugal force) : 회전하는 프로펠러 블레이드가 허브로부터 바깥으로 나가

려는 물리적인 힘으로써 이러한 성향을 허브에서 저항하므로 블레이드는 약간 늘어난다 (그림 8-18A 참조).

② 토크 굽힘력(Torque bending force) : 공기 저항의 형태로서 회전 방향의 반대 방향으로 프로펠러 블레이드를 굽히려는 힘이다(그림 8-18B 참조).

③ 추력 굽힘력(Thrust bending force) : 항공기가 공기를 통하여 당겨짐(pulled)에 따라 프로펠러 블레이드가 앞으로 구부러지려는 경향의 추력 하중을 말한다. 굽힘력은 공기 저항에 의하여 생기는 항력과 같은 요인에 의해서도 발생하지만 추력에 의해 생긴 굽힘 응력에 비하면 별로 중요하지 않다(그림 8-18)

④ 공기 역학적 비틀림 힘(Aerodynamic twisting force) : 고블레이드 각으로 블레이드를 회전하려는 힘이다(그림 8-18C 참조).

⑤ 원심력적 비틀림(Centrifugal twisting force) : 블레이드를 저블레이드 각으로 향하려는 힘으로 공기 역학적 비틀림 힘보다 크다. 어떤 프로펠러 조종 장치에서는, 비행시 프로펠러 효율을 더 좋게 하는데 필요한 각도를 얻으려고 할 때, 블레이드를 더 낮을 각도로 돌리기 위하여 이러한 원심적 비틀림 힘을 이용한다. 비틀림 힘(공기 역학적과 원심적 비틀림 힘)은 rpm의 제곱으로 증가한다. 예를 들면, 프로펠러 rpm이 2배가되면 비틀림 힘은 4배가 된다.

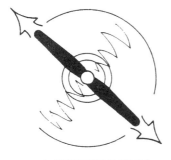

A. CENTRIFUGAL FORCE

B. TORQUE BENDING FORCE

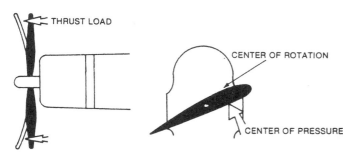

C. THRUST BENDING FORCE   D. AERODYNAMIC TWISTING FORCE   E. CENTRIFUGAL TWISTING FORCE

그림 8-18 Forces acting on a rotating propeller

(7) 팁 속도(Tip speed)

프로펠러 블레이드 팁이 음속의 속도로 가까우면 진동(flutter or vibration)을 발생시키며 과도한 응력에 원인이 된다. 이 조건은 저속으로 작동하거나, 블레이드 형상(profile)을 바꾸지 않고도 프로펠러 직경을 축소시킴으로써 개선할 수 있다.

팁 속도는 둘 또는 세 개의 블레이드를 가진 고성능 항공기 프로펠러의 효율을 결정하는 데 중요한 요인이 된다. 팁 속도를 낮게 유지하는 것이 중요하다는 것이 경험에 의해 밝혀졌다. 음속은 표준 해면 압력과 온도에서 약 1116.4ft/s(340.28m/s)이며 온도와 고도에 따라 달라진다. 해면에서의 음속은 일반적으로 약 1120ft/s이지만 고도가 1000ft(304.80m)씩 증가할 때마다 약 5ft/s(152.4cm/s)씩 감소한다. 둘 또는 세 개의 블레이드를 가진 고성능 항공기 프로펠러의 효율은 음속에 대한 팁 속도의 비율로 나타낼 수 있다. 예를 들면 해면에서 팁 속도가 900ft/h(274.32m/s)일 때 최대 효율은 약 86%이지만, 팁 속도가 1200ft/s(365.76m/s)가 되면 최대 효율은 약 72% 밖에 되지 않는다.

팁 속도를 음속보다 낮게 하기 위하여 프로펠러를 저속으로 회전시킬 수 있도록 엔진에 감속 기어 장치를 할 필요가 있다. 예를 들면 엔진의 기어비가 3 : 2라면 프로펠러는 엔진 속도의 $\frac{2}{3}$속도로 회전하게 된다. 프로펠러가 저속으로 회전하면, 블레이드의 에어포일 단면은 저속으로 공기와 부딪치므로 감속 기어로 구동되는 프로펠러로는 직접 구동 프로펠러만큼 많은 일을 하지 못한다. 이 경우에 직경이 더 큰 블레이드 또는 추가 블레이드를 사용함으로써 블레이드 영역을 증가시킬 필요가 있다.

(8) 회전 속도 대 전진 속도비(Ratio of Forward Velocity to Rotational Velocity)

프로펠러의 효율도 프로펠러 회전 속도에 대한 항공기의 전진 속도의 비율에 영향을 받는다. 이 비율은 V/(nD)(슬립함수)로서 양적으로 표현될 수 있는데 여기서 V는 항공기 전진 속도(ft/h)이고, n은 초당 프로펠러 회전수이며, D는 프로펠러의 직경(ft)이다.

고정 피치 프로펠러는 항공기의 특정 전지 속도에서 최대 효율을 낼 수 잇도록 설계되어 있는데, 항공기 전진 속도는 보통 수평 비행시의 순항 속도이다. V/(nD)가 다른 값을 갖는 비행 조건에서 프로펠러 효율은 감소한다.

(9) 프로펠러 부하(Propeller Load)

주어진(given) 속도로 구동되는 프로펠러는 특정한 동력 또는 출력(power)을 흡수하게 된다. 프로펠러를 구동시키는 데는 저속에서보다 고속에서 더 많은 동력을 필요로 한다. 사실 프로펠러 구동에 필요한 동력은 rpm^3으로 변한다. 이것은 다음과 같은 공식으로 표현한다.

$$HP = K \times \text{rpm}^3$$

여기서 K는 상수로서 프로펠러 형태, 크기, 피치, 블레이드 수에 의해 결정된다. 같은 원리로 표현할 수 있는 또 하나의 공식은

$$\text{HP}_2\,[\text{W}_2] = \text{HP}_1\,[\text{W}_1]\left\{\frac{\text{rpm}_2}{\text{rpm}_1}\right\}^3 \text{ 이다.}$$

주어진 속도에서 프로펠러를 구동하는 데 필요한 동력은 그 속도의 ½속도로 구동하는 데 필요한 동력보다 8배나 더 많이 필요하다. 프로펠러 속도가 3배가되면, 원래 속도에서보다 27배의 동력이 더 필요하게 되는 것이다.

프로펠러 부하 곡선(propeller load curve)은 그림 8-19에서 보는 바와 같이 특정한 고정 피치 프로펠러를 장비한 엔진이 전 드로틀(full throttle)로 작동될 때 rpm 변화에 따른 다기관 압력(MAP) 출력(power output), 제동 연료 소모율(bsfc)을 보여 주고 있다. 도표의 상부 곡선에서 보면, 전 드로틀일 때 rpm이 증가함에 따라 MAP가 감소하는 것을 볼 수 있다.

도표의 상부 곡선인 프로펠러 부하(prop load) 곡선에서는, 프로펠러가 다기관 압력 20inHg에서는 1950rpm, 22inHg에서는 2200rpm, 27.8inHg에서는 2600rpm으로 회전한다는 것을 알 수 있다. 이것은 부하 곡선이 이 rpm에서 다기관 압력 곡선과 만나는 곳이기 때문에 이 프로펠러의 최대 가능 출력인 것이다.

도표의 중간 곡선에서, 엔진 출력은 rpm의 증가에 따라 증가함을 알 수 있다. 이 증가는 rpm 증

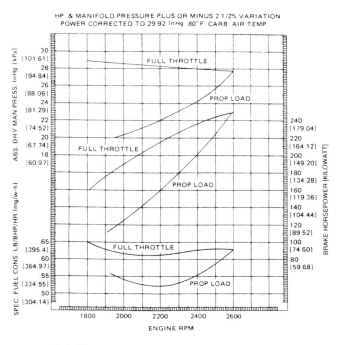

그림 8-19 Propeller load curves

가에 따라 발생하는 다기관 압력의 감소 때문에 비례하지는 않는다. 또한 프로펠러 부하 곡선에서, 프로펠러는 142HP로는 2100rpm, 202HP로는 2400rpm, 248HP로는 2600rpm으로 구동될 수 있다는 것을 알 수 있다. 달리 말하면 프로펠러는 2600rpm에서 248HP을 흡수한다고 할 수 있다.

도표의 아래 곡선에서는 rpm와 프로펠러 부하의 여러 조건하에서 연료 소모율을 나타낸다. 프로펠러가 160HP을 흡수할 때 약 2200rpm에서 최적의 연료 소모가 됨을 볼 수 있다. 이 점의 bsfc는 약 0.52lb/HP/h(0.316kg/KW/h)가 된다. 만일 엔진이 2200rpm으로 전 드로틀에서 작동된다면 bsfc는 약 0.61lb/HP/h(0.371kg/KW/h)가 될 것이다.

(10) 프로펠러 효율(Propeller Efficiency)

프로펠러의 후류(slipstream)나 소음 발생으로 인하여 일(work)이 감소한다. 이 감소된 일은 프로펠러를 회전시키는 데 필요한 마력으로 전환될 수 없다. 팁 속도가 프로펠러의 효율에 미치는 영향은 이미 검토하였다. 가장 이상적인 조건하에서 실제로 얻을 수 있는 프로펠러의 최대 효율은 단 92%에 지나지 않는다. 이러한 효율을 얻기 위하여는 프로펠러 팁 근처에 얇은 에어포일 단면을 사용하고 전연과 후연(leading and trailing edge)을 아주 날카롭게 할 필요가 있다. 그러나 이런 얇은 에어포일 단면은 블레이드에 손상을 입힐 만한 돌, 자갈, 또는 유사한 물질이 조금이라도 있는 곳에서는 실용적이지 못하다.

추력 마력(thrust horsepower)이란 프로펠러에서 추력으로 전환되는 실제 마력량을 말한다. 이것은 엔진에 의해 발생되는 제동 마력(brake horsepower)보다 적은데 이는 프로펠러의 효율이 100%가 되지 않기 때문이다.

프로펠러에 대한 연구에서 추력과 토크(thrust and torque) 두 가지 요인이 고려되어야 한다. 추력(thrust force)은 프로펠러 회전면에 수직으로 작용하고 토크는 평행으로 작용한다. 추력이 토크 마력보다 적다. 프로펠러 효율은 토크 마력의 비로소 나타낸다.

$$프로펠러\ 효율 = \frac{추력\ 마력}{토크\ 마력}$$

(11) 페더링(Feathering)

페더링이란 프로펠러의 회전을 멈춰서 항력을 줄일 목적으로 바람에 의한 저항을 받지 않도록 프로펠러 블레이드를 회전시키는 것을 말한다. 모든 프로펠러가 패더될 수 있는 것은 아니다. 페더링은 비행 중 엔진이 고장 났거나 엔진을 정지해야 할 경우에 필요하다. 페더된 블레이드는 전면과 후면의 공기 압력이 같아져서, 프로펠러는 회전을 멈추게 된다. 만일 엔진 정지시에도 페더되지 않는다면 프로펠러가 '풍차'(windmill)가 되어 항력이 생기게 된다.

프로펠러를 페더함으로써 얻는 또 다른 장점은 항공기 날개와 미익에 공기 흐름의 저항(항력)과 교란을 적게 한다는 것이다. 더욱이 내부 파손으로 고장이 났을 경우 엔진에 추가 손상을 방지해 주고 항공기 구조를 손상시킬 수 있는 진동(vibration)을 제거해 준다.

다발 항공기(multi-Engine airplane)에는 프로펠러 페더링이 매우 중요하다. 그러한 경우 프로펠러가 페더될 수 없다면 엔진은 과속되어 큰 엔진 손상을 초래하게 된다. 엔진 윤활 계통이 과속 때문에 고장을 일으키고 이로 인하여 엔진이 타게 된다. 그로 인한 열기가 엔진에 화재를 일으켜 항공기 자체가 파괴되는 수도 있다. 엔진을 과속하게 되면 프로펠러의 블레이드 한쪽이 떨어져 나갈 수도 있어서 불균형 상태를 가져와 엔진이 비틀어질 수도 있다. 이러한 엔진으로 인해 항공기 추락 사고를 일으킨 경우가 많다.

요약하면, 엔진 고장시 프로펠러 페더링의 장점은 항력을 줄여줄 뿐 아니라 잔여 엔진 성능, 속도, 고도, 동력 장치 조정을 더 좋게 한다. 그럼으로써 비상 착륙 지점까지 안전하게 비행할 수 있는 것이다.

(12) 역추력(Reverse Trust)

프로펠러의 역추력이란 보통 프로펠러에 의해 발생하는 전진 추력의 반대 방향으로 작용하는 추력으로서 부(negative)의 블레이드 각으로 프로펠러를 회전시킨다. 이 특징은 착륙 활주 거리를 단축시켜 필요 제동량을 줄여줌으로써 제동 장치와 타이어의 수명을 증가시켜, 다발 항공기 취급에 도움을 준다.

역추력은 4발 엔진 운송형 항공기 착륙시 거의 모든 경우에 사용된다. 이것은 왕복 엔진뿐만 아니라 터보 프롭 엔진에도 적용된다.

8-4 프로펠러 조종기 및 계기

조종실에서 프로펠러 조종기는 일반적으로 조종사와 부조종사 좌석 사이에 있는 중앙 받침대(pedestal)에 있다. 조종사에서 앞쪽을 볼 때 드로틀은 왼쪽에 있고, 드로틀 오른쪽에는 프로펠러 조종기가 있다(그림 8-20 참조). 프로펠러 조종기를 전진(forward)시키면 rpm은 증가하고 후진(aft)시키면 rpm은 감소한다. 조종실 프로펠러 조종기는 청색이며 모양은 그림 8-20과 같다.

프로펠러 조종 맞춤과 관련된 조종실 계기는 타코미터(tachometer)와 MAP 계기이다. 다기관 압력(MAP) 계기는 흡입 다기관의 절대 압력을 측정하는 것이고 타코미터는 엔진 크랭크 축의 rpm을 지시하는 것이다. 또한 정속 프로펠러와 항공기는 상승과 순항 중 엔진 출력을 정확히 맞추기 위해 MAP 계기를 사용한다.

MAP 계기와 타코미터의 정상 작동 범위는 녹색으로 표시되고, 이륙이나 경고 범위는 황색으로 표시되며, 임계 진동(critical vibration) 범위는 적색으로 표시되며, 최대 작동 한계는 적색 방사 상선(radial line)으로 표시된다(그림 8-20 참조).

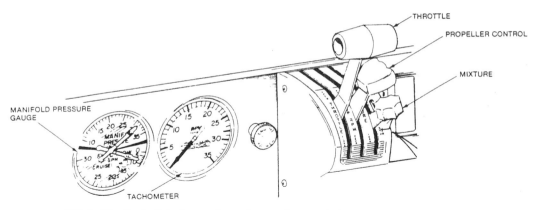

그림 8-20 Cockpit instruments and propeller control

8-5 프로펠러 간격

프로펠러와 지면, 수면 및 항공기 구조 사이에는 최소한의 간격이 유지되어야 한다. 이러한 간격은 극한 작동 조건에서의 손상을 방지하고 프로펠러 작동과 효율에 공기 역학적 간섭을 줄이기 위해 필요하다. 최소 간격은 FAR(Federal Aviation Regulation)에 규정되어 있다.

(1) 지면 간격(Ground effect)

삼륜(tricycle) 랜딩기어 항공기는 유도(taxing)와 이륙시에 프로펠러 팁과 지면과의 최소 간격은 7″(17.78cm)는 되어야 한다, 후미(tail-wheel) 랜딩기어 항공기는 같은 조건에서 최소 간격이 9″는 되어야 하는데 이는 프로펠러 팁이 작동중 지상과 가장 가까워지는 지점이기 때문이다.

(2) 수면 간격(Water Clearance)

수상 항공기 또는 수륙 양용(amphibious) 항공기는 FAR 25.239 규정에 부응하지 않는다면 프로펠러 팁과 수면 사이의 간격은 적어도 18″(45.72cm)는 되어야 한다.

(3) 구조적 간격(Structural Clearance)

프로펠러 블레이드 팁은 동체 또는 항공기 구조물의 다른 부분과 방사상 간격이 적어도 1″(2.54cm)는 되어야 한다, 이것으로 진동을 피하기에 충분치 않은 때는 좀더 간격을 넓혀야 한다.

프로펠러 블레이드 또는 커프(cuff)의 세로(longitudinal) 간격(전·후)은 항공기의 프로펠러 부품과 고정(stationary) 부품 사이가 적어도 $\frac{1}{2}$in(12.70mm)이어야 한다. 이 간격은 페더된 프로펠러 블레이드 또는 가장 임계한 피치 형상 때문이다. 항공기의 블레이드 또는 커프와 고정 부품 이외에도 프로펠러의 스피너(spinner) 또는 회전 부품 사이의 간격도 있어야 한다. 이 경우에 있어서 항공기의 고정 부품이란 엔진 카울링(cowling) 또는 카울링과 스피너 사이의 부품을 말한다.

:::: 8-6 프로펠러의 일반적인 분류

(1) 트랙터 프로펠러(Tractor Propeller)

트랙터 프로펠러는 엔진 구조의 앞쪽에 장착되어 있는 것으로서 대부분의 항공기는 이런 형(위치)의 프로펠러를 장비하고 있다. 이 트랙터 프로펠러의 장점은 비교적 교란되지 않는 공기 속에서 회전하기 때문에 프로펠러에 응력이 비교적 적게 생긴다는 것이다.

(2) 푸셔 프로펠러(Pusher Propeller)

푸셔 프로펠러는 엔진 뒤쪽에 장착되어 있는 프로펠러이다. 수상 항공기나 수륙 양용 항공기는 다른 종류의 항공기에서보다 더 큰 비율의 푸셔 프로펠러를 사용한다.

육상 항공기의 프로펠러와 지면 사이의 간격은 수상 항공기에서의 프로펠러와 수면 사이의 간격보다 적다. 푸셔 프로펠러가 트랙터 프로펠러보다 손상이 더 많다. 돌, 자갈, 작은 물질들이 바퀴에 의해 푸셔 프로펠러 속으로 들어갈 수 있다. 푸셔 프로펠러를 갖춘 수상 비행기는 착륙이나 이륙시 선체(hull)에 의한 수면 물 분사로 인해 프로펠러 손상을 가져오기 쉽다. 따라서 푸셔 프로펠러는 이러한 손상을 방지하기 위하여 날개 위와 뒤에 장착된다.

(3) 프로펠러의 형식(Type of Propeller)

프로펠러 설계시 엔지니어들은 이륙, 상승, 순항, 고속과 같은 모든 작동 조건하에서 엔진 마력으로부터 항공기의 최대 성능을 얻을 수 있도록 설계한다. 프로펠러의 형식에는 다음과 같은 6가지 일반적인 형식이 있다.

1) 고정 피치(Fixed Pitch) : 고정 피치 프로펠러는 한 조각으로 만들어지며 블레이드를 구부리거나 다시 만들지 않는 한 피치 맞춤만 가능하다.

고정 피치 프로펠러는 보통 2개의 블레이드로 되어 있으며 목재, 알루미늄, 합금, 강철로 만들어지고 소형 항공기에 널리 사용된다.

2) 지상 조정(Ground-Adjustable) : 지상 조정 프로펠러의 피치 맞춤은 엔진이 작동하지 않을 때 지상에서 공구로서만 조정할 수 있다. 이러한 구식 프로펠러는 보통 분할 허브(split hub)를 갖는다. 피치 조정을 할 때 엔진으로부터 지상 조정 프로펠러를 장탈 해야 하는 것도 있지만 장탈 하지 않는 것도 있다.

3) 가변 피치(Controllable Pitch) : 조종사는 기계적으로, 유압식으로 또는 전기적으로 작동되는 피치 변경 장치로 비행 중 또는 지상에서 엔진 작동 중에 가변 피치 프로펠러의 피치를 바꿀 수 있다. 피치 조종은 고·저 피치로 어느 위치든지 조정 가능하다.

4) 두 지점 피치(Two-Position Pitch) : 이 형식의 프로펠러는 작동 중에 블레이드 각을 미리 맞추어 놓을 저각도 또는 고각도로 조정할 수 있다. 저각도 맞춤은 이륙과 상승에 사용되며

순항 시에는 고각도 맞춤으로 바꾼다. 이러한 구식 프로펠러에서는 고각도이든 저각도이든 하나만 선택할 수 있다.

5) 정속(Constant Speed Pitch) : 정속 프로펠러는 조속기(governor)에 의하여 조종되는 유압식 혹은 전기식 피치 변환 장치를 이용한다.

조속기의 맞춤은 조종실에서 조종사가 프로펠러 rpm 레버로 조정한다. 작동중 정속 프로펠러는 일정한 엔진 속도를 유지하기 위해 블레이드 각을 자동적으로 변화시킨다.

직선 수평 비행(Straight and Level Flight)에서는 엔진 출력이 증가하면 추가 출력을 프로펠러가 흡수하여 rpm이 일정하게 유지되도록 블레이드 각이 증가한다. 조종사는 특정 작동 상태에 필요한 엔진 속도를 선택할 수 있다.

6) 자동 피치(Automatic Pitch) : 자동 피치 프로펠러는 블레이드에 작용하는 공기 역학적 힘의 결과로서 블레이드 각은 정해진 범위 내에서 자동으로 변한다. 조종사는 블레이드 각 변화를 조정할 수 없으며 이런 형식의 프로펠러는 널리 사용되지 않는다.

(4) 페더링 프로펠러(Feathering Propeller)

페더링 프로펠러는 동력 정지(power-off)시 항공기의 전진 움직임으로 인한 풍차 효과를 최소로 하기 위하여 피치를 변화시키는 가변 피치 프로펠러(controllable-pitch Propeller)이다. 이것은 엔진 고장 시에 프로펠러 항력을 최소로 줄이기 위해 다발 항공기에 사용되고 있다.

(5) 역피치 프로펠러(Reverse-Pitch Propeller)

역피치 프로펠러는 가변 피치 프로펠러로 작동 중에 블레이드 각을 부의 값(negative)으로 바꿀 수 있다. 그 목적은 엔진 동력을 이용하여 저속에서 높은 역추력을 내기 위한 것이다. 이것은 주로 착륙 후 착륙 거리(Ground roll)를 줄이기 위해 공기 역학적 제동장치로 사용된다. 실제로 모든 페더링 및 역피치 프로펠러는 정속 프로펠러이지만 정속 프로펠러라고 해서 모두 페더링 및 역피치 프로펠러는 아니다.

8-7 고정 피치 프로펠러

(1) 목재 프로펠러(Wood Propeller)

초기 항공기의 모든 프로펠러는 목재로 만들었다. 그러나 더 높은 마력을 내는 엔진의 개발로 인해 더 강하고 더 내구성이 있는 재질을 채택할 필요가 생겼으므로 현재는 모든 형의 항공기 프로펠러 제작에 금속이 가장 널리 사용되고 있다. 플라스틱으로 만든 것도 있고 특별 처리된 목재판(laminations) 그리고 플라스틱을 입힌 목재판으로 만든 것도 있다. 그러나 비용 문제를 고려하지 않는다면 금속 프로펠러가 가장 만족스럽다.

목재 프로펠러 제작에서 제일 중요한 것은 목재의 품질과 형태를 올바로 선택하는 것이다. 특히 원목으로부터 프로펠러 판(laminae)을 자르고 건조시키는 것이 중요하다. 목재 프로펠러는 하나의 고체 덩어리(block)로 자르는 것이 아니고 세심하게 선택하여 잘 말린 나무의 단층을 여러 겹 겹쳐 만드는 것이다(그림 8-21 참조).

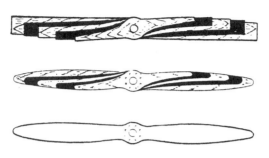

그림 8-21 Construction of a typical wood propeller

프로펠러의 제작에 이용되는 나무는 여러 가지가 있지만 가장 만족스러운 것으로는 자작나무 (birch), 단풍나무(sugar maple), 벗나무(black cherry), 호두나무(black walnut)이다. 어떤 경우 에는 두 가지 다른 나무 층을 겹쳐 사용하여 뒤틀림(warpage)을 줄이는 경우도 있다. 그러나 이것 은 같은 나무로 사용해도 프로펠러의 휘는 경향을 효과적으로 줄일 수 있으므로 반드시 필요한 것 은 아니다.

프로펠러에 쓰이는 나무의 결이 나선형이거나 대각선의 결이면 그 경사도가 층의 세로 축으로부 터 측정했을 때 1/10 미만이어야 한다. 프로펠러의 재목으로는 흠집, 갈라짐, 구멍, 옹이(knots), 부패 같은 것이 없는 것이어야 하며 수액 얼룩(Sap Stain)도 있어서는 안 된다. 이와 같이 고급 목 재를 선택하는 것은 모든 나무에서 나타나는 내부 변형의 영향을 줄이기 위한 것이므로 대단히 중 요하다.

그림 8-21에서 보면, 얇은 나무판으로 미리 모양을 만들어서 여러 겹으로 겹쳐 고품질의 접착제 로 붙인다. 여기에 일정 시간동안 온도와 압력을 주어 완전히 접착이 되면 프로펠러는 설계 명세에 맞게 형판(template)과 각도기(protractor)를 사용하여 최종 형태를 이루게 된다. 프로펠러가 형태 를 이루면 팁을 습기로부터 보호하고, 균열을 줄이기 위해 각 블레이드 팁을 천(fabric)으로 싸는데 그 천은 완전 방수이어야 한다.

끝으로 이륙과 유도(taxing) 중 작은 돌, 모 래, 기타 물질 때문에 생기는 손상을 줄이기 위 해 전연(leading edge)과 각 블레이드 팁에 얇은 황동으로 보호막을 만든다(그림 8-22 참조).

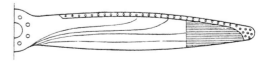

그림 8-22 Metal-tipped propeller blade

허브의 중심 보어(bore)와 볼트를 끼우는 구멍은 아주 정확한 치수로 뚫어야 하는데 이는 프로펠러 장착시 좋은 균형을 이루는 데 중요하다. 허브 어셈블리는 장착된 볼트와 전면판(faceplate) 설치를 쉽게 하기 위해 허브 보어를 통해 끼우도록 되어 있다. 허브 어셈블리는 그림 8-23과 같다.

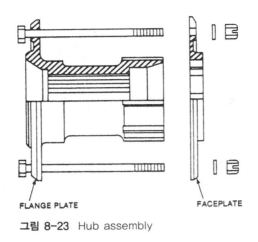

FLANGE PLATE   FACEPLATE

그림 8-23 Hub assembly

(2) 금속 프로펠러(Metal Propeller)

고정 피치 프로펠러는 보통 단봉(Single bar)의 알루미늄 합금을 필요한 모양으로 단조(forging)하여 제작된다. 전형적인 금속 프로펠러는 그림 8-24에서 보여주는 McCauley Met-L-Prop이다. 이 프로펠러에는 강철 허브 설치를 위한 중심 보어가 있거나 또는 여러 다른 형태를 설치할 수 있도록 어댑터(adapter)가 있다. 6개의 허브 볼트 구멍은 엔진 크랭크 축 플랜지(flange)에 맞게 뚫려 있다. 프로펠러는 부식 방지를 위하여 산화 피막(anodizing)이 되어 있다. 프로펠러 허브나 블레이드 버트에는 제작자명, 모델명, 일련 번호, 형식 증명 번호(type certificate number), 생산 증명 번호와 같은 정보가 주어져야 한다.

그림 8-24 McCauley Met-L-Prop

단일 조각으로 된 고정 피치 프로펠러의 장점은 다음과 같다.

(1) 정비가 간편하다.

(2) 내구성이 있다.

(3) 기후에 저항력이 있다.

(4) 가볍다.

(5) 항력이 적다.

(6) 최소한의 서비스만 요구된다.

8-8 지상 조정 프로펠러

지상 조정 프로펠러(Ground-Adjustable Propeller)는 항공기가 지상에 있을 때 블레이드 각에 변화를 줄 수 있도록 설계되어 있다. 다른 비행 조건하에서 가장 효과적인 작동을 할 수 있도록 프로펠러를 조정하는 것이다.

만일 항공기가 최고 상승률로 상승해야 한다면 엔진이 최고 속고도 회전하여 최대 출력을 낼 수 있도록 프로펠러 블레이드를 비교적 낮은 각도로 맞추어야 한다. 어떤 경우든 프로펠러 블레이드는 엔진 과속을 허용하는 블레이드 각에 맞추어져서는 안 된다. 고고도에서 순항 속도로 엔진이 효율적으로 작동해야 한다면 블레이드 각을 증가시켜야 한다.

지상 조정 프로펠러는 블레이드를 목재나 금속으로 만들 수 있으며 허브는 보통 블레이드를 고정시키는 클램프 또는 대형 너트(nut)를 갖는 두 조각의 강철 구조이다. 지상 조절 프로펠러의 블레이드 각을 바꾸려면 클램프(clamp)나 블레이드 너트를 풀어 프로펠러 각도기 표시에 따른 원하는 각도로 돌리면 된다. 허브에 표시되어 있는 각도는 블레이드 조정을 위해서는 그리 정확한 것이 안 되므로 주로 점검 목적으로만 사용한다.

8-9 가변 피치 프로펠러

가변 피치 프로펠러(Controllable-Pitch Propeller)는 항공기가 비행하는 동안 블레이드 각을 바꿀 수 있는 것이다. 가변 피치(Controllable-Pitch)의 장점은 항공기 엔진으로부터 최상의 성능을 얻기 위하여 조종사가 의도한 대로 프로펠러 블레이드 각을 바꿀 수 있게 한 것이다.

이륙시 최대 허용 rpm과 출력을 얻을 수 있도록 블레이드 각을 낮게 맞추고 이륙 직후에는 약간 각도를 늘려서 엔진 과속을 방지하고 엔진 rpm과 항공기 속도의 최상 상승 조건을 만든다. 항공기가 순항 고도에 이르면, 프로펠러를 순항 rpm을 낮게 하여 비교적 고피치로 조정하거나 또는 저피치로 하여 순항 rpm을 높이고 속도를 크게 조정할 수 있다.

8-10 두 지점 프로펠러

두 지점 프로펠러(Two-Position Propeller)는 8-9에서 언급된 장점 모두를 갖고 있지는 않지만 최상의 이륙과 상승(저피치, 고 rpm) 및 최상의 순항(고피치, 저 rpm)을 위한 블레이드 각을 맞출 수가 있다.

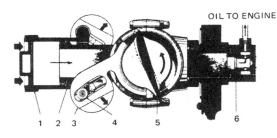

OIL TO ENGINE

1. Propeller cylinder
2. Propeller piston
3. Propeller counterweight
   and bracket
4. Propeller counterweight
   shaft and bearing
5. Propeller bland
6. Engine propeller shaft

1 2 3 　　4 　　5 　　　　6

그림 8-25 Drawing of a two-position propeller pitch changing mechanism

이 프로펠러의 피치 변경 장치에 관한 것은 그림 8-25에서 보여주고 있다. 이 어셈블리의 주요 부분은 허브 어셈블리, 평형 추(counterweight) 및 브래킷(braket) 어셈블리, 그리고 실린더와 피스톤 어셈블리이다.

블레이드 각은 엔진 오일이 실린더로 들어가 실린더를 전진시킬 때 실린더와 피스톤 어셈블리 작용에 의해서 감소된다.

실린더는 실린더 베이스에 장착된 부싱(bushing)과 평형 추 브래킷의 홈(slot)에 있는 승차(riding)에 의해 블레이드와 연결되어 있다. 실린더가 바깥쪽으로 움직임에 따라 브래킷은 안쪽으로 회전하고 브래킷이 블레이드의 근저(base)에 부착되어 있기 때문에 블레이드는 저 각도로 회전한다. 실린더에서 세 방향 밸브(three-way valve)에 의하여 오일이 나오면, 평형 추에 작용하는 원심력으로 인하여 평형 추가 바깥쪽으로 움직이고 블레이드가 고각도로 회전한다. 동시에 실린더는 프로펠러의 허브 쪽으로 당겨진다.

프로펠러의 기본적인 고피치 각도는 4개의 블레이드 부싱 인덱스 핀(Four-blade-bushing index Pins)에 의하여 맞추어진다.

평형 추 형식 프로펠러도 프로펠러 조속기(governor)에 의해 조종되는 정속 프로펠러로 설계될 수 있다. 이 경우 조속기는 엔진 rpm에 따라 프로펠러 실린더로 오일 흐름을 조종한다. 조속기는 조종실에서 조종기에 의해 원하는 엔진 rpm으로 조정된다.

⋮⋮ 8-11 정속 프로펠러

정속 프로펠러(constant-speed propeller)는 선택된(selected) 엔진 속도를 유지하기 위해 프로펠러 피치를 자동으로 조정하는 속도 조속기(speed governor)에 의해 조종된다. 프로펠러의 rpm이 증가하면 조속기는 그 증가를 감지하고 프로펠러 블레이드 각을 증가하도록 반응한다. 또한 프로펠러 rpm이 감소하면 조속기는 프로펠러 블레이드 각을 감소시킨다. 블레이드 각이 증가하면 rpm이 감소하게 되고 블레이드 각이 감소하면 엔진 rpm이 증가하게 된다.

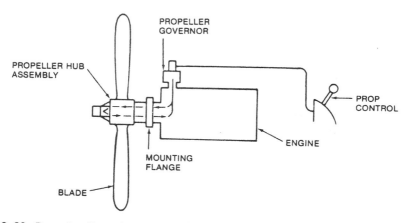

그림 8-26 Propeller Control Mechanism(oil flow to and from engine) (Hartzell Propellers)

정속 프로펠러의 피치 변경 장치는 전기 모터, 유압 실린더, 플라이 웨이트(fly weight)에 작용하는 원심력 또는 이들 방법의 결합으로 되어 있다. 정속 프로펠러에서 블레이드 각 변경에 사용되는 힘은 고정과 가변으로 나눌 수 있다.

프로펠러 블레이드를 움직이는 데 사용되는 고정 힘(Fixed force)은 평형 추, 스프링, 원심 비틀림 모멘트(centrifugal twisting moment : CTM) 및 공기 질소 충전(air nitrogen charge)이다. CTM을 제외한 이들 모두는 블레이드 각을 증가시킨다. 가변힘(variable force)은 조속기 오일 압력으로 프로펠러 조속기의 속도 감지 부분에 의해 계량(meter)된다. 이 작용은 그림 8-26과 같다.

(1) 작동 원리(Principles of Operation)

프로펠러의 블레이드 각 변화는 조속기에 의해 승압된 오일 압력과 저 피치 각도를 유지시키는 프로펠러 블레이드 고유의 원심력 사이의 균형에 따라 달라진다. 그 균형의 차이는 조속기에 의해 유지되는데, 조속기는 정속 작동을 위한 프로펠러 블레이드 각을 유지하는 데 필요한 양의 오일을 프로펠러 실린더에 공급하거나 도는 실린더로부터 배출하게 한다.

조속기는 그림 8-27에서 보는 바와 같다. 조속기 내에서 L자형 플라이 웨이트는 속이 빈(hollow) 구동 기어 축을 통해 엔진 기어와 연결된 디스크형 플라이 웨이트 헤드(head)에 피벗(pivoted)되어 있다.

파일럿 밸브 플런저(pilot-valve plunger)는 속이 빈 축까지 연장되어 있으며 플라이 웨이트의 회전 운동은 스피더 스프링(speeder spring) 압력에 대해 플런저를 올리거나 스프링 압력으로 플런저를 아래로 내릴 수 있도록 장착되어 있다.

플런저에 의해 정해지는 위치는 조속기에서 프로펠러로 흐르는 오일의 흐름을 결정한다. 조속기 오일은 엔진 크랭크에 있는 이송 링(transfer ring)으로 가서 프로펠러 허브에 있는 피스톤 실린더의 뒤쪽으로 오일을 전달해 주는 크랭크 축 튜브로 간다.

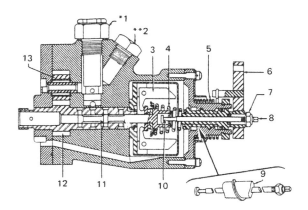

1. Differential-pressure-
   relief valve
2. High-pressure-relief
   valve
3. Flyweights
4. Speeder spring
5. Control-lever spring
6. Speed-adjusting control
   lever
7. Locknut
8. Lift-rod adjustment
9. Speed-adjusting worm
10. Pilot-valve lift rod
11. Pilot valve
12. Governor-pump drive
    gear
13. Governor-pump idler
    gear

그림 8-27 Woodward propeller governor

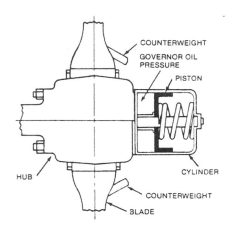

그림 8-28 Typical constant speed propeller operation (Hartzell Propellers)

피스톤의 직선 운동은 블레이드의 회전 운동으로 변화된다. 프로펠러 블레이드의 원심 비틀림 힘이 프로펠러 피스톤에 전달되기 때문에 조속기에 의해 승압된 오일 압력으로 엔진 rpm을 변경시키기 위하여는 이 힘을 극복하여야 한다. 피스톤의 전진 운동은 피치를 증가시키고 엔진 rpm을 감소시키지만 피스톤 후진 운동은 피스톤을 감소시키고 엔진 rpm을 증가시킨다. 피치 변경 장치는 그림 8-28에서 보는 바와 같다.

조속기의 오일 압력이 피스톤의 뒤로 실린더에 들어갈 때 피스톤은 전진한다. 이 운동이 피스톤 축을 통해 각 블레이드의 버트(butt)에 장착되어 있는 각 작동기 부싱(actuator bushing)으로 전달되어 부싱이 전진할 때 블레이드를 회전시킨다.

비행시 프로펠러 작동 중 조속기 플라이 웨이트는 엔진 rpm에 반작용한다. 엔진이 선택된 rpm 보다 더 빨리 회전하면 플라이 웨이트가 바깥쪽으로 움직여서 조속기 내의 파일럿 밸브(pilot-valve)를 위쪽으로 또는 조속기 헤드(governor)를 앞쪽으로 움직이게 한다.

이러한 과속 상태(overspeed head)는 그림 8-29와 같다. 이 밸브 위치에서 조속기 펌퍼로부터 의 오일 압력은 프로펠러로 들어가서 프로펠러 피스톤을 앞쪽으로 움직여 블레이드 각을 증가시키고 rpm을 감소시킨다.

그림 8-30에서 보는 바와 같이 엔진이 정속도(on speed)에 있으면 조속기 플라이 웨이트가 중립에 놓이고 파일럿 밸브가 어느 방향으로도 움직이지 않도록 프로펠러 계통의 오일 압력을 막는다(seal). 오일 압력이 피스톤을 뒤로 움직이지 않게 방지해 주므로 블레이드 각이 감소할 수가 없다.

엔진 rpm이 선택된 속도 아래로 떨어지면(저속 상태(underspeed condition, 그림 8-31 참조) 조속기 플라이 웨이트는 안쪽으로 움직여 파일럿 밸브가 조속기의 근저(base)쪽으로 움직이게 한다. 파일럿 밸브가 이 위치에 있으면 프로펠러에서 엔진으로의 오일을 흐르게 하는 통로를 열어서 블레이드 각을 감소시키고 rpm을 증가시킨다. 전술한 바와 같이 블레이드 각은 비틀림 힘 때문에 감소하게 된다.

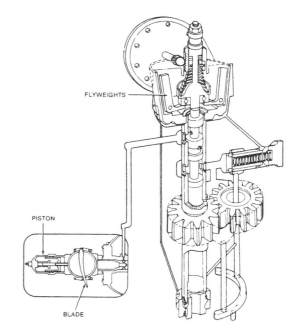

그림 8-29 Rpm above governor setting piston (Hertzell Propellers)

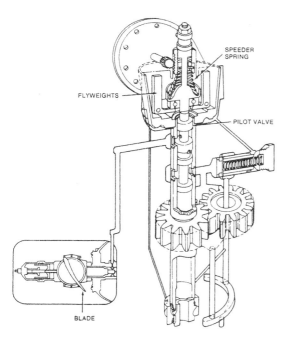

그림 8-30 Rpm equal to governor-setting fly-weights (Hertzell Propellers)

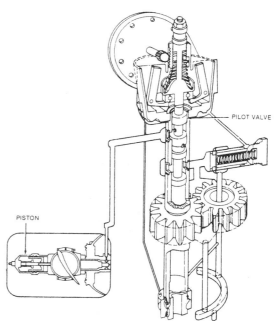

그림 8-31 Rpm below governor setting position

(2) 프로펠러 조속기(Propeller Governor)

프로펠러 조속기에 관해서는 정속 프로펠러의 작동에서 다루었으나 그림 8-32를 참조하면 조속기 작동을 좀 더 완전히 이해하는 데 유익할 것이다.

조속기는 엔진에 기어로 연결되어 있어서 항상 엔진 rpm을 감지하고 있다. 속도 감지는 조속기 몸체의 윗부분에 있는 플라이 웨이트를 회전시킴으로써 수행된다. 그림에서 보는 바와 같이 플라이 웨이트는 L자형이며 플라이 웨이트 헤드 바깥쪽에 힌지(hinge)되어 있다. 각 플라이 웨이트의 끝 (toe)은 파일럿 밸브 위쪽에서 베어링의 레이스(race)에 압력을 가한다. 그 베어링 위에는 스피더 스프링 시트(speeder spring seat)와 보통 아래쪽에 파일럿 밸브 플런저를 잡고 있는 스피더 스프링이 있다.

스피더 스프링 위에는 조정 나사(adjustable worm)가 있는데 이것은 속도 조정 레버에 의해 회전된다. 속도 조정 레버는 조종실의 프로펠러 조종기에 연결되어 있다. 속도 조정 레버가 움직일 때 조정 나사를 회전시켜 스피더 스프링의 압축력을 증가시키거나 감소하게 한다. 물론 이것은 파일럿 밸브 플런저를 움직이는 데 필요한 플라이 웨이트 힘의 양에 영향을 미친다.

엔진 rpm을 증가시키기 위해 속도 조절 조종 레버는 스피더 스프링 압축력을 증가시키는 적당한 방향으로 회전한다. 그러므로 파일럿 밸브 플런저를 정속(on speed) 위치로 올리는 데 추가 플라이 웨이트 힘을 적용시키기 위하여 엔진 rpm을 증가시킬 필요가 있다.

조속기가 과속 상태에 있을 때, 엔진 rpm은 조종기로 조종한 것보다 더 크고, 플라이 웨이트는 바깥쪽으로 압력이 생긴다. 플라이 웨이트의 끝(toe)은 프로펠러로부터의 오일 압력을 엔진으로 되돌아가게 하는 위치로 파일럿 밸브 플런저를 올린다. 이 때 프로펠러 평형 추와 페더링 스프링 (feathering spring)이 프로펠러 블레이드를 높은 각도로 회전시켜 엔진 rpm을 감소시키게 된다.

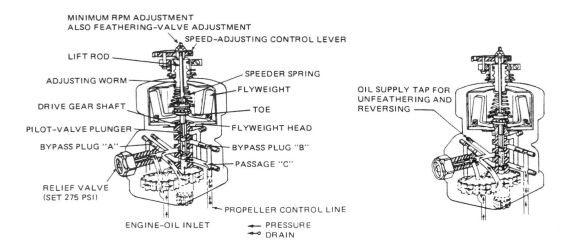

그림 8-32 Operation of the Wood ward propeller governor

조속기가 저속 상태에 있을 때, 즉 엔진 rpm이 선택한 수치보다 낮을 때, 조속기 플라이 웨이트는 스피더 스프링에 의해 안쪽으로 유지되고 파일럿 밸브 플런저는 아래 위치에 있게 된다. 밸브가 이 위치에 있으면 조속기 오일 압력이 조속기 기어 펌프로부터 프로펠러 실린더로 향하여 프로펠러 블레이드를 저피치 각도로 회전하게 한다. 따라서 저피치 각도는 엔진 rpm을 증가시킨다.

그림에서 보여주는 조속기에는 프로펠러의 페더링을 허용하는 리프트 로드(lift rod)가 있다. 조종실 조종기가 이동 한계까지 당겨지면(pull back) 조속기 내의 리프트 로드는 파일럿 밸브 플런저를 과속 위치로 유지시킨다. 이것은 플라이 웨이트 또는 스피더 스프링 힘과 관계없이 프로펠러 블레이드 각을 페더드(feathered) 위치까지 증가하게 한다.

스피더 스프링이 조속기 작동에 미치는 영향을 살펴보자. 스피더 스프링이 끊어지면 파일럿 밸브 플런저가 프로펠러 피치를 증가시키게 되는 과속 위치로 올라가게 된다. 물론 이것은 프로펠러가 페더하도록 한다. 만일 스피더 스프링이 페더링하지 않는 정속 프로펠러에서 끊어진다면, 프로펠러 블레이드는 최대의 고피치 각도로 회전할 것이다. 프로펠러 조속기는 rpm의 증가와 감소를 둘 다 하도록 서로 다른 통로를 통하여 조속기 압력이 프로펠러에 전달되는 이중 작용(double-acting)의 작동을 하도록 되어 있다. 이것은 오일 통로를 서로 다른 방법으로 이용하게 함으로써만 가능하다.

8-12 해밀턴 스탠다드 평형 추 프로펠러

(1) 두 지점 프로펠러(Two-Propeller)

해밀턴 스탠다드 평형 추 프로펠러(HAMILTON Standard Counterweight Propeller)는 생산이 중지되었지만 아직도 이것을 사용하는 항공기가 있다. 이러한 이유로 그들의 작동에 관하여 알아두는 것이 좋다. 두 지점 프로펠러는 조종사에 의해 작동되는 세 방향 밸브(three-way valve)에 의하여 조종실에서 조종된다. 밸브에 의해 엔진 오일이 프로펠러 실린더로 가서 피치를 감소시키게 된다. 밸브가 오일을 엔진으로 되돌아오게 하는 위치로 바뀌면, 평형 추가 블레이드를 고피치로 회전시킨다.

두 지점 프로펠러에서 피치 변화 범위는 약 10°이다. 저 피치 위치는 이륙시 엔진이 최대 rpm을 낼 수 있도록 하는 데 사용되고, 고피치 위치는 이륙하여 상승한 후 순항을 하는 데 이용된다. 두 지점 프로펠러의 작동은 그림 8-33에서 보여주고 있다.

(2) 정속 평형 추 프로펠러(Constant-Speed Counterweight Propeller)

정속 평형 주 프로펠러는 블레이드 각 범위와 조종 장치를 제외하고는 두 지점 프로펠러와 같다. 정속 프로펠러는 장착 형식에 따라 15°~20°의 범위를 가진다. 이 범위는 평형 추 어셈블리에 있는

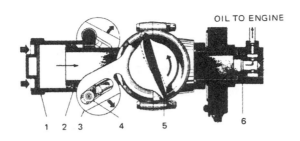

OIL TO ENGINE

1 2 3   4   5   6

1. Propeller cylinder
2. Propeller piston
3. Propeller counterweight and bracket
4. Propeller counterweight shaft and bearing
5. Propeller bland
6. Engine propeller shaft

그림 8-33 Drawing of a two-position propeller pitch-changing mechanism

스톱(stop)을 조종하여 결정한다. 프로펠러를 20° 범위에 맞추면 조속기에서 피치를 증가시키고자 할 때 실린더를 뒤쪽 위치로 가게 하는 평형 추(counterweight)를 보조하도록 리턴 스프링 어셈블리(return spring assembly)가 피스톤 내에 설치된다.

정속 프로펠러의 조종은 프로펠러 조속기에 의해 이루어지는데 조속기는 파일럿 밸브의 위치를 조종하는 플라이 웨이트에 의해 작동된다. 프로펠러가 저속 상태에 있으면 조속기에 맞춰진 rpm보다 더 낮은 rpm으로서, 조속기 플라이 웨이트는 안쪽으로 이동하고, 파일럿 밸브는 엔진 오일 압력을 엔진 프로펠러 축을 통해 프로펠러 실린더로 가게 한다. 이것은 실린더를 앞으로 전진하게 하며 프로펠러 피치를 줄인다. 엔진이 과속 상태에 있으면, 조속기 작동이 반대로 되어 파일럿 밸브가 오일을 실린더로부터 빼내어 엔진으로 되돌아가게 한다.

프로펠러 조종기는 항공기의 조종실 내에 있고 INCREASE RPM과 DECREASE RPM이 표시되어 있다. INCREASE RPM이란 저피치를 말하며 DECREASE RPM이란 고피치를 의미한다.

프로펠러가 정속도(on speed) 상태로 작동되면, 블레이드 각은 보통 극한 범위 사이의 어느 지점에 있게 된다. 조속기의 조종은 케이블(cable)을 통하여 축을 회전시켜서 수행된다. 축의 회전은 플라이 웨이트의 위치를 조종하는 조속기 스피더 스프링의 압축 상태를 변화시킨다.

8-13 해밀턴 스탠다드 하이드로매틱 프로펠러

United Aircraft Corp., 현재는 United Technologies Corp.의 해밀턴 스탠다드 사(Division)에서는 평형 추 프로펠러뿐 아니라 하이드로매틱 정속 프로펠러를 제작하였다. 원래의 정속 프로펠러를 더 발전시켜 정속, 완전 페더링(full-feathering) Model 23E50 프로펠러와 리버싱(reversing) Model 43E60 프로펠러를 개발하였다. 하이드로매틱 프로펠러는 오늘날 제한적으로 사용되고 있지만, 그 작동 원리에 대한 기본 지식을 알아두는 것이 유용하다.

제 8 장 프로펠러 이론, 명칭과 작동

프로펠러는 허브 어셈블리(hub assembly), 돔 어셈블리(dome assembly), 저 피치 스톱-레버 어셈블리(low pitch stop-lever assembly)의 세 가지 주요 어셈블리로 구성되어 있다(그림 8-34 참조).

완전 페더링 능력을 가진 정속 하이드로매틱 프로펠러의 비역추진형(non reversing type)에는 분배 밸브(distributer valve)가 저피치 스톱-레버 어셈블리 장소 내에 있다.

허브 어셈블리(hub assembly)는 블레이드 어셈블리, 스파이더(spider), 배럴 어셈블리(barrel assembly)의 기어와 맞물려 있는 섹터 기어(sector gear)가 있다. 스파이더(spider)는 블레이드 생크(shanks)를 지지하고, 연장하는 암(arm)이 있는 단조 되고 기계 가동된 강철 장치이다. 배럴

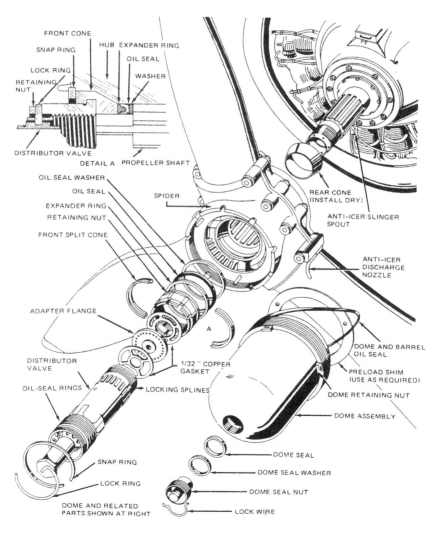

그림 8-34 Typical hydromatic propeller assembly

343

어셈블리는 스파이더와 블레이드 버트를 포함하도록 구조가 되어 있다. 돔 어셈블리에는 피스톤, 고정 캠(fixed cam), 회전 캠(rotating or moving cam) 그리고 다른 필요한 장치를 지지하는 장비로 되어 있다.

블레이드 버트의 섹터 기어와 맞물려 있는 베벨 피치 변경 기어(bevel pitch-changing gear)는 회전 캠에 있다. 저 피치 스톱 레버 어셈블리는 역추진 과정이 일어날 때까지 프로펠러 블레이드에 최소한의 저피치를 유지하는 수단이 된다.

(1) 작동 원리

저속 상태 및 과속 상태의 피치 변경 장치는 그림 8-35에서 보여주고 있다. 프로펠러의 블레이드 각 조종에 작용하는 힘은 원심 비틀림 모멘트와 고압력 요일이다. 전자는 블레이드를 저 각도로 돌리려하는 힘이고 후자는 블레이드를 어느 방향으로든 변환하도록 프로펠러에 작용된다. 피치 변경 장치는 돔 실린더(dome cylinder) 내에서 전·후진 운동하는 피스톤으로 구성되어 있다.

피스톤에 있는 롤러(Roller)는 캠에 있는 캠 슬롯(cam slot)에 끼워져 있다. 바깥쪽 캠(outer cam)은 고정되어 있고 안쪽 캠(inner cam)은 회전한다. 안쪽 캠은 블레이드 기어와 맞물려 있는 베벨 기어를 움직여 블레이드 각을 변경시킨다. 모델 23E50 프로펠러의 페더링 과정은 모델 43E60 프로펠러와 거의 동일하나 23E50 프로펠러의 돔에서는 피스톤이 후진 이동하여 피치를 감소시키는 반면 43E60 프로펠러에서는 피스톤이 전진 이동하여 피치를 감소시킨다는 점이 다르다.

조종실에서 페더 버튼을 누르면, 버튼을 유지하고 있던 회로가 압력 차단 스위치(pressure

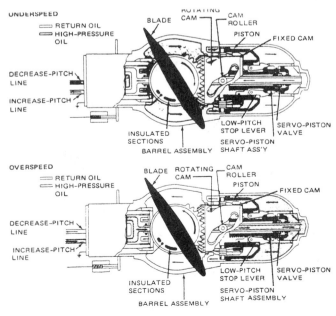

그림 8-35 Operation of the hydromatic pitch changing mechanism

cutout switch)를 통하도록 된다. 또한 버튼을 누르면 회로가 페더 펌프 모터로 통하게 되어 오일을 주 오일 계통(main oil system)에서 가져다와 외부 오일 라인을 통하여 프로펠러 조속기로 펌프한다. 페더 압력 펌프는 조속기에 있는 압력 전환 밸브(pressure transfer valve)를 재위치(reposition)시켜 고압력 오일이 조속기를 우회하게 하고 프로펠러 축을 통하여 분배 밸브(distributer valve)로 가서 피스톤 뒤쪽으로 가게 한다.

보조 압력(auxiliary pressure)은 페더 멈춤(feather stop)에 도달할 때까지 피스톤을 전진 운동하게 한다.

차단 스위치가 열리면 스위치로 가는 회로가 끊어져 버튼이 자동적으로 튀어 올라 페더 모터가 정지하게 된다. 보통 계통 압력이 650psi 이상으로 증가하면 스위치가 열린다. 프로펠러를 페더 상태에서 해체시키기(unfeather) 위해서는 버튼을 눌러야 되는데 이 때 버튼은 압력 차단 스위치를 극복하기 위해서 반드시 수동으로 지탱되어야 한다.

분배 밸브의 뒤쪽에 작용하는 고압력은 분배 밸브를 전진하게 하고 압력이 피스톤 앞으로 전달되어 피스톤을 뒤로 움직이게 하여 블레이드를 페더 위치로부터 벗어나게 회전시킨다. 블레이드가 완전 페더 위치로부터 움직이자마자 프로펠러가 회전(windmill)하기 시작할 것이며 조속기가 정상적인 조속 작동을 재개하게 된다.

8-14 방빙과 제빙 계통

프로펠러의 방빙(Anti-Icing)은 블레이드 전연(leading edge)을 따라 이소 프로필 알코올(isopropyl alcohol)을 분사시킴으로써 수행된다. 그림 8-36은 전형적인 방빙 계통을 보여주고 있다. 방빙 작동유는 필요시 사용하기에 충분한 양이 항공기의 저장소에 담겨져 있다. 그 작동유는 조종실에서 조종되는 저기로 구동되는 방빙 펌프에 의해 저장소에서 프로펠러로 펌프 된다. 프로펠러에는 각 블레이드의 전연에 노즐이 있는 슬링거 링(slinger ring)이 설치된다. 펌프가 가동되면 작동유가 원심력에 의해 슬링거 링의 노즐로부터 나와서 프로펠러 블레이드의 전연을 따라 뿌려진다.

제빙 계통(Deicing System)은 전기 가열 장치를 이용한 블레이드의 가열이 가장 널리 사용된다. 이 장치는 블레이드의 전연에 부착된 부츠(boots)의 중심에 있고 블레이드 내에 장착되어 있다. 가열 장치의 동력은 프로펠러 허브의 뒤에 있는 슬립 링(slip ring)을 통하여 전달된다.

그림 8-37에서 보는 바와 같이, 제빙 장치는 보통 결빙되어 있는 프로펠러 블레이드 표면에 열을 가한다. 이 열뿐 아니라 원심력과 공기 흐름으로 생기는 송풍(blast)에 의해 쌓인 결빙이 제거된다(그림 8-38 참조). 원심력이 프로펠러 얼음 제거에 중요한 요소가 되게끔 최소한의 얼음 두께나 무게가 형성된 것이어야 한다.

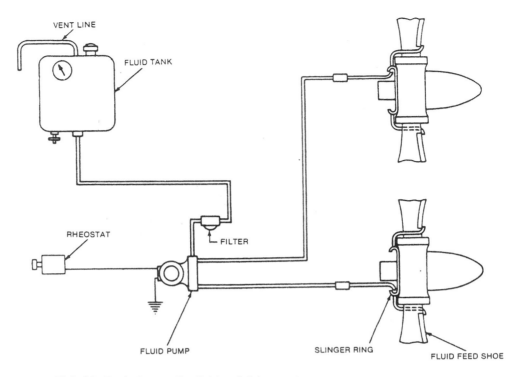

그림 8-36 Typical propeller fluid anti-icing system

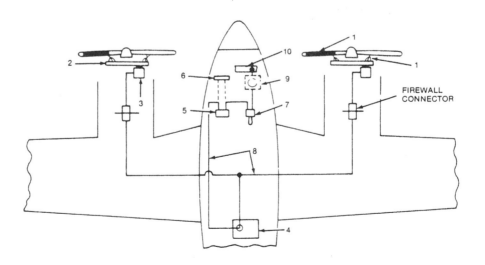

1. DE-ICER (AND WIRE HARNESS, WHEN USED)
2. SLIP RING
3. BRUSH BLOCK
4. TIMER
5. AMMETER (WHEN USED)

6. SHUNT (WHEN USED)
7. SWITCH (OR CIRCUIT BREAKER/SWITCH)
8. WIRING
9. CIRCUIT BREAKER (WHEN USED)
10. AIRCRAFT POWER SOURCE

그림 8-37 Typical twin engine de-icing system(B.F. Coodrich)

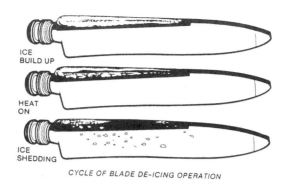

CYCLE OF BLADE DE-ICING OPERATION

그림 8-38 Cycle blade de-icing operation(Dowty)

전력을 보존하고 결빙을 효과적으로 제거하기 위해서 연속적이 아닌 일정 간격을 해빙 장치에 동력이 공급된다. 제빙 장치의 가열 사이클 사이의 경과 시간 동안에는 얼음이 약간 쌓이게 된다.

제빙장치는 단일형(single-element type)과 이중형(dual-element type)이 있다. 이중제빙 장치(dual-element deicer system)에서 각 제빙기는 안쪽(inboard)과 바깥쪽(outboard) 2개의 별도 전기열 가열 장치(electrothermal heating elements)를 가지고 있다.

스위치가 켜지면 타이머가 작동하여 브러시 블록(brush block)과 슬립 링(slip ring)을 통하여 약 34초 동안 한 프로펠러의 모든 바깥쪽(outboard) 부분에 동력이 공급된다. 이것은 그림 8-39 와 같이, 이 지역에 얼음을 제거하게 된다. 그 다음에 안쪽(inboard) 부분에도 같은 절차가 이루어 지게 된다. 쌍발 엔진 두 블레이드 프로펠러의 이중 제빙 장치에 작용하는 가열 순서는 한 프로펠러의 바깥쪽, 안쪽 그리고 다름 프로펠러의 바깥쪽, 안쪽 순이다.

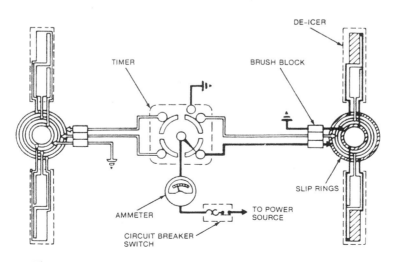

그림 8-39 Dual element, twin engine cycle sequence(B.F Coodrich)

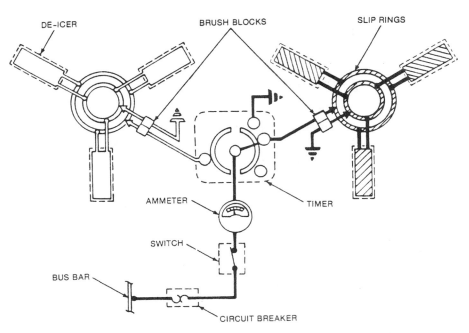

그림 8-40 Single element, twin engine cycle sequence(B.F Coodrich)

단일 가열 장치에서(그림 8-40 참조). 각 제빙기에는 전기열 가열 장치가 하나씩 있다. 이 장치가 작동할 때는 타이머가 같은 시간동안 한 프로펠러에 있는 모든 가열 요소로 동력을 공급하게 한다. 그 후 타이머는 해당 시간 동안 동력을 차단한다.

8-15 프로펠러 싱크로나이저 장치

정속 프로펠러가 장착된 어떤 쌍발 엔진(twin-engine) 항공기에는 두 엔진의 rpm을 같게 하기 위하여 자동 싱크로나이저 장치(synchronizer System)가 되어 있다. 이 장치는 수동 또는 자동 조종으로 켜고 끌 수가 있게 되어 있다. 그림 8-41은 전형적인 싱크로나이저 장치를 보여주고 있다. 이 장치의 작동중 두 조속기는 펄스(pulse) 신호를 마그네틱 픽업(magnetic pick up)으로부터 컨트롤 박스(control box circuit)로 보낸다. 펄스 신호가 정확히 똑같은 주파수가 아니라면, 컨트롤 회로는 작동기(actuator) 모터를 조속기 신호와 같게 하는 방향으로 회전시킨다.

작동기 모터가 회전함에 따라서 유연(flexible) 축이 회전하여 종속(slave) 조속기의 조종 레버에 부착되어 있는 트리머(trimmer) 어셈블리를 작동하게 한다. 트리머가 조속기 조종 레버를 움직여 종속(slave) 엔진의 rpm을 적당하게 조정해 준다.

자동 싱크로나이저 장치는 우선 원하는 순항 수치로 싱크로 되도록 수동으로 엔진 rpm을 조정해 놓고, 싱크로나이저 스위치를 켠다.

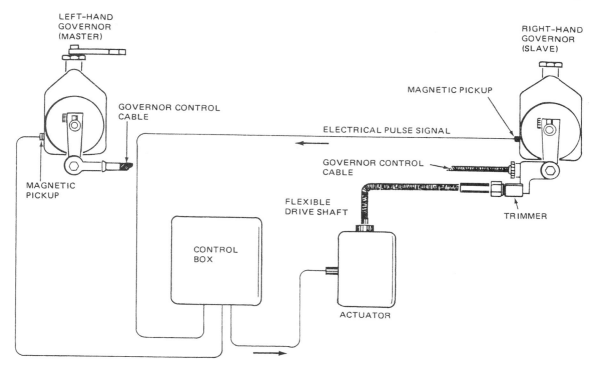

그림 8-41 Schematic diagram of a synchronizer system

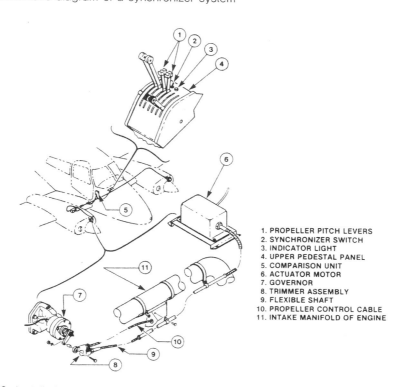

1. PROPELLER PITCH LEVERS
2. SYNCHRONIZER SWITCH
3. INDICATOR LIGHT
4. UPPER PEDESTAL PANEL
5. COMPARISON UNIT
6. ACTUATOR MOTOR
7. GOVERNOR
8. TRIMMER ASSEMBLY
9. FLEXIBLE SHAFT
10. PROPELLER CONTROL CABLE
11. INTAKE MANIFOLD OF ENGINE

그림 8-42 Installation of a synchronization system in a light twin-engine airplane

연 습 문 제

1 프로펠러 깃각(블레이드각)이란 ?

① 프로펠러 회전면과 수평면이 이루는 각
② 프로펠러 회전면과 항공기 진행 방향과 이루는 각
③ 프로펠러 회전면과 깃의 시위선이 이루는 각
④ 항공기 진행 방향과 깃의 시위선이 이루는 각

2 다음은 프로펠러의 추력 크기를 설명한 것이다. 맞는 것은 ?

① 공기의 밀도에 반비례한다   ② 회전 속도의 제곱에 비례한다
③ 프로펠러 지름에 비례한다   ④ 추력 계수에 관계없다

3 다음 중 프로펠러 효율을 설명한 것으로 맞는 것은 ?

① 프로펠러 효율은 프로펠러 흡수 마력의 제곱에 비례한다
② 프로펠러 효율은 진행률과 무관하다
③ 프로펠러 효율은 1보다 큰 값을 갖는다
④ 프로펠러 효율은 1보다 작은 값을 갖는다

4 프로펠러 직경이 2 m, rpm = 2,400 그리고 비행 속도가 720 km/h 일때 프로펠러의 진행률은 얼마인가 ?

① 1.0   ② 1.5
③ 2.0   ④ 2.5

5 다음의 설명 중 왕복기관 프로펠러의 회전 속도가 증가하게 되는 요인에 속하지 않는 것은 ?

① 비행 고도의 증가   ② 비행 속도의 증가
③ 기관 출력의 증가   ④ 프로펠러의 피치각 증가

6 프로펠러가 회전할 때 받는 굽힘 응력은 어느 작용의 힘에 의해서인가 ?

① 원심력   ② 비틀림
③ 추력   ④ 공기 반작용

정답   1. ③   2. ②   3. ④   4. ④   5. ④   6.

7 프로펠러 깃에 작용하는 가장 큰 힘은 ?

① 원심력 ② 구심력 ③ 굽힘력 ④ 비틀림력

8 고속 회전시 프로펠러의 원심력에 위하여 프로펠러 중앙 허브로 부터 블레이드 밖으로 이탈시키려는 응력이 발생하는데 이 응력을 무엇이라 하나 ?

① 굽힘 응력 ② 인장 응력 ③ 비틀림 응력 ④ 추력

9 고 피치 프로펠러 사용시 어느 속도에서 최대 효율이 나타낼 수 있도록 하나 ?

① 이륙시 ② 순항시 ③ 완속시 ④ 착륙시

10 2단 가변 피치 프로펠러에서 착륙시 프로펠러의 위치는 ?

① 저피치 ② 고피치
③ 중립 ④ 완전 페더링

11 항공기용 프로펠러에 조속기를 장비하여 비행 고도, 비행 속도, 스로틀 위치에 관계없이 조종사가 선택한 기관 회전수를 항상 일정하게 유지시켜 항행 조건에 대해 항상 최량의 효율을 가질 수 있도록 만든 프로펠러 형식은 ?

① 정속 프로펠러 ② 조정 피치 프로펠러
③ 페더링 프로펠러 ④ 고정 피치 프로펠러

12 정속 프로펠러에서 피치를 저피치로 변경시켜 주는 것은 ?

① 조속기 오일 압력 ② 엔진 오일 압력
③ 프로펠러 원심력 ④ 플라이웨이트 관성력

13 다음 프로펠러 중 효율이 가장 좋은 것은 ?

① 고정 피치 프로펠러 ② 조정 피치 프러펠러
③ 정속 프로펠러 ④ 역피치 프로펠러

14 정속 프로펠러나 과급기를 장착한 항공기는 기본 계기에 어떤 계기가 더 추가되는가 ?

① 흡기 압력 계기 ② 연료 공기
③ 기관 회전계 ④ 기화기 공기 온도계

정답 7. ① 8. ② 9. ② 10. ① 11. ① 12. ① 13. ③ 14. ①

15 왕복기관의 프로펠러의 형식 중 기관 정지시 프로펠러의 풍차 작용으로 기관이 자동회전하는
것을 방지해주는 형식의 프로펠러는 ?

① 페더링 프로펠러   ② 조정 피치 프로펠러
③ 가변 피치 프로펠러   ④ 정속 피치 프로펠러

16 왕복 기관 감속 장치의 주동 기어의 잇수가 40, 유성 기어의 잇수가 20이고 고정 기어의 잇수
가 120일 때 감속비는 얼마인가 ?

① 1/2   ② 1/3   ③ 1/4   ④ 1/5

17 엔진 고장 탐구할 때 프로펠러를 잘못 조작하거나 취급한 것은 어느 것인가 ?

① 엔진 고장 탐구 전에 점화 스위치를 off 위치에 놓는다
② 가능하면 프로펠러를 손조작하지 않도록 한다
③ 장비나 작업대는 최소한 항공기 주위에서 5M 이상 옮겨 놓는다
④ 프로펠러 고장이므로 손조작이 가능하다

18 다음의 예문 중 프로펠러 작업시 잘못된 사항은 ?

① 되도록이면 프로펠러를 손으로 회전시키지 말아야 한다
② 프로펠러를 동작시킬 때는 조종석 점화 스위치를 ON 위치에 놓고 하여야 한다
③ 프로펠러 회전 중에는 그 회전 괘도 내에 사람의 접근을 금한다
④ 모든 장비 및 작업대 등을 최소한 5m 이상 옮겨 놓는다

19 프로펠러 블레이드 위치는 어디서부터 측정되어 지는가 ?

① 블레이드 생크로부터 팁까지   ② 허브의 중앙에서부터 블레이드 팁까지
③ 블레이드 팁에서부터 허브까지   ④ 아무렇게나 해도 상관없다

20 프로펠러의 깃각을 측정하는 곳은 ?

① 깃끝의 노란선이 있는 부분   ② 깃의 중앙 부분
③ 깃의 참고점 또는 허브에서 75% 되는 점   ④ 아무곳에서나 해도 상관없다

21 프로펠러 깃면의 비틀림 수리를 할 때 사용하는 측정 공구는 ?

① 각도기   ② 마이크로 메터   ③ 버어니어 켈리퍼스   ④ 비파괴 검사

22 프로펠러 깃은 전체 길이에 걸쳐 깃각이 같지 않다. 그 이유는 ?

① 전길이에 걸쳐 기하학적 피치를 같게 하기 위하여

② 전길이에 걸쳐 유효 피치를 같게 하기 위하여

③ 추력을 증가시키기 위해

④ 회전 속도 증가시 항력을 적게 하기 위하여

23 프로펠러가 한번 회전하는데(비행 중에) 앞으로 움직이는 실제 거리는 ?

① 기하학적 피치   ② SENTIC PITCH

③ 회전 피치   ④ 유효 피치

24 프로펠러에 작용하는 힘이 아닌 것은 ?

① 압축력   ② 추력

③ 원심력   ④ 비틀림력

25 고정 피치 프로펠러의 허브에 작용하는 힘 중 가장 큰 힘은 ?

① AIR IMPACT   ② BENDING FORCE

③ TWISTING FORCE   ④ CENTRIFUGAL FORCE

26 순항 RPM에서 프로펠러에 작용하는 공기 역학적 힘은 ?

① 블레이드를 후방으로 만곡하려고 한다

② 블레이드를 저피치로 한다

③ 블레이드를 고피치로 돌리려고 한다

④ 블레이드를 허브로부터 전단하고자 한다

27 지상 운전에 있어서 가변 피치 프로펠러를 장착하고 있는 엔진에서 피치를 저피치의 위치로 하는 이유는 ?

① 프로펠러 효율을 높이기 위함

② 연료 소비를 줄이기 위해

③ 항력이 적고 따라서 엔진의 부하가 가벼운 상태로 운전할 수 있다

④ 조종사에게 엔진의 운전상태를 잘 보이게 하기 위해

28 정속된 PROP을 1800 RPM으로 SETTING하고 THROTTLE을 앞으로 밀어보면 RPM GAGE의 지침은 ?

① 증가한다   ② 감소한다

③ 진동한다   ④ 변화없음

29 정속 프로펠러를 장착한 엔진의 순항 RPM에서의 스로틀에 관해 다음 서술 중 맞는 것은 ?

① 스로틀을 닫으면 블레이드각이 증가할 것이다

② 스로틀을 전개하면 깃각이 증가할 것이다

③ 스로틀 움직임은 프로펠러 깃각에는 영향이 없다

④ 정답이 없다

30 유압식 정속 프로펠러에 있어서 SPEEDER SPRING TENSION의 감소는 무엇을 일으키는가 ?

① 피치 감소,RPM 증가, 그리고 흡기압력에는 영향이 없다

② 피치 증가,RPM 감소, 그리고 흡기압력은 증가한다

③ 피치 증가,RPM 및 흡기압력 감소

④ 피치 감소,RPM 증가, 그리고 흡기압력 감소

31 스피이더 스프링 장력과 가버너 플라이 웨이트가 중립 위치일 때 하이드로매틱 프로펠러는 어떤 상태에 있는가 ?

① ONSPEED CONDITION   ② OVERSPEED CONDITION

③ UNDERSPEED CONDITION   ④ FEATHERED CONDITION

32 정속 프로펠러는 비행 조건에 따라 피치를 변경하는데 다음 중 LOW에서 HIGH PITCH 순으로 나열된 것은 ?

① 상승, 순항, 하강, 이륙   ② 이륙, 상승, 순항, 강하

③ 이륙, 상승, 강하, 순항   ④ 강하, 순항, 상승, 이륙

33 정속 프로펠러의 항공기에 있어서 이,착륙시 프로펠러의 피치와 항공기의 속도는 ?

① 저피치 고속도   ② 저피치 저속도

③ 고피치 저속도   ④ 고피치 고속도

34 정속 프로펠러가 장착되어 있을 경우 부가적으로 요구되는 계기는 ?

① CYLINDER BASE TEMPERATURE GAGE
② EXHAUST ANALYZOR
③ MANIFOLD PRESSURE GAGE
④ PROPELLER PITCH INDICATOR

35 정속 프로펠러를 갖춘 항공기가 순항 RPM에 스로틀을 고정시키고 비행하고 있다. 스로틀을 변경시키지 않고 RPM을 감소시킨 결과는 ?

① BMEP의 감소
② MAP의 급속한 감소
③ MAP의 증가
④ MAP의 변화가 없다

36 정속 프로펠러로 출력을 감소시키기 위한 기본 절차는 ?

① 흡기압력 감소, 다음에 RPM 감소
② RPM 감소, 다음에 흡기압력 감소
③ RPM 감소, 다음에 흡기압력 감소
④ 흡기압력 감소, 다음에 요구되는 RPM에서 THROTTLE을 감소

37 페더링이 안되는 정속 프로펠러가 고피치고 스피이더 스프링이 부러졌다. 출력이 증가하면 피치는 어떻게 되는가 ?

① 저피치로 된다   ② 변하지 않고 그대로 유지
③ 출력 맞춤에 따라 변한다   ④ 정답이 없다

38 항공기의 착륙시 제동 역할을 하며 착륙거리를 단축시켜 주는 피치는 ?

① 조정 피치   ② 고정 피치
③ 페더링   ④ 역피치

39 프로펠러의 감속기어 계통은 ?

① 프로펠러의 끝 속도가 음속보다 약간 크게 정한다
② 상대적인 낮은 회전수로서 최대 엔진 출력을 낼 수 있게 한다
③ 최대 엔진 출력을 낼 수 있도록 하나 프로펠러 끝 속도가 음속을 넘지 않도록 한다
④ 최대 엔진 출력과 회전수를 확실하게 하기 위하여 이륙시에만 음속을 넘지 않도록 한다

정답   35. ①   36. ①   37. ②   38. ④   39. ③

40 동력장치의 진동은 프로펠러의 균형이 맞지 않는데 기인한다. 어느 상태에서 그것을 가장 잘 발견할 수 있겠는가 ?

① 높은 RPM에서   ② 순항 RPM에서
③ 낮은 RPM에서   ④ 이륙 RPM에서

41 목재 PROP 수리시 티핑 작업을 한 후에 깃 끝에 3개의 구멍을 뚫어 주는데 그 목적은 ?

① 습기 제거
② 무게 균형 유지
③ 금속과 목재의 연결 볼트를 꽂기 위함
④ 평형 점검을 쉽게 하기 위함

42 현재 사용하고 있지 않은 프로펠러 고정축의 형식은 ?

① 힌지축   ② 스플라인축
③ 테이퍼축   ④ 플렌지축

왕복 엔진의 작동과 검사

9

9-1 왕복 엔진의 작동

엔진의 시동은 엔진의 크기와 형태에 따라서 비교적 단순할 수도 있고 또는 매우 복잡하고도 중요할 수도 있다. 다음의 절차는 왕복 엔진을 시동하기 위한 전형적인 방법이다. 그러나 많은 왕복 엔진에 사용되는 시동 절차는 여러 가지 방법이 있다. 엔진을 실제 시동할 때는 여기서 제시된 방법으로 시도해서는 안 된다. 제작자의 지침에 따르되 다만 참고만 하기 바란다.

(1) 엔진 시동시 주의 사항(Engine-starting Precautions)

항공기 엔진의 시동은 비교적 단순한 절차이지만 엔진 손상이나 인명 상해를 피하기 위해서, 그리고 최선의 결과를 얻기 위해서는 항공기의 서비스 직원은 반드시 다음과 같은 안전 수칙을 준수해야 한다.

1) 점화 스위치가 켜져 있는 것처럼 모든 프로펠러를 취급할 것.

2) 엔진에 관한 작업에 들어가기 전에 항공기를 괴어 놓거나(chock), 스탠드 휠(stand wheel)을 점검할 것.

3) 엔진이 가동된 후, 그리고 엔진이 정지되기 전에 점화 회로 이상을 점검하기 위해 점화 스위치 테스트를 할 것.

4) 프로펠러가 움직이기 전에, 또는 외부 전원이 항공기에 연결되기 전에 항공기가 괴여져 있고 (chock), 점화 스위치는 OFF 위치에 있는지, 드로틀은 닫혀 있는지, 혼합 조종은 IDLE CUT OFF 위치에 있는지, 모든 장비와 정비사들이 프로펠러 또는 로터(rotor)에 대해 아무 문제가 없는지 분명히 해야 한다. 항공기 전기 계통 내의 다이오드(diode)에 하자가 생기면 스위치의 위치에 관계없이 외부 전력이 사용될 때 시동기(starters)에 영향을 미치게 된다.

5) 항공기로부터 외부 전원을 제거할 때 장비와 정비사는 프로펠러 또는 로터(rotor)로부터 멀리 떨어져야 함을 명심해야 한다.

6) 로터와 프로펠러 블레이드 행로에서, 특히 프로펠러를 움직일 때에는 항상 스탠드(stand)를 치워야 한다.

7) 프로펠러 근처의 지면 또는 포장 도로에 프로펠러 작동시 빨려 들어갈 만한 것들이 있는지 점검해야 한다.

가동되고 있는 항공기 근처에 있는 지상 보조 요원들은 눈과 귀에 적당한 보호 장치를 착용해야 한다. 또한 램프(ramp)에서 이동시에 특히 주의를 해야 하는데, 가동 중인 엔진 주변에 있는 사람들에게 대단히 심각한 사고들이 많이 일어나기 때문이다.

(2) 지상 엔진 화재(Ground Engine Fire)

엔진이 시동되는 동안 엔진 화재가 발생하였다면 연료 차단 레버를 "OFF" 위치로 이동시켜라. 엔진 화재가 꺼질 때까지 계속 엔진을 크랭킹 또는 모터링(cranking or motoring)시켜야 한다. 화재가 지속되면 엔진이 크랭크되는 동안 흡입 덕트로 이산화탄소(CO_2)를 방출시켜야 한다. 이산화탄소는 엔진에 손상을 주므로 엔진 배기로 직접 CO_2를 방출하면 안 된다. 화재가 꺼지지 않으면 모든 스위치를 안전(secure)하게 하고 항공기를 떠나야 한다. 화재가 엔진 아래의 지면에서 발생하면 CO_2를 엔진에 방출하지 말고 지면으로 방출시켜야 한다.

(3) 시동 절차(Starting Procedures)

엔진 시동 절차는 연료 미터링 장치(fuel metering devices)에 따라 다양하다. 부자식 기화기, 벤딕스(bendix) 연료 분사 및 컨티넨탈 연속 흐름 분사 장치에 대한 시동 절차는 익숙하게 할 목적으로 서술하였고 좀더 상세한 시동 절차는 작동 지침서에 따라야 한다.

(4) 부자식 기화기의 시동 절차(Starting Procedure for Float Carburetors)

1) 주 스위치(master switch)를 "ON"시켜라.
2) 필요시 부스트 펌프(boost pump)를 켜라.
3) 드로틀을 약 1/2″(0.127cm) 열어 놓아라.
4) 엔진에 정속 프로펠러가 장착되어 있다면 프로펠러 조종을 "FULL INCREASE" 위치에 맞추어야 한다.
5) 혼합 레버(mixture lever)를 "FULL RICH" 위치에 맞추어라.
6) 프로펠러 주위를 깨끗이(clear) 하라.
7) 점화 스위치를 "START" 위치로 돌려라(현대 항공기의 대부분에 있어 이것은 또한 마그네토를 작동시킨다).
8) 점화 스위치를 놓아라(release). (점화 스위치가 "START" 위치에서 놓여지면, 스프링에 의해 "BOTH" 위치로 돌아간다. 이 작용은 시동 회로를 차단시키고 마그네토는 "ON" 위치에 그대로 있게 한다.)
9) 오일 압력을 점검한다.

(5) 벤딕스 연료 분사 시동 절차(Bendix Fuel Injection Starting Procedure)

RSA 연료 분사 장치가 되어 있는 엔진의 시동(cold start) 절차는 다음과 같다.

1) 혼합 조종을 "IDLE CUTOFF" 위치에 놓아라.

2) 드로틀을 1/8″ 열리게 조정하라.

3) 주 스위치(master switch)를 켜라.

4) 연료 부스트 펌프 스위치를 켜라.

5) 혼합 조종을 연료 흐름 계기가 4 내지 6gal/h(15.14~22.7l/h)를 지시할 때까지 "FULL RICH"로 놓아라. 그리고 나서 즉시 혼합 조종을 "IDLE CUTOFF"로 돌려 놓아라.

  항공기에 연료 흐름 지시계가 없다면, 혼합 조종을 4~5초 동안 FULL RICH에 놓았다가 "IDLE CUTOFF"로 되돌려 놓는다. 혼합 조종을 "FULL RICH"에 놓으면 엔진을 프라임(prime)하기 위해 흡입 다기관 내의 노즐을 통하여 연료가 엔진으로 흘러가게 한다.

6) 프로펠러 주위를 깨끗이 하라.

7) 점화 스위치를 "START" 위치로 돌려라.

8) 엔진이 시동되자마자 혼합 조종은 "FULL RICH"로 이동 시켜라.

9) 점화 스위치를 놓아라.

10) 오일 압력을 점검하라.

  뜨겁거나 더운(hot or warm engine) 엔진이 시동될 때, 엔진에 반드시 프라임(prime)할 필요는 없을 것이다. 그 이외의 것은 차가운 엔진(cold engine) 시동 절차와 똑같다.

(6) 컨티넨탈 연속 흐름 연료 분사 장치 시동 절차

1) 점화 스위치를 On으로 돌려라.

2) 드로틀을 약 1/2″ 열어 놓아라.

3) 프로펠러 피치 레버를 완전히 전진시켜 "HIGH RPM"으로 맞추어라.

4) 혼합 조종 레버를 완전히 전진시켜 "FULL RICH"로 맞추어라.

5) 프로펠러 주위를 깨끗이 하라.

6) 보조 연료 펌프 스위치를 프라임(PRIME) 위치로 돌려라.

  만일 엔진이 시동되지 않으면 보조 연료 펌프 스위치를 "PRIME" 위치나 "ON" 위치에 수초 이상 있게 하는 것은 피하여야 한다.

7) 연료 흐름이 2~4gal/h(7.57~15.14l/h)에 다다르면 점화 스위치를 "START"로 돌려라(연료 압력 계기를 읽는다).

  엔진이 따뜻(warm)하다면, 우선 점화 스위치를 "START"로 돌리고 나서 보조 펌프 스위치를 "PRIME"으로 돌려라.

8) 엔진이 점화되자마자 곧 점화 스위치를 놓아라.

9) 엔진이 부드럽게 가동될 때 보조 연료 펌프 스위치를 꺼라.

매우 더운 날씨에 엔진 가동으로 연료 계통에 증기 현상이 있게 되면 계통에서 증기가 제거 (purge)될 때까지 보조 연료 펌프 스위치를 ON으로 돌려라.

10) 정상 기후에서는 오일 압력 지시가 30초 이내이고 찬 기후에서는 60초 이내인지 점검하라. 지시가 나타나지 않으면 엔진을 끄고 조사해 본다.

11) 외부 전원이 사용되었다면 차단하라.

12) 엔진을 800~1,000rpm에서 난기(warm up)시켜라.

(7) 대형 왕복 엔진의 시동

DC-3, DC-6, Constellation 및 기타 대형 항공기에 설치된 대형 성형 엔진(large radial engine)은 반드시 제작자의 지침서에 따라 시동되어야 한다. 시동 절차는 경항공기 엔진에서와 비슷하지만 좀더 주의가 필요하다.

첫째, 엔진 흡입 계통에 엔진 역화(backfires)와 화재(fireburns)가 있을 경우를 대비하여 시동 되어질 엔진의 후방 외부(outboard)에 방화 장치(fire quard)가 있어야 한다. 방화 장치는 엔진 흡입 계통으로 CO_2 가스를 즉각 보내기 위하여 소화기를 보유하고 있어야 한다.

화재가 실린더로 이끌리도록 엔진을 계속 회전시켜야 한다. 엔진으로 돌진해 들어오는 공기로 인해 흡입 계통에서 화재가 계속될 수 없기 때문에 반드시 소화기를 사용할 필요는 없다.

대형 왕복 엔진을 시동하기 전에 실린더 내의 오일 때문에 생기는 액체 로크(liquid lock) 가능성을 제거하기 위하여 엔진을 서너번 완전 공회전시켜야 한다. 엔진이 수동으로 또는 시동기에 의해 회전하는 동안 갑자기 멈추게 될 경우 오일이 하부 실린더에 모아지므로 엔진이 시동되기 전에 오일이 제거되어야 한다. 이것은 실린더에서 점화 플러그를 제거함으로써 이루어질 수 있다. 오일을 제거하기 위해 엔진을 역회전시키는 것은 바람직하지 못하다. 실린더에서 오일을 빼낸 후에 점화 플러그를 교체하고 엔진을 시동한다.

대형 왕복 엔진에서 프라임은 보통 연료 압력 펌프와 전기로 작동되는 프라이밍 밸브(priming valve)에 의하여 이루어진다. 연료는 프라이머(primer)에서 스파이더(spider)로, 그리고 나서 엔진의 상부 실린더(top cylinder)로 흐른다. 이것은 성형 엔진에 적용된다. 9기통 성형 엔진에서 엔진의 상부 5개 실린더는 프라이밍(priming)을 받는다. 프라이밍은 연료 부스터 펌프가 켜져 있는 동안 프라이밍 스위치를 누르면 된다.

대형 왕복 엔진에는 항공기 엔진에 사용된 것과 유사한 직접 크랭크되는 시동기(direct-cranking starter)가 있거나 크랭킹 에너지가 급속히 회전하는 플라이 휠에 저장되는 관성 시동기 (inertia starter)를 가지기도 한다. 관성 시동기로는 엔진을 몇 번 공회전시키기 위한 충분한 에너지가 저장될 때까지 전기 모터나 수동 크랭크로 플라이 휠에 에너지가 생기게 해야 한다. 그때 연동

(engage) 스위치가 켜져서 시동기 턱(jaw)을 통해 축에 플라이 휠 감속 기어가 연결된다.

플라이 휠과 시동기 턱 사이에 있는 클러치 판은 시동기가 처음 연동될 때 관성 충격(inertial shock) 때문에 생기는 손상을 피하기 위해 슬립(slippage)을 한다. 엔진이 적당히 프라임 되고, 드로틀이 맞춰지고 점화 스위치가 켜진 상태에서 시동기로 회전시키자마자 즉각 엔진이 시동되어야 한다. 그 때 드로틀은 적당한 난기(warmup) 속도로 조정된다.

(8) 수동 크랭킹(Hand Cranking)

밧데리나 시동기가 불량인 엔진의 수동 크랭킹(hand cranking)은 편리하기는 하지만 인사 사고 위험이 있다. 안전상의 이유로, 불량 시동기를 교체하고 수동 크랭킹 대신에 지상 전원(ground power source)을 사용하는 것이 바람직하다. 경험이 많은 사람만이 수동 크랭킹을 해야 하고 믿을 만한 사람이 조종실에 있어야 한다. 조종실이 비어 있는 상황에서 수동 크랭킹함으로써 많은 대형 사고를 초래하였다.

항공기에 자동 시동기(self-starter)가 없다면, 엔진은 프로펠러를 돌려서 시동되어야 한다. 프로펠러를 돌리는 사람은 "연료 켬(fuel on), 스위치 끔(switch off), 드로틀 닫음(throttle closed), 제동 장치 켬(brakes on)"하고 외친다. 엔진을 작동하는 사람은 이 항목을 점검하고 그 말들을 복창한다. 스위치와 드로틀은 프로펠러를 돌리는 사람이 준비 완료(contact)라고 외칠 때까지 건드려서는 안 된다. 작동자는 준비 완료를 복창하고 스위치를 켠다. 스위치를 먼저 켜고 나서 나중에 준비 완료하고 외쳐서는 절대로 안 된다.

프로펠러를 회전시킬 때 몇 가지 간단한 주의를 하면 사고를 예방할 수 있다. 프로펠러에 손을 대기 전에 항상 점화가 되어 있다고 생각하라. 마그네토를 조종하는 스위치는 점화를 끄기 위해서 전류를 단락시키는 원리로 작동한다. 스위치가 불량이면 OFF 위치로 하여도 여전히 전류가 마그네토 1차 회로에 흐르게 될 수도 있다.

지면은 견고하여야 한다. 미끄러운 풀밭, 진흙, 그리스(grease), 자갈 때문에 프로펠러 안으로 또는 아래로 넘어지게 되는 수가 있다. 신체의 어떤 부분이라도 프로펠러의 진행로에 두어서는 안 된다. 엔진이 크랭크되지 않았을 때일지라도 마찬가지이다. 프로펠러를 돌릴 때 블레이드를 바닥으로 밀어서 아래로 가게 하되 블레이드를 손가락을 구부려 잡으면 안 된다. 왜냐하면 킥백(kickback)으로 손가락이 부러질 수도 있고 신체가 블레이드 진행로로 빨려 들어갈 수도 있기 때문이다.

:::: 9-2 엔진 작동

(1) 작동 필요 조건(Operation Requirement)

왕복 엔진 작동에는 주의가 필요하며 제작자가 정한 한계(limitation)가 지켜져야 한다. 엔진 작동중 반드시 점검해야 할 사항은 다음과 같다.

1) 엔진 오일 압력
2) 오일 온도
3) 실린더 헤드 온도(CHT)
4) 엔진 rpm
5) 다기관 압력
6) 단일 마그네토(single-magneto) 작동으로 스위치를 돌렸을 때 rpm 강하
7) 프로펠러 조종에 대한 엔진 반응(정속 프로펠러 사용시)
8) 배기 가스 온도(EGT)

(2) 오일 압력과 온도 점검

오일 압력과 온도가 정해진 범위 내에 있지 않는다면 절대로 고출력으로 엔진을 작동해서는 안된다. 그렇지 않으면 베어링 및 다른 중요한 부품에 오일 부족(oil starving)이 생겨 엔진 손상을 초래한다. 이러한 이유 때문에 왕복 엔진은 최대 출력(full-power) 작동이 시작되기 전에 적당히 난기(warm-up)되어야 한다. 엔진이 시동될 때 오일 압력 계통이 만족스럽게 기능하는지를 알기 위하여 오일 압력 계기를 관찰해야 한다. 오일 압력이 시동 후 30초 이내에 지시되지 않으면 엔진을 반드시 정지시키고 잘못된 곳을 찾아내야 한다. 엔진이 30초를 훨씬 넘어서 오일 압력 없이 작동된다면 엔진 손상을 초래하게 된다.

일반적으로 말해서, 엔진을 수 분 동안 난기시키고, 과도한 오일 압력을 나타내지 않고 최대 출력(full-power)과 최대 rpm(full-rpm)까지 가속되고, 부드럽게 가동되면 그때는 이륙을 해도 안전하다. 이륙하기 전에 왕복 엔진은 점화 점검과 최대 출력 시험을 거쳐야 한다. 이것은 보통 항공기가 이륙 활주로 끝에 주기되는 동안 행해진다. 마그네토 점검은 엔진 rpm이 제작자가 추천하는 지점에 갈 때까지 드로틀을 천천히 앞으로 움직인다. 이것은 보통 1500~1800rpm이다.

점검을 하기 위해서 점화 스위치를 BOTH 위치에서 LEFT 마그네토 위치로 돌리고 회전 속도계(tachometer)에 rpm이 떨어지는 것을 관찰한다. rpm 강하량이 주지되면 엔진을 최대 시험 rpm(full-test rpm)에서 부드럽게 다시 가동될 때까지 스위치를 몇 초 동안 BOTH 위치로 되돌린다. 그리고 나서 rpm 강하(drop)가 주지될 수 있도록 스위치를 몇 초 동안 RIGHT 마그네토 위치로 돌린다. 플러그 파울링(fouling)의 가능성 때문에 엔진을 단식 마그네토(single-magneto)에서

수 초 이상 동안 작동하면 안 된다.

마그네토 점검에서 rpm 강하의 허용 범위는 다양하지만 보통 50과 125rpm 사이에 있다. 어느 경우든지 작동 지침서의 지시에 따라야 한다. 보통 rpm 강하 범위는 지침서에 명시된 최대값보다 다소 적다. 정속 또는 가변 피치 프로펠러를 가진 항공기의 마그네토를 점검할 때, 프로펠러가 최대 고 rpm(저 피치) 위치에 있는 것이 중요하다. 그렇지 않으면 rpm 강하가 정확하게 지시되지 않을 것이다.

(3) 정속 프로펠러 피치 점검(Check of Constant-Speed Propeller Pitch)

피치 조종 및 피치 변환 기계 장치의 적절한 작동을 확실히 하기 위해 프로펠러를 점검해야 한다. 가변 피치 프로펠러의 작동은 프로펠러 조속기 조종이 한 지점에서 다른 지점으로 이동될 때 회전 속도계와 다기관 압력(MAP) 계기의 지시에 의해 점검된다. 점검 중에 프로펠러 허브로부터 찬 오일을 순환시켜 더워진 오일을 허브로 들어가게 한다. 프로펠러를 순환시키기 위하여 조정자는 조정실에서 프로펠러 조정을 완전-감소 rpm 위치(full-decrease RPM position)로 재빨리 옮긴다.

엔진 rpm이 서서히 떨어지기 시작하면 조정을 완전 증가 rpm 위치(full-increase RPM)로 되옮긴다. 엔진을 약 1,600에서 2,000rpm에 맞추고 가동(run-up)시키는 동안 프로펠러 순환(cycling)이 이루어진다. 보통 이 절차 동안에 rpm이 5000rpm 이상 떨어지지 않는다. 프로펠러 형태마다 그 절차가 다르므로 제작자의 지침서를 따라야 한다. 엔진은 간단한 최대 출력(full-power) 점검을 해야 한다. 이 점검은 드로틀을 최대 전진(full-forward) 위치로 서서히 전진시켜서 최대 rpm이 얻어지는가를 관찰하면 된다. rpm 수중과 MAP가 만족스럽고 엔진이 부드럽게 가동되면, 드로틀은 rpm이 요구되는 저속으로 되돌아올 때까지 서서히 늦추어라.

최대 출력을 점검할 때 항공기가 프로펠러 후류가 다른 항공기 쪽으로 향하지 않을 위치에 있는지 또는 다른 사람에게 손상이나 불편을 끼치게 되는 지역에 있는지를 반드시 확인해야 한다. 또한 제동 장치가 걸려 있는지, 항공기가 전형적인 랜딩 기어일 경우 엘리베이터 조종이 당겨져 있는지 확인해야 한다.

(4) 출력 맞춤과 조정(Power Setting and Adjustment)

항공기 작동 중 엔진 출력 맞춤은 다양한 작동 형태에 맞게 때때로 바뀌어야 한다. 기본적인 맞춤에는 이륙(takeoff), 상승(climb), 순항(cruises)(최대에서 최소까지), (착륙을 위한)강하(letdown), 착륙(landing)이 있다.

출력 맞춤을 변화시키는 방법은 엔진의 형태, 프로펠러의 형태, 엔진에 과급기가 있는지 여부, 기화기 형태, 기타 요인들에 따라서 달라진다. 특정 항공기의 적절한 절차는 운용 지침서를 참고해야 하며, 일반적으로 대부분의 항공기와 엔진에는 다음과 같은 규칙이 적용된다.

1) 출력 증가나 감소를 하기 위하여 드로틀을 움직일 때는 항상 서서히 움직여야 한다. 이 경우에

"서서히"란 의미는 드로틀을 최대 열림(full open)에서 닫힘(closed)으로 또는 역으로 이동할 때 잼(jam)되거나 저크(jerk)되는 수분의 일초보다 2~3초가 더 필요하다는 뜻이다.

2) 명시된 상승 출력이 최대 출력보다 적다면 이륙 직후에 출력을 상승 수치(climb value)로 낮추어 맞춘다. 최대 출력으로 계속 상승하면 CHT가 초과되고 디토네이션이 생길 수 있다. 특히 항공기에 CHT 계기가 없을 때는 특히 주의해야 한다.

3) CHT가 높을 때(계기상에 적색 선상 또는 그 근처) 갑자기 출력을 줄이면 안 된다. 출력이 갑자기 낮아질 때 갑작스런 냉각이 일어나서 실린더 헤드에 균열(crack)이 생길 수도 있다. 착륙을 위한 강하를 준비할 때 점진적인 온도 감소를 할 수 있도록 출력을 서서히 낮추어야 한다.

4) 정속 프로펠러 항공기를 작동할 때는 항상 프로펠러 조종으로 rpm을 감소시키기 전에 먼저 드로틀로 MAP를 감소시켜야 한다. 반대로 말하면 항상 MAP가 증가하기 전에 프로펠러 조종으로 rpm을 증가시켜야 한다. 엔진 rpm 맞춤이 너무 낮게 되어 있고 드로틀이 전진되어 있으면 실린더 압력이 과도해질 가능성이 있다. 엔진 운용자는 엔진에 허용되는 최대값에 익숙해져서 이 한도 내에서 작동 할 수 있어야 한다. 정속 프로펠러는 프로펠러 조종위치에 따라서 특정 값으로 엔진 rpm이 유지된다. 드로틀을 앞으로 이동할 때 프로펠러 블레이드 각이 증가하고 MAP도 증가하지만 rpm은 여전히 같은 상태이다. 정속 프로펠러 엔진에서 출력을 변환할 때는 다음의 기본 규칙을 따라야 한다.

① 출력을 증가시키기 위해서는 혼합비를 농후하게 하고, rpm을 증가시키고 나서 그 다음에 드로틀을 조종한다.

② 출력을 감소시키기 위해서는, 드로틀을 감소시키고, rpm을 감소시키고 나서 그 다음에 혼합비를 조정한다.

5) 저출력(드로틀이 닫힘 위치 가까이 있음)으로 연장된(prolonged) 활공시 점화 플러그 파울링(fouling)을 방지하기 위해서는 때때로 엔진을 "clear"시켜야 한다. 이것은 드로틀을 중간 출력(medium-power) 위치로 전진시키면 된다. 엔진이 부드럽게 작동하면 출력은 다시 감소시킬 수 있다.

6) 엔진이 최대 출력에서 또는 그 근처에서 작동될 때 수동 혼합 조종은 항상 최대 농후(full rich) 위치에 놓아야 한다. 이렇게 하면 과열을 방지할 수 있다. 엔진은 운용자 지침서의 지시 사항에 따라서 순항 중에서만은 혼합 조종을 희박(lean) 위치에 놓고 작동해야 한다. 강하(letdown)하여 착륙 준비를 하기 위해 출력을 감소할 때 혼합 조종은 최대 농후(full rich) 위치로 놓아야 한다. 혼합 조종기와 기화기 중 어떤 것들은 최대 농후 맞춤이 없는 것도 있다. 이 경우 혼합 조종은 고출력과 이륙을 위해서 농후(rich) 위치에 놓으면 된다.

7) 착륙하기 위한 강하 준비를 위해 출력을 감소시키는 동안 기화기에 결빙이 형성될 가능성이 있다면, 기화기 가열 조종(heat-control)을 "HEAT ON" 위치에 놓는다. 이것은 예방 조치로서 기화기 결빙이 일어나기 쉬운 모든 엔진에 보통 실행하고 있다.

8) 고고도에서는 혼합 조종을 저고도에서 사용된 것보다 덜 농후한 위치로 조정한다. 고고도에서의 공기 밀도가 저고도에서보다 적으므로 같은 양의 공기라도 산소를 덜 함유하고 있다. 보통, MAP 계기에서는 혼합 조종을 적당히 조정하도록 유용한 정보를 제공해 주지만, 정상 비행 고도에서 순항 출력에 맞는 혼합을 희박하게 하는 데는 정확한 EGT 계기가 더 실질적이다.

9-3 순항 조종(Cruise Control)

순항 조종은 항속 거리, 경제성, 비행 시간 등을 요구한 결과대로 얻기 위해 엔진 조종을 조종하는 것이다. 엔진은 저출력 맞춤보다 고출력 맞춤일 때 연료를 더 많이 소모하기 때문에 같은 출력 세팅으로 최고 속도와 최대 항속 거리 또는 경제성이 달성될 수는 없다. 최대 비행 거리를 비행하려면 저출력 맞춤으로 작동함으로써 연료를 절약하는 것이 바람직하다.

(1) 항속 거리와 속도 도표(Range and Speed Chart)

그림 9-1의 도표는 Piper PA-23-160Apache 항공기의 작동을 위해 만들어졌다. 왼쪽에 있는 도표는 출력 맞춤이 항속 거리에 미치는 영향을 보여주고 있고 오른쪽 도표는 출력 맞춤과 진대기 속도(time airspeed ; TAS)가 어떤 관계인가를 보여주고 있다. 비행 고도, 비행 거리, 요구 비행 시간을 고려하여 항공기 비행 범위 내에서는 어떤 비행이라도 적당한 출력 맞춤을 이들 도표를 보고 쉽게 결정할 수 있다.

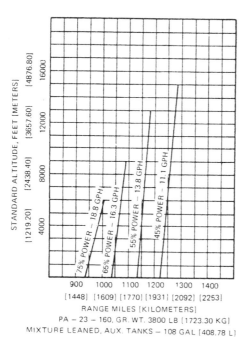
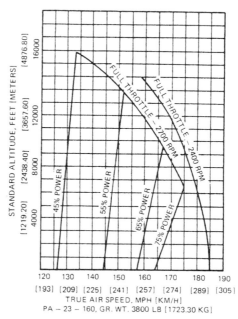

그림 9-1 Charts show range and airspeed in relation to power settings

6,500ft 고도에서 900mi(1,448.40km) 비행을 하려고 한다면 최대 출력값 또는 최대 항속 거리 값으로 비행을 결정할 수도 있고 또는 절충하여 맞출 수도 있다. 만일 최단 가능 시간으로 비행하려고 한다면, 엔진 출력의 75%만 사용된다. 이렇게 맞추면(2400rpm과 full 드로틀) 순풍과 역풍(tail wind and head wind)이 없다고 가정할 때 TAS는 약 175mph이고 비행은 5.14h이 걸린다.

    이 경우, 연료는 18.8gal/h(71.17L/h) 소모되어 총 비행동안 96.7gal의 연료가 필요하게 될 것이다. 가장 경제적으로 똑같은 비행을 하려고 한다면 엔진이 허용하는 한 혼합 조종을 희박하게 하고 출력의 45%로 엔진을 작동할 수도 있다. 이와 같이 출력을 맞추면 TAS는 약 128mph가 되고 총 비행에 필요한 연료는 약 77.7gal이 된다. 비행 시간은 약 7시간이다.

    그러나 순항을 위한 조건으로 권장되는 출력 맞춤은 출력의 65%이기 때문에 위에서 언급된 극한 상태로는 엔진을 거의 작동하지 않는다. 9,500ft 고도에서 비행하기 위해서 이것은 TAS를 약 166mph로 한다. 만일 좀더 경제적으로 또는 좀더 긴 항속 거리로 작동하기를 원한다면 출력 맞춤을 최대의 약 55%로 사용하여야 할 것이다.

(2) 출력 맞춤(Power Setting)

    엔진 조종을 특정 출력을 내도록 맞추기 위해서 정속 프로펠러 항공기는 MAP와 rpm이 밀도 고도(density altitude)에 따라 조정된다. 표 9-1은 Lycoming O-320-B 대향형 엔진(opposed engine)의 맞춤을 나타낸다. 이 표는 밀도 고도 대신에 표준 온도 Ts에서의 압력 고도를 사용하도록 조정되어 있다.

표 9-1 Power setting table-Lycoming Model 0-320-B, 160-hp [119.31-kW] engine

Press. alt. 1000 ft [304.80 m]	Std. alt. temp., °F[℃]	88 hp [65.62 kW]-55% rated Approx. fuel 7 gal/h [26.50 L/h] rpm & man. press.				104 hp [77.55 kW]-65% rated Approx. fuel 8 gal/h [30.28 L/h] rpm & man. press.				120 hp [89.48 kW]- 75% rated Approx. fuel 9 gal/h [34.07 L/h] rpm & man.press.		
		2100	2200	2300	2400	2100	2200	2300	2400	2200	2300	2400
SL	59 [15.0]	22.0	21.3	20.6	19.8	24.4	23.6	22.8	22.1	25.9	25.2	24.3
1	55 [12.8]	21.7	20.0	20.3	19.6	24.1	23.3	22.5	21.8	25.6	24.9	24.0
2	52 [11.1]	21.4	20.7	20.1	19.3	23.8	23.0	22.3	21.5	25.0	24.3	23.5
3	48 [8.9]	21.1	20.5	19.8	19.1	23.5	22.7	22.0	21.2	25.3	24.6	23.8
4	45 [7.2]	20.8	20.2	19.6	18.9	23.1	22.4	21.7	21.0	24.7	24.0	23.2
5	41 [5.0]	20.5	19.9	19.3	18.6	22.8	22.1	21.4	20.7	FT	23.7	23.0
6	38 [3.3]	20.2	19.6	19.0	18.4	22.5	21.8	21.2	20.5		FT	22.7
7	34 [1.1]	19.9	19.3	18.8	18.2	22.2	21.5	20.9	20.2			FT
8	31 [-0.56]	19.5	19.0	18.5	18.0	FT	21.2	20.6	19.9			
9	27 [-2.8]	19.2	18.8	18.3	17.7		FT	20.3	19.7			
10	23 [-5.0]	18.9	18.5	18.0	17.5			FT	19.4			
11	19 [-7.2]	18.6	18.2	17.8	17.3				FT			
12	16 [-8.9]	18.3	17.9	17.5	17.0							
13	12 [-11.1]	FT	17.6	17.3	16.8							
14	9 [-12.8]		FT	17.0	16.6							
15	5 [-15.0]			FT	16.3							

To maintain constant power, correct manifold pressure approximately 0.15 in Hg for each 10°F variation in carburetor air temperature from standard altitude temperature. Add manifold pressure for air temperatures above standard; subtract for temperatures below standard.

MAP와 rpm을 맞추는 데 있어서 다음의 사실을 주지하여야 한다.

1) 일정한 rpm과 일정한 출력 맞춤에서 MAP는 고도 증가에 따라 감소되어야 한다. 이것은 공기의 Ts가 감소하므로 밀도가 증가하기 때문이다. 그래서 어떤 압력에서 일정량의 공기는 고도 증가에 따라 중량은 더 커지고 MAP는 일정한 출력을 유지하기 위하여 감소되어야 한다.

2) 더 높은 rpm으로 엔진을 작동할 때 동일한 출력을 내기 위해 더 낮은 MAP를 사용해야 한다.

3) 어떤 높이의 고도에서는 대기압이 감소하기 때문에 MAP가 더 이상 유지될 수 없다. 이것은 full trottle를 의미하는 FT로서 도표에 나타내었다.

4) 정격 출력의 55% 출력은 15,000ft 압력 고도까지 유지될 수 있다. 75% 출력은 약 7,000ft 압력 고도까지만 유지될 수 있다.

5) MAP 맞춤은 외부 공기 온도가 표에서 주어진 표준보다 이상이거나 이하인 경우 특정 출력을 유지할 수 있도록 조정해야 한다.

토크 미터(torque meter)가 설치되어 있는 대형 엔진을 위해서는 Table 9-1에서 보여주고 있는 형태의 동력표는 필요가 없다. 여기서는 토크 미터 눈금은 마력으로 바꾸기 위해 환산표가 사용되는데 Pratt & Whitney R-2800 엔진에 사용되는 공식은

bhf = 토크 압력 × rpm × 토크 상수(torque constant) 이다.

(3) 정지 절차

보통 항공기 엔진은 항공기를 주기 지역까지 이동하는 데 시간이 걸리기 때문에 정지를 위한 냉각은 충분히 된다. 그러나 CHT가 정지 전에 400°F(204.24℃) 미만을 가리키는지 CHT 계기를 관찰하는 것은 좋은 습관이다. 혼합 조종에 저속 차단이 설치되어 있는 엔진이라면 조종을 IDLE CUTOFF 위치에 놓아서 정지시켜야 한다. 엔진이 정지한 후 즉시 점화 스위치를 꺼야만 한다.

카울 플랩(cowl flaps)이 설치되어 있는 항공기라면 엔진이 냉각된 후까지 플랩을 OPEN 위치에 그대로 두어야 한다. 엔진을 멈춘 후에는 조종실에 모든 스위치가 OFF되어 있는지 점검한다. 이것은 특히 점화 스위치와 주 밧데리 스위치에 대해서는 중요하다. 모든 바퀴 버팀대(chock)가 설치되었는지 점검하고 제동 계통에 과도한 응력을 방지하기 위해 주차 브레이크를 풀어놓는다.

9-4 엔진 작동 조건

(1) 혼합을 희박하게 하는 법(Leaning the Mixture)

혼합을 최대 농후(FULL RICH) 위치에 놓으면, 미리 정해진 연료 공기 혼합이 사용된다. 이륙시에는 FULL RICH로 맞추는데 이렇게 하면 출력과 냉각을 가장 잘 조화시킨다. 항공기가 상승함에 따라 공기가 점점 희박해지므로 FULL RICH에 맞추면 기화기에는 같은 양의 연료가 들어가지만

혼합되는 공기 양이 적게 된다. 그래서 혼합이 농후해진다. 항공기가 충분히 높이 상승하면 F/A 혼합비가 부드러운 작동을 하기에는 너무 농후해서 엔진이 거칠게 작동하게 될 뿐만 아니라 연료도 낭비된다. 연료 미터링 장치의 목적은 모든 작동 조건에 맞는 최적 F/A 혼합비를 만드는 것이다.

연료 미터링 장치의 두 가지 기본 형태로는 부자식 기화기와 연료 분사 장치가 있다. 제작자가 권장하는 순항 출력으로 희박(leaning)하게 하는 일반적인 방법은 다음과 같다.

1) 부자식 기화기(Float-type Carburator)

① 고정 피치 프로펠러(Fixed-Pitch Propeller) : rpm과 공기 속도가 최대로 증가될 때까지 희박하게 하거나 또는 엔진 진동(roughness)이 일어나기 바로 직전까지 희박하게 한다.
순항 출력에서 디토네이션 때문이 아니라 실린더에서 연소를 지원하지 못할 정도로 매우 희박하게 F/A가 혼합됨으로써 실린더는 점화되지 않기 때문에 엔진 진동(roughness)이 일어난다.

② 가변 피치 프로펠러 : 엔진 진동(roughness)이 일어날 때까지 혼합을 희박하게 하고 그리고 나서 진동(roughness)이 없어지고 엔진이 부드럽게 가동될 때까지 약간 농후하게 한다. 최대 농후(full rich)에 비해 순항에서 적당히 희박시키면 공기 속도가 약간 증가한다.

2) 연료 분사

연료 분사 장치에는 여러 가지 모델이 사용되기 때문에 운용자는 특정 희박 지시에 대한 작동 지침서를 참고하여야 한다. 그러나 기본 기법으로 제작자가 권장하는 순항 출력 한도에서 수동 혼합 조종으로는 제작자의 권장 한도를 넘지 않게(가능하면) 순항 출력의 적절한 비율로 연료 흐름을 희박하게 한다. 그리고 나서 좀더 정확한 희박을 위하여 EGT가 가능하면 한도를 넘지 않고 최고(peak) EGT를 찾아내서 거기서 작동한다. EGT와 연료 흐름이 유용하지 않으면 외부 엔진이 바로 진동(roughness)될 때까지 또는 공기 속도가 약간 감소될 때까지 희박하게 한다.

혼합 조종에서 EGT 방법은 배기 밸브와 그리 멀지 않은 곳의 배기 스택(stack)에 있는 열전대(thermocouple)에 의존한다. 혼합 조종의 영향을 알아보기 위해 작동자는 혼합을 FULL RICH 위치에서 희박하게 할 때 EGT 계기를 주시해야 한다. 이것은 그림 9-2에서 보여주고 있다. FULL RICH에서는 많은 양의 과다 연료가 연소되지 않는데 그것은 배기 가스를 냉각시켜서 EGT 눈금을 낮추는 결과가 된다.

혼합이 희박해짐에 따라서 과다 연료량은 줄어들고 온도는 상승한다. F/A 혼합기가 완전 연소되는 지점에서 최고 EGT가 실현된다. 이 점을 지나쳐서 희박해지면 과다 공기 때문에 냉각 효과가 생기고 엔진은 거의 희박 실화(lean mis fire) 상태에 가깝게 된다. 그 때 이 혼합을 최고 EGT의 희박쪽(lean side)에 있다고 말한다. 최고 EGT는 혼합 조종의 EGT 방법에서 중요한 것이다. 물론 최고 EGT를 나타내는 계기는 출력 맞춤, 고도, 외부 공기 온도, 감지(monitor)되는 실린더가 정상

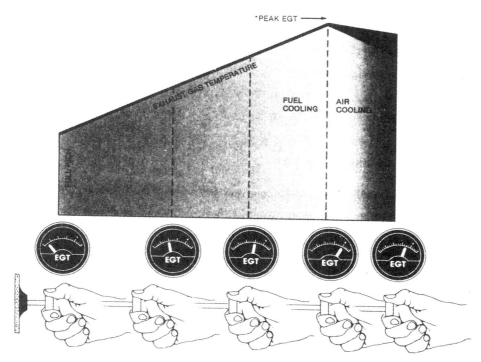

그림 9-2 EGT changes with mixture leaning

적으로 기능하는지에 따라 다양하게 지시된다. 혼합이 FULL RICH 위치로부터 희박해질 때 최고 EGT가 약 100°F(37.8℃) 지점까지 올라감에 따라 공기 속도(airspeed)가 증가한다. 이것은 최대 출력을 내기 위한 혼합 맞춤이다. 만일 혼합을 최고 EGT에 도달할 때까지 계속 희박하게 한다면 공기 속도는 약 2mph(3.2km/h) 감소하게 된다. 그러나, 연료 경제성과 항공기 항속 거리는 약 15% 증가할 것이다.

(2) 점화 플러그 리드 파울링(Lead Fouling)으로 인한 문제점

80/87 옥탄가 항공용 가솔린(octane avgas)으로 작동하도록 설계된 대부분의 항공기 엔진은 80/87 avgas 유용성 감소로 인하여 100LL(low-lead)를 사용하지 않으면 안 된다. 엔진이 100LL avgas로 작동될지라도 100LL avgas는 4에틸납(tetraethyllead)이 80/87 octane avgas의 4배를 함유하고 있기 때문에 스파크 플러그 파울링 문제가 나타나게 된다.

보통 80/87 avgas는 납이 0.5mL/gal가 포함되어 있으나 100LL은 2.0mL/gal이 포함되어 있다. 그 결과 점화 플러그 전극(spark plug electrode)에 파울링에 원인이 되는 납이 점화 플러그에 모이게 된다. 이 점화 플러그 파울링은 여러 가지 작동상의 문제를 야기하고 점화 플러그 세척의 필요성도 증가시킨다.

80/87로 작동하도록 설계된 엔진에서 100LL avgas로 작동하기 위한 방법은 두 가지가 있다.

첫째, 최적 혼합 조종은 과도한 납이 모이게 되는 것을 방지하도록 선택되어야 한다는 것이다. 적합한 혼합 조종으로도 점화 플러그의 성능이 요구대로 되지 않을 수도 있다. 혼합 조종 절차를 보완하기 위해서 TCP(tricresylphosphate)와 같은 연료 첨가제가 탱크에서 연료와 혼합된다. TCP는 납이 전극에서 전도성이 떨어지게 하고 덜 부식하게 만들어서 점화 플러그 파울링을 줄여준다. 그것은 또한 형성된 납 침전물을 부드럽게 해 줌으로써 연소실로부터 납 침전물을 소기할 수 있게 한다. TCP는 일반적으로 터보차저 엔진이나 납 관련 문제가 없는 엔진에는 사용되지 않는다. 그러므로 표준 연료 첨가제로는 사용되지 않는다.

지상 엔진 작동의 어떤 기법으로는 80/87 avgas에 맞게 설계된 엔진에 100LL avgas가 사용될 때 스파크 플러그 파울링을 방지하는 데 도움이 될 수 있다. 즉, 저속 중에 농후 혼합이 사용되므로 가능한 한 엔진을 저속으로 한다. 그리고 출력을 부드럽게 하고, 정상 이륙동안 갑자기 드로틀을 열지 않는다. 엔진을 정지할 때 약 1000rpm에서 운용하고 그리고 나서 혼합 조종을 저속 차단(IDLE CUTOFF)으로 이동한다. 이상은 점화 플러그 파울링을 줄이기 위한 방법의 몇 가지 예이다.

9-5 겨울철 왕복 엔진 작동

(1) 절 차

항공기 엔진을 추운 날씨에 작동하려면 정상 날씨에서 작동할 때보다 특별한 준비와 예방을 해야 한다. 연료 증기화가 어렵게 되고 오일 점도가 높아 시동기 부하가 높아져 크랭킹 속도를 떨어뜨린다. 엔진 보기들은 종종 응결된(congealed) 오일 때문에 고장난다. 이것을 추운 날씨에서 왕복 엔진의 오일 냉각기 고장이 많이 일어나는 것을 보면 분명해진다. 과도한 연료 프라이밍으로 인해 피스톤 링과 실린더 벽에 오일을 씻어내게 되어 피스톤이 실린더를 닳게 하거나(scuff) 긁히게 (score) 한다.

어떤 항공기는 엔진 작동 온도를 요구대로 유지하고 오일 냉각기와 증기 통기 라인(vapor vent line)을 얼지 않게 하기 위하여 겨울용 장비(kit)를 사용한다. 이륙 전에 엔진을 난기(warm-up)시키고 정지 전에 엔진을 냉각시키도록 주위를 기울이면 정비도 줄어들고 엔진 수명도 연장된다. 겨울철 작동을 위해서는 기화기의 공기 가열 장치와 가열 상승 가능 온도를 점검해야 한다. 동시에 기화기 공기 가열이 있거나 없거나 간에 엔진 저속 rpm과 혼합비도 점검되어야 한다.

또한 크랭크케이스 브레더(crankcase breather)도 점검해야 하는데, 브레더 라인이 동결되면 많은 문제를 일으킨다. 대부분의 연소로 발생되는 물은 배기로 나가지만 어떤 물은 크랭크케이스로 들어와 증발된다. 증기가 냉각될 때 그것은 브레더 라인에 모여서 동결되어 막히게 한다. 브레더 계통에 결빙이 없는지를 비행 전에 특별히 주의를 하여야 한다.

(2) 섬프 드레인(Draining Sump)

비행 전 점검에서 섬프의 적당한 배수(draining)는 대단히 중요하다. 연료에 물과 오염물이 없는지를 알아보기 위해서 충분한 연료를 투명한 용기로 빼내야 한다. 이것은 온도 변화시, 특히 거의 동결의 가능성이 있을 때 특히 중요하다. 온도가 상승하면 물로 변하는 얼음은 탱크에 머물거나 기화기나 연료 조종기로 흘러들어 가게 될 수도 있는데 이것은 엔진 고장의 원인이 된다. 물은 라인과 여과기에서 얼 수도 있는데 그것은 엔진 정지의 원인이 된다. 작은 양의 물이라도 그것이 얼면 연료 펌프 선택 밸브, 기화기의 적절한 작동을 방해하게 된다.

(3) 결빙 방지 첨가제(Anti-Icing Additive)

섬프의 적당한 연료 샘플링(sampling)과 적당한 배수(draining)는 연료 속에 물을 없게 하기 때문에 결빙 형성 방지에 중요하지만, 얼음이 연료 흐름을 막히게 할 위험은 제거하지 못한다. 어떤 상황하에서 용액 속의 물은 얼음 결정체를 형성한다. 용액 속의 물은 섬프에 의해서도 제거되지 않기 때문에 이소프로필(isopropyl) 알코올이나 EGME(ethylene glycol monometyl ether)와 같은 결빙 방지제를 연료에 첨가함으로써 얼음 결정체 형성을 방지해야 한다. 첨가제가 물기를 흡수하고 혼합기의 빙점(freezing point)을 낮춘다. 알코올이나 EGME를 사용할 때는 사용 지침서대로 따라야 한다.

(4) 엔진 예열(Engine preheat)

엔진 예열이란 엔진, 윤활유 및 보기를 가열시키기 위해 엔진에 가열된 공기를 강제로 불어넣는 것이다. 외부 온도가 +10°F(-12.2℃) 이하이면 모든 항공기의 왕복 엔진에는 예열이 필요하다. 이것은 극도로 추운 환경에서 엔진이 시동이 안 되는 것은 아니나 예열 없이 시동을 걸면 흔히 엔진 손상을 일으킨다는 것이다. 손상의 형태로는 실린더가 긁히게(scored) 되며 피스톤 스커트가 닳고(scuffed) 피스톤 링이 깨지게 되는 것이다.

실린더만 가열하게 되면 전체 오일 계통이 적당히 가열되지 않는다. +10°F(-12.2℃) 이하에서는 전체 엔진, 오일 공급 탱크, 오일 계통에 예열이 필요하다.

(5) 엔진 예열시 주의 사항(Engine Preheat Precautions)

항공기 예열에 관해서는 아래와 같은 권장 사항들이 있다.

1) 가능하면 항공기를 가열된 격납고에 보관하여 예열한다.
2) 좋은 상태에 있는 가열기만 사용하고 작동 중에는 가열기에 연료를 재급유하지 않는다.
3) 가열 과정 중에는 항공기에 주의를 기울이고, 소화기를 가까이에 갖추어 놓는다.
4) 실내 장식, 범포(canvas) 엔진 덮개, 연료 라인, 유압 라인 등과 같은 항공기의 가연 부분에 뜨거운 공기가 직접 송풍되지 않도록 가열 배관을 한다.

9-6 육안 검사

모든 부품들은 엔진에서 장탈되거나 또는 분해 직후 세척하기 전에 사전 육안 검사를 해야 한다. 엔진에서 움푹 파인 곳이나 다른 부분에 찌꺼기가 발견된다는 것은 위험한 작동 상태라는 지표가 될 수도 있다.

육안 검사는 직접 검사하거나 확대경으로 검사할 수 있다. 검사시에 강한 빛을 사용하여 가능한 모든 결함이 보이도록 해야 한다. 육안 검사 중에는 가장 손상되기 쉬운 엔진 부분과 부품에는 특별히 주의를 기울여야 한다. 육안 검사로는 보통 금속 표면의 균열(crack), 부식(corrosion), 찍힘(nicks), 긁힘(scratch), 밀림(galling), 스코어링(scoring), 소손(burning), 마손(burr), 우그러짐(bent) 등이 드러난다. 수리 불가능 상태로 손상된 부품은 재사용되지 않도록 표시해 놓아야 한다. 그래서 폐기된(discard) 모든 부품은 오버홀 파일에 기록되어 있어야 한다. 나머지 부품들은 재사용할 것인지 또는 수리 받을 것인지 분명하게 표찰을 달아 놓아야 한다.

9-7 구조적 검사

엔진 부품을 구조적 검사 과정과 그 절차는 오버홀 공장마다 다소 다르다. 구조적 검사의 기능은 각 부품의 구조적 완전 무결(intergrity)을 결정하는 것이다. 결함이 있는 부품은 발견 즉시 오버홀 과정에서 제거하여서 시간과 경비를 절약하고 엔진에 들어가는 부품에는 위험한 고장 잠재 가능성을 없애준다. 엔진 부품은 다음과 같은 방법으로 구조적 검사를 한다.

(1) 자분 시험(Magnetic Particle Testing)

자분 시험은 철과 같은 강자성 물질 표면과 표면 밑에 균열 또는 결함과 같은 불연속(discontinuity)이 있는지를 찾아내는 비파괴 방법이다. 부품 주변에 또는 부품을 통하여 강 전류를 흐르게 하여 부품이 자성을 띄게 한다.

전류는 항상 자장이 동반된다. 자력선을 자화된 부품을 통해 흐른다. 균열이나 불연속이 생기면 자속 누설이 있게 된다. 자속 누설은 자속선이 물질 표면에 남아 있는 곳에서 생기게 되어 자력이 불연속 부분에 집중되게 한다(그림 9-3 참조).

자분은 자화된 부품에 적용되어 자속 누설 지역에 집중됨으로써 불연속의 흔적을 육안으로 볼 수 있게 한다. 자분 시험은 Magnaflux회사가 제작한 것과 같은 특수한 장비로 수행된다. 자력 검사가 필요한 부품은 공인 검사 기관에 보내거나 자력 검사 장비 사용에 대해 철저하게 교육받은 사람에 의해 검사되어야 한다. 자분 시험 기술자들은 불연속을 성공적으로 발견해 내서 판독(interpret)하는 데 훈련과 경험을 쌓아야 한다.

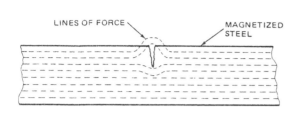

그림 9-3 Magnetic lines of force leaving surface of metal

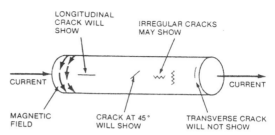

그림 9-4 Effect of crack orientation in a circularly magnetized bar

작동자가 잘 이해해서 결정해야 할 주요 요소들은 다음과 같다.

1) 시험 부품이 자화되는 방향
2) 자장이 얼마나 강해야 하는가
3) 사용 전류 형태
4) 사용 자분 형태
5) 불연속의 판독

자장은 감지할 수 있는 각도(가급적 90°)로 찾아질 불연속 부분과 교차해야 한다. 자화 방향은 전류가 그 부품을 통과하는 방향에 의해 결정된다. 자장의 방향은 항상 전류 흐름에 수직이다. 만일 불연속이 대략 세로라고 예상되면 그 부품을 원형으로 자화한다(그림 9-4 참조). 원형 자화 (circular magnetization)는 그 부품에 직접 전류를 통하게 하면 된다.

불연속이 원형으로 또는 횡으로 그 부품을 통과하리라고 예상되면 그 부품은 세로로 자화되어야 한다. 세로 자화(longitudinal magnetization)는 그 부품 주변을 굵은 철사로 감싸거나 그림 9-5 와 같이 자성 코일 속에 그 부품을 놓으면 된다. 이 경우 전류는 코일을 통과하고 부품 자체로는 통과하지 않는다. 전류를 전달하는 케이블(cable)이 고리(loop) 모양을 이루고 있다면 전도체 전체를 에워싸고 있는 자속선(flux line)은 한 방향으로 고리를 해 지나간다(그림 9-6 참조).

그림 9-5 Part in a magnetizing coil

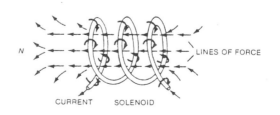

그림 9-6 Field in and around a solenoid carrying direct current and its direction

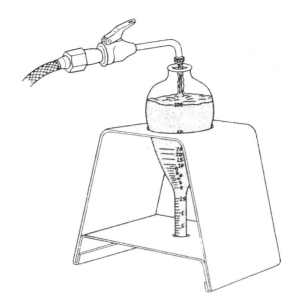

그림 9-7 Use of a central conductor for magnetization(Magnaflux Corp.)

만일 전류를 통하거나 코일 안에 넣어도 필요한 자화가 이루어지지 않는다면 그림 9-7과 같이 중심 전도체(central conductor)를 사용한다.

자력 강도는 몇 가지 요인에 따라 달라진다. 자장 강도는 어떠한 불연속에서도 자속 누설(flux leakage)이 생길 수 있을 만큼 충분히 커야 한다. 그러나 자장 강도가 너무 커서 표시가 나타나지 않게 되어서는 안 된다. 자력의 양은 그 부품의 주변을 통과하거나 직접 통과하는 전류의 양에 비례한다.

기술자들은 암페어(amperage)를 제한함으로써 이를 조종한다. 사용 전류를 어느 정도로 하느냐를 결정하는 일반적인 원칙은 단면 직경 1″당 1000A이다. 이는 직경이 3 또는 4인치 정도까지의 작은 대칭 물체에는 잘 적용된다. 작은 부품에 너무 많은 전류를 사용해도 과열되어서 부품이 원형으로 자화될 때 접촉 끝부분에서 타게 된다.

강자성 물질(ferro magnetic material)의 투자율(permeability)은 전류 강도 결정에 반드시 고려되어야 한다. 투자율이란 자장이 자기 회로(magnetic circuit)를 설정할 수 있는 용이도를 말한다. 강철은 투자율이 낮고 자석 저항이 있으나 연철은 투자율이 높고 쉽게 자성을 띤다.

결함의 위치에 따라 사용 전류 형태를 결정한다. 자화 과정은 교류나 직류 어느 것으로도 이루어질 수 있다. 직류는 물체의 전체 단면에 침투하여 표면 아래 결함을 찾아내는 데 더 바람직하다. 교류는 물체 표면을 따라 흐르기 때문에 표피 효과(skin effect)라고도 하는데 교류로 자화된 부품은 표면의 불연속 검사에만 국한된다.

일반적으로 자분(magnetic particles)은 가시적이거나 형광을 띠게 된다. 가시적 자분은 여러 가지 색채를 띠게 할 수 있고 건조된 채로 또는 액체 매개체와 함께 적용시킬 수 있다. 분말은 회색 철 입자로 되어 있고 용해에 사용될 입자는 산화철이다. 둘다 색소로 채색된다.

분말은 매우 국부적인 검사에만 이용되는데 표면 아래 불연속을 찾아내는 데 있어서 습 방법 (wet method)에 비해 우수한 것으로 입증되었다. 그러나 습 방법도 이용하기 쉽고, 적용 범위가 넓으면 표면 균열을 탐지하는 데는 분말보다 더 효과적이고 뚜렷하게 눈에 보이게 하고 대비를 이루게 한다. 직류로 자성화된 형광 습 방법은 엔진 부품 검사에 전형적으로 사용된다. 그러나 항공기 정비사는 특별한 결함을 찾아내는 데 좀더 효과적인 다른 방법을 사용한다. 자분을 부유시키는 용액이 사용될 때 용액은 노즐에 의해 부품에 뿌려진다. 용액이 부품에 흐를 때 자력선이 금속 표면에 형성된 곳에 자분이 달라붙게 된다. 이에는 두 가지 방법이 있는데 잔여 방법(residual method)과 연속 방법(continuous method)이다. 전자는 우선 부품을 자화시켜서 용액조(bath)에 넣는 것이고 후자는 부품을 용액조에 넣은 후 자화하는 것이다. 어떤 방법을 사용하느냐는 주로 운용자나 물체의 투자율에 따라 좌우된다.

잔여 방법은 운용자에 덜 의존하는 방법이다. 그러나 검사될 물질은 투자율이 낮고 자성 보존력은 높다(즉, 전류가 일단 차단되어도 자성을 가지고 있다). 연속 방법은 운용자의 기술을 더 많이 요구하지만 더 바람직한 방법이다. 이 방법은 자력 전류가 부품을 직접 또는 둘레로 통과할 때 자분이 존재하기 때문에 투자율이 높거나 또는 낮은 물체에 사용된다. 또한 입자들의 움직임은 자분이 불연속된 곳으로 향하려는 것을 쉽게 해주는 전류 흐름에 의해 강화된다.

자분과 용액의 비율은 중요하다. 입자들은 제작자가 제공하는 용액조 강도 도표에 따라 용액과 혼합된다. 용액조 강도(bath strength)는 자주 점검해야 하는데 가장 널리 이용되는 점검 방법은 그림 9-8과 같은 눈금이 있는 ASTM 배 모양(pean-shaped)의 원심 분리 튜브에서 중력에 의해 침전시키는 것이다. 자분은 튜브에 표시된 눈금을 읽을 수 있는 튜브 바닥에 점차 침전된다.

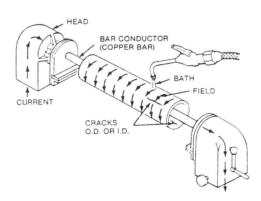

그림 9-8 Checking particle concentration with a centrifuge tube(Magnaflux Corp.)

정비사는 자분 검사로 형성된 징후를 정확하게 판독할 수 있도록 훈련과 경험을 쌓아야 한다. 불가시 광선(black light)으로 검사하면 표면 균열은 선명하고 밝은 연두색선(yellow-green line)으로 나타난다. 표면 아래의 결함은 마찬가지로 정의되지 않는다. 그림 9-9에서는 커넥팅 로드에 나타난 균열 표시를 보여주고 있다.

많은 지표들은 부품의 구조적 강도나 또는 서비스 유용성과는 아무 관계가 없다. 이들 지표는 자속 흐름을 방해하는 부품의 물리적인 측면에 의해서 야기되는 것이어서 무관련 지표(irrelevant indication)라고 부른다. 무관련 지표의 예로 자속이 대단히 집중되는 부품의 날카로운 가장자리에서 발생된다. 구조적으로 중요하지 않은 공구에 의한 표시도 자속 누설을 일으킬 수 있는 것이다. 그림 9-10과 같은 내부키 홈도 표면내 결함으로 나타날 수 있다.

용액이 배수선(drainage line)을 넘어 실린더의 수평 접선이나 바닥면에 입자들이 떨어질 때도 무관련 지표가 된다. 이와 같은 지표들은 자속 누설과 무관한데 이를 오 지표(false indication)라고 부른다.

그림 9-9 Crack indications with magnetic particle inspection

그림 9-10 Cear and shaft showing irrelevant indications due to internal splines

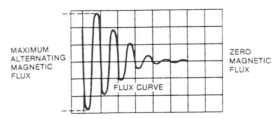

그림 9-11 Slowly decaying ac magnetic field as seen by the part during demagnetization

실린더를 회전시켜 입자들을 움직이게 하도록 용액조를 재적용하라. 부품이 검사된 후에는 비자화하여야 한다. 그렇지 않으면 작은 강철 입자를 함유하게 되어 엔진 작동중 심각한 손상을 일으킬 수도 있다. 비자화는 부품에 천천히 강한 교류 자장을 통하게 하여 자속이 "0"이 될 때까지 서서히 부품을 자장 밖으로 이동시킨다(그림 9-11 참조)

비자화시키는 장비는 교류가 흐르는 코일로 되어 있다. 자화시키는 코일과 동일한 코일도 되고 비자화만에 이용되는 별도의 코일을 사용하기도 한다. 어떤 기계는 부품이 코일 안에 고정되고 교류가 서서히 "0"으로 사라지는 자동 비자화 사이클을 갖는 것도 있다. 어떤 것을 사용하든지 간에 부품이 코일 밖으로 나가거나 사이클이 끝날 때까지 전류를 끊어서는 안 된다.

자분 시험에 관하여는 항상 제작자의 정비 지침서를 참조해야 한다. 나무 플러그(wood plug)나 응고된 그리스와 함께 자분에 의해 작은 오일 통로나 움푹한 곳을 막히게 하므로 주의해야 한다. 자분 검사를 끝내면 엔진 부품은 깨끗한 솔벤트로 세척하고 압축 공기로 건조시켜야 한다. 그리고 부식 방지 오일로 얇은 막을 입혀야 한다.

(2) 액체 침투 검사(Liquid Penetrant inspection)

알루미늄 합금, 마그네슘 합금, 청동 또는 기타 자화될 수 없는 금속으로 만들어진 엔진 부품은 형광 침투, 색조 침투, 초음파 장비, 와전류 장비에 의해 검사된다. 특히 액체 침투로 검사하는 대표적인 부품은 크랭크케이스, 보기 케이스, 오일 섬프, 실린더 헤드이다.

침투 검사로는 부품 시험, 발견된 불연속 부분의 성질과 정도에 관한 표, 서비스를 받을 것인지의 타당성에 관한 최종 결정이 포함된다. 운용자는 여러 가지 지표를 정확하게 평가할 수 있도록 철저히 훈련된 전문가이어야 한다. 액체 침투 검사 장치와 여러 가지 검사 방법에 관하여는 제작자들에 따라 다양하다.

어떤 장치와 방법을 사용할 것인가의 결정은 검사할 재질, 정비 공장의 작업 능력, 사용 주파수, 발견될 불연속의 형태에 따라 좌우된다. 액체 침투 검사의 분류는 MIL-I-25/35에 의한다. 그것은 형태(type), 방법(method), 수중(level)으로 나뉘어지는데 형태에 따른 분류는 침투 형태가 가시적인가 형광인가를 나타낸다. 방법에 따른 분류는 재질에 따라 적용되는 과정에 따라 분류된다. 수중 번호는 민감도를 나타낸다.

형태, 방법, 수준을 불문하고 그 원리는 똑같다. 부품은 깨끗이 세척하고 페인트를 벗겨낸다. 그래야만 부품에 침투가 되어 표면의 불연속된 부분에도 들어가게 된다. 과도한 침투액은 닦아낸 후 현상액(developer)을 칠한다. 현상액은 가시 침투의 경우에는 백색관으로, 형광 침투의 경우에는 불가시 광선으로 보이게 하도록 표면 불연속 부분에 들어간 침투액을 뽑아낸다.

액체 침투 검사는 간단하게 분무기 캔(aerosol can)을 이용하여 할 수 있다. 이 방법은 매우 효과적이지만 적은 양밖에 사용할 수 없고 국부적인 검사에만 사용된다. 액체 침투 검사 재료는 많은 양으로 할 수 있고 상업적 분무기로도 할 수 있으며 큰 통에 부품을 담가서 할 수도 있다. 여기서는 형광 침투액과 유화제를 사용하는 침잠 장치(immersion system)에 대해 다루기로 한다.

　유화제(emulsifier)가 사용되기 때문에 유화 작용 후 과정(postemulsification process)이라고 도 한다. 그림 9-12에서 보여주고 있는 장치는 Magnaflux 회사가 제작한 것으로 많은 양의 액체 침투 검사를 할 때 이용된다.

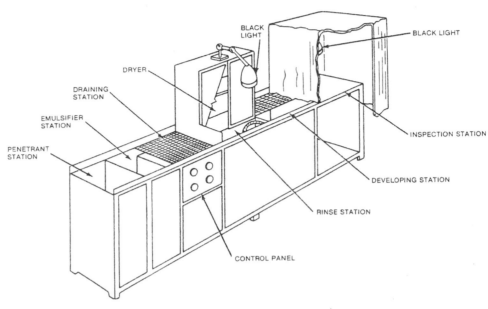

그림 9-12 Liquid penetrant inspection unit(Magnaflux Corp.)

　모든 부품은 완벽하게 세척하여야 한다. 부품을 세척하기 위해 어떤 형태의 그릿 블라스팅(grit blasting)을 하여서는 안 된다. 블라스팅 매개체에 의한 두드리는 작용은 불연속 부분을 폐쇄시킬 수도 있다. 액체 침투 검사는 표면에 드러난 결함만 발견해 낸다는 것을 명심하여야 한다. 부품을 그릿 블라스팅할 필요가 있으면 검사를 계속하기 전에 표면 불연속이 완전히 드러나도록 애칭 (etching)하여야 한다. 그리고 나서 세척 후 침투제 통에 부품을 넣는다. 부품의 성질과 발견될 불 연속의 조임 정도(tightness)에 따라 10분 내지 45분 정도 침투제에 담가놓는다. 침투액이 모세관 현상에 의해 불연속 부분으로 들어간다. 이 때 부품을 약간 따뜻하게 하면 더 잘 들어가게 된다. 그 리고 나서 부품을 침투액에서 꺼내어 드레인 선반(drain rack)에 올려놓는다. 그리고 묻어 있는 침 투액을 제거하고 과도한 유화제 오염을 방지하기 위하여 물로 분무하여 헹구어준다(Prerinse).

　이 장치에 사용되는 침투액은 수용성이 아니다. 잔여 침투액을 부품 표면에서 제거하기 위해서 는 유화되게 하거나 수용성으로 만들어야 한다. 그래서 유화게 통에 넣어서 유화제가 침투액이 묻 은 표면에 퍼지게 하여 분해시킨다(그림 9-13 참조). 유화제에 담구어 놓는 시간이 매우 중요하다.

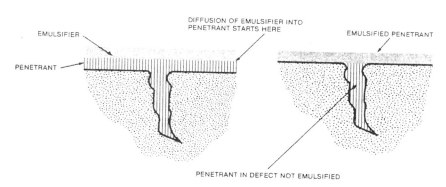

그림 9-13 Action of emulsifier in liquid penetrant inspection(Magnaflux Corp.)

시간이 너무 짧으면 침투액이 부품의 표면에 남아 있게 되어 불연속의 흔적이 가려지게 되고 너무 오래 담구어두면 불연속 부분의 속까지 유화제가 퍼져 침투액이 모두 없어지게 된다. 유화제로부터 빼낸 후에 그 부품을 헹군다(Postrinse). 그러면 유화제가 묻은 침투액은 제거되고 불연속 부분에만 침투액이 남아 있게 된다. 불연속 부분 속의 침투액은 수용성이 아니므로 많이 헹구어도 그 표시가 없어질 위험이 없다. 그리고 현상 단계로 들어가기 전에 잘 건조시켜야 한다. 뜨거운 공기가 순환되는 작은 방이나 터널에 넣고 완전히 건조시킨다.

현상제는 습식이거나 건식일 수 있다. 건식 현상제는 그 부품 위에 뿌리게 되어 있는 분말이다. 습식 현상제는 분무하거나, 붓으로 바르거나, 담구어서 사용한다. 여기서는 전체 부품이 덮힐 (Cover) 만큼 충분히 오해 현상제에 담구어 놓는다. 그리고 나서 현상제가 부드럽고 하얀 엷은 막 (Film)으로 건조될 때까지 건조기로 말린다.

검사는 형광 침투액이 사용되기 때문에 암실에서 불가시 광선(Black Light)하에서 이루어져야 한다. 또한 현상 시간을 적당하게 하도록 주의해야 한다. 보통 5분에서 30분이 되는데 불연속 부분이 밝은 연두색으로 표시되어 나타난다. 그 표시가 어떤 결함을 나타내는가에 따라 검사자가 그 부품을 폐기해야 할지, 수리해야 할지 또는 아무 것도 아닌지를 결정한다. 그래서 만족스러운 부품은 적당한 세제로 세척하고 검사 과정의 다음 단계로 넘어간다.

(3) 초음파 검사(Ultrasonic Inspection)

초음파 검사는 왕복 엔진의 오버홀시 널리 이용되지는 않지만 어떤 엔진 부품에는 초음파 검사를 하도록 하고 있다. 초음파 검사는 고주파(High-Fruquency Sound Wave)를 이용하여 금속 부품에서 결함을 나타나게 하는 것이다. 음파가 그 부품에 전달된 후 반사파가 수신되어 오실로스코프(socilloscope)에 나타나게 된다. 부품에 결함이 있다면 반사파는 오실로스코프상에 "블립(blip)"으로 나타낸다. 블립이 나타난 지점이 결함의 깊이를 나타낸다. 초음파 검사는 노련한 기술자가 해야 만족스럽게 할 수 있다. 기술자는 초음파 장비에 익숙해야 하며 나타난 모든 지표를 정확하게 판독할 수 있어야 한다.

(4) X-RAY 검사(Radio Graphic Inspection)

X-RAY 또는 방사선 검사는 대부분의 엔진 오버홀시 항상 하는 것은 아니지만 금속 결함의 형태가 어떠한지를 파악하기 위해서 때때로 하고 있다. X-RAY 검사는 주물(casting), 단조(forgings), 용접(welding) 내부의 불연속을 탐지하는 데 특히 효과적이다. 강력한 X-RAY는 수 인치 정도 금속에 침투하여 금속 내의 결함을 그대로 영상으로 보여준다. X-RAY 장비는 그림 9-14와 같다.

X-RAY 검사는 자격을 가진 사람만이 할 수 있으며 방사선으로부터의 피해를 방지하기 위한 안전상의 주의를 기울여야 한다. X-RAY 자격 기사는 모든 안전을 위한 경고를 잘 숙지하여야 한다.

그림 9-14 X-ray equipment

(5) 와전류 검사(Eddy-Current Inspection)

와전류 검사는 금속 부품 내부의 결함을 발견하는 데 효과적이다. 와전류 시험기는 금속에 고주파 전자기파를 보내면 이 파장이 금속 내부에서 와전류로 된다. 금속 구조가 균일하다면 와전류가 균일한 패턴으로 흐르고 이것이 지시계에 나타난다. 그러나 불연속 부분이 있다면 와전류 효과가 바뀌게 되어 지시계는 정상보다 더 큰 지시가 나오게 된다.

와전류 검사도 X-RAY 검사와 같이 엔진 점검시 항상 사용되는 것은 아니다. 그러나 와전류 시험기는 어떤 형태의 시험이 효과적으로 이루어지는가를 경험하여 잘 아는 기사에게는 상당한 가치가 있다.

9-8 치수 검사

　치수 검사(Dimension inspection)는 움직이는 면이 다른 면과 접촉하고 있는 엔진 부품에 대하여 마모의 정도를 결정하는 데 이용된다. 표면간 마모가 제작자가 제공한 한계표(Table of limit)에 나오는 양보다 많으면 부품에 맞는 적당한 방법에 따라 교체되거나 수리되어야 한다.

　그림 9-15와 같은 한계표에는 부품 명칭, 사용 가능성 또는 최대 한도, 제작자의 새로운 부품의 최대 및 최소 한계 등이 열거되어 있다. 사용 가능 한계는 최대 허용 마모량을 말한다. 사용 가능 한계 내에 있는 부품이 엔진에 장착된다면 다음 번 엔진 오버홀 시기가 되기 전에 엔진 안전 작동을 위협하는 전까지 마모되지 않는다는 것을 제작자의 엔지니어들이 결정한다.

그림 9-15 Sample Table of Limits(Lycoming Textron)

Ret. New	Ref. Old	Chart	Nomenclature	Dimensions		Clearances	
				Mfr. Min. & Max.	Serv. Max.	Mfr. Min. & Max.	Serv. Max.
500	500	A	All Main Bearings and Crankshaft			.0025L .0055L	.0060L
		B-D-G-J-S-T-Y-BD-BE-AF	Main Bearings and Crankshaft (Thin Wall Bearing-.09 Wall Approx.)			.0015L .0045L	.0060L
		B-G-J-S-T-Y-AF	Main Bearings and Crankshaft (Thick Wall Bearing-.16 Wall Approx.)			.0011L .0041L	.0050L
		A	Diameter of Main Bearing Journal on Crankshaft	2.3735 2.375	(E)		
		B-D-G-J-S-T-Y-BD-BE	Diameter of Main Bearing Journal on Crankshaft (2-5/8 in. Main)	2.3745 2.376	(E)		
		T1-T3-AF	Diameter of Main Bearing Journal on Crankshaft (2-5/8 in. Main)	2.6245 2.626	(E)		
		S8-S10	Diameter of Front Main Bearing on Journal on Crank-shaft(2-3/8 in. Main)	2.3750 2.3760	(E)		
		T1-T3-AF	Diameter of Front Main Bearing Journal on Crank-shaft(2-5/8 in. Main)	2.6245 2.6255	(E)		

　제작자의 새로운 부품의 최소 및 최대값의 수가 부품의 제작 공차(tolerance)이다. 제작자에 의해 개조된(rebuilt) 엔진은 이러한 새로운 부품 치수를 따라야 한다. 그러나 대부분의 오버홀 공장에서는 품질 점검을 보장하기 위해 새로운 부품 공차를 이용한다. 검사자는 부품이 미터법이 아닌 엔진에서는 1인치를 16등분한 치수도 제작된다는 것을 알아야 한다. 이것은 여러 해 전에 SAE에서 제정한 관행을 따르는 것이다. 그러므로 정확한 치수로 만들어진 부품은 X/16in+0.000 공차로 측정된다.

축, 크랭크 핀, 주 베어링 저널, 피스톤 핀, 기타 부품의 치수는 그림 9-16에서 보는 바와 같이 마이크로미터 캘리퍼(micrometer caliper)로 측정된다. 마이크로미터는 거의 1/10,000까지 측정될 수 있는 부척(vernier scale)으로 되어 있다. 그리고 앤빌(anvil)과 스템 사이의 측정 압력이 모든 측정에 균일하게 되게 하기 위해서 마이크로미터는 깔쭉 톱니바퀴 슬리브(rachet sleeve)나 스템(stem)이 있는 것이 좋다. 부싱(busing), 베어링 등의 내경(inside diameter : ID)은 텔레스코핑 게이지(telescoping gauge)로 측정된다. 게이지가 열림에 있는 동안 측정 치수에서 잠근다. 텔레스코핑 게이지의 치수는 그림 9-17과 9-18에서 보는 바와 같이 마이크로미터 33으로 측정된다.

크랭크케이스에 있는 크랭크 축, 캠 축 베어링 보어(bore)와 커넥팅 로드 보어의 큰쪽 말단부와 같은 베어링과 베어링 보어의 내경 측정을 할 때는 크랭크케이스와 커넥팅 로드의 부분적인 조립이 요구된다.

볼트와 스터드는 텔레스코핑 게이지로 측정하기 전에 분할 표면간의 모든 간격을 없애기 위해 조여져야 한다. 분할 표면 또는 부품의 중심선으로부터 특정 각도에서 측정할 것을 제작자는 요구한다. 이러한 치수를 크랭크 축 주 저널, 크랭크 핀, 캠 축 저널의 외경과 비교한다. 두 측정값 간의 차이를 간극(clearance)이라 하며 한계표(Table of limits)(그림 9-15)에 명시된 수치 이내 이어야 한다.

구멍이 텔레스코핑 게이지로 측정하기에 너무 작으면 소형 구멍 게이지(small-hole gage)를 사용한다. 이 게이지를 볼 게이지(ball gage)라고도 하는데 게이지의 볼 쪽을 구멍에 집어넣어 그림 9-19에서와 같이 구멍에 잘 맞을 때까지 넓힌다. 그리고 나서 볼 게이지를 빼내어 구멍의 치수를 마이크로미터로 측정한다. 엔진 제작자들은 보통 어떤 구멍이나 출구(opening)의 치수를 측정하기 위한 플러그 게이지(plug-gage) 또는 "go and no-go" 게이지를 공급해준다. 이들 게이지는 제작자의 지침서에 따라 사용해야 한다.

실린더 배럴은 그림 9-20과 같이 실린더 보어 게이지로 측정된다. 이 게이지는 마모, 전원에서 벗어난 값(out-of- roundness), 테이퍼(taper)를 나타내어준다. 실린더 보어는 실린더 위에서 아래로 피스톤 추진(thrust) 방향과 이 방향의 90° 각도에서 게이지를 미끄러뜨림으로써 측정된다. 이 방법으로 진원에서 벗어난 값이 배럴의 전장(full length)에 대해 점검된다. 게이지가 실린더 배럴에 놓이기 전에 게이지 바늘(needle)을 배럴 기본 치수에서 "0"(zero)으로 맞춘다. 기본 치수에서 벗어나면 바늘이 정 또는 부의 방향으로 움직인다. 극단을 피하기 위해 평균 실린더 측정을 이용한다. 평균 측정은 몇 가지를 측정하여 평균을 낸다. 각 엔진 모델마다 측정 위치는 제작자의 지침서를 참조한다.

커넥팅 로드는 베어링과 부싱 치수와 얼라인먼트(alignment) 베어링과 부싱의 비틀림과 합치성(convergence)이 측정되어야 한다. Continental O-470 엔진에 사용되는 커넥팅 로드의 요구 조건은 그림 9-21에서 보여주고 있다. 이 그림에서는 비틀림과 합치점의 공차뿐 아니라 치수를 나타

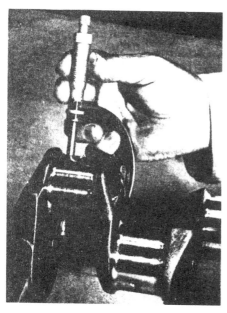

그림 **9-16** Measuring a crankpin with a micrometer caliper

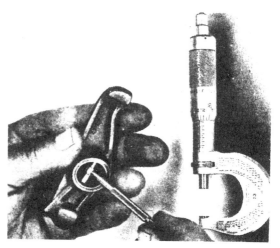

그림 **9-17** Using a telescoping gage

그림 **9-19** Using a small-hole gage

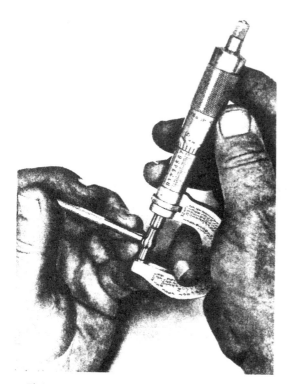

그림 **9-18** Measuring the dimension of a telescoping gage with a micrometer caliper

그림 **9-20** Using a cylinder bore gage

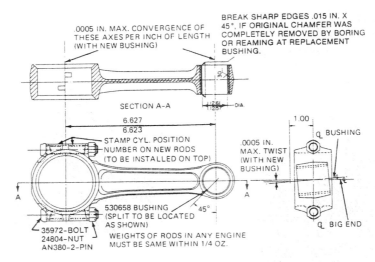

.0005 IN. MAX. CONVERGENCE OF
THESE AXES PER INCH OF LENGTH
(WITH NEW BUSHING)

BREAK SHARP EDGES .015 IN. X
45°, IF ORIGINAL CHAMFER WAS
COMPLETELY REMOVED BY BORING
OR REAMING AT REPLACEMENT
BUSHING.

SECTION A-A

6.627
6.623

STAMP CYL. POSITION
NUMBER ON NEW RODS
(TO BE INSTALLED ON TOP)

530658 BUSHING
(SPLIT TO BE LOCATED
AS SHOWN)

35972-BOLT
24804-NUT
AN380-2-PIN

WEIGHTS OF RODS IN ANY ENGINE
MUST BE SAME WITHIN 1/4 OZ.

1.00

.0005 IN.
MAX. TWIST
(WITH NEW
BUSHING)

Q BUSHING

Q BIG END

그림 9-21 Dimensional requirements for a connecting rod

내주고 있다.

커넥팅 로드의 비틀림은 양끝에 굴대(arbors)를 성치하며 정반(surface plate) 위에 있는 강철 막대(steel bars)에 평행으로 로드를 지지하게 함으로써 점검된다. 그리고 나서 비틀림 양을 결정하기 위해 각 지지점에서 두께 게이지(thickness gage)로 측정한다. 이러한 점검은 그림 9-22 사진에서 보여주고 있다. 로드의 작은 말단부(end) 쪽에 있는 지지 막대와 굴대(arbor) 사이의 간격을 측정하여 지지 강철 막대의 중심점 사이의 인치 수로 나눈다. 비틀림은 지지점 중심선 사이 거리의 인치당 0.0005″를 초과해서는 안 된다.

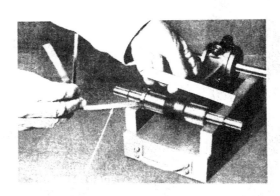

그림 9-22 Checking the twist of a connecting rod

커넥팅 로드의 큰 말단부 쪽의 굴대는 강철 막대보다는 V자형 블록에 의해 지지된다. 어느 방법으로도 원하는 결과가 나올 것이다. 합치성을 점검하기 위해 굴대 사이의 거리의 차이는 커넥팅 로드 중심의 각 면 위의 일정 거리에서 측정된다. 이것은 굴대의 한쪽 끝에 있는, 끝이 볼(ball)로 되어 있는 정밀 측정 암(arm)을 커넥팅 로드의 작은 쪽 속에 설치함으로써 정할 수 있다. 로드의 중심선으로부터 측정 암의 거리를 적어두고 측정 암은 볼이 로드의 큰쪽 대를 건드리도록 조정된다. 그리고 나서 측정 암을 굴대의 반대편 쪽으로 이동하고 거리상의 차이는 두께 게이지로 점검된다(그림 9-23 참조). 거리가 커넥팅 로드의 중심선으로부터 3″ 지점에서 점검되면 측정 지점간의 총 거리는 6″가 된다. 그러므로 커넥팅 로드 각 변의 축간 거리 차이가 0.003″ 미만이라면 합치성은 한계 내에 있다.

그림 9-23 Checking the convergency of connecting-rod ends

피스톤 링과 링 랜드(ring land) 간극과 같은 작은 갭(gap)의 치수는 두께 게이지로 측정한다. 두께 게이지가 과도한 힘을 쓰지 않고서도 그 사이로 들어간다면 그 갭은 적어도 게이지 치수만큼은 크다는 증거이다. 두께 게이지는 옆 간극(side clearance), 끝 간극(end clearance), 밸브 간극(valve clearance) 기타 유사 치수를 재는 데 사용된다.

게이지는 새로운 링이 피스톤에 장착될 때 링 끝 간극과 열 간극을 측정하는 데 사용된다. 끝 간극은 링이 보어에 잘 들어맞게 하기 위하여 실린더 스커드에 링을 끼워서 피스톤 헤드로 그것을 밀어 넣어서 점검한다. 링은 링 캡을 측정할 때 제작자가 명시한 실린더 배럴 안쪽의 한 지점에 위치해야 한다(그림 9-24 참조). 이 캡은 한계표에서 주어진 허용 범위 이내여야 한다. 피스톤 링 갭은

그림 9-24 Measuring piston-ring gap

피스톤과 링이 높은 작동 온도로 팽창될 때 실린더에 있는 링이 고착되는 것을 막기 위해 필요하다.

피스톤 링 캡을 측정한 후에는 옆 간극(side clearance) 검사를 위해 피스톤의 적당한 홈 (groove)에 링을 설치한다. 피스톤 링의 옆 간극은 그림 9-25와 같이 두께 게이지로 측정한다. 명시된 링 간극은 링 홈에서 링이 자유롭게 이동하고 하고 링 뒤로 오일이 자유롭게 흐르도록 하는 데 필요하다. 피스톤과 실린더에 피스톤 링을 정확하게 맞추어 끼워 넣고 엔진에는 승인된 형식의 피스톤 링을 장착해야 하는데 그 이유는 피스톤 링과 위쪽 실린더 벽 사이의 마모(wear)가 보통 엔진의 다른 부품의 마모보다 훨씬 더 크기 때문에 중요하다.

어떤 제작자는 피스톤 링의 장력(tension)도 측정할 것을 요구한다. 피스톤 링 장력은 링이 정상 캡까지 압축되었을 때 갭으로부터 90° 지점에서 측정한다. 장력은 한계표에 파운드(pounds)로 나타나 있다. 소형 링은 그림 9-26에서 보는 바와 같이 밸브 스프링 시험기 위에 놓고 측정할 수 있다. 대형 링은 적당한 저울에 놓고 측정해야 한다.

깊이 게이지(depth gage)는 기어 끝쪽에 하우징(housing)되어 있는 오일 펌프의 분할 표면 (parting surface)으로부터의 거리와 같은 고정된 표면 사이의 거리를 정확하게 재는 데 사용된다. 깊이 게이지의 사용은 그림 9-27에서 보는 바와 같다.

다이얼 게이지(dial gage) 또는 지시계(indicator)는 크랭크 축과 캠 축과 같은 회전 부분의 휨 (runout) 또는 전원에서 벗어난 값(out-of-roundness)을 점검하는 데 특히 유용하다. 크랭크 축의 휨 또는 굽힘(bending)은 축을 수평 정반(level surface plate)에 있는 V자 블록에 축을 장착시키고 다이얼 게이지에서 휨 정도를 읽으면서 축을 회전시킴으로써 점검된다. 이 작동은 그림 9-28에서 보는 바와 같다. 크랭크 축의 휨은 축이 추력과 뒤 저널(rear journal)에서 지지되는 동안 중심의 주 저널에서 점검되어야 한다. 또한 프로펠러 플랜지에서 또는 전면 프로펠러 베어링 시트에서 점검되어야 한다.

크랭크 축의 얼라인먼트와 휨 점검은 프로펠러가 지면이나 딱딱한 물체를 쳤을 때 야기되는 것과 같은 급격한 정지를 경험한 엔진에는 항상 수행되어야 한다. 항공기 엔진 정적(still)을 점검하기 위해서는 프로펠러를 장탈하고 엔진 전면에 다이얼 지시계(dial indicator)를 견고하게 설치한다. 다이얼 지시계의 "핑거(finger)"는 스플라인(spline)의 앞쪽에 있는 프로펠러 축의 부드러운 부분에 놓여지도록 위치시킨다. 그런 후 축을 회전시킨다. 축의 어떠한 편심(eccentricity)이라도 다이얼에 지시된다. 휨 점검중 크랭크 축에 굽힘(bending)이 발견되면 똑바로 펴는 것은 좋지 않다. 대향형 엔진이나 직렬 엔진의 캠 축은 크랭크 축에서 설명된 것과 같은 방법으로 점검하면 된다. 휨이 중심 베어링에서 측정된다.

왕복 엔진에 사용된 모든 스프링은 밸브 스프링 압축 시험기로 장력 검사를 해야 한다(그림 9-28 참조).

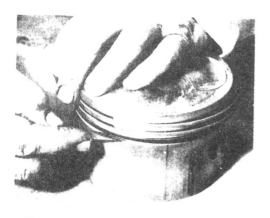

그림 9-25 Measuring piston-ring side clearance

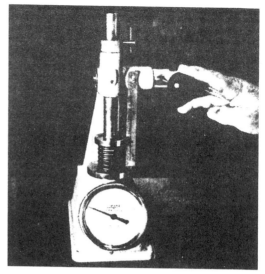

그림 9-26 Testing the compression of a valve spring

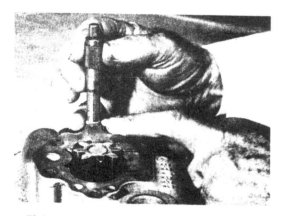

그림 9-27 Using a depth gage

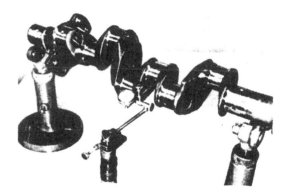

그림 9-28 Checking crankshaft alignment (runout)

한계표에서는 일정 스프링 높이에서의 장력을 나타내고 있다. 밸브 스프링, 오일 압력 릴리프 밸브 스프링, 오일 필터 바이패스 스프링, 오일 냉각기 바이패스 스프링 모두 오버홀시 점검되어야 한다. 여기서 어떤 왕복 엔진 부품의 중량은 중요하다는 것을 주지하라. 치수 검사시 커넥팅 로드와 피스톤의 중량을 측정하는 것은 보통 흔치 않다.

여기서 다양한 측정 도구에 대해 언급하였지만 엔진 제작자들이 특정한 엔진에 사용되는 특수한 게이지를 제공해 주고 있다. 이들 게이지는 관련 엔진의 제작자 오버홀 지침서에 설명되어 있어서 지시에 따라 사용해야 한다.

측정 장치에는 여러 형태의 디지털 전자 측정 장치도 있다. 치수 측정은 액정 화면으로 직접 읽을 수 있다. 이들 장치는 단독으로도 사용되고, 또는 디지털 처리기나 컴퓨터와 함께 사용할 수도 있다. 치수 한계보다 높거나 낮은 것은 시스템 내에 프로그램화 할 수 있다. 운용자가 부품을 측정할 때 자동으로 컴퓨터에 입력되어 모든 수치가 프린트되어 나오며 한계를 넘어선 부품을 표시해준다.

9-9 안전 결선의 사용

엔진의 최종 조립과 보기의 장착시 드릴된 헤드(drilled head) 볼트, 캡 나사(cap screw), 필리스터 헤드(fillister head) 나사, 캐슬 너트(castle nut) 기타 고정 장치를 안전 결선하는 것이 필요하다. 이러한 목적에 사용되는 선은 부드러운 스테인리스강이거나 제작자가 명시한 와이어(wire)이어야 한다.

안전 결선을 하는 데 주요한 필요 조건으로 와이어의 장력이 볼트, 너트, 기타 고정 장치를 조여준다는 것을 알아야 한다. 그러므로 안전 결선을 하는 사람은 와이어의 당김이 조여주는 효과를 낼수 있도록 볼트 헤드나 너트의 정확한 쪽에 설치되어야 한다는 것을 알아야 한다.

안전 결선은 와이어를 고정 장치의 구멍으로 집어넣어서 두 가닥을 손으로 또는 특수한 안전 결선 동구에 의해 꼬는 것이다. 꼬인 부분의 길이는 설치하는 데 맞게 조정되어야 한다. 그리고 나서 와이어의 한쪽 끝은 다음 구멍으로 집어넣고 양끝을 다시 함께 꼰다. 와이어는 플라이어(pilers)로 단단하게 꼬아지지만 너무 심하게 꼬아 약화되지 않게 하여야 한다. 이 작업이 끝나면 나머지 와이어는 약 1/2인치(12.70mm) 정도만 남겨 놓고 잘라 낸다. 안전 결선의 전형적인 예를 그림 9-29에서 보여주고 있다.

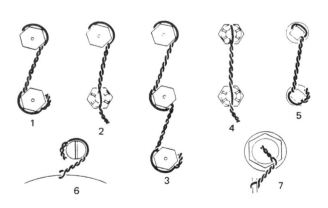

그림 9-29 Examples of lockwiring

9-10 토크값

기술자가 엔진 조립이나 기타 항공기 부품 조립시 고려해야 할 가장 중요한 과정 중 하나는 너트와 볼트를 조이는 데 적용되는 토크(torque)이다. 엔진에 있는 여러 가지 너트와 볼트에 필요한 토크값은 제작자의 오버홀 및 정비 지침서에 명시되어 있다.

토크 렌치는 기술자가 눈금을 보고 직접 해당 토크값을 읽을 수 있도록 눈금이 설계되어 있다. 눈금은 중, 소 볼트와 너트에 맞도록 인치-파운드(in-lb) 또는 파운드-인치(lb-in)로 표시되어 있다. 직경이 3/4인치 이상인 볼트와 너트에는 보통 피트-파운드(ft-lb) 또는 파운드-피트를 이용하는 것이 더 편리하다. 미터법으로는 뉴턴-미터(N·m)가 토크 척도로 이용된다.

파운드-피트는 1.356 N·m와 같다. 파운드-인치로 렌치에 나타난 값은 핸들의 중심으로부터 너트 위의 회전 축 중심까지의 인치 수(길이)와 핸들에서 파운드로 적용된 힘과 곱한 것과 같다. 이 것은 그림 9-30에서 설명해 주고 있다. 만일 토크 렌치에서 그림 9-31에서와 같이 어댑터가 사용된다면 어댑터 길이가 고려되어서 총 토크값에 계산되어야 한다.

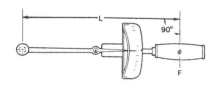

그림 9-30 Measurement of torque

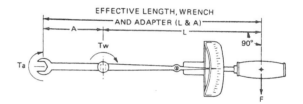

그림 9-31 Torque wrench with adapter

이 공식은 고정 장치에 적용되어야 하는 토크 Ta를 토크렌치 눈금에 표시되는 토크 Tw를 구하는 데 사용된다.

$$Tw = \frac{Ta}{\dfrac{A}{L} + 1}$$

여기서 L = 토크 렌치 길이

A = 연장 길이

Tw = 토크 렌치 눈금에 나타난 토크

Ta = 고정 장치에 적용될 토크

토크 Ta는 고정 장치(fastner)에 적용될 토크이다. 이것은 제작자의 토크표에 나와 있다. Tw가 토크 렌치에 맞춰질 때 토크의 적당량이 고정 장치에 적용된다.

토크 렌치에 오프셋(offset) 어댑터가 사용된다면 A는 어댑터의 길이가 아니라 하나는 렌치의 회전 축을 통과하고 다른 하나는 회전하고 있는 너트와 볼트의 중심을 통과하는 렌치 핸들 축에 수직인 두 선 사이의 거리이다. 이것은 그림 9-32에서 보여주고 있다.

과도한 오프셋(excessive offsets)은 삼가야 한다. 정확한 공식을 사용할지라도 각이 증가하면 일정량의 오차(error)가 있게 된다. 볼트 또는 너트의 토크 범위는 중요하며 조립중 이용되는 토크 값이 부정확하면 흔히 고장을 일으키게 된다. 모든 조립을 할 때에 기술자는 제작자가 제공한 토크 값 도표를 참조해야 한다.

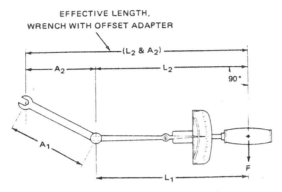

그림 9-32 Torque wrench with offset adapter

 **연습문제**

1 왕복 기관에서 실린더의 냉각에는 한계가 있다. 과냉(냉각이 지나침)이 기관에 미치는 영향 중 맞는 것은 ?

① 연소를 나쁘게 하여 열효율이 떨어진다
② 완전 연소로 인하여 부식성이 강한 배기 가스와 불순물이 생기지 않는다
③ 연소가 활발히 진행된다
④ 연소 비율이 감소한다

2 피스톤 기관에서 잘 사용되지 않는 냉각 장치는 ?

① 냉각 핀　　　　　② 배플　　　　　③ 카울 플랩　　　　　④ 물 재킷

3 기관을 지상에서 작동 중에 카울 플랩의 위치는 어떻게 하여야 하는가 ?

① 1/3 정도 열어준다　　　　　② 2/3 정도 열어준다
③ 완전히 열어준다　　　　　④ 완전히 닫는다

4 공랭식 왕복 기관의 냉각핀 방열량에 직접 관계가 없는 것은 ?

① 냉각핀의 재질　　　　　② 냉각핀의 모양
③ 공기의 유량　　　　　④ 실린더의 온도

5 공랭식 왕복 기관의 배플이 고장났을 때 이를 수리하는 목적은 ?

① 냉각핀의 면적 증대　　　　　② 체적 효율 증대
③ 냉각 효과 증대　　　　　④ 출력 증대

6 O－470 엔진의 완속 혼합비 점검을 위해 난기 운전을 하여야 하는데 난기 운전은 몇 rpm에서 하는가 ?

① 700　　　　　② 800　　　　　③ 900　　　　　④ 1000

7 기관 시동시 가장 먼저 보아야 할 계기는 ?

① 연료 압력　　　　　② 흡입 계기　　　　　③ 오일 압력계기　　　　　④ 실린더 헤드 온도

정답　1. ①　2. ④　3. ③　4. ④　5. ③　6. ②　7. ③

8 실린더 냉각과 관계 있는 것은 ?

① 금속화　　　　　　　　　　② 임피던스
③ 전도　　　　　　　　　　　④ 유도

9 엔진을 냉각시킬 때 DEFLECTOR와 BAFFLE의 사용 목적은 ?

① 실린더 전방에 저압 부분을 형성시켜 주기 위하여
② 실린더 전방에 고압 부분을 형성시켜 주기 위하여
③ 실린더 전체에 냉각 공기를 분산시켜 주기 위하여
④ 실린더로부터 나오는 공기를 직접 밖으로 내보내기 위해

10 공냉식 엔진의 카울 플랩의 역할은 ?

① 엔진 복부의 정형 때문에 공기 저항을 최소로 하기 위함이다
② 엔진과 나셀과의 결합을 좋게 하고 공기의 흐름을 원활하게 하기 위함 .
③ 엔진의 실린더 주위에 공기 유량을 조정하여 적당한 실린더 온도를 유지하기 위함
④ 엔진의 실린더의 냉각을 최대로 좋게 하기 위함

11 열을 발산하기 위해서 실린더 냉각핀을 돕는 데 사용되는 것은 ?

① 배플과 카울　　　　　　　② 안내 날개
③ 열 발산기　　　　　　　　④ 냉각 밸브

12 헬리콥터(Helicopter)의 왕복 엔진(Reciprocating Engine)은 다음 어느 것에 의하여 냉각되는가?

① 냉각 팬(Cooling Fan)
② 엔진 주위의 공기 배플(Air Baffle)
③ 주 회전날개(Main Rotor Blade)에 의한 하향 공기 흐름
④ 블라스트 튜브 (Blast Tube)

13 다음 중 어떤 경우에 기통의 과열 상태를 가장 많이 초래하는가 ?

① 냉각핀의 과도한 마모　　　② 과도한 밸브 오버랩
③ 배플의 파손　　　　　　　④ 점화 플러그의 파손

정답　8. ③　9. ③　10. ③　11. ①　12. ①　13. ③

부　록

■ 단위계

　우리 나라에서 사용되어 온 단위계에는 물리 단위계와 공학 단위계가 있다. 물리 단위계는 주로 이학 방면에, 공학 단위계는 주로 공업계 및 산업계에서 사용되고 있다. 또 국가에 따라서는 미터 단위를 사용하기도 하고, 미국이나 영국과 같이 feet, found 단위를 사용하는 곳도 있다. 이와 같이 사용하고 있는 단위가 서로 다름에 따른 불편을 피하기 위해서 세계적으로 단위의 표준화가 이루어져 국제 단위계(SI 단위)가 설정되었다. 그러나 현재 항공업계 현장에서는 (영)공학 단위계를 주로 사용하므로 이 책에서도 이 단위를 위주로 사용하였다.

단위계	길이	시간	질 량	힘, 중량	에너지, 일
국제 단위계(SI)	m	s	kg	Newton $N = m \cdot kg/s^2$	Joule $J = N \cdot m = m^2 kg/s^2$
물리 단위계	cm	s	g, kg	$cm \cdot g/s^2 = dyn$	$cm^2 \cdot g/s^2 = erg$
공학 단위계	m	s	$kg_f \cdot s^2/m$	kg_f (= 9.080665N)	$kg_f \cdot m$
(영)공학 단위계	ft	s	$lb_f \cdot s^2/ft$	lb_f (= 0.4536kg_f)	$lb_f \cdot ft$

※ 동력의 단위

$1hp = 550 lb_f \cdot ft/s = 33,000 \, lb_f \cdot ft/min$

$1ps = 75 kg_f \cdot m/s$

$1kW = 102 kg_f \cdot m/s$

● COMMON ABBREVIATIONS AND SYMBOLS

A area. ft^2
ABC after bottom center (piston)
ABDC after bottom dead center
ac alternating current
AGB accessory gearbox
AIAA American Institute of Aeronautics and Astronautics
AN Air Force-Navy
A&P airframe and powerplant
APU auxiliary power unit
ASTM American Society for Testing Materials
ATC after top center
ATDC after top dead center
BBC before bottom center
BBDC before bottom dead center
BC bottom center
BDC bottom dead center
bhp brake horsepower
BITE built-in test equipment
bmep brake mean effective pressure
bsfc brake specific fuel consumption
BTC before top center
BTU British thermal unit
CAT carburetor air temperature
CCW counterclockwise
CDP compressor discharge pressure
CDT compressor discharge temperature
CHT cylinder head temperature
CIP compressor inlet pressure
CIT compressor inlet temperature
CL condition lever
CPR compressor discharge (pressure) ratio
CRS certified repair station
CW clockwise
dc direct current
ECU electric control unit
EGT exhaust gas temperature
EPR engine pressure ratio
E/S engine speed
eshp equivalent shaft horsepower
EVC engine vane control
F_g gross thrust, 1b
F_n net jet thrust, 1b
F_p ram drag of engine airflow (momentum of entering air)
FAA Federal Aviation Administration
FAR Federal Aviation Regulation
FSDO Flight Standards District Office (FAA)

Fwd forward
g acceleration due to gravity (32.17 ft/s^2)
GADO General Aviation District Office (FAA)
HMU hydromechanical unit
HPC high pressure compressor
hp horsepower
IGV inlet guide vanes
ITT interturbine temperature
Kn knot
LPT low-pressure turbine
M mach number
MAP manifold pressure (absolute)
mep mean effective pressure
METO maximum except takeoff (power)
MIL military
MS material standard; Military Standard
N Newton
N_l low-pressure compressor rotational speed, rpm
N_2 high-pressure compressor rotational speed, rpm
N_g gas generator speed (high-speed rotor)
N_p power turbine speed (low-speed rotor)
NASA National Aeronautics and Space Administration
NTC negative torque control
NTS negative torque signal
OAT outside air temperature
OGV outlet guide vanes
P pressure
P_{am} ambient absolute pressure
P_o standard sea-level absolute pressure
PCU propeller control unit
PGC propeller gear case
PL power lever
psi pounds per square inch
PSIA pounds per square inch absolute
PSID differential pressure
P/T power turbine
PTO power takeoff assembly
Q torque
Q dynamic pressure
rpm revolutions per minute
SAE Society of Automotive Engineers
sfc specific fuel consumption
shp shaft horsepower
SPEC specification
STD standard
Σ the sum of

T temperature

t_{am} ambient temperature, °F

t_o standard sea-level temperature, 59°F

TC top center, Type Certificate

TCDS Type Certificate Data Sheet

TDC top dead center

TET turbine exhaust temperature

T/F turbofan

TIP turbine inlet pressure

TIT turbine inlet temperature

T/J turbojet

TOP turbine outlet pressure

TOT turbine outlet temperature

T/S turboshaft

tsfc thrust specific fuel consumption

V veiocity

VG variable geometry

VSV variable stator vanes

W weight

w_a engine airflow, lb/s

w_{bl} compressor bleed airflow, lb/s

w_f fuel flow, lb/h

Conversion Factors

Multiply	By	To Obtain
Atmospheres (atm)	76.0	cmHg at 0℃
	29.92	inHg at 0℃
	33.90	ftH$_2$O at 4℃
	1.033	kg/cm^2
	14.696	psi
	101.33	kPa
	2116.0	psf
	1.0133	bar, hectopieze
Bars (bar)	75.01	cmHg at 0℃
	29.53	inHg at 0℃
	14.50	psi
	100.0	kPa
Barns (b)	10^{-24}	cm^2 (nuclear cross section)
British thermal units (Btu)	778.26	ft · b
	3.930×10^{-4}	hp · h
	2.931×10^{-4}	kW · hr
	2.520×10^{-1}	kg · cal
	1.076×10^{2}	kg · m
	1055	J
Btu/s	1055	W
Centimeters (cm)	0.3937	in
	3.281×10^{-2}	ft
cmHg	5.354	inH$_2$O at 4℃
	4.460×10^{-1}	ftH$_2$O at 4℃
	1.934×10^{-1}	psi
	27.85	psf
	135.95	kg/m^2
	1.333	kPa
cm/s	3.2810×10^{-2}	ft/s
	2.237×10^{-2}	mph
	3.60×10^{-2}	km/h
cm^2	1.550×10^{-1}	in^2
	1.076×10^{-3}	ft^2
	10^{4}	m
cm^3	10^{-3}	L
	6.102×10^{-2}	in^3
	2.642×10^{-4}	U. S. gal
centipoise (cP)	6.72×10^{-4}	1b/s · ft
	3.60	kg/h · m

Conversion Factros

Multiply	By	To Obtain
circular mils (cmil)	7.854×10^{-7}	in^2
	5.067×10^{-4}	mm^2
	7.854×10^{-1}	mil^2
curies (Ci)	3.7×10^{10}	disintegration/s
degrees (arc) (˚)	1.745×10^{-2}	rad
dynes (dyn)	1.020×10^{-3}	g
	2.248×10^{-6}	1b
	10^{5}	N
	7.233×10^{-5}	poundals
electron volts (eV)	1.602×10^{-12}	ergs
ergs (*or* dyn · cm)	9.478×10^{-11}	Btu
	6.2×10^{11}	eV
	7.376×10^{-8}	ft · 1b
	1.020×10^{-3}	g · cm
	10^{-7}	Joule
	2.388×10^{-11}	kg · cal
feet (ft)	3.048×10^{-1}	m
	3.333×10^{-1}	yd
	1.894×10^{-4}	mi
	1.646×10^{-4}	nm
ft^2	929.0	cm^2
	144.0	in^2
	9.294×10^{-2}	m^2
	1.111×10^{-1}	yd^2
	2.296×10^{-5}	acres
ft^3	2.832×10^{4}	cm^3
	1728	in^3
	3.704×10^{-2}	yd^3
	7.481	U. S. gal
	28.32	L
	2.83×10^{-2}	m^3
ft^3/min	4.719×10^{-1}	L/s
	2.832×10^{-2}	m^3/min
ft^{3}H$_2$O	62.428	1b
ftH$_2$O at 4℃	2.950×10^{-2}	atm
	4.335×10^{-1}	psi
	62.43	psf
	3.048×10^{2}	kg/m^2
	2.999	kPa
	8.826×10^{-1}	inHg at 0℃
	2.240	cmHg at 0℃
ft/min	1.136×10^{-2}	mph
	1.829×10^{-2}	km/h
	5.080×10^{-1}	cm/s
ft/s	6.818×10^{-1}	mph
	1.097	km/h
	30.48	cm/s
	5.925×10^{-1}	kn

Conversion Factors

Multiply	By	To Obtain
ft · lb	1.383×10^{-1}	kg · m
	1.356	N · m *or* J.
	1.285×10^{-3}	Btu
	3.776×10^{-7}	kW · h
ft · lb/min	3.030×10^{-5}	hp
	4.06×10^{-5}	kW
ft · lb/s	1.818×10^{-3}	hp
	1.356×10^{-3}	kW
fluid ounce (fluid oz)	8	drams
	29.6	cm^3
gallon (gal). Imperial	277.4	in^3
	1.201	U. S. gal
	4.546	L
gal, U. S., dry	268.8	in^3
	1.556×10^{-1}	ft^3
	1.164	U. S. gal, liquid
	4.405	L
gal, U. S., liquid	231.0	in^3
	1.337×10^{-1}	ft^3
	3.785	L
	8.327×10^{-1}	imperial gal
	128.0	fluid oz
gigagram (Gg)	10^6	kg
grains	6.480×10^{-2}	g
grams (g)	15.43	grains
	3.527×10^{-2}	oz avdp
	2.205×10^{-3}	lb avdp
	1000	mg
	10^{-3}	kg
	980.67	dyn
g–cal	3.969×10^{-3}	Btu
g of U^{235} fissioned	23000	kW · h heat generated
g/cm	0.1	kg/m
	6.721×10^{-2}	lb/ft
	5.601×10^{-3}	lb/in
g/cm^3	1000	kg/m^3
	62.43	lb/ft^3
hectare	10^4	m^2
	2.471	acre
hectopieze	29.53	inHg
	75.01	cmHg
horsepower (hp)	33000	ft · lb/min
	550	ft · lb/s
	76.04	m · kg/s
	1.014	metric hp
	7.457×10^{-1}	kW
	745.7	W
	7.068×10^{-1}	Btu · s

Conversion Factors

Multiply	By	To Obtain
hp, metric	75.0	m · kg/s
	9.863×10^{-4}	hp
	7.355×10^{-1}	kW
	6.971×10^{-1}	Btu · s
hp · h	2.545×10^3	Btu
	1.98×10^6	ft · lb
	2.737×10^5	m · kg
inch (in)	2.54	cm
	83.33×10^{-3}	ft
inHg at 0℃	40.66	$inAcBr_4$
	3.342×10^{-2}	atm
	13.60	inH_2O at 4℃
	1.133	ftH_2O
	4.912×10^{-1}	psi
	70.73	psf
	3.386	kPa
	3.453×10^2	kg/m^2
inH_2O at 4℃	2.99	$AcBr_4$
	7.355×10^{-2}	inHg at 0℃
	1.868×10^{-1}	cmHg at 0℃
	3.613×10^{-2}	psi
	2.49×10^{-1}	kPa
	25.40	kg/m^2
in^2	6.452	cm^2
	6.94×10^{-3}	ft^2
	6.452×10^{-4}	m^2
in^3	16.39	cm^3
	1.639×10^{-2}	L
	4.329×10^{-3}	U. S. gal
	1.639×10^{-5}	m^3
	1.732×10^{-2}	qt
joules (J)	9.480×10^{-4}	Btu
	7.375×10^{-1}	ft · lb
	2.389×10^{-4}	kg · cal
	1.020×10^{-1}	kg · m
	2.778×10^{-4}	Watt · h
	3.725×10^{-7}	hp · h
	10^7	crgs
kilograms (kg)	2.205	lb
	9.808	N
	35.27	oz
	10^3	g
kg · cal	3.9685	Btu
	3087	ft · lb
	4.269×10^2	kg · m
	4.1859×10^3	J
kg · m	7.233	ft · lb
	9.809	J
kg/m^3	62.43×10^{-3}	lb/ft^3
	10^{-3}	g/cm^3
kg/cm^2	14.22	psi

Conversion Factors

Multiply	By	To Obtain
	2.048×10^3	psf
	28.96	inHg at 0/C
	32.8	ftH$_2$O at 4/C
	98.077	kPa
kilometers (km)	3.281×10^3	ft
	6.214×10^{-1}	mi
	5.400×10^{-1}	nmi
	10^5	cm
km/h	9.113×10^{-1}	ft/s
	5.396×10^{-1}	kn
	6.214×10^{-1}	mph
	2.778×10^{-1}	m/s
kPa	1000	N/m^2
	14.503×10^{-2}	psi
kilowatts (kW)	9.480×10^{-1}	Btu/s
	7.376×10^2	ft $\cdot$ lb/s
	1.341	hp
	2.389×10^{-1}	kg $\cdot$ cal/s
kW $\cdot$ h heat	4.35×10^{-5}	g U^{235}
generated		fissioned
knots (kn)	1.0	nmi/h
	1.688	ft/s
	1.151	mph
	1.852	km/h
	5.148×10^{-1}	m/s
liters (L)	10^3	cm^3
	61.03	in^3
	3.532×10^{-2}	ft^3
	2.642×10^{-1}	U. S. gal
	2.200×10^{-1}	imperial gal
	1.057	qt
megagrams (Mg)	10^3	kg
megapascals (MPa)	10^3	kPa
meters (m)	39.37	in
	3.281	ft
	1.094	yd
	6.214×10^{-4}	mi
m/s	3.281	ft/s
	2.237	mph
	3.600	km/h
m^2	10.76	ft^2
	1.196	yd^2
m^3	35.31	ft^3
	264.17	gal (U. S.)
	61023	in^3
	1.308	yd^3
microamperes (μA)	6.24×10^{12}	unit charges/s
microns (μm)	3.937×10^5	in
	10^{-6}	m
miles (mi)	5280	ft
	1.609	km
	8.690×10^{-1}	nmi

Conversion Factors

Multiply	By	To Obtain
mph	1.467	ft/s
	4.470×10^{-1}	m/s
	1.609	km./h
	8.690×10^{-1}	kn
millibars (mbar)	2.953×10^{-2}	inHg at 0℃
	100.0×10^{-3}	kPa
nautical miles (nmi)	6076.1	ft
	1.852	km
	1.151	mi
	1852	m
newtons (N)	105	dyn
	2.248×10^{-1}	lb
ounces (oz) avdp	6.250×10^{-2}	lb avdp
	28.35	g
	4.375×10^2	grains
oz, fluid	29.57	cm^3
	1.805	in^3
pascals (Pa)	1.0	N/m^2
	14.503×10^{-5}	psi
	29.5247×10^{-5}	inHg at 0℃
	10^{-1}	bar
	100	mbar
pounds (lb)	453.6	g
	7000	grains
	16.0	oz avdp
	4.448	N
	3.108×10^{-2}	slugs
lb/ft^3	16.02	kg/m^3
lb/in^3	1728	lb/ft^3
	27.68	gm/cm^3
psi	2.036	inHg at 0℃
	2.307	ftH$_2$O at 4℃
	6.805×10^{-2}	atm
	7.031×10^2	kg/m^2
	6.895	kPa
radians (rad)	57.30	″ (arc)
rad/s	57.30	°/s
	15.92×10^{-2}	rcv/s
	9.549	rpm
revolutions (rev)	6.283	rad
rpm	1.047×10^{-1}	rad/s
slugs	14.59	kg
	32.18	lb
stokes	10^{-4}	m^2/s
stones	14	lb
	6.35	kg
tons	2×10^3	lb
	907.2	kg
tons, metric	10^3	kg
	2.205×10^3	lb
unit charges/s	1.6×10^{-13}	μA

Conversion Factors		
Multiply	By	To Obtain
watts (W)	9.481×10^{-4}	Btu/s
	1.340×10^{-3}	hp
yards (yd)	3.0	ft
	36.0	in
	9.144×10^{-1}	m
yd^2	9.0	ft^2

Conversion Factors		
Multiply	By	To Obtain
	1.296×10^{3}	in^2
	8.361×10^{-1}	m^2
yd^3	27.0	ft^3
	2.022×10^{2}	gal (U. S.)
	7.646×10^{-1}	m^3

STANDARD ATMOSPHERE

Altitude, ft	Temperature t		Pressure P			Density	
	°F	℃	inHg	cmHg	kPa	ρ	ρ/ρ_0
0	59.0	15.0	29.92	76.00	101.33	0.00 2378	1.000 0
1,000	55.4	13.0	28.86	73.30	97.74	0.00 2309	0.971 0
2,000	51.9	11.0	27.82	70.66	94.22	0.00 2242	0.942 8
3,000	48.3	9.1	26.81	68.10	90.80	0.00 2176	0.915 1
4,000	44.7	7.1	25.84	65.63	87.51	0.00 2112	0.888 1
5,000	41.2	5.1	24.89	63.22	84.29	0.00 2049	0.861 6
6,000	37.6	3.1	23.98	60.91	81.21	0.00 1988	0.835 8
7,000	34.0	1.1	23.09	58.65	78.20	0.00 1928	0.810 6
8,000	30.5	-0.8	22.22	56.44	75.25	0.00 1869	0.785 9
9,000	26.9	-2.8	21.38	54.31	72.41	0.00 1812	0.761 9
10,000	23.3	-4.8	20.58	52.27	69.70	0.00 1756	0.738 4
11,000	19.8	-6.8	19.79	50.27	67.02	0.00 1702	0.715 4
12,000	16.2	-8.8	19.03	48.34	64.45	0.00 1648	0.693 1
13,000	12.6	-10.8	18.29	46.46	61.94	0.00 1596	0.671 2
14,000	9.1	-12.7	17.57	44.63	59.50	0.00 1545	0.649 9
15,000	5.5	-14.7	16.88	42.88	57.17	0.00 1496	0.629 1
16,000	1.9	-16.7	16.21	41.47	54.90	0.00 1448	0.608 8
17,000	-1.6	-18.7	15.56	39.52	52.70	0.00 1401	0.589 1
18,000	-5.2	-20.7	14.94	37.95	50.60	0.00 1355	0.569 8
19,000	-8.8	-22.6	14.33	36.40	48.87	0.00 1311	0.550 9
20,000	-12.3	-24.6	13.75	34.93	46.57	0.00 1267	0.532 7
21,000	-15.9	-26.6	13.18	33.48	44.64	0.00 1225	0.514 8
22,000	-19.5	-28.6	12.63	32.08	42.77	0.00 1183	0.497 4
23,000	-23.0	-30.6	12.10	30.73	40.98	0.00 1143	0.480 5
24,000	-26.6	-32.5	11.59	29.44	39.25	0.00 1103	0.464 0
25,000	-30.2	-34.5	11.10	28.19	37.59	0.00 1065	0.448 0
26,000	-33.7	-36.5	10.62	26.97	35.97	0.00 1028	0.432 3
27,000	-37.3	-38.5	10.16	25.81	34.41	0.00 0992	0.417 1
28,000	-40.9	-40.5	9.720	24.69	32.92	0.00 0957	0.402 3
29,000	-44.4	-42.5	9.293	23.60	31.47	0.00 0922	0.387 9
30,000	-48.0	-44.4	8.880	22.56	30.07	0.00 0889	0.374 0
31,000	-51.6	-46.4	8.483	21.55	28.73	0.00 0857	0.360 3
32,000	-55.1	-48.4	8.101	20.58	27.44	0.00 0826	0.347 2
33,000	-58.7	-50.4	7.732	19.64	26.19	0.00 0795	0.334 3
34,000	-62.2	-52.4	7.377	18.74	24.98	0.00 0765	0.321 8
35,000	-65.8	-54.3	7.036	17.87	23.83	0.00 0736	0.309 8

STANDARD ATMOSPHERE (Continued)

Altitude, ft	Temperature t		Pressure P			Density	
	°F	℃	inHg	cmHg	kPa	ρ	ρ/ρ_0
36,000	−69.4	−56.3	6.708	17.04	22.72	0.00 0704	0.296 2
37,000	−69.7	−56.5	6.395	16.24	21.62	0.00 0671	0.282 4
38,000	−69.7	−56.5	6.096	15.48	20.65	0.00 0640	0.269 2
39,000	−69.7	−56.5	5.812	14.76	19.68	0.00 0610	0.256 6
40,000	−69.7	−56.5	5.541	14.07	18.77	0.00 0582	0.244 7
41,000	−69.7	−56.5	5.283	13.42	17.89	0.00 0554	0.233 2
42,000	−69.7	−56.5	5.036	12.79	17.06	0.00 0529	0.222 4
43,000	−69.7	−56.5	4.802	12.20	16.26	0.00 0504	0.212 0
44,000	−69.7	−56.5	4.578	11.63	15.50	0.00 0481	0.202 1
45,000	−69.7	−56.5	4.364	11.08	14.78	0.00 0459	0.192 6
46,000	−69.7	−56.5	4.160	10.57	14.09	0.00 0437	0.183 7
47,000	−69.7	−56.5	3.966	10.07	13.43	0.00 0417	0.175 1
48,000	−69.7	−56.5	3.781	9.60	12.81	0.00 0397	0.166 9
49,000	69.7	−56.5	3.604	9.15	12.21	0.00 0379	0.159 1
50,000	−69.7	−56.5	3.436	8.73	11.64	0.00 0361	0.151 7

GLOSSARY

absolute The magnitude of a pressure or temperature above a perfect vacuum or absolute zero, respectively. Absolute zero is theoretically equal to −273.18℃ or −459.72°F.

acceleration A change in velocity per unit of time.

accumulator As it pertains to propellers, a device used to aid in unfeathering a propeller by storing hydraulic pressure.

additive A material added to an oil or a fuel to change its characteristics or quality.

aerodynamic twisting moment An operational force on a propeller which tends to increase the propeller blade angle (center of lift).

air (standard) Sea level atmospheric conditions of temperature at 15℃ (59.9°F) and air pressure at 14.7 psi (29.92 Hg).

air-fuel ratio The ratio by weight of air to fuel.

airworthiness The state or quality of an aircraft or an aircraft component which will enable safe performance according to specifications.

airworthiness directive A directive issued by the FAA requiring that certain inspections and/or repairs be performed on specific models of aircraft, engines, propellers, rotors, or appliances, and setting forth time limits for such operations.

alloy A solid solution of two or more metallic constituents. One metal is usually predominant, and to it are added smaller amounts of other metals to improve strength and heat resistance.

alternator A mechanical device which produces ac current through induction.

angle of attack The angle between the chord line of a propeller blade section and the relative wind.

annular combustor A ring-shaped combustor.

stmosphere (standard) *See* **air (standard)**.

atomize To break a liquid up into minute particles.

atomizer A device through which fuel is forced so that it enters the combustor as a fine spray.

automatic propeller A propeller which changes blade angles in response to operational forces.

autorotation A rotorcraft flight condition in which the lifting rotor is driven entirely by action of the air as the rotorcraft is in motion.

axial flow turbine A turbine in which the energy of flowing air is converted to shaft power while the air follows a path paraller to the turbine's axis of rotation.

backfire Ignition of the fuel mixture in the intake manifold caused by the flame from the cylinder combustion chamber. It can be caused by incorrect timing or too lean a mixture.

bearing (mechanical) Part of a machine that suppors a journal, pivot, or pin that rotates, oscillates, or slides.

beta The engine operational mode in which propeller blade pitch is hydromechanically controlled by a cockpit power lecer. Used for ground operations.

blade angle The angle between the blade section chord line and the plane of rotaion of the propeller or crankshaft.

blade paddle A tool used to move the blades in the propeller hub against spring force.

blade shank The rounded portion of the propeller blade near the butt of the blade.

blade station A distance, measured in inches, from the center of the propeller hub.

blowby Leakage or loss of pressure or compression past the piston rings.

brake horsepower The power produced by an engine and available for work through the proeller shaft. It is usually measured as a force on a brake drum or equivalent device.

breaker points Two contact surfaces that are mechanically opened and closed to control current flow.

British thermal unit The quantity of heat required to raise the temperature of 1 lb of water from 62 to 63°F.

burner, can, combustor, flame tube, liner The sheet-metal assembly which contains the flame of a turbine engine.

camshaft The shaft on which there are cams, or lobes, that operate the engine valves.

capacitor The component in a magneto ignition system that prevents the breaker points from burning and also aids in the rapid collapse of the current flow in the primary circuit. Also called *condenser*.

carbon Residues formed in the combustion chamber of an engine during the burning of fuels, which are largely composed of hydrocarbons.

carburetor A device for automatically metering fuel in the proper proportion with air to produce a combustible mixture.

centering cones Devices in a splined-shaft installation that center the propeller on the crankshaft.

centrifugal force The outward force an object exerts on a restraining agent when the motion fo the object is circular.

centrifugal twisting moment (CTM) The force on a propeller which tends to decrease the propeller blade angle.

certified propeller repair station A facility that can perform major repairs of and alterations to propellers.

choked nozzle A nozzle whose flow rate has reached the speed of sound.

chord line The imaginary line which extends from the leading edge to the trailing edge of an airfoil section.

circuit The completed path of electric current.

combustion The process of burning the air-fuel mixture in the combustion chamber.

combustion chamber The section of the engine into which fuel is injected and burned and which contains the flame tube or combustor.

compression ratio The ratio of the pressure (or volume) of air discharged from a compressor to the pressure (or volume) of air entering it. *See also* **pressure ratio**.

compression rings Piston rings that normally confine the combustion gases to the combustion chamber.

compressor The section of the engine which acts like an air pump to increase the energy of the air received from the entrance duct and discharged into the turbine section.

compressor surge An operating region of violent pulsating airflow usually outside the operating limits of the engine.

condenser *See* **capacitor**.

connecting rod The engine part that connects the piston to the crankshaft.

constant-speed propeller system A propeller system in which a governor controls the propeller blade angle to maintain the selected rpm.

controllable-pitch propeller A propeller whose pitch can be changed in flight.

convergent duct An air passage or channel of decreasing cross-sectional area. In flowing through such a duct, a gas increases in velocity and decreases in pressure.

crankcase The housing to which the cylinder block is connected and within which the crankshaft and many other parts of the engine operate.

crankshaft The main shaft of the engine which, in conjunction with the connecting rods, changes the linear reciprocating motion of the piston into rotary motion.

critical rpm range The rpm range at which destructive harmonic vibrations exist in a propeller and engine combination.

cycle A series of occurrences such that conditions at the end are the same as they were at the beginning.

cylinder barrel A steel cylinder within which a piston moves up and down. It has machined cooling fins, and its inside surface provides the seal between the piston rings and cylinder.

deicing system A system on the leading edge of a wing on which ice forms and is then broken loose in cycles.

delta P (ΔP) The difference in pressure between two points.

density altitude Pressure-altitude corrected for non-standard temperature.

detonation After normal ignition, the explosion of the remaining air-fuel mixture due to above-normal combustion chamber pressure or temperature.

diffuser A duct of increasing cross-sectional area which is designed to convert high-speed gas flow into low-speed flow at an increased pressure.

dispersant An additive to oils which keeps particles of dirt and other foreign material in suspension instead of settling out as sludge.

divergent duct An air passage or channel of increasing crosssectional area. In flowing through such a duct, a gas decreases in velocity and increases in pressure.

droop A decrease in speed, voltage, air pressure, or other parameter which results when load is applied.

duct A passage or tube used for directing gases.

dwell The length of time the breaker points are closed.

dynamic balance The condition in which a mass remains free of vibration while in motion; all forces exerted on various parts of the mass are balanced by equal and opposite forces.

effective pitch The distance forward that a propeller actually moves in one revolution.

efficiency The ratio of power output to power input. (Power input equals power output plus power wasted.)

emulsifier A material which, when applied over a film of penetrant on the surface of a part, mixes with and thereby enables the penetrant to be washed off the surface with water.

end play The movement along the axis of a mounted shaft.

energy The capacity to do work or overcome resistance. *Potential, or latent, energy* is "stored work" waiting to be used; *kinetic energy* is associated with motion. The units of energy are the foot-pound and joule.

exhaust gas temperature (EGT) The temperature of the exhaust gas at the discharge side of the turbines.

exhaust valve A valve which permits exhaust gas to exit the combustion chamber.

false start An unsuccessful or aborted engine start.

fan-jet engine A gas-turbine engine that employs a fan to accelerate a large volume of air through a bypass duct to increase thrust and engine efficiency.

fixed-pitch propeller A propeller whose blade angles cannot be changed except by bending the blade to a new pitch.

flameout An unintended extinction of flame.

flanged crankshaft A crankshaft whose propeller mounting surface is perpendicular to the shaft centerline and to which the propeller bolts directly.

float A device which is ordinarily used to automatically operate a needle valve and seat for controlling the entrance of fuel into a float carburetor.

float level The predetermined height of the fuel in the carburetor bowl, usually regulated by means of a float.

fluid Any substance having elementary particles that move easily with respect to each other, i.e., liquids (incompressible fluids) and gases (compressible fluids).

fluorescent penetrant A penetrant incorporating a fluorescent dye to improve the visibility of indications at the flaw.

flutter A vibration or oscillation of definite period set up in an aileron, wing, or other surface by aerodynamic forces and maintained by a combination of those forces and the elastic inertial forces of the object itself.

flyweights Objects which are activated by centrifugal force.

force Any action which tends to produce, retard, or modify motion.

fouling The addition or formation of foreign material, such as carbon, to or on the electrodes of a spark plug which prevents the spark from jumping the gap.

four-stroke-cycle engine An engine that has one power stroke for two revolutions of the crankshaft.

free turbine A turbine which operates independent shafts for high- and low-pressure rotors.

fuel control unit A device used to regulate the flow of fuel to the combustion chambers. It may respond to one or more fo the following factors: power control lever setting, inlet air temperature and pressure, compressor rpm, and combustion chamber pressure.

gas turbine An engine, consisting of a compressor, burner or heat exchanger, and turbine, using a gaseous fluid as the working medium and producing shaft horsepower, jet thrust, or both.

gasket A substance placed between two metal surfaces to act as a seal.

gear ratio A gear relationship, usually expressed numerically, used to compare input to output speed.

geometric pitch The theoretical distance that a propeller will move forward in one revolution.

governor The speed-sensing propeller control device that adjusts and maintains system rpm by adjusting oil flow to and from certain types of constant-speed propellers.

ground The contact point for the completion of an electric circuit.

ground-adjustable propeller A propeller which is adjusted only on the ground to change the blade angles.

guide vanes Stationary airfoil sections which direct the flow of air or gases from one major part of the engine to another.

high tension High voltage produced in the magneto secondary and then transmitted via high-tension leads to the spark plug.

horsepower The amount of force needed to move 33,000 lb through a distance of 1 ft in 1 min (or 550 ft-lb/s). hp = k × torque (ft-lb) × rpm; hp = 0.0001904 × ft-lb × rpm.

hot start An engine start, or attempted start, which results in the turbine temperature exceeding the specified limits. It is caused by an excessive fuel-to-air ratio.

hub the central portion of a propeller which is attached to the engine crankshaft.

idle The lowest recommended operationg speed of an engine.

igniter A device, such as a spark plug, used to start the burning of the air-fuel mixture in a combustion chamber.

ignition event The act of igniting a combustible mixture, by means of an electric spark, on the compression stroke.

ignition system The means of igniting the air-fuel mixture in the cylinders; it includes spark plugs, high-tension leads, ignition switches, and magnetos.

impeller The main rotor of a radial compressor which increases the velocity of the air which is being pumped.

induction system The system, consisting of inlet ducts and an inlet plenum, that admits air to the engine.

inertia The opposition of a body to a change in its state of rest or motion.

intake manifold The tubes or housings used to conduct the air-fuel mixture to the cylinders.

intake valve A valve which permits the air-fuel mixture to enter the cylinder combustion chamber.

interstage turbine temperature (ITT) Gas temperature measured at the inlet of second-stage turbine stator assembly.

jet A small, tube-like device through which a fluid or gas flows.

jet engine Any engine that ejects a jet or stream of gas or fluid and obtains all or most of its thrust by reaction to the ejection.

joule A unit of work or energy equal to approximately 0.7375 ft-1b.

journal A shaft machined to fit a bearing.

kinetic energy Energy associated with motion.

knot A rate of speed equivalent to 1 nmi/h (6076.1033 ft/h) [1852 m/h].

labyrinth seal A high-speed seal which provides interlocking passages to discourage the flow of air, oil, etc., from one area to another.

lap An abrasive operation undertaken to match the contours of surfaces for fit.

lightoff Ignition of the air-fuel mixture in the combustion chamber.

low tension (electrical) Low voltage.

lubrication The process of reducing friction.

Mach number The ratio of the velocity of a mass to the speed of sound under the same atmospheric conditions. A speed of Mach 1.0 means the speed of sound, regardless of temperature; a speed of Mach 0.7 means that the speed is seventenths the speed of sound.

magneto coil Essentially a transformer which, through the action of induction, converts low voltage to high voltage.

mass flow Airflow measured in slugs per second.

micron A unit of length equal to 1/1000 mm or 1/25,000 in.

MIL spec A specification for a material or part to ensure compliance with quality and performance standards. (Such specfications were originally for military purposes; therefore, the abbreviation MIL.)

momentum The tendency of a body to continue in motion after being placed in motion.

multiviscosity index Two SAE viscosities, e.g., 10-30, the lower of which an oil will have at low temperatures and the higher of which it will have at high temperatures.

negative-torque-sensing system (NTS) A system wherein propeller torque drives the engine, which the NTS detects and automatically drives the propeller to high pitch to reduce drag on the aircraft.

nozzle, fuel A spray device which directs atomized fuel into a combustion chamber.

nozzle, turbine A convergent duct through which hot gases are directed to the turbine blades.

octane rating A standardized comparison of the antiknock qualities of a given fuel with those of a test fuel. The higher the octane rating the higher the fuel's resistance to combustion due to heat and pressure.

oil control rings Piston rings that control the amount of oil on the cylinder walls.

orifice A small opening in a passage, jet, or nozzle.

overspeed Engine speed which exceeds the selected rpm by a set percentage.

overtemperature Any exhaust temperature that exceeds the minimum allowable temperature for a given operating condition.

penetrability The property that causes a penetrant to find its way into very fine openings, such as cracks.

penetrant A fluid—usually a liquid but possibly a gas—that is used to enter a discontinuity and thereby indicate the flaw.

piston A cylindrical part closed at one end which is connected to the crankshaft by the connecting rod and which works up and down in the cylinder barrel.

piston displacement The volume, in cubic inches or liters, displaced by a piston moving from one end of its stroke to the other.

piston head The part of the piston above the rings that receives the thrust of combustion; the top of the piston.

piston pin The journal and bearings that connect an engine's connecting rod and piston together. Also known as *wrist pin*.

piston ring A springy split ring, usually made of gray iron, that is placed in a piston-ring groove to provide a seal between the cylinder barrel and the piston.

piston-ring gap (end gap) The clearance between the ends of the piston rings when placed squarely in the cylinder.

piston-ring groove One of the grooves in a piston near its head in which a piston ring is placed.

piston ring lands The ridges of metal between the piston ring grooves.

pitch The distance, in inches, that a propeller would theoretically move forward in one revolution.

pitch distribution The twist in a propeller blade along its length.

plane of rotation The plane in which the propeller blades rotate.

plenum A duct, housing, or enclosure used to contain air under pressure.

port A hole through which gases may enter or exit.

power A measure of the rate at which work is performed, i.c., the amount of work accomplished per unit of time.

power lever The cockpit lever used to change propeller pitch during beta operation and also to select engine fuel flow during prop governing.

preignition Ignition of the air-fuel mixture before the normal firing time.

pressure ratio In a gas-turbine engine, the ratio of compressor discharge pressure to compressor inlet pressure.

primary air The portion of the compressor output air that is used for the actual combustion of fuel, usually 20 to 25 percent.

probe A sensing element that extends into the airstream or gas stream for measuring pressure, velocity, or temperature.

propeller A device used for converting brake horsepower, or torque, into thrust to propel an aircraft forward.

propeller feathering Rotating the propeller blades to eliminate the drag of a windmilling propeller on a multiengine aircraft in the event of engine failure.

propeller governing A mode of engine operation wherein the propeller governor selects the blade pitch to control engine rpm and the fuel flow is established manually.

propeller reversing Causing the blades of a propeller used on turboprop engines to rotate at a negative angle to produce a reversing thrust that brakes the aircraft.

propeller track The plane of rotation of a propeller blade.

psia Pounds per square inch absolute, a measure of pressure. "Absolute" is the zero pressure in a perfect vacuum.

psig Pounds per square inch gage, a measure of the pressure inside a tube, plenum, or duct compared with the pressure outside it.

SAE number Any of a series of numbers established as standard by the Society of Automotive Engineers for grading materials, components, and other products.

scavenging Removing hot combustion products from the cylinder through the exhaust port or valve.

secondary air The portion of compressor output air that is used for cooling combustion gases and engine parts.

skirt The lower, hollow part of a piston or cylinder.

slip The difference between geometric pitch and effective pitch.

slug The mass to which one pound force can impart an acceleration of one foot per second per second. It is frequently used in aeronautical computations.

spark Voltage sufficiently high to jump through the air from one electrode to another.

spark advance The interval between the spark-plug-firing and top-dead-center positions of a piston.

spark gap The space between the electrodes of a spark plug through which the spark jumps.

spark plug A device inserted into the combustion chamber of an engine to deliver the spark needed for combustion.

specific gravity The ratio of the density of a substance to the density of water at a standard temperature. (Density is mass per unit volume.)

specific heat The ratio of the thermal capacity of a substance to the thermal capacity of water.

specific weight The ratio of the weight of a homogeneous fluid to its volume at a given temperature and pressure. Also called *weight density*.

splined shaft A cylindrical crankshaft which has splines on its outer surface to prevent propeller rotation on the shaft.

stage (turbine) A row of turbine nozzle guide vanes and the following row of turbine blades, which together extract power from hot gases to drive the compressors and accessories.

static rpm The maximum engine rpm that can be obtained because of propeller load at full throttle on the ground in a no-wind condition.

stator A row of stationary guide vanes.

stroke The distance traveled by a piston from the top to the bottom of its stroke.

subsonic speed Speed less than that of sound.

supersonic speed Speed greater than that of sound.

synchronization system A system which is designed to keep all engines at the same rmp.

synchrophasing system A synchronization system which allows the pilot to adjust the blade phase angle (relative position) as the propellers rotate to eliminate noise or vibration.

tapered shaft An older crankshaft design in which the propeller-mounting surface tapers to a smaller diameter which accepts the propeller mounting taper.

thermocouple A pair of joints of wires of two dissimilar metals. A dc voltage is produced at one joint when the other joint is at a higher temperature.

throttle plate The movable plate in the carburetor that regulates the air-fuel mixture entering the intake manifold and combustion chamber.

throw The distance from the center of the crankshaft main bearing to the center of the connecting rod journal.

thrust A pushing force exerted by one mass against another, which tends to produce motion. In jet propulsion, the force in the direction of motion caused by the pressure of reactive forces on the inner surfaces of the engine.

thrust bending force An operational force which tends to bend the propeller blades forward.

thrust reverser A device used to partially reverse the flow of an engine's nozzle discharge gases and thus create a thrust force in the rearward direction.

top dead center (TDC) The uppermost of the two positions of the piston when the crank and rod are in the same straight line.

torque The force which is produced by a turning effort; it is measured in foot-pounds.

torque bending force An operational force which tends to bend the propeller blades in the direction opposite to that of rotation.

torquemeter A meter for measuring torque, as in the shaft of an aircraft engine.

torque nose A mechanism or apparatus at the nose section of the engine that senses the engine torque and activates a torquemeter.

turbine A rotating device turned by either direct or reactive forces (or a combination of the two) and used to transform some of the kinetic energy of the exhaust gases into shaft horsepower to drive the compressor(s) and accessories.

turbine blade A fin mounted on the turbine disk and so shaped and positioned as to extract energy from the exhaust gases to rotate the disk.

turbine exhaust cone A fixed or adjustable bullet-shaped structure over which the exhaust gases pass before converging in the exhaust section.

turbine inlet temperature (TIT) Temperature of hot gases as they enter the engine turbine.

turbojet A gas turbine whose entire propulsive output is delivered by the jet of gases through the turbine nozzle.

turboprop A type of gas turbine that converts heat energy into propeller shaft work and some jet thrust.

turbulence An agitation of or disturbance in the normal flow pattern.

two-position propeller A propeller which can be changed between low-and high-pitch blade angles in flight.

valve A device for opening and closing a passage that either admits the air-fuel mixture to or exhausts gases from the cylinder.

valve clearance The gap allowed between the end of the valve stem and the rocker arm to compensate for expansion due to heat.

valve overlap The time in the operating cycle during which both valves are off their seats or open. It increases volumetric efficiency.

valve stem The part of the valve that rides in the valve guide.

valve stem guide A guide that is shrunk into the cylinder head to keep the valve square with the valve seat.

vaporize To change a liquid to a gaseous form.

vector A line which by scaled length. indicates the magnitude of a force and whose arrowhead shows the direction of action of the force.

velocity The rate of change of distance with respect to time. The average velocity is equal to total distance divided by total time.

viscosity A fluid's resistance to flow under an applied force.

work A force acting through a distance.

특별
부록

항공산업기사 기출 문제

01 오토 사이클의 열효율을 옳게 나타낸 것은?

① $1 - \dfrac{1}{\epsilon^{k-1}}$ ② $\dfrac{k-1}{\epsilon^{k-1}}$

③ $1 - \epsilon^{\frac{1}{k-1}}$ ④ $\dfrac{1}{1 - \epsilon^{k-1}}$

02 프로펠러를 설계할 때 프로펠러 효율을 높이기 위한 방법으로 가장 옳은 것은?

① 재질이 강한 강 합금으로 제작한다.
② 프로펠러의 전연(leading edge)은 두껍게 한다.
③ 프로펠러 팁(tip) 근처는 얇은 에어포일 단면을 사용한다.
④ 프로펠러의 팁(tip)과 전연(leading edge)의 모양을 같게 한다.

03 고정 피치 프로펠러를 장착한 항공기의 프로펠러 회전속도를 증가시키면 블레이드는 어떻게 되는가?

① 블레이드 각(blade angle)이 증가한다.
② 블레이드 각(blade angle)이 감소한다.
③ 블레이드 영각(angle of attack)이 증가한다.
④ 블레이드 영각(angle of attack)이 감소한다.

04 다음 중 내연기관이 아닌 것은?

① 디젤기관   ② 가스터빈기관
③ 가솔린기관   ④ 증기터빈기관

05 왕복기관의 기화기 빙결로 인하여 나타나는 현상이 아닌 것은?

① 출력 감소   ② 흡기압력 감소
③ 디토네이션   ④ 역화(backfire)

06 피스톤 핀과 크랭크 축을 연결하는 막대이며, 피스톤의 왕복운동을 크랭크 축으로 전달하는 일을 하는 기관의 부품은?

① 실린더 배럴   ② 피스톤 링
③ 커넥팅 로드   ④ 플라이 휠

07 왕복기관의 연료계통에서 증기폐색에 대한 설명으로 가장 옳은 것은?

① 연료 펌프의 고착을 말한다.
② 연료계통에 수증기가 형성되는 것을 말한다.
③ 카뷰레터(carburetter)에서의 연료 증발을 말한다.
④ 연료의 흐름속도가 클 때 관내 증기포를 만들어 연료 흐름이 차단되는 것을 말한다.

08 다음 중 항공기 왕복기관의 효율과 마력에 대한 설명으로 틀린 것은?

① 지시마력은 지압선도부터 구할 수 있다.
② 축마력은 실제 크랭크 축으로부터 측정한다.
③ 연료소비율(SFC)은 1마력당 1시간 동안의 연료 소비량이다.
④ 기계효율은 지시마력과 이론마력의 비이다.

09 마그네토의 표시 DF18RN의 설명으로 옳은 것은?

① 단식이다.

② 오른쪽으로 회전한다.

③ 실린더 수는 8개이다.

④ 베이스 장착 방식이다.

10 일반적으로 왕복기관에서 가장 많이 사용되는 오일펌프형식은?

① vane type

② piston type

③ gear type

④ centrifugal type

11 온도 20℃의 이상기체가 압력 760mmHg인 공간 100m³에 채워져 있다. 만약 밀폐된 공간 500m³으로 등온팽창하였다면 이때의 압력은 몇 mmHg인가?

① 152   ② 304

③ 3,040   ④ 3,800

12 항공기 왕복기관의 부자식 기화기에서 가속펌프의 주된 기능으로 옳은 것은?

① 고고도에서 혼합비를 희박하게 한다.

② 고출력으로 작동할 때 추가공기를 공급한다.

③ 이륙 시 기관구동펌프의 회전 속도를 증가시킨다.

④ 스로틀(throttle)이 갑자기 열릴 때 추가 연료를 공급한다.

01 체적을 일정하게 유지시키면서 단위질량을 단위온도로 높이는 데 필요한 열량을 무엇이라 하는가?

① 단열   ② 정압비열
③ 비열비   ④ 정적비열

02 실린더 내의 유입 혼합기 양을 증가시키며, 실린더의 냉각을 촉진시키기 위한 밸브 작동은?

① 흡입 밸브 래그
② 배기 밸브 래그
③ 흡입 밸브 리드
④ 배기 밸브 리드

03 1개의 정압과정과 1개의 정적과정 그리고 2개의 단열과정으로 이루어진 사이클은?

① 오토사이클   ② 카르노사이클
③ 디젤사이클   ④ 역카르노사이클

04 정속 프로펠러(constant speed propeller)는 깃 각을 자동으로 변경하여 일정한 속도를 유지하는데 이런 역할을 하는 것은?

① 평형 스프링
② 조속기(speed governor)
③ 쿼드런트 조종장치(quadrant controller)
④ 거버너 릴리프 밸브(governor relief valve)

05 왕복기관에서 실린더 배기밸브의 과열을 방지하기 위해 밸브 내부에 삽입하는 물질은?

① 합성오일   ② 수은
③ 금속나트륨   ④ 실리카겔

06 섭씨 15℃를 환산하였을 때 가장 옳게 나타낸 것은?

① 절대온도 59K
② 랭킨온도 59°R
③ 절대온도 518K
④ 랭킨온도 518°R

07 마그네토의 임펄스 커플링(impulse coupling)의 주된 목적은?

① 시동 시 마그네토의 부하를 흡수한다.
② 시동 시 마그네토의 토크를 방지한다.
③ 시동 시 마그네토의 밸브 타이밍을 조정한다.
④ 시동 시 마그네토가 고속으로 회전하도록 도와준다.

08 왕복기관을 장착한 비행기가 이륙한 후에도 최대 정격이륙 출력으로 계속 비행하는 경우에 대한 설명으로 옳은 것은?

① 기관이 과열되어 비행이 곤란해진다.
② 공기흡입구가 결빙되어 출력이 저하된다.
③ 연료소모가 많지만 1시간 이내에서 비행할 수 있다.
④ 일반적으로 기관의 최대 출력을 증가시키기 위한 방법으로 자주 사용한다.

09 프로펠러에 빙결형성이 항공기의 비행성능에
    미치는 영향으로 옳은 것은?

    ① 추력이 감소하고, 과도한 진동을 초래한다.
    ② 추력은 증가하지만, 과도한 진동이 발생
       한다.
    ③ 항공기 실속 속도가 감소하고, 소음이 증
       가한다.
    ④ 항공기 실속 속도가 증가하고, 소음이 감
       소한다.

10 공기의 밀도가 감소하는 고고도에서 항공기 왕
    복기관의 출력이 감소하는데 그 원인으로 가장
    옳은 것은?

    ① 연료흐름 속도의 감소
    ② 연료/공기 혼합비의 과희박
    ③ 연료/공기 혼합비의 과농후
    ④ 기화기와 다기관 사이의 차압증가

11 다음 중 점화플러그를 구성하는 주요 부분이
    아닌 것은?

    ① 전극   ② 세라믹 절연체
    ③ 보상 캠   ④ 금속 셸(shell)

12 항공기 왕복기관에서 유입공기에 의한 임팩트
    압력 및 벤투리에 의한 부압의 차이로 유입공
    기량을 측정하는 방식의 기화기는?

    ① 압력 분사식 기화기
    ② 부자식 기화기
    ③ 경계 압력식 기화기
    ④ 충동식 기화기

01 6기통, 4행정 왕복기관의 제동마력이 300PS, 회전속도가 2,400rpm일 때 토크는 약 몇 kgf · m 인가? (단, 1PS는 75kgf · m/s이다.)

① 67.8

② 75.2

③ 89.5

④ 119.3

02 왕복기관에 발생하는 노크현상과 관계가 가장 먼 것은?

① 압축비

② 연료의 기화성

③ 실린더 온도

④ 연료의 옥탄가

03 왕복기관 윤활계통에서 윤활유의 역할이 아닌 것은?

① 금속가루 및 미분을 제거한다.

② 금속부품의 부식을 방지한다.

③ 연료에 수분의 침입을 방지한다.

④ 금속면 사이의 충격하중을 완충시킨다.

04 왕복기관의 마그네토 브레이커 포인트(breaker point)가 고착되었다면 어떤 현상을 초래하는가?

① 기관 시동 시 역화가 발생한다.

② 마그네토의 작동이 불가능하다.

③ 고속회전 점화 시 과열현상이 발생한다.

④ 스위치를 off해도 기관이 정지하지 않는다.

05 화씨온도에서 물이 어는 온도와 끓는 온도는 각각 몇 °F인가?

① 어는 온도 : 0 , 끓는 온도 : 100

② 어는 온도 : 12 , 끓는 온도 : 192

③ 어는 온도 : 22 , 끓는 온도 : 202

④ 어는 온도 : 32 , 끓는 온도 : 212

06 다음 중 프로펠러 블레이드(propeller blade)에 작용하는 응력이 아닌 것은?

① 인장응력

② 구심응력

③ 굽힘응력

④ 비틀림응력

07 왕복기관의 저속(idle)에서 혼합기가 아주 희박할 때 발생하는 가장 중요한 현상은?

① 기관 rpm이 상승한다.

② 출력이 급격히 증가한다.

③ 시동 시 역화가 발생할 수 있다.

④ 점화플러그에 탄소를 침착시킨다.

08 비행속도가 V, 회전속도가 n[rpm]인 프로펠러의 1회전 소요시간이 $\dfrac{60}{n}$초일 때 유효피치를 나타내는 식은?

① $\dfrac{60\,V}{n}$

② $\dfrac{60n}{V}$

③ $\dfrac{n\,V}{60}$

④ $\dfrac{V}{60}$

09 왕복기관의 지상 시운전 시 최대 마력이 되지 않는다면 예상되는 원인이 아닌 것은?

① 기화기에 결빙이 형성되어 있다.
② 이그나이터의 간극이 규정값 이상이다.
③ 기화기 히트(heat)가 'ON'위치에 있다.
④ 스로틀(throttle)이 완전히 전개되지 않는다.

10 항공기 왕복기관에서 다이나믹 댐퍼의 주된 역할로 옳은 것은?

① 정적평형 유지
② 축에 가해지는 압축하중 방지
③ 크랭크 축의 원심력하중 증가
④ 크랭크 축의 비틀림(torsion)진동을 흡수

01 열역학 제2법칙에 대한 설명이 아닌 것은?

① 에너지 전환에 대한 조건을 주는 법칙이다.

② 열과 일 사이의 에너지 전환과 보존을 말한다.

③ 열은 그 자체만으로는 저온물체로부터 고온물체로 이동할 수 없다.

④ 자연계에 아무 변화를 남기지 않고 어느 열원의 열을 계속하여 일로 바꿀 수는 없다.

02 항공기 왕복기관 연료의 옥탄가에 대한 설명으로 틀린 것은?

① 연료의 제폭성을 나타낸다.

② 옥탄가는 낮을수록 기관의 효율이 좋아진다.

③ 연료의 이소옥탄이 차지하는 체적비율을 말한다.

④ 옥탄가가 높을수록 기관의 압축비를 더 높게 할 수 있다.

03 지시마력이 나타내는 식에서 N이 의미하는 것은? (단, P_{mi} : 지시평균 유효압력, L : 행정길이, A : 피스톤넓이, K : 실린더 수이다.)

① 기계효율   ② 축마력

③ 기관의 회전수   ④ 제동평균 유효압력

04 왕복기관의 마그네토가 2차 고전압을 발생할 수 있는 최소 회전속도를 무엇이라고 하는가?

① E-갭 스피드(E-gap speed)

② 아이들 회전수(idle speed)

③ 2차 회전수(secondary speed)

④ 커밍-인 스피드(coming-in speed)

05 다음 중 마찰마력을 옳게 표현한 것은?

① 제동마력과 정격마력의 차

② 지시마력과 제동마력의 차

③ 지시마력과 정격마력의 차

④ 기관의 용적효율과 제동마력의 차

06 초크(choked) 또는 테이퍼 그라운드(taper-ground) 실린더 배럴을 사용하는 가장 큰 이유는?

① 시동 시 압축압력을 증가시키기 위하여

② 정상 작동온도에서 실린더의 원활한 작동을 위하여

③ 정상적인 실린더 배럴(cylinder barrel)의 마모를 보상하기 위하여

④ 피스톤 링(piston ring)의 마모를 미리 알기 위하여

07 프로펠러의 역추력(reverse thrust)은 어떻게 발생하는가?

① 프로펠러의 회전속도를 증가시킨다.

② 프로펠러의 회전강도를 증가시킨다.

③ 부(negative)의 블레이드 각으로 회전시킨다.

④ 정(positive)의 블레이드 각으로 회전시킨다.

08 정속 프로펠러에서 프로펠러가 과속상태(over speed)가 되면 플라이 웨이트(fly weight)는 어떤 상태인가?

① 밖으로 벌어진다.
② 무게가 감소한다.
③ 안으로 오므라진다.
④ 무게가 증가된다.

09 왕복기관의 크랭크 핀(crank pin)이 일반적으로 속이 비어있는 목적이 아닌 것은?

① 윤활유의 통로를 형성한다.
② 크랭크 축의 중량을 감소시킨다.
③ 크랭크 축의 냉각효과를 갖는다.
④ 탄소퇴적물이 모이는 공간으로 활용된다.

10 왕복기관의 체적효율에 영향을 미치지 않는 것은?

① 기관회전수
② 부적절한 밸브 타이밍
③ 기화기 공기온도
④ 연료와 공기의 혼합비

11 왕복기관 마그네토에 사용되는 콘덴서의 용량이 너무 적으면 발생하는 현상은?

① 점화플러그가 탄다.
② 브레이커 접점이 탄다.
③ 기관시동이 빨리 걸린다.
④ 2차권선에 고전류가 생긴다.

01 왕복기관의 작동상태 중 배기밸브는 닫혀 있고 흡입밸브가 닫히고 있다면 피스톤의 행정은?

① 흡입행정 ② 압축행정
③ 동력행정 ④ 배기행정

02 왕복기관에서 시동 전에 반드시 프리오일링(pre-oiling)을 하여야 하는 경우는?

① 엔진오일 교환 시
② 오일라인 교환 시
③ 오일여과기 교환 시
④ 새로운 기관으로 교환 시

03 완전 가스 상태변화에서 처음 상태보다 압력이 2배, 체적이 3배로 되었다면 나중 온도는 처음의 몇 배가 되겠는가?

① 0 ② 1.5
③ 6 ④ 8

04 다음 중 비행상태에 따라 프로펠러 회전속도를 일정하게 유지하기 위하여 프로펠러 블레이드 루트각을 자동적으로 조절하는 정속 조절장치는?

① 커프스(cuffs)
② 스피너(spinner)
③ 가버너(governor)
④ 동조장치(synchro system)

05 왕복기관에 사용되는 점화플러그의 전기불꽃 (spark)강도에 가장 큰 영향을 미치는 것은?

① 점화진각
② 실린더 내의 압력
③ E-gap 각도
④ 2차 콘덴서의 용량

06 부자식 기화기(float type carburettor)에서 부자(float)의 높이(level)을 조절하는 데 사용되는 일반적인 방법은?

① 부자의 축을 길거나 짧게 조절
② 부자의 무게를 증감시켜서 조절
③ 부자의 피봇 암(pivot arm)의 길이를 변경
④ 니들 밸브시트에 심(shim)을 추가하거나 제거시켜 조절

07 낮은 기온 중의 왕복기관 시동을 돕기 위한 오일희석(oil dilution)장치에서 엔진오일을 희석 시키는 것은?

① alcohol
② gasoline
③ propane
④ kerosene

08 다음 중 등엔트로피과정(isentropic process) 의 설명으로 옳은 것은?

① 가역, 단열과정
② 비가역, 단열과정
③ 가역, 등온과정
④ 비가역, 등온과정

09 프로펠러의 슬립(slip)에 대한 설명으로 옳은 것은?

① 기하학적 피치와 유효피치의 차이

② 블레이드의 정면과 회전면 사이의 각도

③ 프로펠러가 1회전하는 동안 이동한 거리

④ 허브 중심으로부터 블레이드를 따라 인치로 측정되는 거리

10 저속으로 작동 중인 왕복기관에서 흡입계통(induction system)으로 역화(back fire)가 발생되었다면 원인은?

① 너무 과도한 혼합기

② 너무 희박한 혼합기

③ 너무 낮은 완속운전(idle speed)

④ 디리치먼트밸브(derichment valve)의 막힘

11 왕복기관의 지시마력을 PS단위로 계산하는 식은? (단, P_{mi}＝지시평균 유효압력(kg/cm²), L＝행정길이(m), P_{mb}＝제동평균 유효압력(kg/cm²), K＝실린더 수, N＝기관의 분당 회전수, BHP＝제동마력, A＝피스톤 단면적(cm²)이다.)

① $\dfrac{75 \times 2 \times 60 \times \mathrm{BHP}}{L \cdot A \cdot N \cdot K}$

② $\dfrac{P_{mi} \cdot L \cdot A \cdot N \cdot K}{75 \times 2 \times 60}$

③ $\dfrac{75 \times 2 \times 60 \times P_{mb}}{L \cdot A \cdot N \cdot K}$

④ $\dfrac{P_{mb} \cdot L \cdot A \cdot N \cdot K}{75 \times 2 \times 60}$

12 그림은 어떤 사이클을 나타낸 것인가?

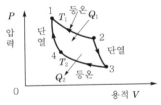

① 정압사이클　　② 정적사이클

③ 카르노사이클　　④ 합성사이클

01 비행 중이나 지상에서 기관이 작동하는 동안 조종사가 유압 또는 전기적으로 피치를 변경시킬 수 있는 프로펠러형식은?

① 정속프로펠러(constant-speed propeller)

② 고정피치프로펠러(fixed pitch propeller)

③ 조정피치프로펠러(adjustable pitch propeller)

④ 가변피치프로펠러(controllable pitch propeller)

02 그림은 어떤 장치의 회로를 나타낸 것인가?

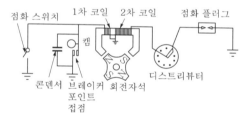

① 축전지 점화계통

② 혼합비 조절 연료계통

③ 고압마그네토 점화계통

④ 저압마그네토 점화계통

03 항공기 왕복기관에서 유입공기에 의한 임팩트 압력 및 벤투리에 의한 부압의 차이로 유입공기량을 측정하는 방식의 기화기는?

① 압력분사식 기화기

② 부자식 기화기

③ 경계압력식 기화기

④ 충동식 기화기

04 왕복기관의 작동과정에 대한 설명이다. 다음 중 틀린 것은?

① 항공용 왕복기관은 4행정 5현상 사이클이다.

② 항공용 왕복기관에서 실제 일은 팽창행정에서 발생한다.

③ 4행정기관은 각 사이클당 크랭크 축이 2회전함으로써 1사이클이 완료된다.

④ 4행정기관은 2개의 정압과정과 2개의 단열과정으로 1사이클이 완료된다.

05 프로펠러를 장비한 경항공기에서 감속기어(reduction gear)를 사용하는 주된 이유는?

① 깃 길이를 짧게 하기 위하여

② 깃 끝부분에서의 실속방지를 위하여

③ 프로펠러 회전속도를 증가시키기 위하여

④ 깃의 진동을 방지하고 구조를 간단히 하기 위하여

06 왕복기관의 압축비가 너무 클 때 일어나는 현상이 아닌 것은?

① 조기점화(preignition)

② 디토네이션(detonation)

③ 과열현상과 출력의 감소

④ 하이드롤릭 록(hydraulic-lock)

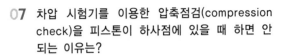
07 차압 시험기를 이용한 압축점검(compression check)을 피스톤이 하사점에 있을 때 하면 안 되는 이유는?

① 폭발의 위험성이 있기 때문에

② 최소한 한 개의 밸브가 열려 있기 때문에

③ 과한 압력으로 게이지가 손상되기 때문에

④ 실린더 체적이 최대가 되어 부정확하기 때문에

08 왕복기관이 완전히 정지하였을 때 흡입매니폴드(intake manifold)의 압력계가 나타내는 압력으로 옳은 것은?

① 0 inHg

② 59 inHg

③ 대기압력

④ 항공기 기종마다 다르다.

09 왕복기관의 평균유효압력에 대한 설명으로 옳은 것은?

① 사이클당 유효일을 행정거리로 나눈 값

② 사이클당 유효일을 행정체적으로 나눈 값

③ 행정길이를 사이클당 기관의 유효일로 나눈 값

④ 행정체적을 사이클당 기관의 유효일로 나눈 값

10 그림과 같은 오토사이클의 $p-v$ 선도에서 $v_1 = 5m^3/kg$, $v_2 = 1m^3/kg$인 경우 압축비는 얼마인가?

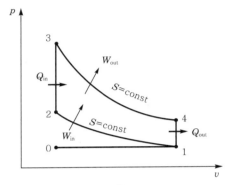

① 0.2

② 2.5

③ 5

④ 10

01 옥탄가 80이라는 항공기 연료를 옳게 설명한 것은?

① 노말헵탄 20%에 세탄 80%의 혼합물과 같은 정도를 나타내는 가솔린

② 노말헵탄 80%에 세탄 20%의 혼합물과 같은 정도를 나타내는 가솔린

③ 이소옥탄 80%에 노말헵탄 20%의 혼합물과 같은 정도를 나타내는 가솔린

④ 이소옥탄 20%에 노말헵탄 80%의 혼합물과 같은 정도를 나타내는 가솔린

02 그림은 어떤 열역학 사이클을 나타낸 것인가?

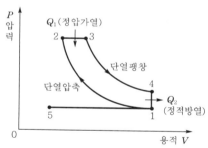

① 합성사이클   ② 정적사이클

③ 정압사이클   ④ 카르노사이클

03 성형왕복기관에서 기관정지 후 하부에 위치한 실린더에서 오일이 실린더 상부 쪽으로 스며들어 축적되는 현상은?

① 베이퍼 록(vapor lock)

② 임팩트 아이스(impact ice)

③ 하이드롤릭 록(hydraulic lock)

④ 이베포레이션 아이스(evaporation ice)

04 열역학에서 문제의 대상이 되는 지정된 양의 물질이나 공간의 지정된 영역을 무엇이라 하는가?

① 물질(substance)

② 계(system)

③ 주위(surrounding)

④ 경계(boundary)

05 왕복기관의 오일탱크에 대한 설명으로 옳은 것은?

① 일반적으로 오일탱크는 오일펌프 입구보다 약간 높게 설치한다.

② 물이나 불순물을 제거하기 위해 탱크 밑바닥에는 딥스틱이 있다.

③ 윤활유의 열팽창에 대비해서 드레인플러그가 있다.

④ 오일탱크의 재질은 일반적으로 강도가 높은 철판으로 제작된다.

06 프로펠러 날개의 루트 및 허브를 덮는 유선형의 커버로 공기흐름을 매끄럽게 하여 기관효율 및 냉각효과를 돕는 것은?

① 램(ram)   ② 커프스(cuffs)

③ 가버너(governor) ④ 스피너(spinner)

07 왕복기관을 시동할 때 기화기 혼합조정레버의 위치는?

① "full rich"에 놓고 시동한다.

② "auto rich"에 놓고 시동한다.

③ "full lean"에 놓고 primer로 시동한다.

④ "idle cut off"에 놓고 primer로 시동한다.

08 다음 중 항공기 왕복기관의 흡입계통에서 작은 양의 공기누설이 기관 작동에 큰 영향을 미치는 경우는?

① 저속 상태일 때

② 고출력 상태일 때

③ 이륙출력 상태일 때

④ 연속사용 최대출력 상태일 때

09 왕복기관에서 실린더의 압축비로 옳은 것은? (단, V_C : 연소체적, V_S : 행정체적이다.)

① $\dfrac{V_S}{V_C}$

② $\dfrac{V_C}{V_S}$

③ $1 + \dfrac{V_S}{V_C}$

④ $1 + \dfrac{V_C}{V_S}$

10 피스톤의 지름이 16cm, 행정거리가 0.15m, 실린더 수가 6개인 왕복기관의 총행정체적은 약 몇 L인가?

① 13

② 18

③ 23

④ 28

11 다음 중 연료를 직접 분사하여 특별한 장치 없이 압축열에 의한 자연착화를 시키는 압축점화 방법의 기관은?

① 가스기관

② 가솔린기관

③ 디젤기관

④ Hesselman기관

12 일반적인 프로펠러의 깃각(blade angle)에 대한 설명으로 옳은 것은?

① 깃의 전 길이에 걸쳐 일정하다.

② 일반적으로 프로펠러 중심에서 50%되는 위치의 각도를 말한다.

③ 깃뿌리(blade root)에서 깃끝(blade tip)으로 갈수록 커진다.

④ 깃뿌리(blade root)에서 깃끝(blade tip)으로 갈수록 작아진다.

01 프로펠러 비행기가 비행 중 기관이 고장나서 정지시킬 필요가 있을 때, 프로펠러의 깃각을 바꾸어 프로펠러의 회전을 멈추게 하는 조작을 무엇이라 하는가?

① 슬립(slip)
② 비틀림(twisting)
③ 피칭(piching)
④ 페더링(feathering)

02 증기폐쇄(vapor lock)에 대한 설명으로 옳은 것은?

① 기화기의 이상으로 액체연료와 공기가 혼합되지 않는 현상
② 기화기에서 분사된 혼합가스가 거품을 형성하여 실린더의 연료유입을 폐쇄하는 현상
③ 혼합가스가 아주 희박해져 실린더로의 연료유입이 폐쇄되는 현상
④ 액체연료가 기화기에 이르기 전에 기화되어 기화기에 이르는 통로를 폐쇄하는 현상

03 왕복기관으로 흡입되는 공기 중의 습기 또는 수증기가 증가할 경우 발생할 수 있는 현상으로 옳은 것은?

① 체제효과가 증가하여 출력이 증가한다.
② 일정한 rpm과 다기관 압력하에서는 기관 출력이 감소한다.
③ 고출력에서 연료요구량이 감소하여 이상 연소현상이 감소된다.
④ 자동 연료조정장치를 사용하지 않는 기관에서는 혼합기가 희박해진다.

04 항공기기관의 오일필터가 막혔다면 어떤 현상이 발생하는가?

① 기관 윤활계통의 윤활결핍현상이 온다.
② 높은 오일압력 때문에 필터가 파손된다.
③ 오일이 바이패스밸브(bypass valve)를 통하여 흐른다.
④ 높은 오일압력으로 체크밸브(check valve)가 작동하여 오일이 되돌아온다.

05 왕복기관을 실린더 배열에 따라 분류할 때 대향형 기관을 나타낸 것은?

①
②
③
④

06 저출력 소형 항공기 왕복기관의 크랭크 축에 일반적으로 사용되는 베어링은?

① 볼(ball)베어링
② 롤러(roller)베어링
③ 평형(plain)베어링
④ 니들(needle)베어링

07 항공기 왕복기관의 배기계통의 목적 및 용도로 틀린 것은?

① 압을 높이지 않고 가스를 배출한다.
② 연소가스 내의 유황성분 밀도를 높인다.
③ 기내 난방이나 슈퍼차저의 구동 등에 사용된다.
④ 기화기 결빙이 우려될 경우 흡기의 예열에 사용된다.

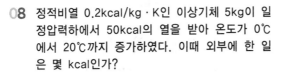

08 정적비열 0.2kcal/kg · K인 이상기체 5kg이 일정압력하에서 50kcal의 열을 받아 온도가 0℃에서 20℃까지 증가하였다. 이때 외부에 한 일은 몇 kcal인가?

① 4 ② 20

③ 30 ④ 70

09 왕복기관의 마그네토 캠축과 기관 크랭크 축의 회전 속도비를 옳게 나타낸 식은?

① $\dfrac{N}{n}$ ② $\dfrac{N}{2n}$

③ $\dfrac{N}{n+1}$ ④ $\dfrac{N+1}{2n}$

10 고도가 높아지면서 나타나는 기관의 변화가 아닌 것은?

① 기관출력의 감소

② 기압 감소로 오일소모 증가

③ 점화계통에서 전류가 새어나감(leak out)

④ 기압 감소로 연료비등점이 낮아져 증기 폐색 발생

11 엔탈피(enthalpy)의 차원과 같은 것은?

① 에너지 ② 동력

③ 운동량 ④ 엔트로피

12 다음 중 일반적으로 프로펠러 방빙계통에서 사용되는 것은?

① 에틸알코올

② 변성(denatured)알코올

③ 이소프로필(isopropyl)알코올

④ 에틸렌글리콜(ethylene glycol)

01 열역학 제2법칙을 가장 잘 설명한 것은?

① 일은 열로 전환될 수 있다.
② 열은 일로 전환될 수 있다.
③ 에너지보존법칙을 나타낸다.
④ 에너지 변화의 방향성과 비가역성을 나타낸다.

02 다음과 같은 밸브타이밍을 가진 왕복기관의 밸브 오버랩은 얼마인가? (단, I.O : 25° BTC, E.O : 55° BBC, I.C : 60° ABC, E.C : 15° ATC)

① 25°
② 40°
③ 60°
④ 75°

03 부자식 기화기(float-type carburetor)에 있는 이코노마이저 밸브(economizer valve)의 작동에 대한 설명으로 옳은 것은?

① 저속과 순항속도에서는 밸브가 열린다.
② 최대 출력에서 농후한 혼합비를 만든다.
③ 순항 시 최적의 출력을 얻기 위하여 농후한 혼합비를 유지한다.
④ 기관의 갑작스런 가속을 위하여 추가적인 연료를 공급한다.

04 압축비와 가열량이 일정할 때, 이론적인 열효율이 가장 높은 사이클은?

① 오토사이클
② 사바테사이클
③ 디젤사이클
④ 브레이턴사이클

05 2단 가변피치 프로펠러 항공기의 프로펠러 효율을 좋게 유지하기 위한 운항상태에 따른 각각의 사용피치로 옳은 것은?

① 강하 시에는 저피치(low pitch)를 사용한다.
② 순항 시에는 고피치(high pitch)를 사용한다.
③ 이륙 시에는 고피치(high pitch)를 사용한다.
④ 착륙 시에는 고피치(high pitch)를 사용한다.

06 고정 피치 프로펠러를 장착한 항공기의 프로펠러 회전속도를 증가시키면 블레이드는 어떻게 되는가?

① 블레이드 각(blade angle)이 증가한다.
② 블레이드 각(blade angle)이 감소한다.
③ 블레이드 영각(angle of attack)이 증가한다.
④ 블레이드 영각(angle of attack)이 감소한다.

07 피스톤 오일링(piston oil ring)에 의하여 모아진 여분의 오일은 어느 경로를 통하여 흐르는가?

① 실린더 벽면의 작은 틈을 통하여
② 피스톤 핀 중앙에 뚫린 구멍을 통하여
③ 피스톤 핀에 있는 드릴 구멍을 통하여
④ 피스톤 오일링 홈에 있는 드릴 구멍을 통하여

01 ④ 02 ② 03 ② 04 ① 05 ② 06 ③ 07 ④

08 왕복기관 윤활계통에서 윤활유의 역할이 아닌 것은?

① 금속가루 및 미분을 제거한다.
② 금속부품의 부식을 방지한다.
③ 연료에 수분의 침입을 방지한다.
④ 금속면 사이의 충격하중을 완충시킨다.

09 항공기용 왕복기관의 이론마력은 250PS, 지시마력은 200PS, 제동마력은 140PS라면 이 기관의 기계효율은 몇 %인가?

① 70 ② 75
③ 80 ④ 85

10 성형기관에서 마그네토(magneto)를 보기부(accessory section)에 설치하지 않고 전방부분에 설치하여 얻는 가장 큰 이점은?

① 정비가 용이하다.
② 냉각효율이 좋다.
③ 검사가 용이하다.
④ 설치제작비가 저렴하다.

11 왕복기관 작동 중 점화스위치와 우측 마그네토를 연결한 선이 끊어졌을 때 나타나는 현상으로 옳은 것은?

① 기관의 출력이 떨어진다.
② 우측 마그네토 접점이 타버린다.
③ 우측 마그네토가 작동되지 않는다.
④ 점화스위치를 OFF에 놓아도 기관은 계속 작동한다.

01 열역학에서 가역과정에 대한 설명으로 옳은 것은?

① 마찰과 같은 요인이 있어도 상관없다.

② 계와 주위가 항상 불균형 상태이어야 한다.

③ 주위의 작은 변화에 의해서는 반대과정을 만들 수 없다.

④ 과정이 일어난 후에도 처음과 같은 에너지양을 갖는다.

02 프로펠러 깃의 허브중심으로부터 깃끝까지의 길이가 R, 깃각이 β일 때 이 프로펠러의 기하학적 피치는?

① $2\pi R \tan\beta$

② $2\pi R \sin\beta$

③ $2\pi R \cos\beta$

④ $2\pi R \sec\beta$

03 왕복기관에서 발생되는 진동의 원인이 아닌 것은?

① 토크의 변동

② 오일조절링의 마모

③ 크랭크 축의 비틀림 진동

④ 왕복 관성력과 회전 관성력의 불균형

04 9개의 실린더를 갖고 있는 성형기관(radial engine)의 점화순서로 옳은 것은?

① 1, 2, 3, 4, 5, 6, 7, 8, 9

② 8, 6, 4, 2, 1, 3, 5, 7, 9

③ 1, 3, 5, 7, 9, 2, 4, 6, 8

④ 9, 4, 2, 7, 5, 6, 3, 1, 8

05 다음 중 내연기관이 아닌 것은?

① 가스터빈기관   ② 디젤기관

③ 증기터빈기관   ④ 가솔린기관

06 피스톤의 지름이 16cm, 행정거리가 약 0.15m, 실린더 수가 6개인 왕복기관의 총행정체적은 약 몇 cm³인가?

① 18,095   ② 19,095

③ 20,095   ④ 21,095

07 정속 프로펠러를 장착한 항공기가 순항 시 프로펠러 회전수를 2,300rpm에 맞추고 출력을 1.2배 높이면 회전계가 지시하는 값은?

① 1,800rpm   ② 2,300rpm

③ 2,700rpm   ④ 4,600rpm

08 항공기 왕복기관의 회전속도가 증가함에 따라 마그네토 1차 코일에서 발생되는 전압의 변화를 옳게 설명한 것은?

① 증가한다.

② 감소한다.

③ 일정한 상태를 지속한다.

④ 전압조절기 맞춤에 따라 변한다.

09 초기압력과 체적이 각각 $P_1 = 1,000 \text{N/cm}^2$, $V_1 = 1,000 \text{cm}^3$인 이상기체가 등온상태로 팽창하여 체적이 2,000cm³이 되었다면, 이때 기체의 엔탈피변화는 몇 J인가?

① 0   ② 5

③ 10   ④ 20

10 오일펌프 릴리프밸브(oil pump relief valve)의 역할은?

① 오일냉각기를 보호한다.
② 오일계통에 오일의 압력을 증가시킨다.
③ 오일계통이 막힐 경우 재순환 회로에 오일을 공급한다.
④ 펌프출구의 압력이 높을 때 펌프입구로 오일을 되돌린다.

11 항공기용 왕복기관의 연료계통에서 베이퍼 록(vapor lock)의 원인이 아닌 것은?

① 연료온도 상승
② 연료의 낮은 휘발성
③ 연료에 작용되는 압력의 저하
④ 연료탱크 내부 슬로싱(sloshing)

12 항공용 왕복기관의 플로트(float)식 기화기에 대한 설명으로 옳은 것은?

① 플로트실 유면은 니들밸브와 시트(seat) 사이에 와셔(washer)를 첨가하면 유면이 상승한다.
② 플로트실 유면은 니들밸브와 시트 사이에 와셔를 제거하면 유면이 하강한다.
③ 주 연료노즐에서 분사양은 플로트실의 압력과 벤투리의 압력 차에 따라 결정된다.
④ 니들밸브와 시트 사이의 와셔를 제거하면 공급연료 감소로 혼합비가 희박해진다.

13 왕복기관에 사용되는 기어(gear)식 오일펌프의 사이드 클리어런스(side clearance)가 크면 나타나는 현상은?

① 오일압력이 높아진다.
② 오일압력이 낮아진다.
③ 과도한 오일소모가 나타난다.
④ 오일펌프에 심한 진동이 발생한다.

01 지시마력이 80HP인 항공기 왕복기관의 제동마력이 64HP라면 기계효율은?

① 0.20   ② 0.25

③ 0.80   ④ 1.25

02 과급기(supercharger)를 장착하지 않은 왕복기관의 경우 표준 해면상(sea level)에서 최대 흡기압력(maximum manifold pressure)은 몇 inHg인가?

① 17

② 27.2

③ 29.92

④ 30.92

03 고압 점화케이블을 유연한 금속제 관 속에 넣어 느슨하게 장착하는 주된 이유는?

① 접지회로 저항을 줄이기 위하여

② 고고도에서 방전을 방지하기 위하여

③ 케이블 피복제의 산화와 부식을 방지

④ 작동 중 고주파의 전자파 영향을 줄이기 위하여

04 브레이턴사이클(brayton cycle)의 이론 열효율을 옳게 표시한 것은? (단, r_p : 압력비, k : 비열비이다.)

① $1 - r_p^{\frac{1}{k-1}}$

② $1 - r_p^{\frac{k-1}{k}}$

③ $1 - r_p^{\frac{k}{k-1}}$

④ $1 - r_p^{\frac{1-k}{k}}$

05 고고도에서 비행 시 조종사가 연료/공기 혼합비를 조정하는 주된 이유는?

① 결빙을 방지하기 위하여

② 역화를 방지하기 위하여

③ 실린더를 냉각하기 위하여

④ 혼합비가 농후해지는 것을 방지하기 위하여

06 왕복기관에 노크현상을 일으키는 요소가 아닌 것은?

① 압축비

② 연료의 옥탄가

③ 실린더 온도

④ 연료의 이소옥탄

07 정속 프로펠러(constant-speed propeller)는 기관속도를 정속(on-speed)으로 유지하기 위해 프로펠러 피치를 자동으로 조정해 주도록 되어 있는데 이러한 기능은 어떤 장치에 의해 조정되는가?

① 3-way밸브

② 조속기(governor)

③ 프로펠러 실린더(propeller cylinder)

④ 프로펠러 허브 어셈블리(propeller hub assembly)

08 왕복기관의 오일냉각 시 흐름조절밸브(oil cooler flow control valve)가 열리는 조건은?

① 기관으로부터 나오는 오일의 온도가 너무 높을 때

② 기관으로부터 나오는 오일의 온도가 너무 낮을 때

③ 기관오일펌프 배출체적이 소기펌프 출구 체적보다 클 때

④ 소기펌프 배출체적이 기관오일펌프 입구 체적보다 클 때

09 비행 중 기관고장 시 프로펠러를 페더링(feathering) 시켜야 하는 이유로 옳은 것은?

① 기관의 진동을 유발해 화재를 방지하기 위하여

② 풍차(windmill)효과로 인해 추력을 얻기 위하여

③ 프로펠러 회전을 멈춰 추가적인 손상을 방지하기 위하여

④ 전면과 후면의 차압으로 프로펠러를 회전시키기 위하여

10 왕복기관의 부자식 기화기에서 부자실(float chamber)의 연료유면이 높아졌을 때 기화기에서 공급하는 혼합비는 어떻게 변하는가?

① 농후해진다.

② 희박해진다.

③ 변하지 않는다.

④ 출력이 증가하면 희박해진다.

11 왕복기관과 비교한 가스터빈기관의 특징으로 틀린 것은?

① 단위추력당 중량비가 낮다.

② 대부분의 구성품이 회전운동으로 이루어져 진동이 많다.

③ 고도에 따라 출력을 유지하기 위한 과급기가 불필요하다.

④ 가스터빈기관은 롤러베어링 또는 볼베어링을 주로 사용한다.

01 항공기용 왕복기관의 이상적인 사이클은?

① 오토사이클 ② 카르노사이클
③ 디젤사이클 ④ 브레이턴사이클

02 왕복기관의 압력식 기화기에서 저속혼합조절(idle mixture control)을 하는 동안 정확한 혼합비를 알 수 있는 계기는?

① 공기압력계기
② 연료유량계기
③ 연료압력계기
④ RPM계기와 MAP계기

03 프로펠러(propeller)의 깃 트랙(blade track)에 대한 설명으로 옳은 것은?

① 프로펠러의 피치(pitch)각이다.
② 프로펠러가 1회전하여 전진한 거리이다.
③ 프로펠러가 1회전하여 생기는 와류(vortex)이다.
④ 프로펠러 블레이드(propeller blade) 선단에 대한 궤적이다.

04 왕복기관의 마그네토 낙차(drop)를 점검할 때 좌측 또는 우측의 단일 마그네토 점검을 2~3초 이내에 해야 하는 이유로 가장 옳은 것은?

① 기관이 과열될 수 있기 때문이다.
② 마그네토에 과부하가 걸리기 때문이다.
③ 점화플러그가 오염(fouling)되기 때문이다.
④ 마그네토 과열로 기능을 상실하기 때문이다.

05 실린더 체적이 $80\,in^3$, 피스톤 행정체적이 $70\,in^3$이라면 압축비는 얼마인가?

① 7 : 1 ② 8 : 1
③ 9 : 1 ④ 10 : 1

06 이상기체에 대한 설명으로 틀린 것은?

① 엔탈피는 온도만의 함수이다.
② 내부에너지는 온도만의 함수이다.
③ 비열비(specific heat ratio) 값은 항상 1이다.
④ 상태방정식에서 압력은 체적과 반비례 관계이다.

07 정속 프로펠러를 장착한 왕복기관을 시동할 때, 프로펠러 제어 레버(propeller control lever)를 어디에 위치시켜야 하는가?

① LOW RPM
② HIGH RPM
③ HIGH PITCH
④ VARIABLE

08 왕복기관에서 마그네토의 작동을 정지시키려면 1차 회로를 어떻게 하여야 하는가?

① 접지에서 분리시킨다.
② 축전지에 연결시킨다.
③ 점화스위치를 OFF 위치에 둔다.
④ 점화스위치를 BOTH 위치에 둔다.

09 왕복기관의 분류방법에 대한 설명으로 옳은 것은?

① 연소실의 위치 및 냉각방식에 의하여

② 냉각방식 및 실린더 배열에 의하여

③ 실린더 배열과 압축기의 위치에 의하여

④ 크랭크축의 위치와 프로펠러 깃의 수량에 의하여

10 항공기 왕복기관의 회전수가 일정한 상태에서 고도가 증가할 때 기관출력에 대한 설명으로 옳은 것은? (단, 기온의 변화는 없으며, 과급기는 없다.)

① 밀도가 감소하여 출력이 감소한다.

② 밀도는 증가하나 출력은 일정하다.

③ 밀도가 증가하여 출력이 감소한다.

④ 밀도가 일정하므로 출력이 일정하다.

01 표준상태에서의 이상기체 20L를 5기압으로 압축하였을 때 부피는 몇 L인가? (단, 변화과정 중 온도는 일정하다.)

① 0.25   ② 2.5

③ 4   ④ 10

02 항공기 왕복기관의 부자식 기화기에서 가속펌프를 사용하는 주된 목적은?

① 이륙 시 기관구동펌프를 가속시키기 위해서

② 고출력 고정 시 부가적인 연료를 공급하기 위해서

③ 높은 온도에서 혼합가스를 농후하게 하기 위해서

④ 스로틀(throttle)이 갑자기 열릴 때 부가적인 연료를 공급시키기 위해서

03 다음 중 프로펠러 조속기의 파일럿(pilot) 밸브의 위치를 결정하는 데 직접적인 영향을 주는 것은?

① 엔진오일 압력   ② 조종사의 위치

③ 펌프오일 압력   ④ 플라이 웨이트

04 디토네이션(detonation)을 발생시키는 과도한 온도와 압력의 원인이 아닌 것은?

① 늦은 점화시기

② 높은 흡입공기 온도

③ 연료의 낮은 옥탄가

④ 희박한 연료-공기 혼합비

05 지시마력을 나타내는 식 $iHP = \dfrac{P_{mi}LANK}{75 \times 2 \times 60}$ 에서 N이 의미하는 것은? (단, P_{mi} : 지시평균유효압력, L : 행정길이, A : 실린더 단면적, K : 실린더 수이다.)

① 기계효율

② 축마력

③ 기관의 분당 회전수

④ 제동평균 유효압력

06 왕복기관을 시동할 때 기화기 공기 히터(carburetor air heater)의 조작장치 상태는?

① hot 위치

② neutral 위치

③ cracked 위치

④ cold(normal) 위치

07 보정캠(compensated cam)을 가진 마그네토를 장착한 9기통 성형기관의 회전속도가 100rpm일 때 [보기]의 각 요소가 옳게 나열된 것은?

[보기]
㉠ 보정캠의 회전수(rpm)
㉡ 보정캠의 로브 수
㉢ 분당 브레이커 포인트 열림 및 닫힘 횟수

① ㉠ 50 ㉡ 9 ㉢ 900

② ㉠ 50 ㉡ 9 ㉢ 450

③ ㉠ 100 ㉡ 9 ㉢ 450

④ ㉠ 100 ㉡ 18 ㉢ 900

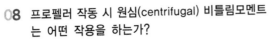

08 프로펠러 작동 시 원심(centrifugal) 비틀림모멘트는 어떤 작용을 하는가?

① 피치각을 감소시킨다.
② 피치각을 증가시킨다.
③ 회전 방향으로 깃(blade)을 굽히게(bend) 한다.
④ 비행 진행 방향의 뒤쪽으로 깃(blade)을 굽히게 한다.

09 오일의 점성은 다음 중 무엇을 측정하는 것인가?

① 밀도
② 발화점
③ 비중
④ 흐름에 대한 저항

10 왕복성형기관의 크랭크축에서 정적평형은 어느 것에 의해 이루어지는가?

① dynamic damper
② counter weight
③ dynamic suspension
④ split master rod

11 밸브 가이드(valve guide)의 마모로 발생할 수 있는 문제점은?

① 높은 오일 소모량
② 낮은 오일 압력
③ 낮은 실린더 압력
④ 높은 오일 압력

12 [보기]에 나열된 왕복기관의 종류는 어떤 특성으로 분류한 것인가?

[보기] V형, X형, 대향형, 성형

① 기관의 크기
② 실린더의 회전 상태
③ 기관의 장착 위치
④ 실린더의 배열 형태

01 다음 중 항공기 왕복기관에서 일반적으로 가장 큰 값을 갖는 것은?

① 마찰마력　　　　② 제동마력
③ 지시마력　　　　④ 모두 같다

02 왕복기관의 고압 마그네토(magneto)에 대한 설명으로 틀린 것은?

① 전기누설 가능성이 많은 고공용 항공기에 적합하다.
② 콘덴서는 브레이커 포인트와 병렬로 연결되어 있다.
③ 마그네토의 자기회로는 회전영구자석, 폴 슈(pole shoe) 및 철심으로 구성되었다.
④ 1차 회로는 브레이커 포인트가 붙어 있을 때에만 폐회로를 형성한다.

03 다음 중 왕복기관에서 순환하는 오일에 열을 가하는 요인 중 가장 작은 영향을 주는 것은?

① 커넥팅로드 베어링
② 연료펌프
③ 피스톤과 실린더 벽
④ 로커암 베어링

04 왕복기관의 지시마력을 구하는 방법은?

① 동력계로 측정한다.
② 마찰마력으로 구한다.
③ 지시선도(indicator diagram)를 이용한다.
④ 프로니 브레이크(prony brake)를 이용한다.

05 항공기 왕복기관을 작동 후 검사하여 보니 오일 소모량이 많고 점화플러그가 더러워졌다면 그 원인이 아닌 것은?

① 점화플러그 장착 불량
② 실린더 벽의 마모 증가
③ 피스톤링의 마모 증가
④ 밸브가이드의 마모 증가

06 항공기 왕복기관 연료의 안티노크(anti-knock)제로 가장 많이 사용되는 것은?

① 벤젠　　　　　② 4에틸납
③ 톨루엔　　　　④ 메틸알코올

07 왕복기관에서 실린더의 압축비로 옳은 것은?
(단, V_c : 간극체적(clearance volume) V_s : 행정체적이다.)

① $\dfrac{V_s}{V_c}$　　　　② $\dfrac{V_c + V_s}{V_s}$

③ $\dfrac{V_c}{V_s}$　　　　④ $\dfrac{V_s + V_c}{V_c}$

08 다음 중 비가역과정에서의 엔트로피 증가 및 에너지 전달의 방향성에 대한 이론을 확립한 법칙은?

① 열역학 제0법칙
② 열역학 제1법칙
③ 열역학 제2법칙
④ 열역학 제3법칙

09 프로펠러 깃의 스테이션 넘버(station number)에 대한 설명으로 옳은 것은?

① 프로펠러 전연에서 후연으로 갈수록 감소한다.

② 프로펠러 허브에서 팁(tip)으로 갈수록 감소한다.

③ 프로펠러 전연(leadin edge)에서 후연(trailing edge)으로 갈수록 증가한다.

④ 프로펠러 허브(hub)의 중앙은 스테이션 넘버 "0"이다.

10 정속 프로펠러에서 파일럿 밸브(pilot valve)를 작동시키는 힘을 발생시키는 것은?

① 프로펠러 감속기어

② 조속펌프 유압

③ 엔진오일 유압

④ 플라이 웨이트

11 왕복기관의 작동 여부에 따른 흡입 매니폴드(intake manifold)의 압력계가 나타내는 압력을 옳게 설명한 것은?

① 기관 정지 시 대기압과 같은 값, 작동하면 대기압보다 낮은 값을 나타낸다.

② 기관 정지 시 대기압보다 낮은 값, 작동하면 대기압보다 높은 값을 나타낸다.

③ 기관 정지 시나 작동 시 대기압보다 항상 낮은 값을 나타낸다.

④ 기관 정지 시나 작동 시 대기압보다 항상 높은 값을 나타낸다.

01 열기관에서 열효율을 나타낸 식으로 옳은 것은?

① $\dfrac{일}{공급열량}$ ② $\dfrac{공급열량}{방출열량}$

③ $\dfrac{방출열량}{일}$ ④ $\dfrac{방출열량}{공급열량}$

02 열역학 제2법칙에 대한 설명이 아닌 것은?

① 에너지 전환에 대한 조건을 주는 법칙이다.
② 열과 일 사이의 에너지 전환과 보존을 말한다.
③ 열은 그 자체만으로는 저온 물체로부터 고온 물체로 이동할 수 없다.
④ 자연계에 아무 변화를 남기지 않고 어느 열원의 열을 계속하여 일로 바꿀 수는 없다.

03 왕복기관 오일계통에 사용되는 슬러지 체임버(sludge chamber)의 위치는?

① 소기펌프(Scavenge pump)의 주위에
② 크랭크축의 크랭크 핀(crank pin)에
③ 오일 저장탱크(oil storage tank) 내에
④ 크랭크축 끝의 트랜스퍼링(transferring)에

04 다음 중 왕복기관의 출력에 가장 큰 영향을 미치는 압력은?

① 섬프 압력
② 오일 압력
③ 연료 압력
④ 다기관 압력(MAP)

05 연료계통에 사용되는 릴리프 밸브(relief valve)에 대한 설명으로 옳은 것은?

① 연료펌프의 출구 압력이 규정치 이상으로 높아지면 펌프 입구로 되돌려 보낸다.
② 연료 여과기(fuel filter)가 막히면 계통 내에 여과기를 통과하지 않고 연료를 공급한다.
③ 연료 압력 지시부(fuel pressure transmitter)의 파손을 방지하기 위하여 소량의 연료만 통과시킨다.
④ 연료조정장치(fuel control unit)의 윤활을 위하여 공급되는 연료 압력을 조절한다.

06 왕복기관에서 저압점화계통을 사용할 때 주된 단점과 관계되는 것은?

① 플래시 오버
② 커패시턴스
③ 무게의 증대
④ 고전압 코로나

07 항공기 왕복기관의 연료계통에서 저속과 순항 운전 시 닫히지만 고속 운전 시 열려서 연소온도를 낮추고 디토네이션을 방지시킬 목적으로 농후 혼합비가 되도록 도와주는 밸브의 명칭은?

① 저속장치
② 혼합기 조절장치
③ 가속장치
④ 이코노마이저 장치

08 프로펠러의 역추력(reverse thrust)은 어떻게 발생하는가?

① 프로펠러의 회전속도를 증가시킨다.

② 프로펠러의 회전강도를 증가시킨다.

③ 프로펠러를 부(negative)의 깃각으로 회전시킨다.

④ 프로펠러를 정(positive)의 깃각으로 회전시킨다.

09 왕복기관의 진동을 감소시키기 위한 방법으로 틀린 것은?

① 압축비를 높인다.

② 실린더 수를 증가시킨다.

③ 피스톤의 무게를 적게 한다.

④ 평형추(counter weight)를 단다.

10 정속프로펠러를 사용하는 왕복기관에서 순항 시 스로틀레버만을 움직여 스로틀을 증가시킬 때 나타나는 현상이 아닌 것은?

① 기관의 출력(HP)은 변하지 않는다.

② 기관의 흡기압력(MAP)이 증가한다.

③ 프로펠러 블레이드 각도가 증가한다.

④ 기관의 회전수(rpm)는 변하지 않는다.

11 왕복기관의 피스톤 지름이 16cm인 피스톤에 65kgf/cm²의 가스압력이 작용하면 피스톤에 미치는 힘은 약 몇 ton인가?

① 10

② 11

③ 12

④ 13

12 그림과 같은 오토(Otto)사이클의 $P-V$ 선도에서 압축비를 나타낸 식은?

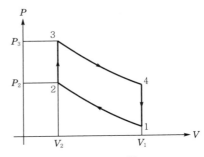

① $\dfrac{V_1}{V_2}$

② $\dfrac{V_2}{V_1}$

③ $\dfrac{V_2}{V_1 + V_2}$

④ $\dfrac{V_1}{V_1 + V_2}$

13 흡입밸브와 배기밸브의 팁 간극이 모두 너무 클 경우 발생하는 현상은?

① 점화시기가 느려진다.

② 오일소모량이 감소한다.

③ 실린더의 온도가 낮아진다.

④ 실린더의 체적효율이 감소한다.

01 체적 10cm³ 속의 완전기체가 압력 760mmHg 상태에서 체적이 20cm³로 단열팽창하면 압력은 약 몇 mmHg로 변하는가? (단, 비열비는 1.4이다.)

① 217   ② 288

③ 302   ④ 364

02 왕복기관의 마그네토가 점화에 유효한 고전압을 발생할 수 있는 최소 회전속도를 무엇이라 하는가?

① E갭 스피드(E-gap sppeed)

② 아이들 회전수(idle speed)

③ 2차 회전수(secondary speed)

④ 커밍-인 스피드(coming-in speed)

03 항공기용 왕복기관의 밸브 개폐 시기가 다음과 같다면 밸브 오버랩(valve overlap)은 몇 도(°)인가?

I.O : 30° BTC	E.O : 60° BBC
I.C : 60° ABC	E.C : 15° ATC

① 15   ② 45

③ 60   ④ 75

04 경항공기에서 프로펠러 감속기어(reduction gear)를 사용하는 주된 이유는?

① 구조를 간단히 하기 위하여

② 깃의 숫자를 많게 하기 위하여

③ 깃 끝의 속도를 제한하기 위하여

④ 프로펠러 회전속도를 증가시키기 위하여

05 항공기 기관용 윤활유의 점도지수(viscosity index)가 높다는 것은 무엇을 의미하는가?

① 온도 변화에 따른 윤활유의 점도 변화가 작다.

② 온도 변화에 따른 윤활유의 점도 변화가 크다.

③ 압력 변화에 따른 윤활유의 점도 변화가 작다.

④ 압력 변화에 따른 윤활유의 점도 변화가 크다.

06 정속 프로펠러에서 프로펠러가 과속상태(over speed)가 되면 조속기 플라이 웨이트(fly weight)의 상태는?

① 밖으로 벌어진다.

② 무게가 감소된다.

③ 안으로 오므라든다.

④ 무게가 증가된다.

07 단열변화에 대한 설명으로 옳은 것은?

① 팽창일을 할 때는 온도가 올라가고 압축일을 할 때는 온도가 내려간다.

② 팽창일을 할 때는 온도가 내려가고 압축일을 할 때는 온도가 올라간다.

③ 팽창일을 할 때와 압축일을 할 때에 온도가 모두 올라간다.

④ 팽창일을 할 때와 압축일을 할 때에 온도가 모두 내려간다.

08 왕복기관 실린더를 분해 및 조립할 때 주의사항으로 틀린 것은?

① 실린더를 장착할 때 12시 방향의 너트를 먼저 조인 후 다른 너트를 조인다.

② 실린더를 떼어내기 전에 외부에 부착된 부품들을 먼저 떼어낸다.

③ 실린더를 떼어낼 때 피스톤 행정을 배기 상사점 위치에 맞춘다.

④ 실린더를 장착할 때 피스톤 링의 터진 방향을 링의 개수에 따라 균등한 각도로 맞춘다.

09 왕복기관 동력을 발생시키는 행정은?

① 흡입행정   ② 압축행정
③ 팽창행정   ④ 배기행정

10 항공기 왕복기관의 오일 탱크 안에 부착된 호퍼(hopper)의 주된 목적은?

① 오일을 냉각시켜 준다.

② 오일 압력을 상승시켜 준다.

③ 오일 내의 연료를 제거시켜 준다.

④ 시동 시 오일의 온도 상승을 돕는다.

11 부자식 기화기에서 기관이 저속 상태일 때 연료를 분사하는 장치는?

① venturi

② main discharge nozzle

③ main or orifice

④ idle discharge nozzle

12 항공기 왕복기관의 제동마력과 단위시간당 기관이 소비한 연료 에너지와의 비는 무엇인가?

① 제동열효율

② 기계열효율

③ 연료소비율

④ 일의 열당량

01 공기를 외부의 열로부터 차단하고 열의 출입을 수반하지 않은 상태에서 팽창시키면 온도는 어떻게 되는가?

① 감소한다.
② 상승한다.
③ 일정하다.
④ 감소하다가 증가한다.

02 기관의 손상을 방지하기 위해 왕복기관 시동 후 바로 작동 상태를 점검하기 위하여 확인해야 하는 계기는?

① 흡입 압력계기
② 연료 압력계기
③ 오일 압력계기
④ 기관 회전수계기

03 왕복기관 항공기가 고고도에서 비행 시 조종사가 연료/공기 혼합비를 조정하는 주된 이유는?

① 베이퍼록 방지를 위해
② 결빙을 방지하기 위해
③ 혼합비 과농후를 방지하기 위해
④ 혼합비 과희박을 방지하기 위해

04 프로펠러 깃 선단(tip)이 회전 방향의 반대 방향으로 처지게(lag) 하는 힘은?

① 토크에 의한 굽힘
② 하중에 의한 굽힘
③ 공력에 의한 비틀림
④ 원심력에 의한 비틀림

05 그림과 같은 오토사이클 $P-v$ 선도에서 V_1은 8 m³/kg, V_2 =2m³/kg인 경우 압축비는 얼마인가?

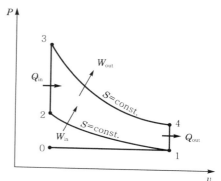

① 2 : 1
② 4 : 1
③ 6 : 1
④ 8 : 1

06 프로펠러 거버너(governor)의 부품이 아닌 것은?

① 파일럿 밸브
② 플라이웨이트
③ 아네로이드
④ 카운터 밸런스

07 옥탄가 90이라는 항공기 연료를 옳게 설명한 것은?

① 노말헵탄 10%를 세탄 90%의 혼합물과 같은 정도를 나타내는 가솔린
② 연소 후에 발생하는 옥탄가스의 비율이 90% 정도를 차지하는 가솔린
③ 연소 후에 발생하는 세탄가스의 비율이 10% 정도를 차지하는 가솔린
④ 이소옥탄 90%에 노말헵탄 10%의 혼합물과 같은 정도를 나타내는 가솔린

08 왕복기관의 오일탱크에 대한 설명으로 옳은 것은?

① 물이나 불순물을 제거하기 위해 탱크 밑 바닥에는 딥스틱이 있다.

② 일반적으로 오일탱크는 오일펌프 입구보다 약간 높게 설치되어 있다.

③ 오일탱크의 재질은 일반적으로 강도가 높은 철판으로 제작된다.

④ 윤활유의 열팽창을 대비해서 드레인 플러그가 있다.

09 크랭크축의 회전속도가 2,400rpm인 14기통 2열 성형기관에서 3-로브 캠판의 회전속도는 몇 rpm인가?

① 200 　　　　② 400

③ 600 　　　　④ 800

10 왕복기관을 실린더 배열에 따라 분류할 때 대향형 기관을 나타내는 것은?

① 　　②

③ 　　④

11 항공기 왕복기관 점화장치에서 콘덴서(condenser)의 기능은?

① 2차 코일을 위하여 안전간격을 준다.

② 1차 코일과 2차 코일에 흐르는 전류를 조절한다.

③ 1차 코일에 잔류되어 있는 전류를 신속히 흡수 제거시킨다.

④ 포인트가 열릴 때 자력선의 흐름을 차단한다.

12 왕복기관 연료계통에 사용되는 이코노마이저 밸브가 닫힌 위치로 고착되었을 때 발생하는 현상으로 옳은 것은?

① 순항속도 이하에서 노킹이 발생하게 된다.

② 순항속도 이하에서 조기점화가 발생하게 된다.

③ 순항속도 이상에서 조기점화가 발생하게 된다.

④ 순항속도 이상에서 디토네이션이 발생하게 된다.

항·공·기·왕·복·엔·진

2015년 4회(2015. 9. 19.) 항공산업기사
항공기 왕복엔진 문제

01 정상 작동 중인 왕복기관에서 점화가 일어나는 시점은?

① 상사점 전   ② 상사점

③ 하사점 전   ④ 하사점

02 엔탈피(enthalpy)의 차원과 같은 것은?

① 에너지   ② 동력

③ 운동량   ④ 엔트로피

03 다음 중 프로펠러를 항공기에 장착하는 위치에 따라 형식을 분류한 것은?

① 단열식, 복렬식

② 거버너식, 베타식

③ 트랙터식, 추진식

④ 피스톤식, 터빈식

04 프로펠러 비행기가 비행 중 기관이 고장나서 정지시킬 필요가 있을 때, 프로펠러의 깃각을 바꾸어 프로펠러의 회전을 멈추게 하는 조작을 무엇이라고 하는가?

① 슬립(slip)   ② 비틀림(twisting)

③ 피칭(pitching)   ④ 페더링(feathering)

05 왕복기관의 열효율이 25%, 정격마력이 50PS일 때, 총발열량은 약 몇 kcal/h인가? (단, 1PS는 75kgf · m/s, 1kcal는 427kgf · m이다.)

① 8.75   ② 35

③ 31,500   ④ 126,000

06 다음 중 기관에서 축방향과 동시에 반경 방향의 하중을 지지할 수 있는 추력베어링 형식은?

① 평면베어링   ② 볼베어링

③ 직선베어링   ④ 저널베어링

07 압력 7atm, 온도 300°C인 $0.7m^3$의 이상기체가 압력 5atm, 체적 $0.56m^3$의 상태로 변화했다면 온도는 약 몇 °C가 되는가?

① 54   ② 87

③ 115   ④ 187

08 왕복기관에서 혼합비가 희박하고 흡입밸브(intake valve)가 너무 빨리 열리면 어떤 현상이 나타나는가?

① 노킹(knocking)

② 역화(back fire)

③ 후화(after fire)

④ 디토네이션(detonation)

09 배기밸브 제작 시 축에 중공(hollow)을 만들고 금속나트륨을 삽입하는 것은 어떤 효과를 위해서인가?

① 밸브서징을 방지한다.

② 밸브에 신축성을 부여하여 충격을 흡수한다.

③ 밸브 헤드의 열을 신속히 밸브축에 전달한다.

④ 농후한 연료에 분사되어 농도를 낮춰준다.

10 왕복기관의 연료계통에서 이코노마이저(econo-mizer) 장치에 대한 설명으로 옳은 것은?

① 연료절감장치로 최소 혼합비를 유지한다.

② 연료절감장치로 순항속도 및 고속에서 닫혀 희박혼합비가 된다.

③ 출력증강장치로 순항속도에서 닫혀 희박혼합비가 되도록 한다.

④ 출력증강장치로 순항속도에서 열려 농후혼합비가 되고 고속에서 닫혀 희박혼합비가 되도록 한다.

11 항공기용 왕복기관 윤활계통에서 소기펌프(scavenge pump)의 역할로 옳은 것은?

① 프로펠러 거버너로 윤활유를 보내준다.

② 크랭크축의 중공 부분으로 윤활유를 보내준다.

③ 오일탱크로부터 윤활유를 각각의 윤활부위로 보내준다.

④ 윤활부위를 빠져 나온 윤활유를 다시 오일탱크로 보내준다.

12 마그네토(magneto)의 배전기 블록(distributor block)에 전기누전 점검 시 사용하는 기기는?

① voltmeter

② feeler gauge

③ hardness tester

④ high tension ammeter

01 외부 과급기(external supercharger)를 장착한 왕복엔진의 흡기계통 내에서 압력이 가장 낮은 곳은?

① 흡입 다기관 ② 기화기 입구
③ 스로틀밸브 앞 ④ 과급기 입구

02 왕복엔진의 마그네토에서 접점(breaker point) 간격이 커지면 점화시기와 강도는?

① 점화가 늦게 되고 강도가 약해진다.
② 점화가 늦게 되고 강도가 높아진다.
③ 점화가 일찍 발생하고 강도가 약해진다.
④ 점화가 일찍 발생하고 강도가 높아진다.

03 압축비가 동일할 때 사이클의 이론 열효율이 가장 높은 것부터 낮은 것 순서로 나열한 것은?

① 정적 – 정압 – 합성
② 정적 – 합성 – 정압
③ 합성 – 정적 – 정압
④ 정압 – 합성 – 정적

04 플로트식 기화기에서 이코너마이저장치의 역할로 옳은 것은?

① 연료가 부족할 때 신호를 발생한다.
② 스로틀밸브가 완전히 열렸을 때 연료를 감소시킨다.
③ 순항출력 이상의 높은 출력일 때 농후한 혼합비를 만든다.
④ 고도에 의한 밀도의 변화에 대하여 혼합비를 적절히 유지한다.

05 왕복엔진의 피스톤 지름이 16cm, 행정길이가 0.16m, 실린더 수가 6, 제동평균 유효압력이 8 kg/cm^2, 회전수가 2,400rpm일 때의 제동마력은 약 몇 PS인가?

① 411.6 ② 511.6
③ 611.6 ④ 711.6

06 다음 중 프로펠러 날개가 회전 시 받는 힘이 아닌 것은?

① 원심력 ② 탄성력
③ 비틀림력 ④ 굽힘력

07 왕복엔진에 사용되는 기어(gear)식 오일펌프의 옆간격(side clearance)이 크면 나타나는 현상은?

① 엔진 추력이 증가한다.
② 오일 압력이 낮아진다.
③ 오일의 과잉공급이 발생한다.
④ 오일펌프에 심한 진동이 발생한다.

08 프로펠러의 회전면과 시위선이 이루는 각을 무엇이라 하는가?

① 붙임각 ② 깃각
③ 회전각 ④ 깃뿌리각

09 총배기량이 1,500cc인 왕복엔진의 압축비가 8.5라면 총연소실 체적은 약 몇 cc인가?

① 150 ② 200
③ 250 ④ 300

10 왕복엔진에 사용되는 고휘발성 연료가 너무 쉽게 증발하여 연료배관 내에서 기포가 형성되어 초래할 수 있는 현상은?

① 베이퍼 락(vapor lock)

② 임팩트 아이스(impact ice)

③ 하이드로릭 락(hydraulic lock)

④ 이베포레이션 아이스(evaporation ice)

01 성형엔진에 사용되는 축 끝의 나사부에 리테이닝 너트가 장착되고 리테이닝 링으로 허브를 크랭크축에 고정하는 프로펠러 장착방식은?

① 플랜지식   ② 스플라인식

③ 테이퍼식   ④ 압축밸브식

02 열역학 제1법칙과 관련하여 밀폐계가 사이클을 이룰 때 열전달량에 대한 설명으로 옳은 것은?

① 열전달량은 이루어진 일과 항상 같다.

② 열전달량은 이루어진 일보다 항상 작다.

③ 열전달량은 이루어진 일과 반비례 관계를 가진다.

④ 열전달량은 이루어진 일과 정비례 관계를 가진다.

03 왕복엔진에서 기화기 빙결(carburetor icing)이 일어나면 발생하는 현상은?

① 오일압력이 상승한다.

② 흡입압력이 감소한다.

③ 흡입밀도가 증가한다.

④ 엔진회전수가 증가한다.

04 다발 항공기에서 각 프로펠러의 회전속도를 자동적으로 조절하고 모든 프로펠러를 같은 회전속도로 유지하기 위한 장치를 무엇이라고 하는가?

① 동조기

② 슬립 링

③ 조속기

④ 피치변경모터

05 항공기 왕복엔진 작동 중 주의 깊게 관찰하며 점검해야 할 변수가 아닌 것은?

① N1 및 N2 rpm

② 흡기매니폴드압력

③ 엔진오일압력

④ 실린더 헤드 온도

06 항공기 왕복엔진 연료의 옥탄가에 대한 설명으로 틀린 것은?

① 연료의 안티노크성을 나타낸다.

② 연료의 이소옥탄이 차지하는 체적비율을 말한다.

③ 옥탄가가 낮을수록 엔진의 효율이 좋아진다.

④ 옥탄가가 높을수록 엔진의 압축비를 더 높게 할 수 있다.

07 항공기 왕복엔진은 동일한 조건에서 어느 계절에 가장 큰 출력을 발생시키는가?

① 봄   ② 여름

③ 겨울   ④ 계절에 관계없다.

08 왕복엔진에서 마그네토의 작동을 정지시키는 방법은?

① 축전지에 연결시킨다.

② 점화스위치를 ON 위치에 둔다.

③ 점화스위치를 OFF 위치에 둔다.

④ 점화스위치를 BOTH 위치에 둔다.

09 볼(ball)이나 롤러 베어링(roller bearing)이 사
용되지 않는 곳은?

① 가스터빈엔진의 축 베어링

② 성형엔진의 커넥트 로드(connect rod)

③ 성형엔진의 크랭크축 베어링(crankshaft bearing)

④ 발전기의 아마추어 베어링(amateur bearing)

01 왕복엔진에서 물분사장치에 대한 설명으로 틀린 것은?

① 물을 분사시키면 엔진이 더 큰 추력을 낼 수 있게 하는 안티노크 기능을 가진다.

② 물과 소량의 알코올을 혼합시키는 이유는 배기가스의 압력을 증가시키기 위한 것이다.

③ 물분사는 짧은 활주로에서 이륙할 때와 착륙을 시도한 후 복행할 필요가 있을 때 사용한다.

④ 물분사가 없는 드라이(dry) 엔진은 작동허용범위를 넘었을 때 디토네이션으로 출력에 제한이 있다.

02 열역학에서 주어진 시간에 계(system)의 이전 상태와 관계없이 일정한 값을 갖는 계의 거시적인 특성을 나타내는 것을 무엇이라 하는가?

① 상태(state)

② 과정(process)

③ 상태량(property)

④ 검사체적(control volume)

03 왕복엔진의 피스톤 오일 링(oil ring)이 장착되는 그루브(groove)에 위치한 구멍의 주요 기능은?

① 피스톤 무게를 경감해 준다.

② 윤활유의 양을 조절해 준다.

③ 피스톤 벽에 냉각 공기를 보내준다.

④ 피스톤 내부 점검을 하기 위한 통로이다.

04 왕복엔진의 마그네토 캠축과 엔진 크랭크축의 회전속도비를 옳게 나타낸 식은? (단, 캠의 로브 수와 극수는 같고 n : 마그네토의 극수, N : 실린더 수이다.)

① $N+1/2n$

② $N/n+1$

③ $N/2n$

④ N/n

05 왕복엔진의 마그네토 브레이커 포인트(breaker point)가 과도하게 소실되었다면 브레이커 포인트와 어떤 것을 교환해 주어야 하는가?

① 1차코일

② 2차코일

③ 회전자석

④ 콘덴서

06 9개의 실린더로 이루어진 왕복엔진에서 실린더 직경 5in, 행정길이 6in일 경우 총배기량은 약 몇 in³인가?

① 118

② 508

③ 1,060

④ 4,240

07 프로펠러 깃(propeller blade)에 작용하는 응력이 아닌 것은?

① 인장응력

② 굽힘응력

③ 비틀림응력

④ 구심응력

08 피스톤 핀과 크랭크축을 연결하는 막대이며, 피스톤의 왕복운동을 크랭크축으로 전달하는 일을 하는 엔진의 부품은?

① 실린더 배럴

② 피스톤 링

③ 커넥팅 로드

④ 플라이휠

09 정속 프로펠러(constant-speed propeller)는 엔진속도를 정속으로 유지하기 위해 프로펠러 피치를 자동으로 조정해 주도록 되어 있는데 이러한 기능은 어떤 장치에 의해 조정되는가?

① 3-way 밸브

② 조속기(governor)

③ 프로펠러 실린더(propeller cylinder)

④ 프로펠러 허브 어셈블리

10 왕복엔진을 장착한 비행기가 이륙한 후에도 최대 정격 이륙 출력으로 계속 비행하는 경우에 대한 설명으로 옳은 것은?

① 엔진이 과열되어 비행이 곤란해진다.

② 공기흡입구가 결빙되어 출력이 저하된다.

③ 엔진의 최대 출력을 증가시키기 위한 방법으로 자주 이용한다.

④ 연료소모가 많지만 1시간 이내에서 비행할 수 있다.

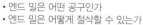

항공기 왕복엔진

1995. 3. 2. 초 판 1쇄 발행
2004. 9. 6. 개정증보 1판 1쇄 발행
2023. 9. 6. 개정증보 2판 12쇄 발행

지은이 | 노명수
펴낸이 | 이종춘
펴낸곳 | **BM** ㈜도서출판 **성안당**
주소 | 04032 서울시 마포구 양화로 127 첨단빌딩 3층(출판기획 R&D 센터)
　　　 10881 경기도 파주시 문발로 112 파주 출판 문화도시(제작 및 물류)
전화 | 02) 3142-0036
　　　 031) 950-6300
팩스 | 031) 955-0510
등록 | 1973. 2. 1. 제406-2005-000046호
출판사 홈페이지 | **www.cyber.co.kr**
ISBN | 978-89-315-1991-4 (93550)
정가 | 24,000원

이 책을 만든 사람들
기획 | 최옥현
진행 | 이희영
교정·교열 | 문 황
전산편집 | 이다혜
표지 디자인 | 박원석
홍보 | 김계향, 유미나, 정단비, 김주승
국제부 | 이선민, 조혜란
마케팅 | 구본철, 차정욱, 오영일, 나진호, 강호묵
마케팅 지원 | 장상범
제작 | 김유석